超值典藏

魅力女人大全集

Meilinvren Daquanji

丛书编委会 ⊙ 编著

吉林出版集团有限责任公司

图书在版编目(CIP)数据

魅力女人/《超值典藏书系》丛书编委会编著. —长春：吉林出版集团有限责任公司, 2012.6
（超值典藏书系）
ISBN 978-7-5463-9905-8

Ⅰ.①魅… Ⅱ.①超… Ⅲ.①女性-成功心理-通俗读物 Ⅳ.①B848.4-49

中国版本图书馆CIP数据核字(2012)第126816号

超值典藏书系　魅力女人

编　著	丛书编委会
责任编辑	师晓晖
开　本	787mm×1092mm　1/16
字　数	300千字
印　张	20
版　次	2012年6月第1版
印　次	2014年6月第5次印刷

出　版	吉林出版集团有限责任公司
	（长春市人民大街4646号　邮编：130021）
经　销	全国新华书店
电　话	总编办：0431-85600386
	市场部：025-66989810
	北京市场部：010-85804668
网　址	www.keyigroup.com
印　刷	北京盛源印刷有限公司

ISBN 978-7-5463-9905-8　　　　定价：39.80元

版权所有　侵权必究　举报电话：010-85808988　025-66989810

前 言
Preface

　　女人是美丽的。女人的美丽是一道靓丽的风景，有一种说不清的魅力。而女性真正的美主要体现在她们身上的独特气质，这种气质美令人陶醉、令人倾倒。

　　魅力是一个人相对稳定的个性特点、风格以及气度。魅力高雅的女人，给人以活泼、直爽、沉静、健美的感觉。因此，提升魅力是女人追求美丽的关键！即使是一个普通的女性，如果具备高雅的魅力，也会平添几分姿色。

　　女人的魅力是需要内外兼修、形神兼具的。外所谓形，内所谓神，神气之足，外形自具。而外在之修饰臻于完美，也会促进内在魅力的完善。外在的形象和内在的素养主导着女人的魅力。生活中，我们经常会看到这样一些女人，周身穿的全是名牌，而且还披金戴银，但怎么都让人感受不到女人的魅力之美。这是因为，如果一个女人的素养低了，她的审美能力和品位也就低了。魅力这种神秘的东西缺了根茎、少了藤蔓，自然是见不到踪影的。可见，女人要想拥有迷人的魅力，就必须外注重仪表、内提升素养。

　　本书脉络清晰地通过巧妙化妆、保养肌肤、魅力发型、完美身材、得体服饰、点睛配饰、追求时尚、文雅谈吐、优雅举止、动人表情、良好心态、完美性格、智慧内涵、周到礼仪十五章，把女性魅力修炼不可或缺的部分呈现在读者面前，让你知道不管你长得怎么样，漂亮还是普通，年轻也好不年轻也罢，都可以拥有迷人的魅力，成为名副其实的魅力美女！

　　女人的容貌是上天的恩赐，有的天生丽质，有的相貌普通，这是很难改变的。但我们却可以通过修炼让自己散发出迷人的魅力。只要我们用心研读本书，认真按照书中所讲的魅力修炼方法去做，必能让自己展现超凡脱俗的魅力，成为一个楚楚动人的魅力女人。

上篇 培养自己的迷人气质

第一章 修炼气质，彰显女性魅力 ………… 3

气质的概念与类型 ………………………… 3
气质美，女人永恒之美 …………………… 4
气质升华你的美丽 ………………………… 6
气质迷人香自来 …………………………… 7
气质迷人赢得青睐 ………………………… 8
气质女人优雅 ……………………………… 9
气质女人有"女人味" …………………… 12
气质女人韵味十足 ………………………… 13
把控命运，升华气质 ……………………… 15

第二章 巧妙化妆，"妆"修迷人气质 … 17

妆容让你更美丽 …………………………… 17
靓丽妆容只要八个字 ……………………… 19
掌握化妆的基本要领 ……………………… 20
选择适合自己的化妆品 …………………… 22
日常化妆基本步骤与技巧 ………………… 23
不同部位的化妆技巧 ……………………… 25
不同脸型的化妆法 ………………………… 27
不同肤色的化妆技巧 ……………………… 29
不同季节的化妆法 ………………………… 31
不同妆容技巧与程序 ……………………… 32
社交礼仪妆程序与技巧 …………………… 34

目录 CONTENTS

靓丽女人"妆容术" …………………… 36
凸显个性和气质的化妆法 …………… 38
打造明星般的气质妆容 ……………… 40
化妆的最高境界："无妆" …………… 42
卸妆不可随心所欲 …………………… 44
化妆的误区与禁忌 …………………… 45

第三章 完美肌肤，展露迷人气质 …… 47

保养肌肤从了解肌质开始 …………… 47
日常注意呵护你的肌肤 ……………… 49
好肌肤是养出的 ……………………… 51
正确清洁面部肌肤 …………………… 53
经济简便的美容方法 ………………… 54
洁肤、爽肤、护肤 …………………… 56
呵护四季冰雪肌肤 …………………… 59
水润滋养，让皮肤更有弹性 ………… 60
排毒养颜令肌肤更嫩滑 ……………… 62
皮肤美白不容忽视 …………………… 63
让肌肤清爽无"油" ………………… 65
科学去角质，让皮肤更光洁 ………… 66
收敛毛孔，让皮肤变得细腻光滑 …… 67
注重颈部的护理和保健 ……………… 68
办公室护肤全攻略 …………………… 70
五步护手招术 ………………………… 72
保养自己的双脚 ……………………… 73
慎重选用护肤品 ……………………… 74

第四章 魅力发型，"发"现迷人气质 … 76

用心洗出好头发 …………………… 76
掌握秀发护理技巧 ………………… 77
吃出一头秀发 ……………………… 79
赶走恼人的头屑 …………………… 80
预防脱发，留住一头青丝 ………… 81
冬季防脱发妙招 …………………… 82
发型，女人情绪变化的晴雨表 …… 84
选择适合自己的发型 ……………… 85
不同场合选择不同的发型 ………… 87
不同季节选择不同的发型 ………… 88
发型与性格的完美搭配 …………… 89
发型与服装的完美搭配 …………… 90
适合职业女性的发型 ……………… 91
根据脸形选择合适的刘海 ………… 92

第五章 完美身材，展现迷人气质 ……… 94

女性身体的曲线美 ………………… 94
让你的胸部更挺拔 ………………… 95
打造性感的锁骨 …………………… 98
练就惹眼靓背 ……………………… 99
练就迷人小蛮腰 …………………… 100
练就平腹翘臀 ……………………… 103
塑造美丽的双腿 …………………… 106
吃出健康与美丽 …………………… 109
运动出"魔鬼身材" ………………… 110
办公室里的健美运动 ……………… 111

目录 CONTENTS

简易减肥方法推荐 …………………… 112
要减肥，先把脖子拉长 ………………… 116
告别双下巴的方法 ……………………… 117
科学瘦身，莫入减肥误区 ……………… 118

中篇　打扮自己做魅力女人

第六章　得体服饰，穿出迷人气质 …… 125

女性着装的要领 ………………………… 125
着装的TPO原则 ………………………… 127
成功的服装搭配观念 …………………… 128
不同服装的巧妙搭配 …………………… 129
展现不同个性的服装搭配 ……………… 132
不同肤色和脸形着装的巧妙搭配 ……… 133
着装的色彩搭配技巧 …………………… 134
不同季节型女人适合的色彩 …………… 136
职业女性的着装原则 …………………… 138
优雅服饰，扮靓职业人生 ……………… 139
丰满女性的着装技巧 …………………… 140
巧妙着装，弥补缺陷 …………………… 141
选择适合自己的内衣 …………………… 143
内衣与外装的巧妙搭配 ………………… 145
丝袜让你光彩夺目 ……………………… 145
华丽蜕变从鞋开始 ……………………… 146
学会搭配不同的靴子 …………………… 148

第七章 点睛配饰，凸显迷人气质 ……… 149

 饰品是爱美女人的宠儿 ……… 149
 颈部的美丽表达 ……… 150
 项链与服装的合理搭配 ……… 152
 丝巾，女人颈部的魅力符号 ……… 152
 围巾，围出你的迷人风采 ……… 154
 利用耳饰掩饰脸型不足 ……… 156
 体形与首饰的合理搭配 ……… 157
 腕饰的搭配技巧 ……… 158
 巧戴配饰，戴出风雅 ……… 158
 腰带，女人的腰间风景 ……… 161
 手袋，女人拎在手上的时尚 ……… 163

第八章 追求时尚，"炫"出迷人气质 … 165

 时尚引领时装的发展 ……… 165
 时尚，流动着的美丽 ……… 168
 时尚不是所谓的"流行" ……… 169
 优雅，时尚女人的标签 ……… 170
 追求时尚但不盲从 ……… 171
 时尚女人的品味生活 ……… 172
 时尚从鞋靴开始 ……… 173
 演绎时尚的包包 ……… 175
 追求时尚一定要适度 ……… 176
 时尚不宜以牺牲健康为代价 ……… 177

下篇　修炼自己的内涵

第九章　文雅谈吐，"说"出迷人气质 … 181

言之有"礼"，谈吐文雅 …………………… 181
做个会说话的女人 ………………………… 183
增强说话的魅力 …………………………… 187
注意细节，克服不良习惯 ………………… 190
修炼柔和的说话声音 ……………………… 191
适当地赞美别人 …………………………… 192
用心倾听，赢得对方好感 ………………… 195
真诚地微笑 ………………………………… 197
巧妙拒绝别人 ……………………………… 198
不做好辩的女人 …………………………… 200

第十章　优雅举止，"动"出迷人气质 … 202

举止优雅，美丽无比 ……………………… 202
展现你的动态魅力 ………………………… 203
亭亭玉立的站姿 …………………………… 204
温文尔雅的坐姿 …………………………… 206
轻盈优美的走姿 …………………………… 207
姿势迷人的蹲姿 …………………………… 209
"依"出女人美态 …………………………… 210
美煞人的取物姿态 ………………………… 211
动人的携物美姿 …………………………… 211
巧用动作语言传情达意 …………………… 212

习惯性体态流露女人的"秘密" …………… 214
　　不可忽视下意识的小动作 ………………… 215

第十一章　动人表情，外现迷人气质 …… 217

　　丰富的面部表情 ……………………………… 217
　　展现你的表情美 ……………………………… 218
　　微笑，女人最迷人的表情 …………………… 220
　　练就一张迷人的笑脸 ………………………… 221
　　练出动人的微笑 ……………………………… 222
　　打造楚楚动人的双眸 ………………………… 223
　　训练动听的声音 ……………………………… 225

第十二章　良好心态，涵养迷人气质 …… 228

　　心态是命运的控制塔 ………………………… 228
　　好心态，人生快乐的基石 …………………… 229
　　好心态，增加你的幸福指数 ………………… 230
　　用乐观主宰自己 ……………………………… 232
　　自信让你神采飞扬 …………………………… 234
　　拥有一颗平常心 ……………………………… 238
　　怀有一颗感恩的心 …………………………… 239
　　做自己情绪的主人 …………………………… 241
　　学会控制自己的怒气 ………………………… 242
　　摒弃生活中的烦恼 …………………………… 244
　　不盲目与别人攀比 …………………………… 244

第十三章　完美性格，内展迷人气质 …… 246

　　了解自己的性格特征 ………………………… 246
　　好性格带来好命运 …………………………… 247
　　培养成良好的性格 …………………………… 250

  矫正自己的性格缺陷 …………………………… 253
  柔情似水，令人心荡神驰 ……………………… 255
  心地善良，讨人喜欢 …………………………… 257
  内心宽容，流露从容的气质 …………………… 258
  个性鲜明，散发迷人气息 ……………………… 262
  打造迷人个性，尽展女性魅力 ………………… 266

第十四章　智慧内涵，蕴涵迷人气质 …… 274

  修养使女人美丽一生 …………………………… 274
  智慧是美丽不可或缺的养分 …………………… 277
  智慧的女人有种成熟美 ………………………… 279
  做个智慧的女人 ………………………………… 280
  才情是女人魅力之本 …………………………… 282
  学习新知识，让自己更睿智 …………………… 283
  腹有诗书气自华 ………………………………… 285
  学会欣赏绘画作品 ……………………………… 287
  懂得欣赏书法 …………………………………… 289
  做个有品位的女人 ……………………………… 291

第十五章　周到礼仪，折射迷人气质 …… 293

  打招呼的礼仪 …………………………………… 293
  寒暄与问候的礼仪 ……………………………… 294
  握手的礼仪 ……………………………………… 295
  接、打电话（手机）礼仪 ……………………… 296
  名片的相关礼仪 ………………………………… 298
  职场的基本礼仪 ………………………………… 300
  宴会的基本礼仪 ………………………………… 301
  社交场合的禁忌 ………………………………… 303
  参加婚礼的禁忌 ………………………………… 304

上 篇
培养自己的迷人气质

第一章　修炼气质，彰显女性魅力

> 气质是女人魅力的源泉，气质是女人灵动的美感。单纯的美貌已不再是现代时尚女人的追求。一个真正美丽典雅的女人应该是内心高贵与外表精致的合二为一，风韵但不风情，脱俗但不自负，谦逊但不卑微，古典但不呆板。能成为这样优雅而充满智慧的气质女人，是每个女人梦寐以求的。

气质的概念与类型

所谓气质，主要是指那些与生俱来的心理和行为特征，也就是那些由遗传和生理决定的心理和行为特征。气质实际上是人格中最稳定的、在早年就表现出来的，受遗传和生理影响较大而受文化和教养影响较小的那些层面。它与日常生活中人们所说的"脾气"、"性情"等含义相近且有紧密的联系。俗话说"江山易改，秉性难移"，此处的"秉性"通常指的就是气质。

人的气质是有明显差异的。这些差异属于气质类型的差异。通常在心理学上把气质分为四种类型：胆汁质（兴奋型）、多血质（活泼型）、黏液质（安静型）、抑郁质（抑制型）。

不同的气质类型，表现为不同的心理及行为特征。

胆汁质相当于神经活动强而不均衡型。这种气质的人兴奋性很高，脾气暴躁，性情直率，精力旺盛，能以很高的热情埋头事业。兴奋时，决心克服一切困难；精力耗尽时，情绪又一落千丈。

多血质相当于神经活动强而均衡的灵活型。这种气质的人热情，有能力，适应性强，喜欢交际，精神愉快，机智灵活，注意力易转移，情绪易改变，办事重兴趣，富于幻想，不愿做耐心细致的工作。

黏液质相当于神经活动强而均衡的安静型。这种气质的人平静，善于克制忍让，生活有规律，不为无关事情分心，埋头苦干，有耐久力，态度持重，不卑不亢，不爱空谈，严肃认真；但不够灵活，注意力不易转移，因循守旧，对事业缺乏热情。

抑郁质相当于神经活动弱型，兴奋和抑郁过程都弱。这种气质的人沉静，易相处，人缘好，办事稳妥可靠,做事坚定,能克服困难;但比较敏感,易受挫折,孤僻、寡断,疲劳不容易恢复,反应缓慢,不图进取。

多血质、胆汁质、黏液质和抑郁质四种类型中,属于某一种类型的人很少,多数人是介于各类型之间的中间类型,即混合型,如胆汁—多血质,多血—黏液质等。

人的气质本身无好坏之分,气质类型也无好坏之分。这一点与性格不同。在评定人的气质时不能认为一种气质类型是好的,另一种气质类型是坏的。每一种气质都有积极和消极两个方面,在一种情况下可能具有积极的意义,而在另一种情况下可能具有消极的意义。如胆汁质的人可成为积极、热情的人,也可发展成为任性、粗暴、易发脾气的人;多血质的人情感丰富,工作能力强,易适应新的环境,但注意力不够集中,兴趣容易转移,无恒心等。

气质美,女人永恒之美

女人是美丽的。女人的美丽是一种挡不住的诱惑,是一种说不清的魅力。而女性真正的美主要体现在她们身上的独特气质。这种气质美令人陶醉、令人倾倒。在现实生活当中,几乎所有的男人都喜欢与有气质、有修养的女人相处,因为这种女人不仅能在视觉上给人以美感,而且能以她独有的芬芳,让人在精神上受到感染,为之倾倒。

气质是一个人相对稳定的个性特点、风格以及气度。性格豪放,潇洒大方,往往表现出一种聪慧的气质;性格开朗,温文尔雅,多显露出高洁的气质;性格直爽,豪放雄健,气质多表现为大气;性格温柔,秀丽端庄,气质则表现为恬静等。

一个女人,无论聪慧、高洁,还是大气、恬静,都能产生一定的美感。相反,那种刁钻奸猾、孤傲冷僻,或卑琐萎靡的气质,除了使人厌恶之外,绝无其他,何来美感可言。

气质虽然包括衣着与修饰方面的格调,但这格调无疑来自内在。因为它不是毫无主见的模仿,而是通过个人的选择与认识表现出来的。这种对美的选择与认识的能力主要来自三个途径:

(1)知识美。读书是求知的主要方法,但不能只知道读书,而不关心日常生活中的知识。一个人的知识美要表现出丰富与灵活,不能只局限于书本,还要获取常识,增加对生活或大家所关心的事物的了解。这种书本上的专门知识与生活中的常识的综合,才可构成一种丰富而又灵活的知识美,也才可以对你的气质有所帮助。

一个有深厚教养和丰富知识的女性,自然能体现出非常吸引人的美的风度来。因此,女性应在培养才学知识方面多下工夫,只有如此,才能使你的风度闪烁着智慧的光芒,显示出经久不衰的魅力。

(2)品德美。善良的心地,宽广的胸怀,光明磊落的处世态度。待人谦虚而有自信,积极向上而不嫉妒,欣赏别人的优点而不自卑,了解自己的长处而不自负,勇于负责而不跋扈。这种优良的品德会形成一个人雍容优雅的气质。有这种气质的人自然举止从容,态度大方,具有一种安详高雅之美。

总的来说,女人应有一种文雅娴静的风度美,温文尔雅、不落俗套、娴静、温柔、细致,给人以端庄的感觉,也使人感到亲切。

(3)艺术美。艺术修养关乎一个人的气质,甚至比前面提到的两者更为重要。作为女人,不一定要使自己成为艺术家,但你要有一定水准的鉴赏力。有了这种鉴赏力,你才会知道哪些举止是高雅的,哪些举止是粗俗的;哪种化妆是高级的,哪种化妆是低级的;哪些衣服是美的,哪些衣服是丑的;哪些人的言谈举止是可以仿效的,哪些人的言谈举止是不可仿效的。有了这种鉴赏力,你才有选择力,才有取舍的标准,你才懂得朝哪个方向去雕琢自己,才懂得什么标准是你所要达到的。这是艺术修养,也是帮助女人形成高雅气质的必备工具。

在现实生活中,很多女性只注意穿着打扮,并不怎么注意自己的气质是否合乎美的标准。诚然,姣好的面容、入时的服饰、精心的打扮,都能给人以美感。但这种外表的美总显得浅淡短暂,如同天上的浮云。如果是有心人,则会发现,气质给人的美感是不受年龄、服饰和打扮所制约的。而且真正的美首先来自于气质。

女性的气质美首先表现在拥有丰富的内心世界。理想则是内心世界丰富的一个重要方面。因为理想是人生的动力和目标,没有理想和追求,内心空虚贫乏,是谈不上气质美的。品德是女性气质美的一个重要方面。为人诚恳,心地善良,对爱情专一,是中国女性的传统美德,也是现代女性不可缺少的品德。同样一定的科学文化知识也会使女性的气质美大放异彩。因为科学文化知识既是当代女性立足社会之本,也是自身修养的一个重要组成部分。而且,女性的文化水平在一定程度上影响着家庭生活气氛和后代的成长。此外,还要胸襟开阔。

气质美看似无形,实则有形。它是通过一个女人对待生活的态度、个性特征、言语行为等表现出来的。气质美首先表现在举止上。一举手,一投足,待人接物的风度,皆属此列。朋友初交,互相认识,立刻产生了好印象,这个好感除了言谈之外,就是举止的作用了。举止要热情而不轻浮,大方而不造作。

女性的气质美还表现在温柔的性格上。这就要求女性注意自己的涵养,要忌怒、忌狂、能忍让、体贴人。那些盛气凌人、傲气十足的"铁娘子",会使大多数人敬而远之。但是温柔并非沉默,更不是逆来顺受、毫无主见。相反,温柔开朗的性格往往透露出天真烂漫的气息,更易表达内心的感情,而富有感情的人则更能引起别人的共鸣。

高雅的兴趣也是女性气质美的一种表现。爱好文学并有一定的表达能力,欣赏音乐且有好的乐感,喜欢美术而有基本的色彩感,热爱舞蹈又有一定的舞蹈素养,其他如游泳、滑冰、栽花、养鱼、编织、刺绣等,都会使女性的生活充满迷人的色彩。

或许有许多女性并不是传统意义上的大美人,但她们身上却洋溢着迷人的气质:科学工作者的认真、执著;教师的聪慧、安详;作家和诗人的洒脱、敏锐;企业家的精明、干练;个体劳动者的勤快、自信;大学生的好学上进、朝气蓬勃……这是真正的美。

追求美而不亵渎美,这就要求每一个热爱美、追求美的女人都要从生活中悟出美的真谛,把美的形貌与美的气质、美的德行结合起来。只有这样,才能获得真正的美。

气质之美让女性凸显人格魅力。即使不是天生丽质，做个迷人的女人也不难，那就要滋养、绽放我们身上独特的气质之花。

每个女人身上都具有一些不为人知的优点，都有些甚至连自己都不十分清楚的闪光点，把这些闪光点挖掘和显现出来，就可以闪现自己出色的气质之美。

出色的女性永远是个性鲜明，充满魅力的。女性要懂得把优雅迷人的气质当作财富，围绕人格魅力营造一个具有强大吸引力的独特"磁场"，吸引他人与自己共创美好的生活。

优雅的气质，无疑是女人生命中最美丽动人的风景之一。出色的女性往往都具有独特的气质。她们的着装打扮、言谈话语、举手投足，都表现出一种与众不同的风格，这风格就是她们各自独有的气质美。这种优雅迷人的气质展现出她们的魅力，透露出她们的信仰和思想。从某种意义上讲，女性的气质既是一种力量，又是一种财富。她们的一举一动，一颦一笑都会令她们走向成功，从而绽放出完美的人生。

女人的气质之美与其说是来自内心的修养，不如说它是来自一种对美好事物的向往和接受能力。这份接受能力就使一个人的言谈举止不同流俗。

气质升华你的美丽

女人是水做的。上天赐予女人美丽的容貌、妖娆的体态，但这都不是决定因素。女人可以没有美貌，但不能没有芬芳的气质。唯有芬芳的气质能让美丽更加灵动鲜活、色彩斑斓；唯有气质能使美丽得到质的升华。倘若一位女子心胸狭窄，谈吐庸俗，纵使其有闭月羞花之貌，也会黯然失色。

与之相反的是，一个拥有迷人内在气质的女人，纵使外表平凡如常人，她的善良、温柔、优雅、大方也会令人刮目相看，她也会因此变得可爱生动。在他人的眼中，有气质的女人美得更脱俗、美得更持久。

气质是女人征服世界的利器。女人有了气质，就如同一座山有了水，显得灵气十足。一个女人只要插上了气质的翅膀，就会充满神采。人们都喜欢与这样的女人相处，因为这种女人不但给人视觉上的享受，还有一种特殊的魅力，能不断地感染你，使你羡慕，让你追随。

气质是一种不可抗拒的诱惑，因为它不是单靠外貌就能获得的，还要拥有丰富的智慧与常识，拥有迷人的气度与较高的综合素质。

有气质的女人，应该有温和的性情和坚韧的品格。她可以不漂亮，也可以不聪明，但她必须温柔。以柔克刚是女人的最高境界，在柔弱的外表下，跳动着一颗坚强的心。她独立、有能力，可以用智慧、个性战胜危难，用实力和最温柔的行为出击，争取最好的结果。当然，她更懂得在什么时候去安慰男人，并且把男人的自尊照顾得恰到好处，赢得男人的喜爱。

有气质的女人应该是纯洁的女人。纯洁可以使她对每一个人都以诚相待，却从不担心能否得到同样的回报。在她的世界里，美好这一旋律会给她和她的朋友们带来纯洁无瑕的友谊和欢乐。

有气质的女人必须具有一定的艺术修养和很深的文化积淀。古典乐曲梦幻般的忧伤深深地触动她多愁善感的心。文学如同她内心丰富的图画,书写出她的妩媚与脱俗,不经意间流露出迷人的优雅,字里行间流淌着秀外慧中的气质和温婉多情的韵味。

有气质的女人也是聪明的女人。她知道怎么放松自己,尽力做到张弛有度,将工作与生活安排得井然有序。

有气质的女人应该是成熟的女人。成熟的她懂得,付出真诚未必就能收获真心,献出友谊也许得到的却是伤心的泪滴,但她不会因此而气馁,因为她明白人生的道路不可能平坦,生活的意义就在于不断地去克服困难和战胜自己。

有气质的女人是仁爱聪慧的。她的内心充满幻想和憧憬,她会因为情感的丰富而变得温婉和柔美。在她细腻、丰富的情感世界里有时也会掀起一丝仁爱智慧的涟漪。

有气质的女人是积极乐观的女人。人生多磨难,成长的艰辛,生存的不易,带给了生活残酷和无奈。快乐的女人懂得享受生活之美,真正理解做人的情趣和经历,学会快乐地去享受。乐观的女人还可以成为快乐的天使,带给周围的人无穷的快乐因子。

人生路漫漫,女人的气质来源于对自己的不断塑造。追求气质是女人一生为之追求的目标。只要展开翅膀,尽情飞翔,无论你是婉约、细腻、恬静还是果敢、爽朗、义气,都可能成为一个拥有迷人气质的灵动女人。

气质迷人香自来

气质是女人魅力的源泉。气质之于女人,就像甘露之于鲜花,蓝天之于飞鸟。一个女人只要具备了气质的神韵,就会立刻艳压群芳、楚楚动人起来。

天赋的容颜是一道最容易消逝的风景,无情的岁月在夺走女人那面如桃花的容貌的同时,也会在那张曾经漂亮的容颜上烙下岁月的痕迹,而沉淀下来的只有生命中最本质的内容——气质!

气质是女人的知识、阅历、情感、能力、生活的一种综合外在表现,它来自内心深处丰富而深厚的信仰与底蕴。气质并不是与生俱来的,不是靠靓丽衣裙的装扮,也不是用高级化妆品的涂抹;不是矫揉造作的粉饰,也不是刻意强求的伪装。气质是一种修养,是超凡脱俗的嫣然一笑,是"发诸内,形乎外"的感染力。它不是一朝一夕形成的,它是女人在漫长的岁月中积淀而成的一种蕴涵。它不是浓烈的香水,不是靓丽的容颜,也不是金钱和地位所能代表的生活方式,它常常是渗透在生活细节中的点点滴滴……

美籍著名华人靳羽西女士曾经说过:"气质与修养不是名人专利,它是属于每一个人的。气质与修养也不是和金钱、权势联系在一起的,无论你从事何种职业、任何年龄,哪怕你是这个社会中最普通的一员,你也可以拥有你独特的气质与修养。"所以,气质对于每一个女人来讲都是公平的，每一个女人都能够得到气质精灵的宠爱，每一个女人都有机会展现自己独特的气质魅力。

女人的气质犹如花之魂，水之韵，松之魄，无影无形，很难用言语形容。我国现代诗人徐志摩曾被一日本女人的温柔气质所感动，写下了"最是那一低头的温柔，像一朵水莲不胜凉风的娇羞……"这"一低头的温柔"不但令多情的诗人倾倒不已，更穿透时光，让世人深深陶醉！

气质是一种灵性，具备化妆品所没有的生机。一个女性如果靠化妆品来维持美丽，生命必定是苍白的。

气质是一种智慧，一点点地雕琢着一个女人，塑造着一个女人，一个不经意的动作，就能吸引所有人的目光。

气质是一种个性，蕴藏在差异之中，让你拥有与众不同的韵味，成为一个让人难以忘怀的人。

气质是一种修养，在喧嚣的尘世中，让你洗练一身超凡脱俗的"宁静"。

有气质的女人像一本书，每一次品读都给人以新的感悟。也许它并没有引人注目的封面，翻阅以后，却依然令人爱不释手。

有气质的女人如一幅画，令驻足欣赏者不知不觉忘却了时间的流逝，只深深沉醉于她的氤氲韵味之中。

有气质的女人是一段香，"零落成泥碾作尘，只有香如故"。枯萎老去的是容颜，气质女人的一缕香魂，却永不凋零。

气质是女人一件永恒的"化妆品"。相貌的美丽出于天然，而气质却需要经过后天培养修炼方能形成。许多容貌不算美丽的女人因为其自身独特的气质，总能在熙熙攘攘的人群中，卓然玉立。

如果你天生丽质，你大可不必高傲，没有高雅的气质会让你的美丽显得庸俗；如果你长相一般，也大可不必哀愁，你可以从内而外修炼你自己的独特气质。只要心底灿烂，就会由内而外散发出恒久迷人的魅力。

气质迷人赢得青睐

有句话说："女人是二十而美，三十而强，四十而贤，五十而润。"意思是，女人的美，在二十几岁是美在拥有青春，三十几岁美在拥有事业，四十几岁可以因为贤良淑德而风韵犹存，五十岁的女人因为经历了风风雨雨，心态变得柔和而更加动人。

女人可以永远是美丽的，但所谓的美丽女人，不是只能通过吸引男人的目光来展示自己的女人，而是可以经由永恒的内在气质，吸引众人目光的女人。

意大利著名影星索菲亚·罗兰在刚刚进入电影界的时候，导演曾经强烈建议她做一下整容手术，把她的大嘴巴改小一些。可是她没有这么做，她认为要想赢得观众，不能只靠外貌，尽管这可能是让其他人立刻记住她的一个重要途径；可是要永远留住观众的心，还是要靠精湛的演技和永不凋谢的气质。再美的女人，看久了也不会觉得新鲜，而时时散发迷人气质的女人才能够永远引人注目。

索菲亚·罗兰没有做任何整容手术，她说："不管别人怎么想的，你都必须以自己的方式相信，你是一个美丽的女人。为了使自己美丽动人，女人必须有自信。"正是因为这份自信，使她的气质魅力令人无法抵抗。后来她成名了，大嘴巴还真的成了她独特的美，人们记住的是一个有着大嘴巴、气质高雅的女人！

女人的气质源于女人的优雅和高贵。张曼玉在《花样年华》中的旗袍装扮，恰恰将东方人的优雅、妖娆、玲珑、古典融于一体，一笑一颦都风姿绰约，让人觉得高不可攀却又忍不住跃跃欲试。

女人的气质源于女人的知性和心灵，即那种坐拥书城，俯拾都是丰富的学识，蕴涵让人想要一探究竟的绝佳气质。一个知性的女人凭借身上的书卷气，让人有种回味无穷的感觉，令人想探知她的心灵。

女人的气质源于女人的风情万种。完美精致的五官、玲珑曼妙的身姿，是女人风情万种的资本，她们可以神秘，可以幽深，可以动人心弦，令人不可捉摸，意乱情迷。

女人的气质源于女人的表里不一。外表质朴、自然、不事雕琢，内心却浪漫，柔情万种。只有进入她们内心世界的人才能够真正了解她。

女人的气质源于女人的难以捉摸。像一匹难以驾驭的野马，奔放、潇洒、热烈、不羁，你永远也赶不上她的节奏，抓不住她的脚步，只能跟从。

女人的气质源于女人的理性。意志坚强，说一不二，成熟女人清楚了解自己想要什么，一定要得到什么，用聪明的头脑理性地分辨是非，不会感情用事。

女人的气质源于女人的雍容华贵。总是以最华丽的姿态出现，喜欢出风头，任何人都阻挡不了她的气势，任何人都无法不时时关注她。

然而，女人的气质不是与生俱来的，女人的气质是在生活中用心磨炼出来的。

气质是个人素质，又是复杂的混合物。构成气质的，有与生俱来的容貌、体质，更有后天的文化素养、审美情趣、价值观念和心理机制等。

气质是文化的沉淀物。气质一旦形成，就从人的"骨子里"冒出来，待人接物、工作学习、友人团聚，无不需要气质的力量。

气质如同璞玉，可雕可琢，未有尽时，同时还有稳定性，可以伴随人终生。

气质女人优雅

优雅是一种恒久的气质，是不拥有它的人所无法假饰的，优雅是一种内在的美丽，是每个女人都应该培养、拥有的。

所谓的"优"指的是一个人内在的品质、涵养、气度、心态所具有的完美状态,而"雅"则是你内心所处的完美状态的外化,是你那优雅的举止、文雅的谈吐和高雅的形象。

优雅是一朵花,一朵圣洁的莲花,洁身自好,一尘不染,而拥有优雅的女人则会由内而外散发出一种从容、高贵、圣洁的气质。随着无情岁月的流逝,老了她的容颜,却没有让她那颗激情澎湃、涌动如潮的心变老,她依然年轻。

优雅的女人像茶,有着令人回味无穷的芬芳。

一位优雅的女人,必然富于迷人的持久的魅力。聪明的女性也要照镜子,但她能从镜中看到内心,能够从镜子里走出来,不为世俗偏见所束缚,不盲目模仿别人。

优雅像有形而又无形的精灵,紧紧攫住人们的感官,悄悄潜入人们的心灵,从而给人留下难以磨灭的印象。

一个女人可以有华服装扮的魅力,可以有姿容美丽的魅力,也可以有仪态万千的魅力,但却不一定有优雅的风度;但是,一位具有优雅风度的女人,必然富于迷人的持久的魅力。

优雅的女人并不一定要天生丽质、沉鱼落雁,但要有一定文化知识的修养。因为文化知识是当代女性立足社会之本,一定的文化知识会使女性气质美大放异彩。再说,女性的文化水平能在家庭中营造高雅、志趣、向上的家庭氛围,潜移默化地影响着后代和家庭成员积极向上。

三毛和张爱玲都不是倾国倾城的绝色佳丽,但她们都有绝对迷人的魅力。她们用文字将她们的美别致地表现出来,她们的一生都充满着传奇,她们的一举手一投足都流露出修养、智慧和善良。

优雅的女人拥有纯洁的心灵。她追求真理,渴求知识,她厌恶邪恶、贪婪、恶毒,更不齿于嫉妒、怨恨、诡诈,对自夸、造谣更是远离。

也许拥有优雅的女人没有过着富足的生活,但她们却从不慨叹命运。她们的内心充满了仁爱、喜乐、和平,她们节制自己的内心,她们忍耐、恩慈、良善、温柔,她们不甘落在人后,却也不为名利所累。

也许拥有优雅的女人会身无分文,但她们从不认为自己一无所有,而且内心非常满足,她们的内心被爱包裹着。她们的心充满了感恩的因子,眼中常常会有盈眶的泪水,脸上常常会有闪耀的光辉,因为她们经常被爱感动。她们从不乞求别人给予自己爱,而是将满腔的爱奉献给那些需要抚慰的心灵,并且不求任何回报。她们的内心满怀着爱,像温暖的火,烘干别人潮湿的心。

也许拥有优雅的女人抗拒不了岁月在她们脸上添加的那一道道皱纹,也许她们已不再年轻,但是她们对生活却有着无穷的乐趣及永不枯竭的热爱。她们目光所及,无不充满了好奇,她们的字典里从来没有郁闷与烦躁。她们喜欢像小鱼一样,自由自在地在这广阔的人生海洋里遨游,而且用她们独特的视角,记录下每天的感动。当她静静地观看窗外风景时,心也随着大自然的美好景观而飞向远方,展开希望的翅膀飞向那湛蓝壮阔的天空。

也许拥有优雅的女人并不精明,可是她们却不能够不思考,不能够没有智慧。在名利与智慧面前,她会选择拥抱智慧。

拥有智慧的女人是从容的,更是大度的。她会远离嘈杂,并且远处观看它。当她置身事外时,她对于名与利为何那么受欢迎而感到疑惑不解,她们不理解为什么这浅短的利益就能迷住人的眼!

也许优雅女人的年龄随着峥嵘的岁月在增长,但她们的眼睛依然清澈透明,没有任何杂质。她们抱着本真前行,从未丢弃那美好的纯真。她们有着水晶般晶莹剔透的心灵,很单纯也很轻盈。

在这个世界里,她们总能够轻灵地纷飞。她们看待世界的眼光,是儿童般的率真,充满了真诚,这种眼神能够让冰雪消融,能够让冷风驻足。

也许拥有优雅的女人永远都学不会自私,可正因为如此,她们会更加美丽动人,她们的这份无私让人相信温暖,仅仅是她们在举手投足之间,也会散发出迷人的魅力。她们给人以温暖、慰藉与信任,同时还严格要求自己,自尊、自爱、自信、自强。她们从没有让颓废、空虚、迷茫近身,她们的内心很酷,当然这不是冷酷,而是她们有强大的内心,不但不会践踏自己,更不会去刺伤别人。无论时光怎样流逝,都不会让她们的毅力被消磨,更不会使她们内心屈服。

当优雅成为一种自然气质时,这位女性一定显得成熟、温柔又善解人意,无需太多的言语就能与你进行心灵的交流,达成心灵的默契。因而,要做一个优雅的女人,需要内外兼修地打造自己的魅力。

优雅实际上是内在美和外在美结合的产物,优雅的展现方式有很多种,一个眼神、一句话语、一个动作、一抹微笑,都可能让你优雅万分。不要以没有时间和金钱为理由而允许自己丧失能让你魅力指数大增的优雅,其实只要留意,优雅无处不在。

如果在日常生活中注意以下几个方面,优雅于你而言就不会是那么遥远的事情了。

——和气温逊,举止适宜。

——谈话平静温柔。不可滔滔不绝,粗声大气,语惊四邻,争得面红耳赤。

——行动适度,落落大方。

——走路姿态从容恬静。

——穿着衣饰合时宜,服饰要整齐清洁,优雅大方。

——待人诚恳。在与人交谈交流时,态度一定要诚恳、热情,表现得落落大方,温文尔雅;一些朝九晚五的白领女性,生活却像行军打仗,厅堂厨房无数家务等着她们去做。有什么办法可以减轻这种无休止的压力,营造一个优雅的你呢?

——如果你必须在单位用午餐,最好在自己的抽屉里放上个漂亮的瓷盘瓷碗和一个精致的不锈钢调羹,用它们将盒饭的饭菜分开,只要远离那些一次性快餐具,那你就会化庸俗为高雅,再普通的食物吃起来也会显得别致而有情趣。

——如果你有空和朋友到咖啡厅这类充溢着文化氛围的地方坐坐或谈生意,当侍者来到桌前,朋友和你各点了一份咖啡,就在侍者转身离去时,叫住他(她)补充一句:"我那一杯请不要加糖!谢谢。"你这一句可谓后发制人,展现了自己优雅的魅力,不仅让对方知道你是个格调高雅的人,还顿使朋友自惭形秽觉得自己似乎从未喝过咖啡。

——每周至少一次,关上电视,听一曲优美的莫扎特小夜曲或萨克斯吹的《Are you lonely tonight》等柔情似水的轻音乐。

——不要偏爱廉价化妆品。你应该拥有至少一种以上优质香水。

——坚持定时做健身运动,而不要在工作得筋疲力尽之后,径直去洗桑拿浴。

——尽量经常微笑。没有比快乐的、开朗的面容更令人喜爱的了。

气质不是模仿人或跟着时尚的东西就能得来的,它是靠从自身的各个方面一点一点修炼出来的,适度展现迷人的优雅能增添自身的气质魅力。

气质女人有"女人味"

徜徉于车水马龙的街头,你可曾不经意地抬头,一个婀娜多姿的女人映入你的眼帘,举手投足间无不散发出一种只可意会,不可言传的韵味。蓦然间,你被她的十足"女人味"而吸引。女人味是对男人永恒的吸引,是从内心深处散发出的一种芬芳气质,令人怦然心动。有女人味的女人是水中月、镜中花,情愫悠悠,意蕴深长,令人能静下心来细细品读。没有女人味的女人,如同失去芳香的鲜花,少了令人神往的味道。女人味是女人的魅力武器,有女人味的女人才会有吸引力。女人味如此重要,那么女人怎样才能拥有女人味呢?

第一,无论你是白领还是蓝领,待字闺中也好,初为人妻也罢,作为女人的你,永远不要像男人一样大大咧咧,风风火火。要记住,凡事要张弛有度,矜持,永远是一个女人的最佳法宝。

第二,外表漂亮的女人不一定有味,有味的女人却一定让人觉得很美。因为她懂得"万绿丛中一点红,动人春色不需多"的道理,具有以少胜多的智慧,凭借一举一动、一言一语、一颦一笑的优势,弥补天生外貌之不足。

第三,我们知道再名贵的菜,鲜美的味道也要靠佐料来调制。譬如:石斑和鳜鱼算是名贵了吧,但在烹调的时候必须佐以佐料才能出味!女人也是如此,一个女人气质要有诸多因素烘托,如妆要淡妆,话要少说,笑要恬淡,爱要执著。无论何时何地,都要好好地"烹饪"自己,使自己暗香浮动以"味"赢人。

第四,有女人味的女人并不追求前卫的服饰,因为她们清楚古怪的服装并不能增添她们的女人味。

第五,女人味不能用金钱来衡量。有些女人铜臭有余而情调不足,一个缺少情调的女人只会让人觉得索然无味。

所谓"女人味",确切点说应该是一种人格、一种文化修养、一种内在的品质。有女人味的女人浑身充满韵味,令人回味无穷。虽然说"爱美之心,人皆有之",然而往往因不能恰到好处,而让人觉得滑稽可笑。就说化妆吧,有女人味的女人就懂得什么时候"淡妆",什么时候"浓妆",她懂得"相宜"的尺度,因此显得优雅。而没有女人味的女人,尽管抹了一脸高档次的化妆品,全身上下珠光宝气,却让人觉得肤浅、庸俗不堪。其实,"恰到好处"才是女人味的真谛。

培根说:"美不在颜色艳丽而在面目端正,又不尽在面目端正,而在举止合度。"生活中,常见这样的女人,样貌无可挑剔,可以说是天生丽质,令人羡慕。然而遗憾的是,她善于摇唇鼓舌,搬弄是非,在人群中说三道四,永无倦意,好像博学多才,实则腹中空空,这样的女人即使再漂亮也不会拥有女人味,因为其德行实在让人不敢恭维。

还有一类女人,只知穿衣吃饭,不闻知识,不问文化,不善思考,终日为生计忙碌,虽不乏贤良淑德,甚至可以称作富有牺牲精神,但总让人觉得有些缺憾。

这类女人不能说她没有女人味,只能说她的女人味缺乏些"味道",因为,"味道"还包含文化情趣。只有那些貌压群芳而成就卓著,而且为人谦和,聪明伶俐的女人,才可称得上"味道"十足。

女人的女人味是一种德艺双馨的气质,是女人"富心"之后于无形之中吸引人的内在魅力。当然,若能秀外慧中,这样的女人就近乎完美了。

气质女人韵味十足

什么样的女人最有魅力?答案是一个有韵味的女人。韵味是一个很笼统的词,无法说清它是什么样子、什么情况,只知道它源自女人的善良、智慧、才情、淡雅、成熟和健康。

女人的韵味来自于善良。善良是人类最原始的天性,《三字经》中有"人之初,性本善"之说,可见善良是最真、最美的东西。女人如果拥有这种特性,就会更显迷人。她们待人友善,无论地位多高、多么富有,也不会摒弃善良,所以她们的朋友很多。也因为善良,她们从不计较得失,没有报复心,所以她们身上总有一种吸引人的魅力。

女人的韵味来自于智慧。外貌漂亮仅仅是表面之美,内涵才是一个女人最为闪光的东西。"金玉其外,败絮其中"是每个人都不愿意看到的,所以有韵味的女人一定要有智慧。这种女人最懂得为人处世的道理,因为她们看得深、想得远,所以很难被花花世界所迷惑,更不会以青春作为代价而随波逐流。她们会把精力放在精神培育上,或读书,或学习新的事物,从而使自己更加完美。

女人的韵味来自于淡雅、干净、纯洁,让自己的气质超凡脱俗,仿佛是一个误入凡间的仙子,包含着清水出芙蓉的味道。也许这种女人外表并不美,但却有一种不染世俗的洁净之态。淡雅的女人从来不炫耀,从来不争功,她们只想还原本色,做真正的自己罢了。

女人的韵味来自于成熟。成熟的含义不仅包括身体成熟,更多的是对心灵而言。随着女人的长大,她总会离开父母家,组成自己的家庭,并且成为家里的女主人,这就要求女人要成熟、独立起来。只有这样,今后的生活才会更美好,家庭生活才会更幸福。成熟女人最大的优点是遇事不冲动、自制力强且善于分析问题和解决问题,这些恰恰是一个家庭所需要的。

女人,不一定要漂亮,但一定要有韵味,有韵味的女人最美丽!

女人的韵味来自于健康。林妹妹那种病态美女,虽美,却失了灵性。健康是女人美丽的根本。女人只有身体健康,并怀着一个积极向上的心态,在面对人生挫折的时候,才能从容应对。

所以，健康的体魄是生活中不可或缺的财富，是成为一位韵味女人的先决条件。

一个有韵味的女人，必是一个有气质、有个性的女人；而有个性的女人不一定是一个有气质、有韵味的女人。

说一个人很有个性，就是说这个人很有特点，有区别于他人的性格特征。有的人孤傲冷漠，有的人谦和稳重，有的人张扬玩酷，有的人开朗活泼。

气质是在个性的基础上，加上内在的学识修养、着装打扮等，融合在一起所表现的一种韵味。韵味就是综合起来所要表达或流露出的主题思想。譬如，一幅画，一首诗，一首歌，它们不同的描绘对象、不同的表现手法和技巧，再加上色彩格律音调的不同应用，就表现了它们不同的意境和韵味。

一个女人可以没有姣好的容貌，但不可以没有吸引人的气质。漂亮，可以让你成为瞬间的第一眼美女；而气质，可以让你成为永恒的东方女神。漂亮的相貌会在时间的消磨下，形枯容衰，黯然失色；而迷人的气质却在时间的发酵下，历久弥香，风韵长存。

那么，如何才能成为一个有气质、有韵味的女人呢？

首先，要有一个良好的性格。保持自己良好的个性，成为受人尊敬和爱戴的人。就像园艺师经常为花草树木修枝整形一样，人也需要不断地反省自己，修正自己。譬如，多疑内向的人要去掉多疑嫉妒的坏毛病；骄傲自满的人要收敛狂妄自大的坏习性；简单粗暴的人一定要克制暴躁冲动的坏脾气；谦和稳重的人要避免有呆板平庸的嫌疑。良好的性格，让你容易与人接近，建立起良好的人际关系，让你不再感到孤独无助。

其次，要注意提高自己的学识修养，丰富自己的内涵爱好。有了较高的学识修养，心灵就不再感到空洞苍白；有了丰富的内涵和爱好，就不会感的生活单调无趣。读书写作，可以丰富你的人生阅历，提高你的思维能力；音乐舞蹈，可以让你情感丰富，形体健美；书法绘画，让你神清气爽，韵味绵长。还有园艺，烹饪等，也能使你细致温存，热爱生活。好的学识修养，使你由内到外地散发出一种高雅的韵味，让你美丽永久。

最后，要注意自己的形象仪表。穿着，尽量得体大方，少穿奇装异服，否则会让你显得不伦不类。如果你长得不够亭亭玉立，就少穿那些运动服之类的休闲服装，否则会让你的身材更加没有线条。穿衣服要会取长补短，展现自己身材的优势，掩盖身材的不足。服饰色彩更要根据自己的肤色和体形来搭配。少穿那些颜色特别夸张的衣服，淡淡的色彩，尽显淡雅清爽，也会让你更显亲和力。不过，体形胖的人，还是穿深色，或深浅搭配好些，这样会让你看起来苗条些，凝重些。总之，穿衣服也要穿出韵味来。发型，也要适合自己的脸型和体型，少弄那些夸张的发型。像那些经典发型：马尾辫，披肩发，长碎发等，还是很能体现女人的柔美来；浓密的黑发也最能显示东方女性的典雅之美。

一个有韵味的女人，在言谈举止的细节上最能体现出来。她干净整洁，说话口气清爽；她很少大声喧哗，也不歇斯底里；她谦和稳重，不卑不亢；她温文尔雅，落落大方；她聪明智慧，善解人意；她任劳任怨，爱岗敬业。这样的女人就是一个内外散着香，闪着光的气质女人。

把握命运，升华气质

获得幸福是女人一生的追求。而要获得幸福，把握命运，你首先要当自己思想、行为的主人。换句话说，就是你只有做自己，做个完完全全的自己，你的幸福才会降临！这就是幸福女人的秘密。每个女人都可以活出生活的品质、品味生命的多彩，但那些不能做自己的女人，却只能听命于人，无法为自己营造美丽人生，让本来可以神采飞扬的人生变得黯然失色。

美国著名女歌手卡朋特曾红极一时，直到今天，她的那首《昨日重现》依然回荡在歌迷心中。但如果她不追求所谓的魔鬼身材而节食减肥，她就不会患厌食症而早逝，我们也就能更多地欣赏到她优美的歌声。即便这样，还有许多的女性步卡朋特的后尘，成了美丽的牺牲品。追求所谓的美貌，只会滋生更多的烦恼和挫折感，使自己更加自责、自卑，让自己顺从某些社会标准的压力。

只在乎他人眼光的女人永远不会拥有自己的气质。太过在意别人的眼光其实是对自己气质的不自信，自己都无法肯定自己，又怎能让别人信任自己呢？相反，有气质的女人懂得去享受别人的关注，别人的评论无论好坏都代表着关注，可以倾听，但不会盲从、屈服于不适合自己的标准。

女人最大的悲哀就是妄自菲薄、自我否定，而一个不自信的女人，只会感到苦楚、疲惫和烦恼。

女人只有做自己，她才会变成自我价值的建设者，全身心地接纳自己、肯定自己、爱护自己。这才是真真正正地把命运掌握在自己的手中。

在古老的欧洲有一则寓言：

在意大利威尼斯城的小山上，住着一位智慧老人，他能回答任何人的问题。当地的两个小孩想要愚弄一下这位老人，他们捉了一只小鸟，就去找他。

见到智慧老人，一个小孩手里握着那只小鸟问道："您是无所不知的智慧老人，那您知道我手上的小鸟，是死的还是活的？"老人不假思索地说："孩子，如果我说鸟是活的，你就会攥紧你的小手把它捏死，如果我说鸟是死的，你就会把手松开让它飞走。要知道，你的手掌握着这只鸟的生死大权。"

把握自己的命运是一种能力。如果一个人有能力把自己从烦恼、困难、痛苦中解脱出来，愉快、舒适、甜蜜地生活，那么这种能力就会转化为获得成功的气质，成为真正的无价之宝。但是，如果你不能掌握自己，那些潜藏在你心中的高贵气质——坚定的信念、满怀的希望、十足的勇气、奋斗的精神，将荡然无存。

作为女人，要想把握自己的命运，就要有梦想，更要相信梦想，激励自己去实现梦想。

梦想的力量是强大的。伟大的梦想通常能促使我们充分发挥自身的潜能，激励我们瞄准目标，追求卓越，全力以赴。在梦想灯塔的指引下扬帆远行，走向成功的例子可以说数不胜数。罗马纳·巴纽埃洛斯是一位年轻的墨西哥姑娘，16岁就结婚了。在两年当中她生了两个儿子，可是丈夫却离家出走，罗马纳独自支撑家庭，决心谋求一种令她自己及两个儿子感到体面和自豪的生活。

她带着一块普通披巾包起全部财产，来到得克萨斯州，并在埃尔帕索安顿下来。

巴纽埃洛斯在一家洗衣店工作，一天仅赚1美元，但她从没忘记自己的梦想，她要摆脱贫困过上受人尊敬的生活。于是，口袋里只有7美元的她，带着两个儿子乘公共汽车来到洛杉矶寻求更好的发展。

她开始了一家饭店洗碗的工作，后来找到什么活就做什么。拼命攒钱直到存了400美元后，便和她的姨母共同买下一家拥有一台烙饼机及一台烙小玉米饼机的店。

巴纽埃洛斯与她姨母共同制作的玉米饼非常受顾客欢迎，后来还开了几家分店。直到最后，她姨母感觉到工作太辛苦了，巴纽埃洛斯便买下了她的股份。

不久，她成为当地最大的墨西哥食品批发商，拥有员工三百多人。经济上有了保障之后，这位勇敢的年轻妇女便将精力转移到提高美籍墨西哥同胞的地位上。

"我们需要自己的银行。"巴纽埃洛斯想。后来她便和许多朋友在东洛杉矶创建了"泛美国民银行"。这家银行主要是为美籍墨西哥人所居住的社区服务。如今，银行资产已增长到两千多万美元，不过这位年轻母亲的成功确实得之不易。

起初，抱有消极思想的专家们告诉她："美籍墨西哥人不能创办自己的银行，你们没有资格创办一家银行，同时永远不会成功。"

"我行，而且一定要成功。"她平静地回答。

她与伙伴们在一个小拖车里创办起他们的银行。可是，当她向人们兜售股票时却遭到拒绝。

他们问道："你怎么可能办得起银行呢？""我们已经努力了十几年，总是失败，你知道吗？墨西哥人不是银行家呀！"

但是，巴纽埃洛斯始终不放弃自己的梦想。如今，这家银行取得伟大成功的故事在东洛杉矶被传为佳话。后来，巴纽埃洛斯成为美国第三十四任财政部长。

巴纽埃洛斯的经历足以说明梦想的力量，即使它是梦境般的空想也没关系，因为空想是达成愿望前的一个出发点。但是空想本身如果不去实行，只能以空想结束，无法成为引导你成功的原动力。因此，你需要有目标，需要有具体的目标，明确的目标。

定下目标只是第一步，第二步也同样重要，就是计划如何达到目标。为自己制定目标及执行计划，是唯一能超越别人的可行途径。

女人一定要有崇高的目标，一定要懂得自己想拥有什么。一个有梦想的女人会让人觉得十分高贵。拥有你的梦想，并努力去实现梦想，成就命运。这才是一个女人真正的魅力所在。

第二章 巧妙化妆，"妆"修迷人气质

> 女人天生丽质固然可喜，但后天气质的培养更加重要。不能仗着天生丽质就不修边幅，聪敏的女人都很会化妆，把自己装扮、修饰得靓丽迷人。
>
> 靓丽的妆容可以体现女人端庄、美丽、温柔、大方的独特气质。这样的女人总是神采飞扬地出现在他人面前，令人眼前一亮，在不知不觉中为之倾倒。

妆容让你更美丽

爱美之心人皆有之。但女人对美的向往比男人更强烈、更执著、更痴迷。常常听人这样谈论女人："上帝给她一张脸，她能另造一张出来。"换句话说，女性的美，很大程度是靠巧妙的化妆而变得更加靓丽的。

青春之美是无意识的、天然雕琢的，而成熟之美则是有意识的、丰富而复杂的，并且需要下些工夫。你要美，就别吝惜为自己靓丽的妆容而花些时间。相貌平平的女人，如果能够巧妙地化妆，也会变得美丽起来；相反，一个年轻漂亮的女人，如果不注意妆容，同样会没有神采，给人以不适之感。因此说，女性为了展示美，下点工夫化妆是值得的。

化妆，运用化妆品和工具，采取合乎规则的步骤和技巧，对人的面部、五官及其他部位进行渲染、描画、整理，增强立体印象，调整形色，掩饰缺陷，表现神采，从而达到美容目的。化妆能表现出女性独有的天然丽质，焕发风韵，增添魅力。成功的化妆能唤起女性心理和生理上的潜在活力，增强自信心，使人精神焕发，还有助于消除疲劳，延缓衰老。

"女为悦己者容"，道破了化妆的"天机"，目的是为获得异性的青睐。早在公元前200年就有美容化妆的专著告诉女人如何通过化妆来吸引男人，并建议还可以用文身和染发及牙齿的保养来使脸孔显得更美丽。而现代，美国贝拉明大学的心理学家唐·奥斯木做过一项试验，他给50名男性评定人看一些上妆和未上妆的妇女照片，结果表明，在未上妆妇女的照片中，无论提供的女人照片多么好看，都大大降低了对她的魅力评价，大约 80%的评定人喜欢化了妆的模特相片。这促使奥斯本力劝所有的妇女回到美容院去，向职业化妆师寻求帮助。

这似乎说明了"美貌先于其他因素"的定律。事实上，女人通过化妆使其对自身的感觉找到了展示的舞台。"悦己者"已不仅仅为吸引异性，也是"取悦自己"。有的女性坐在梳妆台前看自己看得出神，就是在化妆的过程中看到变化了的自己而感到快乐，通过检阅自我的容貌而获得愉悦的心情及自信，从而使脸上具备神采。

人的第一个感觉是对他自身存在的感觉，即外表的第一印象。化妆正好显露出你自己，标识出你自己，因此显得至关重要。

女人通过化妆，用粉底抹去一张原色的脸，为的是创造出一张理想的脸，特别是起着弥补缺陷的神奇功能。恰到好处的眼影使双眼熠熠生辉，明亮有神，眼角的细小皱纹已完全不露痕迹地消失了。

狭窄脸的女性把腮红涂在远离鼻子的地方，利用视错觉使脸看起来更丰满一些，而宽面孔的女性应避免将它涂得离耳朵太近，把它涂成垂直且模糊不清的一片则使脸部有效地缩窄。

可见，化妆具有神奇的功能，是打造气质女人的主要手段，懂得化妆的女人，是聪明的女人；善用化妆的女人，是智慧的女人。

美丽对所有爱美的女人都不吝啬，只要你找到窍门，一切问题就迎刃而解了。很多时候，只是换个发型，或是换个眼影颜色、贴个假睫毛，就可以彻底改变你的形象，让看到你的人眼前一亮！下面的五个小技巧就可以帮你靓起来。

(1)换个肤色，变个色调。如果你特别羡慕别人白皙的皮肤，那么可以使用象牙白粉底，然后用化妆刷把粉均匀地扫在脸上，以防止粉底黏结发际，下颌下面、脖颈及耳朵周围也千万不能忽略。

(2)眼影打亮你的生活。习惯成自然，美丽是需要打破一些习惯的。你还是不用眼影或用单色调的眼影吗？那么就尝试改变一下吧，几种色彩一起用会给你带来意想不到的效果。比如，蓝、绿、粉、橙或紫色眼影都会给你的妆容注入新的元素，让你看上去更加出众。选择适当的颜色一层一层由浅到深地打上去，打好后的层次感会凸显眼部的迷人魅力。即使你的眼睛浮肿，也可以较好地遮掩，这就是眼影的妙处。

(3)挑一个明艳唇色。嘴唇是女性美的象征之一，因此挑选一个明艳的唇色是非常必要的。怎样化妆才能令唇部更加动人呢？红色的唇膏会让人看上去更有女人味、更性感，所以你完全可以选一个大红的唇膏。有的女性担心颜色太艳，看上去会有点恐怖。实际上，只要在涂好唇膏后用纸巾或手指把嘴角边缘擦得模糊一点，就不会让人产生突兀的感觉，还会使唇妆看上去更加娇嫩自然。

(4)改变眉形。你打理过自己的眉毛吗？别看它细小，在打造女性的气质上也占有一定的分量呢。别再让你的眉毛一成不变了，把它精心修理一番，你的面容会更有精神。首先你要选择和自己肤色、发色相配的颜色，黑色是常用色，但是不如褐色出彩，因为褐色更能有效地衬托出你的亲和气质。另外，描眉也是有技巧的，最好一根根地涂，而后将颜色晕染开来，这会让眉毛看上去更加立体自然。

(5)尝试刷腮红。有的女性每天都刷腮红，却都是随性而为。那么怎样才能将腮红刷出好效果来呢？想要刷出自然弧度的腮红，就要选一款圆头腮红刷。用腮红刷在颧骨位置打圈，可爱之感顿生，然后由颧骨至发际轻轻地来回扫，这样会在一定程度上使脸盘变小，也会令你的妆容看上去既清新又自然。

改变也许只有一点点，轻而易举便可做到，但带来的效果却是惊人的。

靓丽妆容只要八个字

化妆是运用色彩、线条、层次感创造美感的一种方法和艺术。靓丽的妆容只要八个字，即：正确、准确、精致、和谐。

1. 正　确

化妆的部位与色彩搭配及表达目的一定要正确，要遵循化妆的基本原则。不然即使你的每一笔描得都很好，每一种色涂得都精致，却脱不了或俗气或碍眼的感觉。画眉时，要知道眉毛正确的起点、角度、高度、描画的基本原则，一般是眉毛的起始位置与内眼角的位置应是一致的。"三庭五眼"所说的"五眼"，是在两个眉头之间可以放下一只眼睛。如果你不懂得这个原则，眉头超出了内眼角，两眉之间距离过短，人就会显得压抑、苦闷；若两眉位置短于内眼角，两眉距离过宽，人会显得呆板、缺乏活力和生机甚至呆气。这些都是化好妆需要学习的基本原则，如果你不懂这些，单凭感觉，今天画长点，明天画短点，是画不出好的妆容的。

2. 准　确

准确和正确有不同的含义，正确偏重于掌握化妆理论性的原则，准确强调的是你的化妆操作技巧，落笔要娴熟，能够准确地将化妆理论性的原则在个体身上得到准确的体现。唇形画得好不好，不能单一从大小和厚薄及形状等方面评价，还必须学会如何适合你的脸形和气质，并懂得你将要出席的场合与设计的关系。

另外，唇部化妆中，有一条基本的化妆原则，即上下唇的厚度比例应为1∶2，唇谷应在人中中央位置上，这样的唇被称为标准唇。不要小看这一条简单的化妆原则，要想把它准确地画出来，不经过充分的练习是达不到的。

3. 精　致

中国女人的妆面大多不够精致，这是因为自小缺乏美育熏陶的原因。中国女人普遍没有精细的修养观念和习惯，同时也没有每天和每时每刻对形象毫不松懈的意识。所以修饰中带有较多粗糙的痕迹，比如口红边沿不清晰、粉底浮乱、眉毛不修饰等。

精致是需要长期培养和打磨的,是女人品质极有代表性的一种表现形式。事实上,相对于化好妆的其他三大要素,精致是最容易达成的,你要做的是反复练习和坚持不懈。当你每次都能够很精致地涂好口红,有了一条流畅和清晰的唇线轮廓,你就会发现你的品质和品位添加了很多。

4．和　谐

和谐包含三个层面:

第一层面是妆面的和谐。妆面的和谐表现在各个部位的妆面在风格上、色彩上都要和谐。如眉形柔美,唇形也应随之柔美;又如眼影是冷色调,口红也应为冷色系。面部是五官比较集中、视觉反应较为强烈的视觉焦点,妆面冲突与不和谐会对女人的品位大打折扣。

第二层面是妆面与整体形象的和谐,也就是妆面与发型、服饰、佩饰等相对性的和谐。

第三个层面是外环境的和谐。这里的外环境指的是你要表达的气质,你将要出席的场合,你是什么年龄、职业和社会地位,你都应善用化妆手段加以表达和强化。

和谐是妆容的最高境界,如果这种和谐能自然而然地、得体地表现出你的个性和特色,那么你就掌握住化妆的技巧了。化好妆看似简单,其实是不简单的,需要学习了解多方面的知识,掌握多方面技术技巧。

掌握化妆的基本要领

化妆是值得女人学习和研究的一件事情。女人的气质、品位不单是出自美丽的眼睛和光滑细腻的皮肤,还是出自整体的妆容效果。眼睛和皮肤的美丽常常是一目了然的,而好的妆容是女人用智慧和修养精雕细刻出来的。那份与身体的和谐,那份洋溢于周身的风采和丰韵,那份内心世界精彩的描述和渴求,是可以用心去表现的。

通常好的妆容所表达的美,是可以超越本体的。相反,不良的妆容会损坏女性的美感——视觉的美感、品位和素养的美感。可以说,爱化妆的女人是积极的女人,会化妆的女人是智慧的女人。但是,能够化好妆,并不是件容易的事。

那么多的化妆品,那么多的化妆工具,那么多的化妆色彩,仅仅知道一些化妆方法是远远不够的。化妆是熟能生巧的技艺,你得花一些时间练习,才能够应用自如。学会常规的化妆技巧也不是很难的事。

以下是你学好化妆须了解和掌握的基本要领:

1．提升审美能力

这就需要你长时期在文化艺术修养方面持续学习。有没有较快提升审美能力的办法呢?

即在日常生活中多看书报、杂志、影视作品,不断观察和揣摩优雅人士的妆容和整体造型,细心观察、研究、体会这些妆容和整体造型,耳濡目染,日积月累,会激发、挖掘、培养你在这方面的审美能力,你又通过不断的实践提高这种能力,这种方法是行之有效的。

2. 拥有一份好的心境

选择好品质的化妆品,是获得这份心境的一项投入。好品质且名贵的化妆品,会催生你良好的心境。也正因为它名贵,你对它的珍惜、爱顾和悉心呵护也优雅了你的心境。

3. 以好的肌肤状况为基础

皮肤要清洁干净,保持良好的光洁度和湿润度。否则妆面漂浮在不洁净或粗糙的皮肤表层,就不可能产生良好的妆容美感。皮肤保养和化妆前正确的清洁方法,特别清洁表面堆积的角质层等,你应当学习和掌握。

4. 选择好的化妆品

化妆总是化不理想,有时并不是你的技术有问题,而是你使用的产品品质有问题。你应该根据自己的消费能力,尽可能选择品质好的化妆品,特别是使用频率较高的彩妆品,如口红、粉底、眉笔等。化妆品每次用量并不多,一件产品可以用较长的时间,好的质量是非常重要的,不同品质的产品质地感、色彩感、细润程度通常差异是较大的。记住,化妆的目的是为了美,而不是为了有色彩。使用不好的产品,色彩是有了,美却没有体现,这便违背了化妆的本意。

好的妆容要用好的化妆工具来完成,你要有一套简便和质量讲究的化妆工具,并学会使用和养护它们。

你的产品一定要洁净,无论是粉底还是口红和眼影。被污染了或超过了使用期限,它的细腻度、色彩感都会受到较大的影响,化妆效果都不能保证。为什么不少人常常说:"怎么化都化不好?"其实检查一下这些人的化妆品,很多问题就出在化妆品过脏、不善保养上。

5. 反复练习化妆

对平日化妆不多并没有经过专门训练的人来说,应急性化妆练习,不但对付不了"燃眉之急",通常还因效果不佳而败了化妆的兴致。化妆练习,既可以在脸上,也可以在纸上或身体其他部位,比如眉毛和唇形,仅仅靠脸上的练习是不够的。化妆就如同在脸上绘画,一个普通的圆,绘画时你不经过反复的练习,不画个数百次,能达到随心所欲、出神入化的境界吗?女人面部的线条和色块是非常敏感的,化妆时细微的处置不当,不仅影响观瞻,还会影响性格、气质等的展现,你要多加练习并小心对待。

6. 突出自己的优势部位

化好妆,要把握一个基本要点,即你化妆的重点应该是你比较有优势的部位,不要去过多地涂抹不足或有缺陷的部位。比如：你的嘴部条件不好，化妆调整有限度，不宜强调，这会突出缺陷，扬短避长。

选择适合自己的化妆品

要想拥有靓丽、甜美的妆容，就要选对化妆品。如何选择适合自己的化妆品呢？这个问题绝对是大多数女性都想要知道的答案。以下几条建议，可供女性朋友参考。

首先，要学会分析自己的皮肤。

如果你并非目标明确，只是想选择一些适合自己的化妆品，请你首先确认你的肤质：

干性皮肤的特征为毛孔细小，表面几乎不泛油光，极易形成表情纹，尤以眼部及唇部四周最为明显。

中性皮肤看起来很健康且质地光滑，有均衡的油分和水分，很少有痘子及阻塞的毛孔。

混合性皮肤看起来很健康且质地光滑，唯在T型区，即额头、鼻子、至下巴的区域有些油腻，而两颊及脸部的外缘有一些干燥的迹象。

油性皮肤的形成是因为皮脂腺分泌过多油脂，使皮肤油亮，有时在清洁过后数小时皮肤会有粘腻感受，油性皮肤其他的特征为毛孔较其他的肤质粗大，较易阻塞，且容易长痘子及其他皮肤瑕疵。

敏感性皮肤易受环境因素及局部涂敷品所刺激，皮肤较薄，可见微细血管。

其次，要选择适合自己的产品。

如果你是干性缺水性皮肤请挑选滋润型洁面产品以及丰厚质地的面霜，每周的补水面膜不可少，年轻时候的您肤质细腻，但是随着年龄增长，渐渐感到皮肤紧绷脱屑，滋润的精华素和面膜可以加入到您的购物清单里了，免洗型的面膜也是懒女人的好选择。若你还有美白的需要请不要使用全套美白产品，可能会比较干，挑选一款美白精华素配合现有的滋润产品一起用即可。

如果你是中性混合性皮肤实在让人羡慕，基础的洁面乳液保养即可，只需随着季节变化冬季选择质地丰厚的乳液面霜，夏天选择无油的乳液或者啫喱。光老化是你最需要担心的，再多再好的资本也会被阳光夺走，即使你在室内也要防晒。

如果你是油性皮肤，请勿走入控油误区，不要一天洗三次以上的脸，不要洗完什么都不涂，不要以为自己什么都不缺就是油多，其实你很可能是极度缺水的肌肤，你的皮肤过度清洁开始缺水，油脂腺大量分泌油脂想锁住水分，你发现出油了就使用吸油面纸洁面产品以去除油分，连着少得可怜的水分一起去掉了，肌肤立刻出油，你马上去洗，恶性循环越洗越油越油越洗……所以油性皮肤需要一个好的洁面产品，不要过度去油，洗好脸立刻拍上补水的化妆水同时涂上无油的乳液或者啫喱锁住水分，大量补水才能控油。

敏感性肌肤的女性选择化妆品一定要慎重,尤其对美白产品的选择一定要当心,美白成分最容易引起敏感,即使是非敏感皮肤也可能对某些美白成分过敏,不宜过度去角质,不宜使用撕拉式面膜,温和的产品最适合你。

日常化妆基本步骤与技巧

作为女人,要想展现自己的气质美,给人留下美好的印象,化妆修饰十分重要。好多女人没有化妆基础,更不知道从那方面做起,其实熟悉后也是非常简单的,那就按照下面的步骤开始吧。

1. 化妆基本步骤

(1)洁面:用有效的清洁用品彻底清洁皮肤。
(2)护肤:涂抹能改善并保护皮肤的护肤品,包括紧肤水或爽肤水、面霜、眼霜。
(3)打粉底:好的化妆应使用几种颜色的粉底,将面部呈现出立体效果,显示出明暗差异。
(4)修眉:描画之后再用眉夹和眉剪修整。
(5)画眼:画眼的顺序是眼影—眼线—鼻翼—睫毛。
(6)涂腮红:涂腮红的同时应注意修饰脸的其他部位,如额和下颌。
(7)涂口红:先用唇线笔描画,再用唇刷或口红棒涂抹。

2. 日常淡妆基本步骤

日常的妆容以淡妆为主,但是淡妆不是简单地化妆,而且是更细心地、更留意地化妆。
日常淡妆基本步骤是:

(1)清洁面部皮肤:在未涂敷底色之前,必须将面部皮肤的不洁之物除去,才能开始化妆。除去面部油污的方法,一般有油洗和水洗两种。如果条件允许,最好是油洗,即选用洗面霜、清洁霜这类的油质皮肤清洁剂洗面。它的优点是,既能除去面部油污,使面部洁净,又能保护皮肤,免除肥皂等碱性物质对皮肤的不良刺激。

用爽肤水轻按面部和颈部,然后再加一层有色润肤液,使未经化妆的面部洁净、清爽而滋润。这种有色润肤液,不仅对皮肤有益无害,而且能增强化妆品效能,使妆容持久、均匀、细柔,色泽也不易改变。特别是夏季,使用润肤液可使皮肤呈现天然的日晒色,有利于保护皮肤。

(2)打底粉:用少量粉底涂在脸上,再用棉球或海绵将粉底仔细地抹匀,一直抹到鬓边和颌下,以免出现痕迹。然后用少许油质眼影膏打底,它能将眼影粉的颜色表现得更加纯正;颧骨上也可用少许油质眼影膏打底,用指尖在颧骨上轻轻抹匀。如果要遮盖眼睛上部的黑圈或面部的瑕疵,可先涂上遮瑕膏,并用海绵抹匀。但应注意,千万不要涂到眼下细柔的皮肤上。

（3）清扫眼影粉：用毛刷清扫眼影粉，使不同颜色的眼影粉刷得更加均匀。然后，在眼睑内侧涂上较深的眼影，以衬托出鼻子的线条，这是我们东方人脸型常用的一种技巧。

（4）画眼线：用黑色眼线在上下睫毛线上画眼线，这样眼睛就显得炯炯有神，使人增添魅力。

（5）扫睫毛：用睫毛卷，从睫毛下侧向上扫两次，待干。当扫下睫毛时，可先用睫毛捧扫一次，再用干净的睫毛刷轻扫。

（6）打胭脂粉：打上胭脂粉，能使整个脸部显得柔美自然，也能使颧骨显得突出。然后再用同色胭脂粉轻扫太阳穴部位，便可使面部色彩显得浓淡和谐。

（7）画唇形：首先在原来的唇线上搽粉底，再打粉，然后用唇笔画出所设计的唇形。在上下唇中加上珠光唇彩，以增光泽。

完成上述几个步骤后，日常淡妆就算化完了。化妆完毕的面容应毫无痕迹，并显得典雅大方。这样，就算达到面容化妆的预期效果。

3．日常咖啡色妆技巧

咖啡色系的彩妆适合在任何季节使用。只要把握重点，眼影色彩浅到深，慢慢晕出渐层感与适当的制造出轮廓线条，会让你略为浮肿的眼睛瞬间消肿。双唇擦上接近唇色的浅粉红色唇膏，才不会抢走了眼睛的光彩，重点只需着重于一处即可。

（1）浅色眼影打底。基础的底妆上好了之后，使用大眼影刷蘸取米白色系的眼影，画于上眼皮闭眼时，眼球的突起处，整片大面积的刷上，尤其是眼球突起的正中央处，特别需要加强。

（2）深色眼影加深轮廓。使用小眼影刷蘸取咖啡色眼影，蘸取时如果怕一次蘸取太多，可以先在面纸上抖掉一些眼影粉，才不会第一笔就刷上过重的颜色，将眼影涂刷在上眼皮眼睛闭起时的凹陷处，强调凹陷感。

（3）睫毛是关键。睫毛是眼睛神采的主角，使用睫毛膏时，先从睫毛根部往前端刷上一层，一定要从最根部的位置开始刷睫毛膏，否则很容易造成睫毛下垂的效果，等第一层干了以后，继续刷上第二层，刷多层浓密效果会很好。

（4）粉嫩的唇色。选择跟唇部颜色很相近的唇膏擦上，如果你的嘴唇颜色不是那么红润或是有色素沉淀的现象，可以先在上基础底妆的时候，盖掉色素不匀的唇色，接着使用唇膏，你会发现唇膏颜色跟之前未打底时擦出来颜色似乎不一样了。

不同部位的化妆技巧

1. 眼部化妆技巧

眼部化妆是整个化妆过程的重中之重，它可以直接影响到一个人的精神面貌与气质，绝不可忽视。以下推荐八种眼部化妆技巧，供女性朋友参考。

(1)小眼睛。想让小眼睛变成大眼睛，关键在于眼线。在画眼线时，选择黑色眼线笔，并适当把上眼线画得粗些，这样眼睛看起来会大很多。

(2)圆眼睛。在画眼线时，注重拉长效果，内眼角(眼头)处和外眼角(眼尾)处画长、画重一些，在眼睛的中部可以略为带过。值得注意的是，画下眼线时要强调外眼角处，即要强调眼尾部分。

(3)细长眼。细长眼给人的第一感觉就是睁不开眼，好像永远都睡不醒的样子，所以在画眼线时，上下眼线要画得圆一点，眼线中部要适当加粗。

(4)单眼皮。单眼皮的女士往往希望画出双眼皮的效果，所以在离开上眼线4~5毫米处，用深色眼影向上扫，也以此线为界，让眼影由深到浅地晕开。在画眼线时，要上下眼线同粗，且拉伸到眼尾处时不交汇，最后用白色珠光眼影在眉与眼线上4~5毫米处之间涂匀。

(5)肿眼泡。眉形以直线形为准，这样可以使眼部浮肿的感觉减弱。上下眼线从眼头处向眼尾处描画时都应逐渐加宽、加深，从而加强眼部的深邃感。眼影以深棕色为主，由眼皮中间逐渐向上、向下由浓到淡渐渐晕染。

(6)上翘眼。眼尾上翘的眼睛会给人泼辣的感觉，要改变这种感觉，在画上眼线时要眼尾部分细、中间部分粗，下眼线的眼尾部分要画得下垂些、重一些。

(7)下垂眼。拥有下垂眼睛的人要改变"可怜巴巴"的样子，就要把眼尾挑上。所以，上眼线的眼尾部分要画得上翘些，下眼线的眼头部分画得重一些、粗一些。眼头部分有了下压的感觉，自然在视觉上眼尾处就挑上去了。

(8)与眉毛距离较近的眼睛。要改变这种缺憾其实很简单，上眼线只画眼头和眼尾部分，中间部分一带而过甚至不画即可。

2. 眉毛化妆技巧

每个人的眉毛都不同，对眉毛的化妆也就各异。有些人的眉毛只要梳理整齐就行，有些人的眉毛只要拔除几根就行，但大部分女性对眉毛的化妆却要倾注较多的心力。怎样修整你的眉毛呢？你不妨以下几步来进行。

(1)描绘眉形。眉毛化妆的第一步便是描绘眉形，先为眉毛修出一个好的形状，然后轻轻地、仔细地将颜色调匀,再抹去一切可能被看出的色块。当你觉得眉毛的形状修好后,用眉刷进行最后的整理。

(2)加密眉毛。有的女性的眉毛过于稀疏,可以用眉笔细致描绘出眉毛,画完之后再涂一层同色调的眼影,就可以很好地为眉毛定妆。

(3)让眉毛有形。这里有最简单的一招可令你的眉毛瞬间变得有形:用一支眉笔沿着外鼻侧对齐外眼角画一条直线,这条线与眉毛相交处即是最佳的眉端位置,确定好形状之后再拔去不要的眉毛。

另外,爱美的女性们,请注意以下几点:

①眉笔。挑选眉笔时,要选择比自己眉毛颜色浅的,这样多次描绘也不会让眉毛看上去很假或者不干净。

②拔除。先定好眉形,再拔除多余的眉毛,拔除眉毛时可以先涂一些润肤霜在眉毛上。拔眉毛时,一手拿眉毛刷,另一手拿斜口镊,一次只拔一根眉毛,顺着眉毛生长的方向拔。拔完眉毛后抹上些收缩水。

③眉形。根据自己现有的眉形来修改是最容易的做法,否则每次修眉都有大工程要做,就不划算了。

④修剪。不要看到长得不好的眉毛就全部拔除,只要适当修剪即可。

顺序。拔眉毛的时候先从不需要花脑筋即可明确作出判断的眉毛下手,如生长在眉间、眉骨、眼皮上的杂毛。

⑤标准。不要一味模仿别人的眉形,而适合你的、你觉得看上去很舒服的就是最好的。

3．鼻部化妆技巧

鼻子的化妆在整个面部化妆中处于支配地位,但对一些鼻部存在缺陷的女性来说,注意鼻部化妆可以给整个妆容增添意想不到的效果。下面介绍几种不同鼻型的化妆小技巧。

(1)大鼻子。采用柔和色调的面部化妆,鼻梁两侧抹稍暗的鼻影,从鼻根开始,渐渐涂染到鼻翼。

(2)短鼻子。从离眉头3.5厘米的位置起,向鼻尖方向抹鼻影,并在眉头和眼角之间抹入阴影,鼻梁上明亮的底粉与鼻影相配,鼻子太短的感觉便会得到缓解。

(3)长鼻子。挑选咖啡色的鼻影从上往下抹,一直抹到鼻尖处,这样做的效果是鼻子看起来会短一点。

(4)宽鼻梁。用眼影笔(最好是灰色的)在鼻梁两侧画上两条细细的直线,然后在鼻翼两侧施粉底,将粉底与鼻侧线一起轻轻揉开。

(5)低鼻梁。用亮色粉底如珍珠白、象牙色涂在鼻梁底处,鼻梁两侧涂上咖啡色的鼻影,鼻子就会显得较高。

(6)鹰钩鼻。从鼻子中央到鼻头依次涂上深色的粉底,这样看起来就会缓和许多。

(7)大鼻翼。两鼻翼部位涂上深色粉底,鼻翼看起来会小一些。

4．唇部化妆技巧

唇部是化妆中除了眼睛外第二重要的，其画法和颜色都要与人物的风格、情绪等相配，才能实现完美的妆容。

要想画出一个漂亮的唇形，先得知道什么是标准的唇形。标准唇形可以从以下三个方面描述。

嘴唇长度。面对镜子，平视自己，由眼角内侧向下画一条垂直线，两嘴角应该在这两条垂直线上。

嘴唇厚度。标准唇形为上唇厚约 5~8 毫米，下唇厚约 10~13 毫米。

唇峰的位置。在两鼻孔的正下方。

接下来讲一讲最基本的唇部化妆步骤：

第一步，使用化妆棉蘸少量粉底在唇上，这样可以使唇膏抹得更均匀、更持久。

第二步，使用唇线笔勾画出唇线。顺序是先画上唇，再画下唇，上唇由唇中向上呈弧形，描出唇峰，再描至唇角，两边分开画，注意中间的连接。下唇先从距离手较远的唇角开始画至唇中，再从较近的一边唇角画至唇中与另一边的唇线会合。

第三步，使用唇刷将颜色涂在整个唇部，也可以直接用唇膏上色。如果不小心画出唇线面也不用担心，用棉棒小心擦去即可。注意涂唇膏的距离应该比唇线的距离向内 1 毫米左右。

第四步，使用化妆纸吸干油脂，再画一次，这样会比较持久。

最后再说一说各种肤色所适合的唇膏颜色。

肤色白皙者，适宜玫瑰色系，可使皮肤显得红润健康，具有透明感。

肤色偏黄者，适宜咖啡色系，冷色系的口红有修饰肤色的作用。

肤色偏黑者，适宜橘色系、红色系，强调健康活力。

肤色无光泽者，适宜红色系，高明亮度的色彩可以增加面部的光彩，使其显得亮丽、鲜艳。

不同脸型的化妆法

我们在化妆时，除了要注意肤色外，还要关照一下自己的脸型，因为脸型不同，化妆的方法也不一样。如何根据脸的特点去化一个适合自己的妆呢？下面向你介绍一些诀窍。

1．大脸庞化妆法

大脸庞的化妆须使用明亮色突出中心。化妆时，在脸部中央施以较浅色的粉底霜或粉条，在边缘部分则施以较深色的，这样，脸庞就会显得小一些。此外，头发可以采用包起来的式样,如蘑菇式、童花式等。着装亦宜穿有垫肩的衣服,使人视觉上产生错觉,感到脸庞与身材的比例正合适。

2. 长面孔化妆法

脸庞过长者宜使用腮红,以颧骨为中心横向刷,延伸至鬓,脸上较为饱满的地方则无需搽。额际横向施染渲影色,下颏也用渲影法使之缩短。强调眉、眼、唇等有表情的部分,描画锐角粗浓的长眉,并在眼角与眼尾横向涂渐层眼影,擦染睫毛膏,使眼睛顾盼生辉。

3. 圆形脸化妆法

圆形脸的特征是脸短而颊部浑圆。化妆时,在脸部中央的额头、鼻梁和下巴前方抹上明亮色,相对在太阳穴及双颊涂抹比肤色更暗的粉底,这样可产生立体感,有修长脸形的效果。画阴影需从脸颊后方向前由深至浅逐渐淡化,明、暗两色粉底交汇处要色调融合,以免出现明显的界线。腮红不宜有突起的感觉,要有一股缓和之气。描眉的要领是取上升线,并画出清晰的眉峰,眉毛较短的可用眉笔将眉尾适当延长。眼影应从眼睑中央开始朝外且顺着眉毛方向刷,显出纵向长度。眼线尽量画在贴近上睫毛的地方,末端向上、超出眼尾口红宜选用稍微黯淡的颜色,如橘色、米白色之类,更重要的是画出鲜明的唇线轮廓,不可给人以圆唇的印象。

4. 方形脸化妆法

额宽、颧满、下颌骨向左右横扩是方形脸的基本特征。方形脸的化妆要点是尽量改变棱角分明的形象,用阴影渲染,造成曲线柔美的感觉。眉毛宜微微上挑,呈长弧形,以褐色系为主色。眼部亦选用褐色眼影,显得自然柔和;双颊以较深色泽由颧骨扫向眼窝下部的方向,加重腮红,使脸形看起来不那么方阔;下颌也以渲影色掩饰突兀、硬朗的线条,让颏显得窄一些;唇部选用深色唇膏,要涂得丰润柔顺,避免锐角。

5. 心形脸化妆法

圆额、丰颊、尖颏是心形脸的特征。用深灰色的眉笔或眼影粉均匀地勾出眉形,然后以桃红眼影在眼角着色,以灰蓝眼影在眼尾上色,中间涂刷白色眼影作为亮点。腮红选用较深色泽的,由外扫向眼窝上部的方向,如此可使脸颊看起来狭窄些。唇部则以深橘红色为主色。

6. 菱形脸化妆法

生有菱形脸的人通常偏瘦,脸部没有多余肌肉,额头狭窄,颧骨高耸,下巴尖伸,整体轮廓过于刻板瘦削。菱形脸的化妆要点是将尖锐的线条改得和缓、柔顺些,以消除生硬的印象。眉形直取舒缓的长弧状,强调眉头;在颧骨部分和下巴尖处染入泻影色,鬓边和颊下则染入匀明色,这样,突兀的颧骨和尖削的下颌即会在视觉上得以消减,同时,凹陷的额角和脸颊也能显得丰满。

7. 三角形脸（上尖下宽）化妆法

三角形脸（上尖下宽）的下半部阔而鼓胀，化妆时应尽量缩小下颌线条，在颊部刷入较宽的阴影，并延伸至下巴附近，使宽阔、饱满的下巴不致太明显；额头施以较明亮的色彩使之增广，眼尾部分亦使用明色调的眼影；眉毛以画直为佳，末端微微上斜；口红曲线力求自然，尤其下唇要有分量感。

8. 倒三角形脸（上宽下尖）化妆法

倒三角形脸（上宽下尖）的脸幅较宽，但脸庞下半部即从颊至下巴处较纤细。化妆重点是把过分瘦削的颊改得丰润一点，以增加温柔与可爱感。选用深色腮红在颊骨部位横向染入，如此可掩盖脸部阔度，同时用渲影使宽额紧约，用匀明色使尖削的颊与颔显得丰满；唇与眉取圆滑的弧形，眉毛成一个弧度往下，眼影亦向下涂成朦胧状态，睫毛膏在眼角处染得浓些。另外要注意的是色彩宜澄净明朗，勿用黯淡浑浊的颜色。

9. 椭圆形脸化妆法

椭圆形脸是传统美人胚子最基本的条件。这种脸形的化妆方法是：用眉笔由内向外修饰眉形，再以棕色眼影在眼角部位上色，中间部分选用白色眼影，眼尾则涂刷灰色眼影以加重明眸的深邃感；腮红采用浅粉红色系，沿着颧骨扫向眼窝下部的方向；最后以唇线笔勾画出唇部轮廓，并用粉红色唇膏涂匀。

10. 钻石形脸化妆法

颧骨宽、上颌窄、下巴尖是钻石形脸的特征。黄种人较少有此种脸形。钻石形脸的化妆法是：先柔和地描出眉形，以减少强悍之感；以橙色眼影为眼部位着色，眼尾用褐色眼影，中间则以白色调和眼形，最后以一点点绿色突出眼部轮廓；双颊宜使用深色系腮红，在颧骨处由外扫向眼窝上部的方向，愈深愈好，因为加重腮红，有助于掩饰过于突出的颧骨；唇部同样以选择深色系唇膏较为理想。

没有一个女人不想留住美丽和青春，没有一个女人不想自己有一副人见人爱的面孔。而只要你按以上的方法巧妙化妆，你就可以如愿以偿。

不同肤色的化妆技巧

成功的化妆会使年轻的姑娘清纯可爱，使青春已逝的女人神采焕发，生机勃勃；相反，不成功的化妆使清纯可爱的姑娘俗不可耐,成熟的女性妖艳轻浮。那么,如何化妆是一种成功的化妆呢?

下面是几种不同肤色的化妆技巧,可以根据自己肤色的不同,选择最适合自己的方法,"化"出你的俏丽容颜:

1. 雀斑脸

用浅色液体遮瑕膏遮掩阴影及瑕点;将白色修护粉底液混合浅米色粉底,调成遮瑕膏,轻轻点在眼睛周围,小心按摩眼睛周围的皮肤。

雀斑皮肤只需要少许干粉,可改用细小的粉刷,转移视线。

如果面部的雀斑显著突出,以一支柔软黑笔描画眼线,把他人的注意力吸引到明眸上;眼线要贴近眼睫毛,用灰色及褐色,看来比较自然,切勿使用黑色,因为会与浅色的皮肤形成强烈的对比。

涂上黑褐色睫毛液,用一支软眉刷分割眼睫毛。

以软毛刷子树立眉毛,并涂上浅褐色,令眼睛看起来自然柔和。

用玫瑰色唇膏掺杂玫瑰水,使朱唇保持湿润。要使妆容自然,用海绵块轻轻抹去多余的颜色。

最后在面颊上施上锈色胭脂,使之艳光四射,引来羡慕的目光。

2. 白皙面容

白皙的皮肤较黑皮肤更易显出瑕点,因此应用较浅色的遮瑕膏及粉底。将遮瑕膏分别点上眼底、鼻周围部位及颧骨,小心按摩眼睛周围的娇嫩肌肤。

如果皮肤呈现出任何红色斑块,可改用有修改色调作用的修护粉底,用海绵把两者混合,在颧及前额点上粉底,涂抹后再扑上透明的干粉。

眼部涂上亚褐色眼影,用柔和的古铜色胭脂扫擦颧部。

3. 深色面容

大部分深色皮肤有色斑,需要妥善处理。用比你的肤色浅两度的遮瑕膏,扫擦较深色或不均匀的部位,宜使用不含油脂的液体粉底,色调应该比你的肤色稍浅,轻轻扑上透明干粉。

对于黝黑皮肤,你可能需要用有色干粉,扫上紫丁香或粉红干粉,增加和暖的感觉。然后抹上黄褐色或古铜色胭脂,以灰色或深紫色眼影美化明眸。

4. 橄榄色面容

橄榄色皮肤一般看来灰黄疲乏,因此带粉红色的粉底可以令人精神一振。用遮瑕膏遮蔽任何瑕点,小心按摩,用湿海绵涂粉底,切勿漏掉耳朵部位,颧线部分要看起来自然。用大毛刷施上紫丁香干粉,遍扫面及颈项各个部位;用干净的毛刷扫去多余干粉;用黑褐色或紫红色眼影,唇膏用玫瑰红色,令脸部明艳照人。

不同季节的化妆法

化妆得体,可以为女人的姿色加分,而失败的妆容则会有损女人的气质魅力。总之,化妆应重视个性和品位,妆容也要随着环境和季节的变化而变化。这种流行色彩在搭配上的相互变化,会产生自然和柔美的效果。为了便于女性朋友们学习和掌握,下面就介绍一下四季化妆的技巧和方法。

1. 春 妆

春季里,人的皮肤极易干燥失水,要显示彩妆的效果与保护肌肤,粉底尤为重要。可根据肌肤状况选用干湿两用的固体粉条、粉饼。

眉:眉毛维持自然形状,拔去多余的即可。

眼:眼影以棕灰色、深黛绿色为主,配以其他色系,能衬托出眼睛的神采,自然而不造作。

唇:唇膏以浅粉和浅橘红为主,给人以柔和、高雅的感觉。

颊:颊红可选用唇膏的颜色。

2. 夏 妆

夏季里出汗比较多,化妆时应先将收敛性化妆水涂于面部,或用冷水敷面使皮肤收缩。

眉:眉毛保持自然的形状,眉笔或眉粉宜用深褐色。

眼:眼影可用蓝色、绿色、紫色,上眼睑中央和整个下眼睑可用褐色,眼头处和眼尾处用绿色,一般粉状的眼影较耐汗。眼线用不怕水的眼线膏或眼线笔描画,颜色应与眼影相同。棕色皮肤的人的眼妆宜用褐色、金色、橘黄色、米黄色等色彩。

唇:先用褐色系列的唇笔描轮廓线,然后涂上护唇膏,唇膏用褐色、橘黄、红色的均可。

颊:用乳霜状或粉状的褐色颊红沿颧骨涂成圆形,含珠光粉的颊红也很适宜。粉底宜选用比肤色低 1~2 度的颜色,易出汗和油性皮肤应选用较暗颜色的扑粉。

3. 秋 妆

秋季是收获的季节,人的皮肤需要水的滋润,化妆时为了使肌肤感觉透明,应将液体粉底先抹在手掌上,然后再抹到脸上,这样可使肌肤看起来自然清新。

眉:眉毛应自然立体,用眉笔描过之后可用眉刷再刷一下,使眉毛的曲线流畅自然。眉笔颜色通常为棕色或灰色。

眼:眼影选用紫色和黄色,桃红色和橘红色等,睫毛上可适当刷些睫毛膏。

唇:唇彩是整张脸的焦点,画出娇艳欲滴的唇形,有一切尽在不言中的美感。用比唇色深一号的唇线笔画出唇形轮廓,再将唇膏涂匀,可使唇形更立体、丰润。

颊:颊红应以颧骨的最高处为中心,不限形地涂匀,可使脸看上去青春健康。

4. 冬 妆

冬天花草树木相继凋零,底妆用含湿润成分的冷霜为宜,颜色白一点可和深暖色调的服装形成对比。扑粉最好也选湿润型的,香粉蜜和粉饼要根据皮肤的性质来定,一般油性皮肤用粉饼,干性皮肤则用香粉蜜。

眉:眉毛可选温暖的褐色或黑色,并适当画得浓一点、粗一点。

眼:眼影不宜抹得太深,选择接近肉色的浅粉红色眼影,会使眼睛变得明朗、神采奕奕,整个面部化妆也会显得大方、温暖,楚楚动人。

唇:在选唇膏时,可选择温暖的红色、黑色、褐色以保持自然的气氛。这样化妆虽暗些,但与肤色成对比,在色彩上可弥补冬天的单调与寒意。

颊:颊红沿颧骨向上画,面积可适当大些,但要自然、有光泽,给人以温暖和朝气蓬勃的感觉。

不同妆容技巧与程序

1. 办公妆技巧与程序

职业女性化妆一定要十分仔细和精心,因为你的上司、同事、客户与你近距离接触交流,任何一点疏忽都会被人看出来,而影响你的职业形象。

办公妆不可过于细腻。面貌的修饰同心灵的修饰一样的重要,是一种内在美的外在表现。办公妆不同于其他的化妆如生活妆、宴会妆等。它有一定的局限性,受到办公环境的制约,妆不可过于细腻,在色彩和眉、眼、唇的形态上都应有所选择。

无论哪种底色,都切忌涂厚。首先使用底色的要诀是将肤色自然的美感充分表现出来,因此粉底的选择是以自己的肤色为基础,稍明一些或稍暗一些都可以。黄褐色是一种年轻、健康的颜色,使用它不仅可以适当遮住你脸上的瑕疵,还可以让你显得朝气蓬勃。无论哪种底色,都切忌涂厚,不要让同事们看到你整日藏在一副面具背后,而对你的真实性产生怀疑。

颊红应以暖调为主。定妆粉的原则是保证面部无油腻感,但又不失透明度。颊红应以暖调为主,为了使肤色更明快,应选择粉红或橙红,因为粉红是健康的色彩,而橙红是较有个性的颜色。

眼部色彩与颊红,口红一致,给人顾全大局的好印象。

稍精些的眉毛会使人看上去很能干。眉毛的形态可以说是左右办公妆印象的关键,因为眉毛可以使人的面部表情发生变化,眉过细,眉向下,都给人不可信的感觉,并且在做眉时,尽量避免做得过于"女人味",稍精些的眉毛会使人看上去很能干,眉峰尖锐的显得精明,果断。

唇色适合粉色系、橙色系。唇角圆滑,唇形小巧,是精美的唇妆。色彩自然是关键,颜色过暗、过艳、唇形夸张都是不适合办公环境的。粉色系,橙色系,无论哪一个办公室都会喜欢的。

上班前的时间是非常宝贵的,下面几步是你快速完成办公妆的程序:

第一步,完成脸部皮肤护理后,用收缩水或化妆水收缩皮肤以保持妆型持久。

第二步,粉底要打得自然贴合,选择与肤色相近的粉底才会有自然润泽效果。粉底用化妆棉轻轻拍打在脸上,注意轻薄匀称和透气。眼睛周围皮肤特别细腻,注意拍打时似有若无的感觉。

第三步,上完粉底静待片刻后,用粉扑蘸取透明粉,轻拍脸面进行定妆。

第四步,用黑色眼线笔由外眼角线渐变到内眼角线刷眼线,使眼睛有立体轮廓感。然后用眼影刷蘸少许深色沿长眼线描后再匀开,从外眼角至内眼角,这样既不易被人发觉又显生动明媚。

办公室的灯光很容易使人的眼睛产生疲劳,另外,睡眠不好,或者女性生理周期原因,都会造成眼睑浮肿或有黑眼圈。因此,眼影不能太鲜艳,也不能用过浓的颜色。否则会适得其反,无法遮盖眼睛周边的阴影,反而会令眼圈像熊猫眼那样难看。

第五步,用深色笔由眉头虚虚地描至眉尾,然后用眉刷将眉轻轻刷开,晕染自然。

第六步,按照唇形,先用唇线笔描唇线,然后用唇刷蘸口红描画,用纸巾轻按一下后扑点蜜粉,再重复一遍可防止口红脱落。

第七步,腮红是晕染肤色用的,用胭脂刷蘸少许腮红轻刷在脸部自然红晕处,涂抹方向以肌肉走势为准,这样感觉比较协调。

上完妆后,对镜微笑,以此检视化妆是否自然生动。

2.公务妆技巧与程序

外出公务往往是暴露在自然光下,与人也有一定距离,而且又是在行动中,因此,化妆色彩要稍微艳丽与明亮一些,使人看上去显得容光焕发、生机勃勃。女人的随身手袋中应准备些吸油纸和化妆盒,避免出汗或脱妆时可以在适当场合补妆,使妆型保持自然长久。

外出公务的化妆程序如下:

第一步,选颜色接近自己肤色的粉底霜,把粉底霜置于手心,在脸上均匀抹开。如果脸上有斑点,则用遮瑕膏,用手指轻轻点上。

第二步,把防晒型的散粉倒在手心,轻拍在脸上定妆,也可用粉扑轻拍在脸上,特别是容易出油的"T"字部位。

第三步,用深灰色的软芯眉笔描眉,从眉头描到眉尾,轻轻地描虚线,然后用黑色或深灰色的眼线笔顺着睫毛根部画上眼线。

用深于唇色的唇笔描画唇线,注意唇角处连接要自然。

第四步,用眉刷将眉轻刷晕染自然,再用中等刷蘸少许灰色做鼻影,由上往下,抹在鼻侧,提高鼻梁,然后用唇刷蘸取唇膏上口红,最后用比口红浅一些的胭脂色扫在脸颊部位,让它透出自然的健康红。

社交礼仪妆程序与技巧

女人在社交礼仪中,化妆是基本的礼貌,素面朝天并不会给人以好感,尤其在生病、熬夜、身体不适等情况下,素面往往只会真实表现你的憔悴,精致的妆容才会显示出你的美丽,表达你对对方的重视和尊重。

但是不分场合的浓妆也是不礼貌的,比如正式商洽签约场合时化着前卫冷傲的妆容,会给人傲慢无礼轻浮的印象;而在聚会中,不施亮彩,淡妆得近于简朴,则又有缺少热情,不合群,有孤傲貌视之嫌。因此,掌握化妆技巧是必要的。

1．社交日妆的程序与技巧

(1)用原型肤色的粉底霜打底,再用比肤色浅的粉底用在鼻梁中间及眉骨、下巴处,同样可以用比肤色深的粉底打在鼻两侧及腮两侧。

(2)最好选用带点珠光的蜜粉,轻拍脸面进行定妆。

(3)用深咖啡色眉笔勾勒眉形,然后用黑色眉笔描出立体感,描画眼线最好用眼线液分层次地由外呈内地描画,这样会使眼睛更生动明亮。最后用深于唇色的唇笔勾画唇线,注意唇角处连接要自然。

(4)眼影选用带珠光的高雅色系,如紫色、粉红色等。用眼影刷由外眼角扫入内眼角,而下眼睑处可用浅于上眼睑的眼影轻扫一些。

(5)口红用明亮有珠光的口红,使其产生一种泛着柔软润泽微光的奇妙效果。

(6)腮红可用稍带荧光的明色,轻扫在颧骨上,在灯光映照下,这种明色会闪闪动人,显得生动优雅高贵。

2．社交晚妆特点与步骤

晚妆与日妆相比,具有如下三个方面特点:

一是妆色浓艳。由于晚间社交活动一般都在灯光下进行,且灯光多柔和、朦胧,不易暴露出化妆痕迹,反而能更加突出化妆效果。如果妆色清淡,就显不出化妆效果。因此,晚妆应化得浓艳些,眼影色彩尽可能丰富漂亮,眉毛、眼形、唇形也可作些适当的矫正,使其更显得光彩迷人。

二是引人注目。晚间化妆,一般是出于应酬的需要,处在一种特定的环境中,它给化妆创造了一种愉悦的心境和良好的氛围条件，能使人产生一种梦幻般的感觉，这是施展个人化妆技能的极好时机。因此，化晚妆时可在不超越所允许的范围内，充分发挥自己的想象力，把自己打扮得更加漂亮，更具滋力，更引人注目。

三是清晰明丽。由于晚间灯光比白天弱，因此妆面要化得比白天清晰、明亮些，否则就达不到化妆效果。

社交晚妆程序与技巧是：

（1）化妆之前，先在面部和颈部涂一层滋润霜，以便发挥底粉的妆效。

（2）底粉的颜色一定要比自己的肤色深，再仔细地用海绵扑打妆底粉，使其均匀遮盖。如果眼下的眼晕很黑，应在打妆底粉前涂上盖斑霜。

（3）运用描影色和亮色的化妆技巧，将脸型修饰成椭圆。当然，这只是运用了人的视错觉现象而已，并非真正改变了人的脸型。

（4）在颧骨凸出处，涂上浅色的虹彩光的胭脂；在颧骨凹陷处，涂上深色的不泛光的胭脂。为了在夜间显得更有光泽，还可以在颧骨凸出处原来涂有的浅色虹彩胭脂上面，再加一层白金色的眼影，使其增加亮度。

（5）在上眼睑部位涂上些眼影，并用眼影在眉骨与上眼睑之间涂出分界线，再用淡色和虹彩色眼影，使眉骨部的色彩亮丽起来。

（6）在上下眼睑画眼线，颜色要深。因为深色的眼线在夜间更能衬托出眼睛的明亮和深邃。但须注意的是不要将整个眼睛画成二圈，这样会使眼睛显得小。在下眼睑高出的地方，要用蓝色的眼影或眼线笔涂上几笔。

（7）分次涂上睫毛油。涂完第一层睫毛油后，用眉毛刷梳开睫毛，并除去多余的睫毛油，再用透明的蜜粉，刷在睫毛上，这样刷上，尔后将颜色刷入眉毛。

（8）刷眉毛。先将眉毛用眉毛刷整形后，沾些金色眼影在眉毛。

（9）涂完口红后，将珍珠色或金色唇膏涂在嘴唇上，使嘴唇显得更艳丽。

（10）用淡色的眼影在鼻子、颧骨和下颌处，作最后的轮廓描绘；用白色眼影修饰双颊的顶端、鼻梁和下巴。最后用虹彩透明的蜜粉定妆，再用粉刷整理。经过上述几道程序后，一个艳丽的晚妆便显现出来了。可以固定睫毛油。然后再涂上第二层睫毛油。

晚妆与日妆不同，因为灯光和自然光相比会造成很大的视觉差异，此外，白天的辛苦和疲惫很容易在脸上显现出来，为了淡化这种状态，突出女人的精气神，所以晚妆更要强调明艳动人的效果，重点是眼睛和腮红。采用液状的眼影可使眼睛看起来更为生动，但在画眼线时一定要分层次，不然会把眼睛画死。画完眼线后，再涂上明色的腮红及少许珍珠粉，珍珠粉在灯光下会闪闪发光，显得特别有生气。

梳一个适合自己脸型的发型，抹些发膏后再吹风，使头发显得特别顺滑、特别光泽亮丽。

如果你的眼睛近视最好佩戴一副隐形眼镜，哪怕就是平光的，也会有出其不意的效果。因为隐形眼镜是水性的，在灯光折射下，它会产生水灵灵的湿润感，增加你的妩媚和魅力。

靓丽女人"妆容术"

在这个世界上没有丑女人,只有不会化妆的女人。一个女人只要巧妙化妆,丑小鸭也会变成白天鹅。美女虽然有天生丽质的一面,但如果化妆不得体的话,也会使其天生的丽质大打折扣。而丑女如果学会化妆的话,仍然可以在大众面前自信地展露风采。

化妆,能突出优点,掩饰缺点;穿漂亮的服装能显示出女性优美的线条和妩媚。女性在化妆时的表情和心情是最好的,涂粉底涂口红的瞬间,眼睛和身心都会因为美丽的层层实现而大放光彩。落妆时则有卸下"面具"的放松感和自由感。一个女人不化妆打扮,就意味着拒绝男人,拒绝男人的欣赏。殊不知,对女性美最敏感的男人才是女性美的鉴赏专家。女人不打扮是没有信心的表现。她越不打扮自己,美就与她无缘,男人的赞美与追求就与她无缘,她就越没有自信,至少美是要得到他人的肯定的。而有的女人没有自信,但却没有通过打扮去弥补和提高。许多漂亮女人的信心最早也是由男人激发的,或许就因为一次打扮得到男人们的好评,从此喜欢上打扮,而人也越来越美。

外在美也会激发内在美,尤其是男人的赞美话语和爱慕的眼光,会激发女人的女性美,每一次夸奖都在提醒她的性别意识。在男性倾慕的注视下,女性自觉不自觉地就流露出女性的娇羞与温柔。恰到好处的妆容似乎是女人的一个梦,难以企及。其实,对恰到好处的简单理解便是:适合你自己。下面介绍几种妆容,看看哪一种适合你。

1. 心情妆

化妆首先要讲究心情,要饱满而舒畅。因此需化个漂亮的淡妆。偶尔下楼取报纸、信件、牛奶,让邻居见了,相互招呼之下,也有周正的印象。极淡薄的妆,是在皮肤清洁保养后进行的。用基础色调调整肤色后,再稍稍刻画一下五官的立体感。勾线不要很明显,化妆色要做到似有似无。

2. 品位妆

要想在平常闲散的妆型中显出品位来,需要很好的个人素养和"妆"扮技巧,这是一种非常个人的扮相,不像职业妆有一定的规范和要求,而完全体现了需要和理想。化妆要讲究自信,但绝不应敷衍。用工夫化出来的妆,最后完成仍是淡雅温和的,没有一点火气,叫人不轻易看出你化了妆。配色要高级,要大面积的白和灰,再用一点点红和金点缀。质地要有细滑的感觉,用粉要好,扑粉手段也要好,加上丝一样的长发和丝袍及羊绒衫就产生了细滑柔软的印象。

3．清秀妆

清秀的妆型,脸部略长,妆面光洁,并有柔顺的头发。而展开的平眉及单眼皮会给人理智可信的印象,不强调嘴唇的峰谷,平滑又上翘的微笑型唇会给人以温和服从的印象。

4．端庄妆

不可化得太浓,头发时刻保持整齐,不要穿戴太多饰物,不可穿得太性感,会见顾客时应该穿外套,身上不要有三种以上的颜色,鞋子颜色不能比裙子的颜色浅,避免超厚鞋底,指甲崩裂要修剪。午饭后,重新涂上口红,白天喷淡香水,晚上有应酬时适用较浓的香水。

5．优雅妆

发式不要太狂太野,每一种发型都应有特定的性格内涵,麻花辫代表传统与天真俏皮,长波浪则有历经沧桑后的"成熟感"。而优雅是介于清嫩与成熟之间的完美状态,它反应在发式上通常表现为光洁低绾的发髻,不一定是规整的发髻,随意把长发绾起的小髻同样简洁、动人。

6．大方妆

淡而自然的妆才不至拘谨。妆面要透气,塑造脸部的立体感觉时,基础色只是用在关键的部位,而不能做大面积的调整。五官造型也不要刻意精巧,要力求粗广,但应极有规有矩。眉要清晰见底,保留一点点杂毛可以增加生动感,眼睛上不用长线,不要留有明显的眼影色,鼻子不用化妆色,而是通过基础色来作局部定形。口唇可以化得大点,有言笑随意的印象,发型和穿着也不能太死板。

7．明丽清洁妆

妆型是女性化的明丽清洁,化妆色要和服饰色协调,可留有明显的眼影色。化妆色彩也可较重,要注意区分冷暖。

8．鲜嫩、平滑妆

妆面要求鲜嫩、平滑,即清新得像果子将熟未熟的时候。因此,用色冷艳,也极吝啬,如北国雪地里一枚樱桃带一片叶心。勾线也极精致,如白描渲染的中国画。

9．干净、整洁妆

妆面要干净整洁,许多不完美的地方和突出的特点,要在基础化妆的过程中得到改善和消除。少许的化妆色和少许的线条造型结合起来,以创造条纹清晰的眉毛、生动明亮的眼睛和庄重周正的嘴唇。嘴要是能善诱的,而眼睛是能倾听的。整个化妆看起来可亲可近,精力充沛。

10. 健康肤色妆

健康肤色妆型首先要求健康的肤色及恰到好处的血色。基础化妆强调立体感，眉毛应画得丰厚粗平，但应有型有款，突出有生气的个性。

11. 本色妆

本色化妆术是展现在现代化妆舞台上的一道别致的风景，它是由化妆专家夏洛蒂·安妮菲勒精心设计的。本色化妆术对使用唇膏和香粉修饰的人来说，也许是难以理解的化妆观念。这种化妆手法不会让你变得"似曾相识"，它本着"你就是你"的化妆原则来重塑你，令你更加出众。

本色化妆术只从粉底霜、香粉和眼影膏的宝库中重新塑造一个本来面目的你，达到自然美容的最佳效果。只需你拥有本色化妆的几种必需化妆品——透明的唇膏、黄褐色胭脂、米色眼影即可。

利用本色化妆法化妆肤色时千万不要节省保温剂，不妨在粉底霜里也加上些保温剂，令肌肤更加清新、柔软。

本色化妆术的一大特点就是清新自然。这种若有若无的妆容、清清淡淡的"无妆"时尚，展露出肌肤的自然质感，比起浓妆艳抹更显清新、自然。

凸显个性和气质的化妆法

好的气质需要外在美来修饰和衬托，很难想象，一个蓬头垢面，灰头土脸的女人，能有多少气质美可言。爱化妆，是女人积极生活的需要，会化妆，是女人智慧人生的体现，而完美的妆容是女人用智慧和修养精雕细刻出来的。化个美丽的妆，呵护你的容颜，展现你赏心悦目的气质之美，是女人一辈子值得学习的功课。

说到"妆"扮自己，有的女人以为只是做一些表面的功夫，不值得太卖力，无需多在意。真是这样吗？其实不然，借助于化妆，女人可以更加完美，而有缺陷的妆容则会直接影响视觉、品位和素养，甚至还会出现事与愿违的效果。

女性美的形式多种多样，每个女人都有属于自己的美，化妆并不是创造气质，而是把你身上的那种独特的东西加以烘托和渲染，从而使你的气质和个性更加鲜明。女性朋友们如果能掌握一些化妆的技巧，美丽其实并不难。下面针对不同的个性和气质，介绍几种化妆方法。

1. 清纯秀丽

如果你想展现清纯秀丽的气质，那么在选择化妆品时就一定要注意色调的一致性。一般彩妆可以用冷色调，体现一种理智、冷静之意。而在需要暖色调的地方，如两腮、嘴唇、指甲等，也要保持颜色的一致性。

2. 理智聪慧

如果你想展现理智聪慧的气质，就要采用简练的线条进行修饰。眉毛、眼线、颊骨等线条都要干净利落，弧度适中，切不可任意加粗，更不要大幅度地晕染。头部通常是"智慧之所"，所以天庭要让人觉得饱满，即使是额头较宽也无需特意遮掩。另外，除了选取中间色的眼影为主色调之外，还要注意高光粉的使用，高光粉打在面部较高的地方，如额头、下巴、颧骨、鼻梁等处，它会让你的整个形象焕然一新。

3. 妩媚动人

如果你想展现妩媚动人的气质，就要采用飘逸的线条，并以这种线条描绘眼线和嘴唇的轮廓，这样会使你显得韵味十足。线条流畅会让画好的嘴唇看上去饱满，更加性感，从而向人们传达无法抗拒的魅力。若再加以强调，使嘴角上翘，唇峰曲线浑圆，就更加艳丽了。在唇膏颜色的选择上，要以鲜明清晰的颜色为准。

4. 天真活泼

如果你想展现天真活泼的个性，就要以"色"为着重点，化妆应以暖色为主，表现出柔和娇嫩的感觉。脸部要注意遮瑕，全脸的色泽以"白"为底，这样可以塑造出天真活泼的感觉。另外，腮红也不可忽视，妆后在腮上打上一些淡粉色，会让你显得更加可爱。腮红不要画成条状，而是用点式画法，脸部做微笑状，高出的部分轻轻地点上一些就可以了。最后，在唇上涂橘色或粉色的唇膏，这样就完成了。

5. 古朴典雅

如果你想展现古朴典雅的气质，就得让自己有一个白里透红的好肤色。对于眉毛的处理也很有研究，描眉时要采用流畅的线条，不加眉峰，力求笔势平稳，颜色以黑色或灰色为主。另外，乌黑的长发也是必不可少的元素，所以护发是关键，适合的发型有直发、短发和发辫等。

6. 健美爽朗

如果你想展现健美爽朗的气质，颜色要以"黑"为主。黑色液体眼线加上黑色睫毛膏，加重眼圈，让目光看起来坚定有神。眉毛也要描黑描粗。最后用淡褐色或淡灰色的唇线笔画唇线，使嘴唇光泽红润，大而丰满，从而显得生机勃勃、精力充沛。

一种装扮塑造一种气质，合理的装扮就能凸显你想要的气质。

打造明星般的气质妆容

安吉丽娜·朱莉的性感嘴唇，妮可·里奇的可爱电眼，维多利亚的小巧脸型……是很多女性心中的梦想。其实你也可以像大牌女星一样美，精雕细刻的明星妆容也不是遥不可及的梦想，现在就来学习如何模仿女明星的经典妆容，打造明星般光彩夺目的气质妆容吧！

1. 性感的唇妆

丰满又富于光泽度的嘴唇，即使是女性看了也会心动的超性感魅惑唇妆。滋润度高，散发自然光泽的粉色系唇彩是今年流行的走向。

用棉花棒取适量唇用滋养液，从嘴角开始向中间部分仔细涂抹，给唇部补充足够的水分及营养。再用纸巾将死皮轻轻拭去。用指腹取适量浅色唇蜡，轻轻敲打涂抹于唇部打底。描画唇线时要用粉色唇线笔突出上下唇峰，嘴角处无需过多修饰即可。从唇部中间部位向嘴角方向仔细涂抹粉红色唇膏。

想要打造立体丰满的唇部效果，唇线的画法至关重要。

唇部化妆技巧：

（1）嘴唇偏薄。嘴唇薄的话，唇色也会偏单薄。可以先用粉底涂抹于唇部打底，用鲜艳的唇线笔描画唇线，嘴角部位也要精心描画，最后涂上厚厚的一层唇膏，唇部就会更加立体丰满。

（2）嘴唇偏小。嘴唇偏小的话，可以用偏暗的唇线笔，着重强调上下唇峰的左右两侧的线条，这样可以起到视觉上的放大效果。

（3）唇线不明显。这种情况下，画唇线显得尤为重要。描画的时候要特别留意上下唇峰，注意曲线感，嘴角部分不用过多修饰。

（4）上下嘴唇厚度不同。略薄的嘴唇描画唇线的时候线条要相对粗一些，略厚的嘴唇线条则相对细一些，这样可以达到视觉上的平衡，同样也只需强调上下唇峰，嘴角部分不用修饰。

2. 可爱电眼

用指腹取适量浅棕色膏状眼影涂抹于整个眼球部位。取适量深棕色眼影，由眼尾向中间部分轻扫。沿着睫毛根部描画上眼线，眼尾部分微微上扬。下眼睑2/3处开始描画眼线。下眼睑也轻轻扫一层深棕色眼影。

最后在眼头点缀上金色高光眼影。

眼部化妆技巧：

（1）单眼皮或内双。单眼皮或是内双的话，眼线的效果会不明显，所以画的时候眼睛张开，而且尽量大胆地画得粗一些。

（2）眉眼距离较近。取适量浅棕色膏状眼影涂抹于整个眼球部位，再取适量深棕色眼影，由眼尾向中间部分轻扫。通过眼影的深浅渐变，可以让眼睛看上去更加立体深邃。

（3）眼角下垂。下眼线不要太粗太重，以免起到反作用，线条尽量细一些，而上眼线则要相对粗一些，而且眼尾要上扬。

（4）吊梢眼。吊梢眼常给人一种很凶的感觉，上眼线尾端一定要上扬，下眼睑后 1/3 处涂抹深色眼影来代替眼线。

3．高挑鼻梁

用眉刷取适量眉粉由眉峰向眉尾涂抹，直线涂抹是关键所在。用黑色的眉膏，从眉毛根部向上涂抹，加强其存在感，使其更加浓密。再用眉笔仔细添描眉毛稀疏部位。在眉头下方至眼头部位涂抹深色阴影粉，这是让鼻梁坚挺的秘诀所在。

鼻梁化妆技巧：

（1）鼻梁过短。在眉头下方至眼头部位涂抹深色阴影粉，可以让鼻子看上去更长也更立体。

（2）鼻子过于肥大。可以在鼻翼涂抹深色粉底，起到视觉上的遮掩作用。

（3）鼻梁塌陷。沿着鼻梁涂抹带珍珠色泽的高光粉，可以让鼻梁更加高挺，也使得脸部五官更加立体和谐。

（4）鹰钩鼻。为了避免给人过于犀利的印象，可以由眉头下方开始向眼头下方涂抹深色阴影粉，可以让鼻子看上去更加柔和。

4．知性眉妆

知性而优雅的眉形，将女性的柔美气质发挥到了极致，明亮的色泽，整齐的毛流，眉尾优雅的弧度，让你的眉妆无论从正面还是侧面都无可挑剔。

用细眉刷取适量红棕色眉粉涂抹于眉峰与眉尾部位，注意眉尾要低于眉头。从眉峰向眉头扫一层偏明亮的棕色眉粉，让眉毛更加有立体感。用眉笔着重加强眉峰部分，眉尾部位线条自然下垂。用螺旋眉刷由眉头向眉尾仔细涂抹眉膏。

眉毛化妆技巧：

（1）眉毛不对称。眉毛之所以不对称，很大程度上是因为眉峰不对称。所以画眉妆之前，首先找准左右眉峰并使其对称，然后再确定线条的粗细程度及眉尾的长度。但是注意眉头不要去修改。

（2）眉峰不明显。当你挑动眉毛时所用到的那块肌肉叫做眉弓肌，而眉峰就位于眉弓肌正上方，并且眉峰与眉尾呈 45 度角是最佳平衡点，注意眉尾要高于眉头。

（3）眉毛过于粗密。将多余的杂毛修剪掉。但是要注意的是，修剪的时候要沿着眉毛下方，而不能修剪眉毛上方及眉头的部位，不然眉形会显得不自然，如果眉毛过长的话，可以用眉梳将其梳起，把过长的眉毛剪去。

(4)修剪过度眉毛过于稀疏。先用眉笔将稀疏的眉毛一根一根地描画好,再扫一层眉粉以加强立体感。稀疏程度比较严重的一般是眉峰到眉尾的部分,这时就要用眉笔描的粗密一些。

(5)立体感脸颊。拥有女神般的优雅笑容,秘密就在于她那粉嫩的立体感脸颊,让人见了心情也无比开朗。巧妙运用粉嫩可爱的玫瑰色,凸显肌肤的透明细致。

上完粉底及散粉之后,微笑,在脸颊最高处,用指腹取适量液状玫瑰腮红,由内而外涂抹;再扫一层粉状玫瑰腮红;沿着颧骨扫上一层玫瑰色高光腮红;眼睛下方的三角区域涂抹高光亮粉。

腮红化妆技巧:

(1)找不准画腮红的位置。微笑,以脸颊处最高的部位为起点由内而外画圈轻扫腮红。并且尽量在瞳孔垂直延长线与鼻翼水平延长线的交点上方画腮红。

(2)脸部过大。在三角区域由外侧向中间涂抹深色阴影粉,可以起到小脸作用。

(3)脸颊松弛。在眼睛下方的三角区域涂抹高光亮粉,立刻能使脸部更加立体有神。

(4)脸颊过窄。选择水润型的液体腮红,沿着颧骨呈椭圆状涂抹。

5．尖俏型脸颊

健康的小麦肤色,小巧的脸部轮廓,极富线条感的脸颊,维多利亚集合了所有小脸必备的元素。通过粉底,阴影及腮红的巧妙运用,你也能立刻拥有!

用指腹取比肤色略深的粉底,轻轻敲打至完全吸收,鼻翼、眼周及嘴角部位也不能遗漏;选择深色金色高光阴影粉,分别点在太阳穴、颧骨外侧及臼齿位置,并用手向外向内均匀敲打推开;在脸颊最高处,点上适量液状桃色腮红,并沿着颧骨斜向上轻轻敲打,画圈推开,使之与阴影区域自然地过渡;最后再扫一层光泽度较高的亮色粉饼于脸颊及T字区,让妆容更加立体持久,富有层次感。

小脸化妆技巧:

(1)下颚肥大。沿着脸部外侧由外而内呈鸡蛋型涂抹深色阴影。

(2)脸型过圆。沿着脸部外侧由外而内涂抹深色阴影,但是脸颊两侧略微向内收紧,整体呈椭圆状。

(3)脸型细长。脸型细长的女人就无需涂抹阴影了,涂抹腮红的时候呈横向细长型,可以让脸型看起来更加柔和,眼睛下方的三角区域也要涂抹高光粉。

化妆的最高境界:"无妆"

一位知名的女化妆师说:"化妆的最高境界可以用两个字形容,就是'自然',最高明的化妆术,是经过非常考究的化妆,让人家看起来好像没有化过妆一样,并且这化出来的妆与主人的身份匹配,能自然表现那个人的个性与气质。

次级的化妆是把人凸显出来,让她醒目,引起众人的注意。

拙劣的化妆是一站出来别人就发现她化了很浓的妆,而这层妆是为了掩盖自己的缺点或年龄的。

最坏的一种化妆,是化过妆以后扭曲了自己的个性,又失去了五官的协调,例如小眼睛的人竟化了浓眉,大脸蛋的人竟化了白脸,阔嘴的人竟化了红唇……"

这位化妆师的话可谓真知灼见,道出了化妆的最高境界:"无妆"。

无妆,是指女性化妆流行的新理念、新观点,无妆并非是不上妆,而是特别突出"薄"字,达到有妆似无妆的效果。跟裸妆相比,更加突出自然、清新、优雅。

若有若无的妆容,能给人一种清清淡淡的感觉,显露出的冰肌雪肤,有如朝阳下草叶上的露珠。这种清淡如烟的本色化妆浅浅淡淡,显出肌肤自然的质感,比起浓妆艳抹会觉得干净,更是一种化妆境界。

这种化妆手法不会让你变得"面目全非",你就是你,不是别人,只是令你更加出众。它只从粉底、胭脂、眼影和唇膏中,重新塑造一个本来面目的你,达到自然妆容的最佳效果。感觉一下,你拥有在清新空气中休息一天之后的脸色;或整整一个星期早睡之后的肤色,红润而生机勃勃,你就能理解这种化妆的效果了。

化妆的最高造诣就是要回归自然、塑造个性,达到"无妆"的最高境界。这个道理恐怕不是人人都懂的,每个聪明的爱美女性都应该通过扬长避短恰当地修饰自我,而不是盲目地模仿他人。

那么如何才能做到回归自然,达到"无妆"的境界呢?要领就是妆一定要淡雅、干净,绝不能拖泥带水。具体步骤如下:

(1)选用适合自己肤色的隔离霜打底。有斑点的皮肤可选用绿色隔离霜;黄色或苍白的皮肤可选用紫色隔离霜。涂过隔离霜以后,肤色会变得更均匀、更自然,看起来有种透明的感觉。

(2)选用透明的粉底打底。取粉底适量涂在额头、鼻尖、下巴及两颊五个点上,然后用棉扑稍加压力涂抹,一定要涂抹均匀。

(3)眼部的朦胧是否与整个脸部的妆容贴切,取决于眼影的选择。首先选用略有闪光感的浅蓝色或浅肤色等干净透明的色彩。然后用海绵棒蘸取适量的眼影,用海绵棒尖端在外眼际睫毛根处涂上一层颜色较浓的眼影。再用海绵棒粗圆部将眼影涂满双眼皮内侧。最后用手指将整个眼部的眼影擦拭均匀。需要注意的是,涂眼影时一次不要涂得太多,可多涂几次。

(4)为了达到透明无妆的效果,可省略眼线步骤,直接涂上黑色睫毛膏。先按睫毛夹的弧度与眼睑的弧度吻合,从睫毛根到睫毛梢分三阶段进行。把睫毛卷翘,然后取适量睫毛膏先从睫毛上面由内往外轻刷一次,再从睫毛下面由睫毛根刷向睫毛梢。要点是:睫毛梢部位不可太浓太厚,要细长才能达到清新、自然的效果。最后用小梳子从睫毛根梳向睫毛梢,防止粘连。

(5)完美和谐的眉形,可使眉、眼、唇相得益彰,魅力四射。那么如何让自己的眉毛看起来完美无缺呢?首先确认眉头、眉峰及眉毛的位置,用眉笔在上面点三个小点。从眉头起笔会显得不自然,可按眉毛生长的逆方向描眉。在描眉过程中,需要注意的是,眉头要平和自然;眉尾要纤细,长短要适宜,否则会显得生硬;眉峰的修饰直接影响眉形,是眉部化妆的重点部位。若你的眉毛很浓密,你只要用刮眉刀或拔眉钳将眉剪理出干净利落的眉形即可得到脱胎换骨的效果。

(6)双唇的美丽永远是令人心醉的风景。为了达到自然的化妆效果,可以省略画唇线的步骤。首先用沾满口红的刷子从上唇的唇角刷向唇峰,注意左右两端的唇峰,涂时要小心谨慎。涂下唇时要注意上下唇的宽度,先用唇刷固定下唇中央轮廓线,再从中央涂向唇角,最后用化妆纸吸去多余的油脂,使唇部更自然。

(7)上胭脂时可选用橙红色或肤红的透明色彩,能立即令你的俏面变得生动、可爱。毫无疑问,女人的美是用辛勤的汗水和卓越的智慧换来的,不想动脑筋,不想下工夫就别想成为仪容美丽的女人。

如果女人本身姿色并不出众,但想引起别人的注意,可以试试以上七个步骤,让化妆使自己更美丽、更迷人、更有气质。

卸妆不可随心所欲

对于经常化妆的人来讲,卸妆是每天必须做的工作。它的目的是清除残妆、汗水、皮脂分泌物以及附着在肌肤上的大气中的污垢。以下的几种卸妆方法,既有护理作用又有清洁效果,你不妨尝试一下。

油状卸妆品:专门对抗浓妆。卸妆油的使用方法,分为两大类,一是直接用化妆棉蘸取卸除彩妆;另一种乳化型洁肤油,则是先将洁肤油在脸上按摩与彩妆融合,再加点水使它乳化成白色后,用水洗净。

水状卸妆品:清爽的性质用于淡妆最适合,很像化妆水,质地很清爽。

凝胶状卸妆品:油性、混合性肌肤的最爱。卸妆品的新趋势为清爽不油腻,能将油分紧紧包住,可用清水直接冲洗清洁,不需要再用化妆棉擦拭。

霜状卸妆品:适合干性肤质,是干性肌肤的最佳伙伴。尤其是冬天,肌肤很干燥难受时,使用含油分较高的卸妆霜,容易推开,不会过度摩擦,比较不伤害皮肤。

乳状卸妆品:各种肤质都适合。大部分的卸妆品,都是乳状质地,由于它有点油又不太油的特点,让你既能干净卸妆,又不会让油腻糊脸。

棉片式卸妆品：它被称做卸妆的"快餐品"。适合常出门在外，或整天东奔西跑，又无法好好卸妆再重新补妆的人。不上妆或只上淡妆的人，仔细卸妆1~2次，就可以把污垢彻底清除。化浓妆的人，需要多几次，直到棉片上没有一点颜色才好。这种携带方便的卸妆棉，随时都能卸除脸上脏污，让你轻松地换妆与补妆。

卸妆时，如果贴有假睫毛应先取下。可用手指按住外眼角皮肤，由内向外轻轻揭下，如果假睫毛粘得比较牢，可先用酒精棉球拭掉粘胶再揭。

卸妆可用乳化卸妆油或高级护肤香皂，以清洁面部，保护皮肤。用卸妆油时，可先把卸妆油放在两个手掌上，轻揉面部皮肤，使化妆油彩与卸妆油混合，再用纸巾擦掉，然后用温水冲洗面部和颈部。若用护肤香皂卸妆，与平常洗脸一样，只是不要用毛巾用力擦脸，把香皂涂在手上轻轻擦脸，再用温水冲洗。去掉口红时，不要用纸直接擦，可用专门除去口红的乳霜，或普通冷霜，只要涂少许在嘴唇上，然后轻轻擦掉。

卸妆后，要用营养护肤霜涂抹面部皮肤，加强面部皮细胞的活力，以保护皮肤。

卸妆应按照眼睛、眉毛、嘴唇、面颊的顺序进行，具体方法是：

（1）清除睫毛膏：用化妆棉签蘸取少量眼部卸妆剂，顺眼睫毛生长方向，由睫毛根部向睫毛尖部轻拭，清除眼睫毛上的睫毛膏。

（2）清除眼线：用棉签蘸取少量眼部卸妆剂，沿眼睑缘由内眼角向外眼角轻轻滚抹，分别对双眼的上眼线进行清洗；睁开眼睛，将下眼皮略向下拉，用沾有眼部卸妆剂的棉签，沿下眼睑边缘，由内眼角向外眼角滚抹，分别对双眼的下眼线进行清洗。

（3）清洗眼影及眉部：将沾有卸妆剂的棉片，分别覆盖在双眼的眼睑和眉部，轻轻向两边拉抹，清除眼影和眉部化妆。

（4）清除唇膏：一手轻轻按住嘴角的一边，另一手用沾有唇部卸妆剂的棉片，由按住的一侧嘴角拉抹至另一侧，清洗唇部。

（5）清除颊红：取适量卸妆剂抹在脸颊上，用手指在脸颊两侧，顺着颧肌走向，向上向外轻揉，加少量温水，使粉底乳化变白，再用温水冲净，清洗脸颊。

化妆的误区与禁忌

1. 忌化妆品敷用过浓

化妆以最小的用量获得最好的效果。尤其粉底、胭脂、眼膏之类，敷得不够，显示不出风采，但用得太多，情形可能会更糟糕。

2. 忌补缀的化妆

开始化妆时就应该做到细腻而完美，不需要太多的补修工作，要是停留在外的时间很长，那就干脆洗脸后再重新化妆。总之，补缀的化妆，脸上一定会出现不雅观的斑痕，毫无清新洁美之感，应尽量避免。

3. 忌残留粉迹

敷粉后没有留心善后工作，会在眉毛、鬓边或衣领上都遗留着粉迹，也许自己未曾发觉，但在别人眼里，却留下疏忽和不洁的印象。

4. 忌忙乱草率

化妆要避免忙乱，首先自己的生活用品，包括化妆品、衣着、鞋袜、首饰及一切配件，必须分类整齐，有序地放在固定的位置，并预先保持清洁与完好，这样无形中便可节省许多时间，也不会乱七八糟了。

5. 忌不均匀，不细腻的敷用

若颈部与面部之间显出粉末的界限，或者两颊各有一块圆形的脂肪，眉毛像两根黑炭，那还有什么美感可言？出现这种情况，可能归咎于镜子的光线不足，或化妆手法不够熟练所致。所以，应注意在妆容的均匀细腻上下工夫，以免影响整体美感。

6. 忌不完善的唇膏和指甲油

涂浅淡的唇膏，或不涂都没有关系，最难看的是饮食之后颜色退落，只剩下边沿一圈，或加涂后显得不整齐、不均匀，因为这会严重破坏面部化妆的效果。同样，剥落斑驳的指甲油也是不行的。

7. 忌不和谐的颜色和不协调的配合

化妆品是用于辅助人的天然本色，并非与之争妍。只要明白这个道理，就会懂得如何依照自己的肤色和服装以及环境来选择妆容。切忌怪异和造作的色调，它们不但使人难看，还会降低身份。

第三章　完美肌肤，展露迷人气质

> 肌肤是人体最美丽的外衣，水嫩白皙的肌肤胜过任何华丽的服装和饰品，是女性最好的装扮。一个肌肤美丽的女性，无疑是楚楚动人的雕塑，总在顾盼流连的不经意间，流露出她的气质、个性和素养。

保养肌肤从了解肌质开始

完美的肌肤是女人青春靓丽的标志。如果你想让自己尽展活力与激情，如果你不想让肌肤泄露出苍老的秘密，那么，紧急行动起来，让岁月积累的内在的、深厚的美质，通过肌肤的美丽流淌进人们的眼帘。

平滑、细腻、光洁、富有弹性的肌肤在视觉上传递了美好、温良、愉悦的感觉，而粗糙、灰暗、有色斑以及凹凸不平的肌肤多给人以负面的印象，甚至引发距离和排斥感。因此，女性肌肤的养护已不单是挽留青春、保持光鲜美丽的问题。

不注重保养肌肤，会让它的活力渐渐减弱，开始变得干燥、松弛、暗淡无光……曾经光洁、柔软的肌肤就只能是"昨夜星辰昨夜风"了。有人说，肌肤是女人最美丽的一件衣服，如果你不想过早地失去青春和美丽，那么，就要想一些办法来让肌肤焕发迷人的光彩。

要保养自己的皮肤，首先就要了解自己的皮肤。

皮肤组织分为表皮、真皮、皮下组织三层。表皮是最外层的皮肤，由角质层、透明层、颗粒层、有棘层和基层组成。

真皮由乳头层、网状层和附属器官组成。

皮下组织为真皮下的一层脂肪组织。具有防止热量散发、储存营养和能量、抵御外界机械力撞击和侵害的作用。

□□世界上最美丽的服饰也比不上一身美丽的肌肤。女人的肌肤应有一种独特的质感，这种质感是女人魅力品级的一种标识，是女性修养、素质、社会阶层、生活品质的一份说明书。因此,肌肤的保养对女人而言非常重要。

保养肌肤,首先应了解自己的肌质,然后选择正确的保养方法,让你的肌肤水嫩白皙和光滑细嫩。

人的肌肤由于自身的遗传因素和生理特点的不同,性质也是不同的。大致可以分为以下五种类型的肌肤。

1. 干性皮肤

表现特征:皮肤水分、油分均不正常;干燥、粗糙,缺乏弹性,皮肤的pH值不正常;毛孔细小,脸部皮肤较薄,易敏感;面部肌肤暗沉、没有光泽,易破裂、起皮屑、长斑,不易上妆;但外观比较干净,皮丘平坦,皮沟呈直线走向、浅、乱而广;皮肤松弛、容易产生皱纹和老化现象。干性皮肤又可分为缺油性和缺水性两种。

保养重点:多做按摩护理,促进血液循环,注意使用滋润、美白、活性的修护霜和营养霜。注意补充肌肤的水分与营养成分、调节水油平衡的护理。平时应多喝水,多吃水果、蔬菜。

护肤品选择:不宜过度使用洁面乳,注意选用营养型的产品,选择非泡沫型、碱性度较低的清洁产品,选择带保湿的化妆水。

2. 中性皮肤

表现特征:水分、油分适中,皮肤酸碱度适中,皮肤光滑细嫩柔软;富于弹性,红润而有光泽,毛孔细小,无任何瑕疵,纹路排列整齐,皮沟纵横走向。中性皮肤是最理想而漂亮的皮肤。这种皮肤一般炎夏易偏油,冬季易偏干。

保养重点:注意清洁、爽肤、润肤以及按摩的周护理。注意日补水、调节水油平衡的护理。

护肤品选择:依皮肤年龄、季节选择。夏天亲水性,冬天选滋润性,选择范围较广。

3. 油性皮肤

表现特征:油脂分泌旺盛;T部位油光明显、毛孔粗大、触摸有黑头、皮质厚硬不光滑、皮纹较深;外观暗黄,肤色较深、皮肤偏碱性,弹性较佳,不容易起皱纹、衰老,对外界刺激不敏感;皮肤易吸收紫外线容易变黑,易脱妆,易产生粉刺、暗疮。

保养重点:随时保持皮肤洁净清爽,少吃糖、咖啡、刺激性食物,多吃维生素 B2、维生素 B6 以增加肌肤抵抗力。注意补水及皮肤的深层清洁,控制油分的过度分泌,调节皮肤的平衡。

护肤品选择:使用油分较少、清爽性、抑制皮脂分泌、收敛作用较强的护肤品。白天用温水洗面,选用适合油性皮肤的洗面奶,保持毛孔的畅通和皮肤清洁。暗疮处不宜化妆,不宜使用油性护肤品,化妆用具应该经常地清洗或更换。更要注意适度地保湿。

4. 混合性皮肤

表现特征:一种皮肤呈现出两种或两种以上的外观,同时具有油性和干性皮肤的特征。多见为面孔"T"区部位易出油,其余部分则干燥,并时有粉刺发生。

保养重点:按偏油性、偏干性、偏中性皮肤分别侧重处理。在使用护肤品时,先滋润较干的部位,再在其他部位用剩余量擦拭。注意适时补水,补充营养成分,调节皮肤的平衡。

护肤品选择:夏天参考第三项油性皮肤的选择,冬天参考第一项干性皮肤的选择。

5. 敏感性皮肤

表现特征:皮肤较敏感,皮脂膜薄,皮肤自身保护能力较弱;皮肤易出现红、肿、刺、痒、痛和脱皮、脱水现象。

保养重点:经常对皮肤进行保养;洗脸时水不可以过热或过冷,要使用温和的洗面奶洗脸。早晨,可选用防晒霜,以避免日光伤害皮肤;晚上,可用营养型化妆水增加皮肤的水分。在饮食方面要注意易引起过敏的食物。皮肤出现过敏后,要立即停止使用任何化妆品,对皮肤进行观察和保养护理。

护肤品选择:应先进行适应性试验,在无反应的情况下方可使用。切忌使用劣质化妆品或同时使用多重化妆品,并注意不要频繁更换化妆品。含香料过多及过酸过碱的护肤品不能用,而应选择适用于敏感性皮肤的化妆品。

了解你的皮肤特点,选择正确的保养方法,可起到事半功倍的效果,让皮肤的美丽从此开始。

日常注意呵护你的肌肤

皮肤在人体的最表面,好像是人体的外衣一样,光滑细腻的皮肤是青春、健康和美的象征,皮肤还是我们人体的第一道防线,它能抵御细菌和病毒的侵袭,护卫你的健康。

一个女性是否靓丽,从肌肤上反映的最直接。因此,应呵护好你的肌肤,重视对皮肤的保养。

1. 避免多晒

生命离不开阳光,但阳光晒得过多对皮肤也是不利的。它首先会将皮肤内的水分蒸发,妨碍真皮中胶原纤维的生成,促进皮肤老化,失去弹性,出现皱纹。其次,多晒还会使皮肤变黑,这与皮肤抗外来损害的本能有关,皮肤中的色素颗粒有防御紫外线刺激的作用,为阻止紫外线的照射,大量的色素颗粒就会集中到表皮,使肤色变深变黑。另外,雀斑、黄褐斑、皮炎等皮肤病,均会因日晒过多而诱发或加重。因此,夏季外出应戴太阳镜、草帽或打遮阳伞,暴露的面部、手部等处要涂上防晒霜。如果暴晒后皮肤发红感到疼痛,要用冷水浸过的毛巾敷于创面。严重时还可把黄瓜切成薄片敷在皮肤上,以消除日晒引起的皮肤疼痛。

2. 调理饮食

皮肤的健美离不开合理的膳食，以保证充足的营养。要想延缓皮肤的衰老，就应保证摄取足够多的蛋白质、脂肪、维生素、水等皮肤所需要的营养素。另外可多食具有补益皮肤、健美皮肤作用的食物，如黄豆、猪皮、鸡蛋、牛奶、大枣、百合、冬瓜、水果等。这些食物含有丰富的蛋白质和维生素、微量元素，能调节血液和汗腺的代谢，改善体液的酸碱度，可使皮肤红润光泽、美丽水嫩，延缓老化。

3. 适度沐浴

经常沐浴，可保持皮肤清洁卫生，是预防皮肤衰老与疾病的重要办法。但是，老年女性应注意不宜洗澡过频，过多地洗掉皮肤表面的脂类薄膜，皮肤失去滋润会变得干燥、瘙痒。老年女性洗脸、洗澡之后，可擦些润肤油脂等，以滋润肌肤。

4. 合理使用化妆品

合理使用化妆品，有助于美化容貌及保护肌肤，但如使用不当，则反而会伤害肌肤。化妆品皮炎就是与使用化妆品不当有关的一种皮肤病。因此，应根据每个人具体的皮肤性质，选择合适的化妆品。

油性皮肤，皮脂分泌多，化妆时需选用含油脂较少的化妆品，如奶液化妆水、雪花膏一类。干性皮肤，应采用混合的富含油性的化妆品，避免使用肥皂等碱性洗面剂。中性皮肤，化妆品选择范围较大，一般的养肤护肤的膏、霜、乳液均可选用。但应注意季节的变化。夏季可选用清爽、含油成分稍低的乳液，而秋冬季，可选用保温滋润油分稍高的霜类、膏类护养品。

值得注意的是，敏感性皮肤的人，往往对很多化妆品都有不同程度的过敏反应，尤其对药物化妆品反应明显，轻者红肿发痒，重者有刺痛感，有的还会引起皮肤粗糙和皮屑脱落现象。这一类型的皮肤最好选择中性护肤霜，切忌用碱性强的肥皂洗脸。

5. 保持心情舒畅

俗话说，笑一笑，十年少。快乐的情绪是永葆青春的最佳良方。开朗的性格、愉快的心情可以促进人体内分泌调节，舒张血管，改善血液循环，促进皮肤健美；而情绪忧郁、心胸狭窄往往会使人提早出现皱纹、黄褐斑等，正所谓"忧愁催人老"。所以，要想延缓皮肤的衰老，必须保持心情开朗、情绪愉快。

6. 加强锻炼

适当运动可使全身血液循环加速，皮肤血管充盈顺畅，大量的营养和氧气被输送至皮肤细胞。运动锻炼时流汗则有利于废物排泄，皮肤温度升高则有助于胶原产生，促进皮肤新陈代谢，从而有利于防止皮肤起皱和过早老化。

7. 经常按摩

按摩可以使皮肤温度升高、血液畅通、新陈代谢旺盛,同时,也可以解除人体过度紧张和缓解疲劳,使皮肤显得滋润,皱纹减退。

呵护肌肤是女人一生的功课,只要保养得当,任何年龄段都可绽放你的美丽。

好肌肤是养出的

女人的皮肤非常娇贵,无论什么性质的皮肤,只要缺乏必要的营养,都会显得苍白憔悴,甚至起皱纹。

对于一个女人来说,皮肤的状态是划分年轻与衰老的外在标志。保养出美丽的肌肤,会使你显得年轻很多。

一般保养皮肤的简易措施是,在皮肤容易衰老的部位定期进行用新鲜药草、蔬菜或水果等自然物质拌制成的营养性面膜贴敷。因为热水浴或蒸汽浴后,面膜所提供的营养素和氧气会更多、更直接地进入到产生新皮肤的胚细胞层。譬如,维生素C能够改善氧气的循环;维生素E能促进细胞分裂并改善皮肤外观;而其他的维生素、矿物质、果酸、脂肪酸等高效营养混合物,也给皮肤提供了所需要的一切营养,使之滋润与充盈,焕发出生命的活力。

用不同的天然植物或动物的成分调制成的面膜对不同的皮肤具有不一样的养护效果,如:水果面膜对中性或敏感性皮肤最合适;蜂蜜面膜对干性皮肤最理想;果酸面膜能使暗淡的皮肤鲜艳光泽。

但是必须注意:任何一种东西都不是灵丹妙药。每个人的皮肤状况不同,选择适合自己皮肤的养护品及养护方法极为重要。例如果酸是非常不错的美肤、养肤产品,它可以淡化色素,使角质层更容易新陈代谢,从而消除沉积在皮肤里的黑斑,达到美白功效,但是,皮肤敏感的人却不能用,不然轻则过敏,皮肤马上起疹子,严重时还会烧伤皮肤,特别是在脸部,果酸浓度和涂敷时间绝对要严格控制,丝毫不能掉以轻心。

皮肤经面膜呵护后,会显得非常饱满、光洁、平滑、鲜嫩,从而表现出女人生命的原质。

但全身养肤的周期不能太频,通常10天一次为宜。什么好事过于多都会适得其反。

除了上述面膜方式营养皮肤的做法,现在还提倡以内养外的养肤方法。滋阴补血的当然不用说了,鸡蛋、猪肝、菠菜,甚至阿胶,都有相当不错的功效,而经常服用鲜榨果汁,同样也有非常出色的养肤作用以及健身治病的功效。

木瓜汁:富有维生素与钾元素,具有帮助消化、防止便秘、养颜润肤的特殊功效。

西瓜汁:味甘性寒,能解暑清热、利尿解毒、补充水分,有治疗高血压、预防肾病的功效。

橙汁：味甘微酸，有美容养颜、促进新陈代谢功效，止渴醒酒、消油腻也不错。

桃汁：含有丰富的果酸和果胶，可有效消除便秘，具有祛斑美容及利尿作用。

哈密瓜汁：含丰富维生素，有美白防皱功效，还能消除浮肿，利尿，预防高血压，助消化，润气顺气，养颜美容。

其实，其他许多水果对女人的养身之道也有很好的助益。

苹果汁：含有大量维生素和纤维素果胶，经常饮用可以有效地消除脸上色斑。其特有的钾元素有利尿作用，其果酸对消除疲劳也有特效。

葡萄汁：对神经衰弱、疲劳过度有很好的辅助疗效。直接饮用有抗病毒作用。

胡萝卜加苹果汁：富含维生素B1、维生素B2及胡萝卜素，具有促进消化和吸收，降低胆固醇，利尿之功效。

说到底，养肤就是为皮肤提供足够的必要的营养，使其也保持应有的生命力。作为一个女人，千万不能等到自己年老色衰时才去护肤养肤，因为皮肤一旦因为缺乏营养和护理而憔悴，那是很难恢复原状的，更别说青春永驻了。

此外，想要保持年轻的容貌，滋补五脏也是不错的选择，是女人青春的秘密武器。

滋补五脏能使人容颜焕发，肌肤润滑。其实许多中年女性面色无华、晦白或灰暗、肌肤粗糙、斑点丛生或皱纹累累，往往缘于五脏功能失调。美丽是由内而外散发的，身体内部调理顺畅，自然也会反映在外部容貌上。因此，要养颜美容，应增强脏腑的生理功能，这样才能使容颜不衰。

可以通过养心来调养容颜。因为心气能推动血液的运行，从而将营养物质输送到全身。而面部又是血脉最为丰富的部位，心脏功能的盛衰都可以从面部的色泽上表现出来。心气旺盛则面部红润有光泽，若心气不足则面部供血不足，皮肤得不到滋养，面色就会苍白晦滞或萎黄无华。可以用龙眼、莲子各30克，糯米100克，加水用大火烧沸，再改为小火慢慢煮至米粒烂透即可，常服此粥可养心补血，润肤红颜。

也可以通过调养肝脏来调养容颜。因为肝能调节血流量和排除全身毒素，使气血平和，面部血液运行充足，表现为面色红润有光泽。若肝有损伤，血行不畅，血液淤滞于面部则面色青，或出现黄褐斑。肝血不足，面部皮肤缺少血液滋养，则面色无华。可以将银耳、菊花10克，糯米60克加水适量煮粥，粥熟后调入适量蜂蜜服食。常服此粥有养肝、补血、明目、润肤、祛斑、增白之功效。

还可以通过调养脾脏来养颜。脾为后天之本，气血生化之源。脾胃功能健运，则气血旺盛，面色红润，肌肤弹性良好；反之，脾失健运，气血津液不足，不能营养颜面，其人则精神萎靡，面色淡白，萎黄不泽。可以用大红枣、茯苓、粳米煮成粥，代早餐食用，可滋润皮肤，增加皮肤的弹性和光泽，起到养颜美容作用。

养肺也可以养容颜。肺主皮毛，若肺功能失常日久，则肌肤干燥，面容憔悴而苍白。可用百合、粳米加水适量煮粥，粥将成时加入冰糖，稍煮片刻即可，代早餐食用。对于各种发热症治愈后遗留的面容憔悴，长期神经衰弱，失眠多梦，面色无华，有较好的恢复容颜色泽的作用。

养肾可以让你光彩焕发。肾主藏精，肾气旺盛时，五脏功能也将正常运行，气血旺盛，容貌不衰。当肾气虚衰时，人的容颜黑暗，鬓发斑白，齿摇发落，皱纹满面，未老先衰。可以将芝麻、核桃仁、糯米加水适量煮粥,代早餐食用。能帮助毛发生长发育,使皮肤变得洁白、丰润。

女人若掌握了五脏养颜的秘诀,就不会气亏阴虚、容颜无光了。

正确清洁面部肌肤

女人肌肤的美丽,首先体现在脸上。

对这个世界来说,女人的脸是一种风景,也是一种精神食品。换言之,一张姣好的、修饰过的女人的脸,简直就是一道美味。当我们品尝她们的时候,我们得到的不仅是审美的愉悦,还有精神的满足、欲望的延伸以及爱情的物化等。

女性可以没有美丽出众的外表,但是一定要保持面部肌肤干净清爽,正确清洁面部肌肤。清洁面部肌肤,简单地说就是洗脸。这是每个人每天都在做的事情。可是未必所有的人都能做好。掌握正确的洗脸方法是保证肌肤美丽健康的一个前提。皮肤是美容的基础,而脸部的保养在美容中占有极其重要的位置,面部清洁是皮肤保养的第一步。

面部皮肤暴露在空气中,空气中漂浮着污物、尘埃、细菌等,自然附着于皮肤表面,加上自身分泌的油脂、汗液、死细胞等,这些因素会影响皮肤正常生理功能的发挥,甚至引起皮肤感染,发生痤疮等皮肤病。由此可见,面部皮肤清洁是非常重要的。其目的主要有如下几个方面:清除皮肤表面的污垢及皮肤分泌物,保持汗腺、皮脂腺分泌物排出畅通,防止细菌感染;可使皮肤得到放松、休息,以便充分发挥皮肤的生理功能,呈现青春活力;可调节皮肤的pH值,使其恢复正常的酸碱度,保护皮肤;可为皮肤护理做准备。

那么,如何正确清洁面部肌肤呢?以下十条应该遵守。

(1)一天洗脸不宜超过3次。很多人认为增加洗脸的次数,脸会越洗越干净。其实洗脸次数的增加会破坏肌肤表面正常的皮脂分泌,即使是油性皮肤,一天洗脸的次数也不宜超过3次。过度清洁只会破坏肌肤表层的天然保护膜,皮肤会分泌更多的油脂来进行保护,你的脸就会越洗越油。

(2)磨砂颗粒洁面产品要慎用。很多人选择磨砂产品是享受强烈的摩擦过程中彻底清洁的快感,殊不知磨砂膏通过机械的作用过度刺激表皮,使皮肤表层的角质细胞遭到破坏。遭到破坏的角质细胞会促使底层的细胞分裂增生,反而会使你的面部皮肤变得更厚。

(3)冷温水交替洗脸有助于脸部保养。先用温水湿润肌肤,轻松洗去面部浮尘,使毛孔张开,这样非常利于皮肤的深层清洁;最后用冷水洗脸,冷水可以增强血液循环,提高皮肤弹性。采用这种温水和冷水交替洗脸的方法,既可清洁面部皮肤,还可使皮肤浅表血管扩张、收缩,有利于面部皮肤的美容保养。

(4)卸妆油应该在妆较浓时使用。卸妆油的油性成分通常有三种:矿物油、合成酯和植物油。每次洁面必用卸妆油,看似一个清洁彻底的好习惯,其实不然。为了减少对皮肤的不必要刺激，卸妆油还是在妆较浓的时候使用为好。如果是每天都必须用，那么就一定要选择适合自己肤质的卸妆油，之后再用洁面产品清洁一次。

(5)长期用洁面海绵，皮肤会更粗糙。洗脸海绵的作用是打出丰富的泡沫，让泡沫充分接触皮肤，浮出毛孔中的污垢。洁面海绵一周最多用两次。否则，经过长年累月地"搓"下来，皮肤会变得更加粗糙。

(6)泡沫洁面更干净。以细腻丰富的泡沫直接清洁皮肤，可以减轻对肌肤的刺激，避免过敏，这的确是一种不错的洁面选择。那么，在挑选泡沫洁面产品时，是否泡沫越丰富使用效果就会越好？其实也是不一定的。关键是看泡沫品质。高品质的泡沫产品应该是细腻又有质感的，泡沫不会在短时间内破裂，才可以同时具有滋养肌肤、保持水分的功效。

(7)眼部卸妆选专门的产品。眼部肌肤非常脆弱，只有选用温和的卸妆产品，才能减轻对眼周柔嫩肌肤的刺激。卸妆油是卸妆的绝好帮手，很多人为了节省时间就直接用卸妆油来卸眼部的彩妆。睫毛膏和眼线液等焦油型污垢要是不能彻底卸除干净，就会和油分一起渗入肌肤，造成眼部周围肌肤晦暗。因此，一定需要眼部专用卸妆产品，彻底清除化妆痕迹。

(8)一支洁面霜不宜一年四季使用。春、秋季节，灰尘较多，气温变化无常，使得人的免疫能力下降，肌肤容易过敏。这时就应该选择成分无添加剂、有消炎功效的产品。夏季气温升高，油脂不平衡，感觉脸上总是油油的，宜选择清爽具有控油效果的产品。在冬季寒冷的气温条件下，冬季洁面品应选用性质温和兼具保湿成分的产品，一般选用乳霜类产品，尽量少用或不用去油成分强的洁面啫喱。

(9)洁面配合按摩效果更突出。很多人认为洁面的过程只是简单地清除污垢，其实不然。如果在洗脸的过程中加上按摩的手法，在去除污垢的同时还能达到意想不到的效果。沿着淋巴腺按摩洗脸，能有效防止脸部浮肿，拉紧脸部线条，防止老化。

(10)不同年龄段要更换洁面品。20岁左右的年轻肌肤洁面时可以选择皂类、泡沫类产品，但这类产品的碱性强，对油脂有很强的清洁力，不要持续使用。建议搭配其他类型的洁面品交替使用。30岁左右的肌肤油脂分泌比20岁时要减少很多，建议选择乳液洁面品温和洁面，或者很细腻的泡沫洁面品。由于这个年龄肌肤的弹性缺乏，宜选择含有氨基酸分子的洗面乳，补充肌肤营养与弹性。随着年龄的增长，肌肤对刺激性洁面品的耐受力越来越低，尽量不要使用磨砂类洁面品。

经济简便的美容方法

皮肤除了日常的清洗与保养之外，还应该做些有特殊效果的美容工作，使其看起来更柔美和光滑。下面介绍两种经济简便的美容方法。

1. 科学的涂面法

科学的涂面法，既可使肌肤清洁，又能供给营养，并可消除细小皱纹。

(1)牛奶涂面法。牛奶涂面法很适合四十多岁的中年女人采用，可消除皮肤皱纹，且使皮肤增加弹性。首先准备新鲜牛奶一小杯，并加入少许柠檬汁，混合后用来洗脸，每次洗完脸15分钟后，再以纱布蘸些牛奶，在面部上轻轻拍打，能达到护肤的效果。此法最好在临睡前进行，效果更佳。

(2)黄瓜涂面法。黄瓜涂面法，不但有洁白的作用，而且能收缩过大的毛孔。可取小黄瓜一条，切成薄片，轻贴于面部，经过10~15分钟左右取下，再以清水洗净即可。

(3)柠檬涂面法。柠檬涂面法很适合四十多岁的中年女人采用，尤其是对油性皮肤及脸上长有暗疮者，极具功效。取新鲜柠檬半个，榨汁后混合橄榄油，均匀地涂遍脸部，经过20分钟后用中性洗面奶与温水洗净，如果时间不允许的话，可直接用纱布蘸混合液来轻涂皮肤，亦有相同的功用。

(4)蛋白涂面法。蛋白涂面法适合油性皮肤者，尤其面部有小皱纹的人，更别具功效。取鸡蛋一个去蛋黄，用打蛋器搅匀，不必加水，拿小刷子均匀地涂抹于面部，待其完全干后，用中性化妆水把蛋白洗掉，再以温水冲净，然后涂上含维生素E的面霜，立即就寝，如此便可消除脸上过多的油脂，并可防止小皱纹的产生。

(5)蛋黄涂面法。蛋黄涂面法较适合干性皮肤特别是皮肤粗糙者采用。取蛋黄一个，全脂奶粉两大匙，蜂蜜、橄榄油各一小匙，如肤色较粗黑者，不妨再加些柠檬汁，把以上材料混合搅匀，轻涂整个脸部，约30分钟后，再用温水清洗，而后擦点收敛性化妆水。

(6)胡萝卜涂面法。胡萝卜涂面法针对40岁以上，皮肤已开始松弛和老化，并有小皱纹的女人采用）。材料只要把胡萝卜磨碎取其汁，用小刷子均匀涂遍脸部，约15分钟，待其干透，再用温水洗净。

(7)热橄榄油敷面法。热橄榄油敷面法适用于特别干燥的皮肤，寒冷季节常用此法，可防止皮肤干燥老化。把橄榄油加热至37℃左右，取一块方纱布，在眼、鼻、口等处开洞后，把它浸入油内。然后把面霜均匀涂在脸上，按摩5分钟，面霜不必擦掉，把含有橄榄油的纱布覆在脸上，约10分钟更换新的。如此连续做30分钟，以温水洗净，并涂上营养面霜就行了。

(8)细盐涂面法。用细盐100克，鸡蛋白一个，婴儿润肤油少许，蜂蜜两大茶匙混合起来，每星期两三次，用它轻轻地涂在面颊上，用手指在上面打圆圈，然后用温水洗脸可使皮肤细嫩，并能预防痤疮。

(9)蜂蜜涂面法。滤去蜂蜜中的粗渣，搅涂少许在脸上及颈部。用手掌心轻拍使之均匀分布，约10~20分钟后，以温水洗净。蜂蜜对皮肤有滋润作用。

(10)醋涂面法。皮肤粗糙者可将醋与甘油以1:5的比例混合涂抹皮肤，皮肤会逐渐恢复细嫩。每天用洗面奶洗完脸，再换一盆清水加一汤匙醋洗一次，然后再换一盆清水洗净。

上述十种涂面法所用的材料，一般家庭均可就地取材，既经济又方便，只要能抽出一些时间来按部就班地进行，便可达到美容的效果。

2．蒸汽美容法

蒸汽能使皮肤毛孔扩张并软化,使其彻底排出污垢油脂,并可加速血液的循环,收缩粗大的毛孔。经常采用蒸汽熏脸法,会收到意想不到的效果。其方法如下:

(1)蒸脸器熏法。蒸脸器熏法是利用现成蒸脸器,亦是最简便有效的方法,可依照蒸脸器的专用杯子,注入冷开水一杯,最好能再掺入少许的柠檬汁,一并倒入蒸脸的容器中,通电后,待其自动煮沸。在等待水沸的这段时间里,可用清洁霜遍涂脸部,并加以按摩揉搓,待脸部肌肤柔软发红为止,便可取化妆纸拭去脸上的油垢。

此时,蒸脸器内的水差不多也已煮沸了,即可进行熏脸。用一条干毛巾覆盖于头上,可避免热气四散,然后把整张脸靠近蒸脸器,紧闭双眼,用鼻子轻轻地吸气。约熏两分钟之后,便可稍离蒸脸器,取化妆纸按压脸部,清除排出的油垢与污物,接着俯下脸再蒸,如此反复地进行5~8分钟。蒸完脸后,要立即用温水、中性洗面奶洗脸而后以冷水收敛即可。

(2)沸水熏脸法。若你没有购置蒸脸器,可改用沸水替代。将沸水注入面盆里,使用方法和蒸脸器一样。不过,这种用面盆注沸水的方法,较容易让蒸汽扩散冷却,必须边蒸脸边不断地加入沸水才行,使用起来有些麻烦,只要你有恒心和耐力坚持下去,同样能收到预期的效果。

(3)冷水加热蒸脸法。冷水加热蒸脸法比第二种简单,却是和第一种具有同样功能的方法。先打上大半盆的水,置于炉上煮沸,炉火不可过大,要用文火慢慢烧沸,待整盆水发热冒烟,就可进行熏脸的工作了。但是,在熏脸的时候,不可太靠近脸盆,免得被烫伤。三四分钟后,就应该关灭炉火,直熏至脸盆的水逐渐冷却便可。

洁肤、爽肤、护肤

1．洁 肤

女人肌肤天生如婴儿般娇嫩,但随着年龄的增长,皮肤角质会日益老化,而灰尘与体汗阻塞毛孔,也会严重影响皮肤新陈代谢,造成皮肤的衰老松弛。所以,女人应每天做全身洁肤护理,保养肌肤。

日常性的洁肤是每天的例行公事,首先是做15分钟蒸汽浴。也就是用热水或蒸汽熏蒸,热量聚集会使更多血液流经皮肤表面细窄的毛细血管,皮肤出汗的同时会使脏物、微小的角质皮屑和脂质与汗水一起溶解,毛孔完全张开后,这些废物都会随之排出来。

上一步完了之后,再做热盐水浴。盐有消毒的作用,对毛孔里的细菌有很好的清杀作用,同时还能补充皮肤所需要的多种矿物元素和微量元素。另外,盐的用量要适当,普通的浴缸用100克盐就行,全身浸泡20分钟。

接着用热水冲淋5分钟,待全身皮肤因为热而呈玫瑰色时,用澡巾或粗毛巾做全身擦搓,擦搓时向心脏方向用力。这样做既能搓去表层死皮,又能促进血液循环和增强心肌功能。

另外,擦搓时的力度要适当,动作要匀称有节奏,通常同样的动作重复三次。要依次顺着来,千万不要东擦一下,西搓一下,胡乱擦搓会损坏自己的肌肤。最好是按自己最为顺手的方式制定一个程序,并且形成固定的擦搓习惯。

最后用沐浴露涂抹全身,用海绵轻轻抚摩几分钟后用温水冲洗干净,皮肤显得格外细腻光滑、富有弹性。

周期性的洁肤是做全身深层磨砂,干性皮肤四周一次,中性皮肤两周一次,油性皮肤一周一次。根据你自己的皮肤状况自制磨砂膏,皮质较粗者用100克海盐、50毫升杏仁油、50毫升柠檬汁搅拌成粗砂状;皮肤细腻者用100克奶粉和50毫升玫瑰水搅拌成糊状。

在沐浴前先用磨砂膏做全身涂抹,然后用你的两个手指在皮肤上稍用力按摩,做圆圈状揉搓,直至全身皮肤特别是你最为留神的地方获得充分的渗透与摩擦,30分钟后用温水冲洗干净,抹上润肤护理乳霜。深层磨砂能将毛孔深处的污垢与坏死的皮肤细胞擦去,使皮肤彻底洁净清爽。

每天留有充足的时间去按部就班地完成这套例行程序,这是你对自己皮肤的呵护。每天坚持如此,你将会拥有细腻光滑的皮肤,让青春永驻。

2. 爽 肤

爽肤是为了让皮肤能够充分地呼吸,从而富有弹性、光滑润泽。爽肤是为了让皮肤放松,女性朋友们不可小看这一环节。

全身皮肤的放松不是松弛,而是让其柔软且有弹性,使皮肤清新爽洁不紧绷。

全身爽肤有以下四种方法:

一是用食盐浸浴。这个操作方法前面已经说明。

二是用手掌均匀地拍打全身的肌肤。细皮嫩肉处拍打100下,拍打会令肌肤产生弹性。

当然,拍打时间长了手一定会酸,那就两手交替拍打,怎么顺手就怎么来。一开始时可以减少拍打次数,然后每周逐步增加一定的次数直至达到标准。

拍打时先从脸部起,仿佛自己打自己嘴巴似的,然后至脖颈、腹部、臂部、臀部、腿部。当心,胸部可是打不得的,否则乳房会松弛下垂,还会造成胸闷不适。

乳房部位正确的方式是用两手掌托住乳房朝上和朝内侧轻轻按摩,使之高耸挺拔。

三是用冷热水交替淋浴。先是2分钟热水,然后是10秒钟冷水,交替淋浴,三次一组。热水冲击会使皮肤显得慵懒,冷水刺激会令皮肤突然绷紧。热水清洁,冷水收缩,冷热交替,使皮肤变得饱满丰润、富有光泽而且充满弹性。同时也刺激你的肾上腺素,增强免疫功能,延缓皮肤衰老。

四是在做完全身洁肤并且用温水冲洗干净后,再用爽肤水或收缩水均匀地喷洒或涂抹全身,爽肤用品主要是平衡皮肤的弱酸碱度,并为之后涂抹护肤霜或润肤霜起铺垫作用。

3. 护　肤

女人的精气神从眼睛和皮肤就能感觉出来。我们常发现某个人气色不错,就是因为这个人的皮肤健康富有生命活力,给我们以良好的印象。

护肤不单单是外在的补水与滋润,更重要的在于身体内部的调理,在于营养的补充。民间流行着一句话:黑芝麻养发,鱼虾养目,肉汤养肤,水果养颜。这就足以证明天然饮食对于人体肌肤的调养是可以起到由里及表的功效的。

另外,自己配置美肤茶,也有护理肌肤的功效。譬如两勺蜂蜜与5克小朵玫瑰花用90℃~95℃的开水泡5~8分钟后饮用,每日饮用2次,早晚各一次。坚持常喝,能够美肤养颜。

用柠檬去皮切片加糖泡水经常饮用,也会使你的皮肤充满光泽与弹性,因为柠檬含皮肤所需要的维生素C、维生素B及微量元素,维生素C能减少黑色素的形成,预防色素沉着,而维生素B能调节皮脂腺的分泌。

工作的压力、身体的疲劳、精神的倦怠,都会使你皮肤细胞的无机盐、维生素和微量元素消耗过多,从而造成肌肤的疲惫。因此,晚上淋浴后裸体靠在躺椅上,点上香熏灯,滴一滴安神养性的香精油,让皮肤好好地放松与呼吸,只要保持适当的温度,这就是对皮肤最好的护理。

裸睡也是非常好的护肤方法。当皮肤没有织物的束缚及压抑,可以轻松自如地舒展与呼吸时,身体内部的感官系统会促使皮肤适当地作出反应,从而激活皮肤的活力。

护肤是从内在调理开始的。切记,不要吃什么保健品或药品,无论什么品,一旦成为商品,都有可能是合成物而含有不良的成分。因此,最好还是选用纯天然的东西。

此外,不同年龄的女性,应有不同的护肤焦点。

20岁养成科学的皮肤清洁及保养习惯。这个年龄的皮肤细腻光滑,除非有青春痘等问题产生,一般不需要特别护理,如是油性皮肤,应早晚用洗面奶彻底清除面部污垢。寒冷或干燥的季节可选用乳质面霜,以增加营养。

20~30岁注意预防皱纹的产生,为了防止皱纹的产生,可选用保湿类护肤品。必须仔细选择适合自己的面霜,因为这个阶段皮肤的好坏与使用的面霜很有关系。

30~40岁防止皮肤光泽黯淡。这时的皮肤很容易出现光泽消退的情况。除了合理的清洁习惯和规律的生活之外,还应有一整套的系统保养。可选用果酸类护肤品,以清除皮肤表面的死细胞,促进新生细胞的生长。

40~50岁注意补充皮肤养分。这个阶段由于激素平衡失调,皮肤水分流失,造成面部皮肤松弛,于是及时补充水分和营养非常重要。应选用防皱、补水和再生类护肤品。为防止眼周及嘴角鱼尾纹产生,应使用维生素E面膜及胶原蛋白类面膜,并辅以按摩。

50岁以后补充水分、营养及进行再生细胞的处理。此时皮肤的胶质及弹性蛋白减少,皮肤细胞再生能力减退。激素疗法是一种延缓皮肤衰老的根本办法。平时除了清除坏死的表皮细胞外,应选用优质防皱及能增强皮肤新陈代谢的抗衰老护肤品。早、晚坚持使用,以弥补更年期被破坏的平衡。

呵护四季冰雪肌肤

不同季节有不同的气候特征,人就如生活在大自然的一棵植物。空气、阳光、水分在不同的季节各有异同,其生活状态需要调整,皮肤护理也是如此,随着外界条件的改变、护理方法也不尽相同。

在春季,对于皮肤来说,最明显和直接的外界刺激就是阳光。由于在冬季,直接受阳光照射的机会较少,所以皮肤炎症的患者,会因接触阳光的时间不多而自然痊愈,且抵抗力会转强。谁也不喜欢带着一张又红又痒的脸庞到处献丑,所以,在冬季的日常生活中,清洁皮肤是首要的工作,在春季也不例外。脸部获得清洁后,勿忘记拍上爽肤水和适当的面霜做保护。此外,防晒工作也不容忽视。至于定期做水分面膜和清洁面膜,都能使皮肤清爽和洁净。

与此同时,切莫忘记饮食中的营养摄取,多摄取鸡肉、牛肉等动物性蛋白质以及维生素 B,这对于保养皮肤有很大的裨益。另一方面,尽可能在睡觉时关上抽湿机,如果不能避免,则应将它放在自己距离较远的位置。

进入夏季,很多女性朋友只将夏日的强烈阳光列为皮肤克星,却忽视了汗水的可怕。

首先我们需了解 PH 值(酸碱度)对皮肤的影响。PH 值属于弱酸性,有阻碍细菌发育和繁殖的功效。健康正常皮肤的 PH 值在 5.5~6.5 之间,此弱酸性有中和碱性和防止皮肤受伤害的作用。

一般来说,汗水的 PH 值在 4~5 之间,当汗水接触皮肤后,会使皮肤的 PH 值提升呈碱性,抑制皮肤表面细菌衍生的功能便会减弱,因此皮肤炎、斑疹等症状在夏日最是常见。

夏日洁肤是不容忽视的常规动作。除了早晚的脸部清洁外,如有需要,也可以于外出后作面部清洁,再拍上酸性化妆水,以中和皮肤的碱性和补充水分。

很多女性朋友认为大暑天涂上面霜,只会令皮肤油腻,更容易沾上灰尘,事实上,面霜除了有滋润皮肤的作用外,也有防止皮肤水分流失的功能。只要挑选水分较高的面霜,便不会有油腻的感觉。现在很多面霜都兼具防晒功能,不妨根据防晒指数(SPF)的数值做出选择,数值愈大防晒效果便愈好,有效时间亦较长。

夏日炎炎,除了面部皮肤会冒汗水,身体每寸肌肤,都会在不知不觉中被汗水侵蚀。汗水长时间停留在皮肤表面,被皮肤上的细菌所分解,就会发出恼人的异味。每天外出后,必须给身体肌肤做彻底清洁,洗个温水浴。沐浴的同时,对于一些较隐蔽的部位如腋窝、两腿间、阴部、足部等应小心清洗。洗澡以外,也可利用一些止汗剂和除臭剂以消除或减轻难闻的汗臭。

夏季护肤品的使用只需要用乳液、精华液的补充即可。另外,眼睛部位容易干燥,别忘了用眼霜给予呵护。

由于秋季接触直射阳光的机会减少,所以已变厚的角质层会渐渐恢复本来的厚度。此时,多余的角质层会剥落而在面上形成脱屑现象,很多人却误会是天气转凉,皮肤缺乏水分而产生脱皮。

要使受损的肌肤恢复光彩,便要加强新陈代谢的功能,使皮肤恢复正常状态。磨砂有助于去除死皮,按摩和做面膜可促使血液循环,增强新陈代谢。此外,充分摄取维生素A和蛋白质,可加速恢复原来健康的皮肤状态。

在冬季,皮肤会因为寒风、冷水和室内暖气等交替影响,而使微血管收缩,养分便不能充分地输送到皮肤,同时,汗腺和皮脂腺的功能减弱,分泌减少,皮肤因缺乏滋养而变得粗糙,容易产生皱纹,肌肤异常干燥,缺乏弹性,甚至有破裂的现象。这种情况对于干性皮肤的人而言,便最为明显。

护理冬季的皮肤,必须在脸上涂抹保湿性强的营养霜,略带油分也无妨。而手部、足部以及全身皮肤也应擦上适量的润肤霜以防止干燥。与此同时,可借助按摩促进血液循环,使养分能充分送往皮肤的表层。此外,要健康地饮食。饮食营养要全面,特别要注意增加饮食中维生素的含量,少食刺激性的食物,更不能为了节食而完全排斥脂肪的吸收。

水润滋养,让皮肤更有弹性

女人比男人更需要水的滋润,缺水的女人会干枯和憔悴,尤其是从皮肤可以感觉得到。因此,所谓润肤,首先在于皮肤的润湿和补水,说女人是水做的这话一点不错。

水分占我们体重的60%,皮肤的含水量达18%~20%,然而皮肤却最容易缺水。特别在炎热的夏天,灼热的天气能轻而易举地将水分吸干,而缺水正是导致各种肌肤问题的根源。如果你怕失去动人光彩,就立即开始行动吧,在一天的不同时刻让肌肤喝到足够的水分,做艳阳天里的水美人。

水润滋养肌肤,喝水当然重要,但千万不要喝得太多,或是在睡觉前喝水,否则会加重你的肾功能负担,并且会使你的眼睑下部出现黑眼圈或眼袋。

另外,喝水太多,虽然体内水分充足,排毒养颜效果不错。但同时也容易稀释了血脂,增加方便次数,让你比较辛苦。因此,单纯的喝水并不是补水的最好方法,喝得太多反而有害。

皮肤的补水当然最好是专用补水剂,像肌肤润滑液、补水液,而不是随意用饮用水。尤其饮用水没有营养剂和渗透剂,润肤时不仅不会被皮肤吸收,反而会在其蒸发时带走皮肤自身的一部分水分,结果得不偿失。

用热水洗澡要注意,如果洗得时间稍长些,皮肤因为表面的油脂洗掉了而更加干燥,这就像经常使用吹风筒吹干头发,很容易就使头发干枯的道理一样。所以,适度的温水才是最佳的洗澡水,而且要适度地使用。洗得时间越长,皮肤越容易干燥。

通常来说,黄种人的皮肤本身比较湿润。如果要补水的话,基本上按照这样的时间:干性和中性皮肤通常两小时补水一次,油性皮肤可以适当减少次数三小时补水一次。

皮肤是用来透气的,只有清爽和湿润,才会产生凝脂般的效果。

润肤主要是针对经常暴露在阳光和空气中的身体部位,选择使用具有特效保湿功能的精华素以及滋润度比较高的润肤霜。

使用润肤霜很有讲究,不同时间有不同的作用效果,因此,购买的时候一定要根据自己的需要去选择。

早晨使用的称为日霜,用于滋润皮肤及形成保护膜抵抗外界对皮肤的伤害;晚上使用的称为晚霜,用于深层养护滋润皮肤,让皮肤在夜间更好地吸收。

一定要严格区别使用日霜和晚霜,这样才能使你的皮肤得到合理有效的保养。

长期处于干燥的环境中,我们脆弱的肌肤中本来就所剩无几的水分渐渐流失殆尽,无精打采的脸看起来就像一颗皱巴巴的核桃!

为了改变这一现状,我们应对不同类型肌肤的缺水状况采取不同的水润对策。

敏感性缺水皮肤有干燥感,脸颊或眼周经常感到痒痒的,洗脸后皮肤会红,有刺痛感。肌肤敏感大都是皮肤表面极度缺水,造成角质产生缝隙并松动,抵御外界刺激的功能减退造成的。这个时候可以尝试针对敏感性肌肤的品牌护肤品,或者低刺激、低敏感性的补水产品。不过,购买前一定要先试用,确定不会过敏后再使用。

有的女性在外或在家的时候皮肤还不错,一到了冷气开得很大的办公室,马上变得紧巴巴的,还会有很多小细纹。这种小细纹都是空调间里强有力的冷气设备"滋养"出来的。这是很多人不可避免的"遭遇"。只要你还在冬暖夏凉的环境中办公,缺水就如同大气污染一样时时存在。这种情况下,一定要在使用精华素之后使用保湿面霜,并且随身携带喷雾产品,随时为肌肤补充水分。

有时候,出油是皮肤缺水发出的自我保护信号,使得毛孔扩张,释放出更多的油分来保护皮肤,导致油脂分泌过度。对于这样的皮肤来说,清洁、控油、补水,每一步都不能掉以轻心。最好选择质地清爽、不含油脂,同时兼具高度保湿效果的产品。

想让肌肤充满水润感,但只给肌肤一层水分保护,总觉得不够用;涂了防晒霜,却感到油腻腻的,皮肤负担很重……如果你遇到这些情况,换一种有补水作用的防晒隔离品吧,它们将把护肤的过程变得更圆满。

此外,水润滋养肌肤,保湿补水也很重要。下面介绍保湿补水的四个小秘诀,供读者参考。

第一,化妆水加化妆棉敷脸。忙碌的女性若没有空闲时间,可直接利用睡前用化妆棉沾化妆水,直接敷在脸部需要滋润的地方,如嘴角、两颊等部位,是既经济实惠又有效的方法。

第二,使用精华液。皮肤非常干燥的人,可以在擦完化妆水后先擦一层美容精华液,再擦乳液,利用乳液的油分将美容精华液的水分包起来,借此提高保湿度,且精华液分子较小、滋润性较高,也较易吸收。

第三,化妆前用化妆棉湿敷15分钟。许多人一上完妆,脸就变得又干又紧绷,此时不妨试试在化妆前用化妆棉浸化妆水湿敷15分钟,让肌肤充分吸收水分后再上妆。

第四,每周按摩1~2次。按摩肌肤是有助于新陈代谢,可增加皮肤对保养品的吸收度、增加肌肤光泽。但按摩时要注意,必须轻轻在脸上滑动。千万不要粗鲁地在脸上画圈圈,不但无法改善肌肤,牵扯脸部肌肉的结果反而会造成新皱纹。

随时使用一些喷雾的保湿剂,这样无论在哪里都能够从皮肤的表层保持肌肤的光泽度和水分。

排毒养颜令肌肤更嫩滑

皮肤科专家指出,皮肤是人体健康的"晴雨表",健康、光泽、富有弹性肌肤的基础是整个机体处于代谢平衡通畅的状态。若人体排毒管道不畅,表现在外就是油脂分泌失衡而导致青春痘,或因气血不旺、淤积体内而出现色斑等症状。此外,由于皮肤也承担着大量的排泄废物的功能,所以,一旦体内排毒管道阻塞,也会使皮肤因不堪重负而出现各种皮肤问题。因此,要使皮肤"清洁",关键是要让体内"清洁",也就是排毒。那么,如何科学排毒养颜,让自己的肌肤更嫩滑呢?

1. 排毒、护肤两不误

选择含有能使皮肤中的蛋白质和脂质免受污染的物质——抗氧化物的护肤品。

银杏提取物具有很好的抗氧化作用。绿茶、葡萄核、维生素 E 和 B 族维生素、胡萝卜素等一系列活性植物的提取物是很好的抗氧化成分,许多化妆品中都加入了这类物质。另外,橙花、人参、玉米、藻类等也是很好的抗氧化物,在选择时应多考虑含有这些物质的护肤品。

2. 洗脸排毒

先用温水洗脸,接下来用冷水冲 30 秒,再用温水洗,再用冷水冲,冷热交替的洗脸法,能够促进血液循环,也是促进排毒的小诀窍。

3. 沐浴排毒

目前,浴盐的种类和功能越来越多,不同的浴盐散发着不同的味道。不同颜色的浴盐具有不同的功能,如舒缓疲劳、松弛神经、安抚情绪等。缺水紧绷的肌肤经过 20 分钟的浸泡后,就会变得清澈透明。

4. 精油排毒

精油可以帮助身体排除毒素。不论擦的精油还是闻的精油,都可以代谢出体内的毒素,让身体得到净化。

干性肌肤适合使用玫瑰精油,油性肌肤适合使用茶树、柠檬、鼠尾草精油,敏感性的肌肤则适合使用甘菊及矢车菊等精油。使用精油可以采用吸闻、按摩或者沐浴的方法。

5. 淋巴引流排毒

淋巴引流一般是美容院的服务项目,但如果掌握了手法,完全可以自己在家做。这种排毒方法要以淋巴较多的腋下、锁骨、脸部与耳际交界处为重点。排毒必须深而缓慢,先从鼻翼两侧缓而深地按摩,一直到耳际,最后再由额头沿着脸侧慢慢到锁骨,完成脸部的排毒。

需要注意的是,排毒时要顺着皮肤的纹理按压,一周可进行三次。每次清洁面部后,拍上化妆水和排毒产品后再进行,切忌不涂任何滋润的产品就做按压,以免给皮肤带来伤害。

6. 运动排毒

运动时大量出汗,会让身体内的毒素随着汗液排出体外,从而达到排毒的目的。但要注意及时补充水分。

7. 饮食排毒

菌类植物、新鲜果汁、生鲜蔬菜、豆类等食物都具有排毒功效,不妨平日多吃一些。另外,每天的八杯水必不可少,再加上多吃含膳食纤维丰富的食物,那么饮食排毒就轻轻松松做到了。

8. 心情排毒

心情的好坏对皮肤的影响最大,伤心、恐惧、烦闷等不良情绪打乱了平和的心境,使身体的内分泌失调,而让皮肤充当了心情的"晴雨表"。好心情是最好的护肤品,所以要努力使自己保持好心情。

9. 睡眠排毒

睡眠时,当身体的其他器官处于休眠状态时,皮肤却在进行全速的细胞分裂,这时皮肤的恢复功能达到了顶点。如果没有充足的睡眠,皮肤就得不到全面的放松,细胞再生的能量无法得到恢复,也就无法拥有健康完美的皮肤。

皮肤美白不容忽视

你有没有仔细地检查过自己的肌肤?注视镜中的自己,肌肤是不是已经干涩、晦暗、有皱纹,或是有了色斑?也许,你会尝试在脸上涂厚厚的粉底,使用各种快速增白霜等,但那样却往往只会使你的皮肤更糟糕。到底怎么做才能真正达到美白的效果呢?

以前西方人热衷日光浴,追求麦色皮肤,以示自己经常有闲暇度假、地位很高。而在东方,深色皮肤是劳苦大众的标志,有钱人则又白又胖。近些年来,由于专家指出在日光下曝晒可能导致皮肤癌、皮肤老化、雀斑、黑斑等,就连西方女性也不敢再大肆曝晒。美白渐渐成了一致的审美标准。

谁也不愿意成为迈克尔·杰克逊第二——把黑皮肤漂成白皮肤。美白应该顺应自然,每个人的皮肤中含有的色素含量由遗传所决定。美白用品只是让你保持现有的肤色,或者是将晒黑或晒伤了的皮肤还原,让它更透明、更年轻。如果你要攒钱去做漂白手术的话,后果也许会不堪设想。

紫外线对皮肤的损坏有两种:一种是太阳灼伤和晒黑;另一种则是晒斑和色素沉着、幼纹和皱纹出现,可导致皮肤癌。因此日常防紫外线是护肤的重要措施之一。日常使用的防晒标准为SPF15,它可以帮助皮肤逐渐摆脱暗淡和斑点,还可以防止紫外线过早对皮肤进行光老化,如干燥、皱纹、斑点等。若美白产品不搭配SPF15的防晒产品的话,美白无效,因为一旦接触阳光,立即引发黑色素的形成,完全抵消美白的作用。

紫外线是颇具杀伤力的武器。大量的紫外线被平流层的臭氧层阻拦,它们包括UVB和UVC,而UVA并没有受到臭氧层阻拦而大量到达地表。从前UVB被认为是造成阳光灼伤及多种皮肤癌的祸首,但它随时间、纬度、季节、海拔的不同到达地表的量也不同。最近的科学研究以及长时间的试验发现,无所不在的UVA是使皮肤老化的因素。因此,并非只有夏季才要防晒,全面而正确的美容观念是四季都应该防晒。

正常情况下,洁净的肌肤在阳光下暴露15分钟就会产生反应。皮肤容易晒红的人,在抹上标有SPF10的防晒品后可使皮肤保护2.5小时(即150分钟),而如果采用SPF20防晒品,可使肌肤在5小时内不晒红或不致晒伤。更重要的是,选择美白产品的时候,不能只看防晒指数SPF值,还要看它能够防御UVA的指数。SPF值再高,也只是针对UVB的防晒指数,并不能完全抵御紫外线的侵害。

从身边的小事做起,成功美白在不断地向你靠近,一定要记住以下几点。

(1)上午10点至下午3点,太阳的紫外线最具杀伤力。尽量避免在这段时间外出。

(2)紫外线时时刻刻都会进行攻击,因此不论晴天、阴天或雨天。无论冬与夏,户内户外,习惯天天搽防紫外线美白护肤品才为上策。

(3)防紫外线美白用品要在涂后30分钟方能生效,所以应该在接触阳光前35分钟先涂好。

(4)就算搽完防紫外线美白护肤品,百密总有一疏,一个不小心忘记了,就会使肌肤受到紫外线的伤害,所以应该随时准备"进补"。

(5)道高一尺,魔高一丈,别以为有瓦或树遮一遮,便可以掉以轻心,其实,沙地、水洼及大厦外墙等都会反射紫外线。

(6)阔边帽能够有效保护前额及面部,是外出的必备品。当然也可以带伞外出。

(7)太阳镜除了可以扮酷装饰外,首要任务当然是保护双眼及眼睛周围的幼嫩肌肤。若经受不起刺眼的阳光,经常眯起双眼,不挤出眼纹才怪!

(8)就算搽了防紫外线美白护肤品,如果同时又用了含有酒精(乙醇)成分的古龙水,会令肌肤对紫外线特别敏感,减弱防晒的效力。所以,夏天如果要用香水,应尽量避开太阳直射的部位,比如肩膀和脖子等。

让肌肤清爽无"油"

天气湿热时,被油脂和汗水弄花了妆面,整张脸都是油腻腻的,既尴尬又极不舒服。怎样才能拥有清爽无"油"的肌肤呢?

首先要搞清楚造成皮肤容易出油的原因是什么,造成肌肤油腻的内在原因是毛囊中的皮脂细胞机能失衡,产生过量的油脂囤积。除此之外,来自遗传、饮食不当及外在气候、环境或是清洁不够彻底都会影响皮脂分泌,造成泛油光现象。通常情况,脸上毛孔粗大、肤色晦暗,容易长白头粉刺、黑头及面疱,有时会脱皮;化妆不持久,需要经常补妆,都属于泛油光现象。

正确的日常护理帮助我们打造清爽无油的境界,可按以下方法操作:

(1)洗脸是将油脂从你的脸上清除掉的最直接的方式。正确的洗脸方法:用洁面乳清洗"T"字部位,自然地带到其他部位,不必特别按摩脸颊,因为那样会让脸颊变干燥。不要过度使用面部磨砂膏或去角质类的洁肤品,防止刺激皮脂腺分泌更多的油脂。控制脸部"T"区,选择洁面乳很有讲究。清爽型、均衡型和泡沫型洁面乳对"T"区控油效果很好。使用时,注意在易出油、毛孔粗大的"T"区部位稍作按摩,从下往上、由里往外打圈,以彻底清除表层油脂及毛孔内污物。切忌一天多次清洁面部,以两次为宜。

(2)控油时可别忽略了保湿的重要。控油并非将油脂全部去除,而应让正常肌肤的油脂和水分分泌处于一种平衡状态,如果只做控油,而忽视补水,反而会刺激皮脂腺分泌更多的油脂。因此,选择控油产品时还必须考虑是否兼顾保湿效果,提供肌肤适度不含油的滋润保湿,将肌肤调理到最佳状态,水油平衡才能真正杜绝油光。

(3)深层控油产品是流行趋势,多采用一些天然成分通过深层抑制油脂分泌,从源头去解决问题。常用的控油产品含有维生素 B3、维生素 B5、海藻萃取物、金缕梅等天然成分,有吸附控制油脂的功能,深入皮肤深层,控制皮脂腺的分泌机能,并在皮肤表面"吸油",将油脂转化,同时收缩毛孔,使油脂分泌量降低。

晚上是修复肌肤的时候,正是给毛孔进行大扫除的好机会。用紧肤水浸湿一小块儿化妆棉,然后轻轻地涂抹在已洁净的面部及颈部,可以防止皮肤出油过多、毛孔变得粗大。再用油脂含量在1%以下的控油产品由外向内涂抹在脸部,可加强去油效果。清晨出门时,可逆着脸部毛孔的方向,按从下到上、从内到外的方向涂抹控油产品,爱出油的"T"区则可以在第一次涂抹的5分钟后加涂二次,进行重点控制。同时,上妆前应先涂上隔离霜,并使用控油粉底,就可以保证全天的清爽。

(4)熬夜、长途飞行和生理期的时候,肌肤会变得格外敏感和油腻。充足的睡眠,对维持激素的正常分泌有很大帮助。多喝水、多吃新鲜蔬果,健康的生活方式,对肌肤的油脂分泌平衡大有裨益。

科学去角质,让皮肤更光洁

去角质能让肌肤瞬间焕然一新,能帮助营养成分更好地吸收。去角质的过程对皮肤来讲是一个很刺激的过程,为了不对肌肤造成伤害,去角质前一些必备的工作必须做到:

(1)去角质之前先在耳后皮肤上做个皮肤测验。

(2)在去角质的前后一周内,切忌使用含有维生素A和维生素C的产品。

(3)去角质后24小时内皮肤避免接触阳光照射。

去角质主要有两种方法,下面一一进行介绍。

1. 化学性去角质

以化学物质来软化、清除角质,多半是采用AHA、BHA等果酸性成分、石炭酸、乳酸、甘醇酸及水杨酸等多种配方,促进真皮层内的胶原纤维的生长,对消除黑斑、暗疮及改善皮肤粗糙有显著的疗效。

用浸满柔肤水的棉片擦拭清洁后的肌肤,避开眼睛周围,重复3~5遍。这种柔肤水中含有能溶解死皮,促进角质脱落的添加剂,适用于所有肤质,特别适合轻微发炎的暗疮肌肤。

乳霜的质地和用法:含有促进血液循环、提高肌肤新陈代谢功能的添加剂,使用一段时间后,肌肤能够呈现出光洁剔透的弹性和活力。乳霜适合肤质比较干燥的人群以及肌肤劳累时在肌肤感觉格外暗沉缺乏生气的时候,在保养日霜或晚霜之前使用。

使用含有溶解死皮和污垢成分的精华乳液,长期使用能够抚平粗糙和毛孔痕迹,淡化色素沉着形成的印记改善你的肤质。

每晚清洁之后,在涂保养晚霜之前使用,用手指轻轻按摩直至全部吸收。

果酸也能有效地去除死皮。果酸是一种添加在护肤品中的热门去角质成分,有从天然水果中萃取的,也有人工合成的。根据酸度的不同效果也有所区别,一般用于除斑和淡化瘢痕,效果比较明显,但也有一定的危险性。通常在使用果酸换肤之后,肌肤会产生红肿、脱皮,有的人甚至会发痒,肌肤变得脆弱敏感。使用果酸含量超过15%的产品,需要专业的医护人员来操作,如果自行在家中进行果酸换肤,很有可能会造成肌肤化学性的灼伤。

酸度较弱的可以局部按摩,如果进一步使用,需要有皮肤科医生的诊断和指导。

2．物理性去角质

借助细小的颗粒或纤维与皮肤摩擦,可以较深入地清除老废角质,我们常见的磨砂膏、丝瓜络或无纺布洁肤棉,就是属于物理性的去角质。

(1)磨砂膏。最普及的去角质和深层清洁护肤品。经过多年的更新换代,融在乳液中的颗粒已由合成原料变成了大然的植物或矿物纤维,使触感更加柔和,用于毛孔粗大的额头和鼻翼两侧爱出油的肌肤。切记脸部若有发炎和痘痘时不能使用。

使用时,取拇指大小,均匀涂在肌肤上,注意避开眼睛周围,双手以由内向外画小圈的动作轻揉按摩,鼻窝处改为由外向内画圈,持续5~10分钟。

(2)去死皮素。含有软化剂,能够吸附在表层的角质细胞上,然后在清洁的过程中将它们从肌肤带走。没有磨砂膏的粗糙感,但在剥离的过程抻拉肌肤,容易导致肌肤失去弹性。

将去死皮素以盖住肌肤颜色的厚度,均匀涂在脸部,避开眼睛周围,10~20分钟后,用手指轻搓已变干燥的去死皮素,按照从内向外,从下向上的手法将它全部搓掉,再用温水冲洗干净。

(3)洁面刷。带把手的圆形软毛刷,和洗面奶配合,能够比较彻底地清理毛孔中的污物,也能去除部分老化的角质细胞。

每天晚上用洗面奶清洁时,手握刷柄以打圈的方式轻刷整个面部,重点清洗鼻子周围。

这种方法适合除敏感肌肤以外的任何肌肤,每天使用可以适当延长两次深层清洁的间隔期。

(4)去角质棉。去角质棉内含有果酸成分,但使用起来更方便。由于它是一片卸妆棉一样的质地,通常不会出现去角质过度的现象,这种去角质棉不适合敏感性的肌肤。

洁面后,用水浸湿去角质棉,在面部以打圈的方式擦拭。

收敛毛孔,让皮肤变得细腻光滑

每一个爱美的女性都希望自己的毛孔小一点,使自己的肌肤更显细腻。每天当你照镜子的时候,有没有发现少女时代娇嫩的肤质,随着年龄渐长而变得衰老了呢?特别是"T"字位鼻翼旁,脸上粗大的毛孔也显而易见,令人烦恼!

首先让我们搞清楚导致毛孔粗大的原因有哪些?

(1)遗传性油性肤质。毛孔细致与否,除了因为后天护肤不良之外,也基于先天遗传的油性肤质影响。由于油性肌肤的皮脂腺分泌特别旺盛,相对来说,黏附在皮肤上的污垢也会较一般肤质多,在这种情况下,没有做足脸部彻底清洁的工作,毛孔就会被堵塞从而影响扩张。

(2)25岁后的老化问题。女性到了25岁之后,维持皮肤弹性和紧致度的主要成分——骨胶原会迅速自动流失,加上生活压力、作息不正常以及各种心理和情绪问题等,都会导致新陈代谢减慢，老化的角质无法正常脱落，于是令角质层的水分含量减少，以致真皮层内的弹力纤维及胶原蛋白也逐渐松弛下来。最终导致毛孔朝纵向拉展，并由鼻翼向脸颊两旁扩张，形成肌肤衰老现象。

（3）不可用高温热水洁脸。即使在严寒的冬日里，也千万不要使用高温的热水洗脸。因为过高温度的水会将脸上保护皮肤的油脂膜洗去，皮肤就会变得越发干燥，于是皮肤底层会自动分泌更多的油脂，加上太热或太冷的水温只会过度刺激皮肤，令脸上的毛孔一时间不能适应过来，长时间如此就会导致毛孔变得粗大。

（4）后天不良的护肤习惯。当你脸上长了粉刺、面疱或暗疮时，千万不可用手大力压挤患处，因为这小动作只会刺激毛孔四周的结构组织，引致表皮破裂，一旦伤害到真皮层的话，便难以产生新细胞，从而令毛孔扩张而变得粗大，最后更可能留下永久不灭的凹凸瘢痕！

为了让自己的皮肤变得细腻光滑，毛孔粗大的女性朋友都有适合自己的收敛毛孔的小要诀，你不妨也利用休息时间做一做，配合每日的保养，效果就更为明显了。

（1）每晚临睡前彻底卸除脸上的残妆，防止化妆品中蕴涵的化学成分残留在肌肤上，令毛孔变得粗大。此外，每周做一至两次深层清洁面膜。目的是为了彻底去除脸上的污垢、油脂和老化角质，令肌肤上的毛孔得以畅通无阻，但要注意使用频率，防止对肌肤造成不必要的负担，最终得不偿失。

（2）属于油性及混合性肌肤的女性，应选用具控油作用的护肤品，以调整油脂分泌，同时应多使用高保湿的美容品，如保湿精华素和保湿面膜等，让肌肤长期处于高水分的状态，以防肌肤因太干燥而分泌过量的油脂，令毛孔变得粗大。

（3）在任何情况下，不要挤压粉刺和暗疮，这样不但会令毛孔扩张，更容易造成细菌感染，令肌肤发炎。

（4）健康正常的作息时间和饮食习惯是保持娇嫩肤质的最佳方法，多喝水、多吃蔬果和少吃煎炸食物，都能有效控制皮肤分泌过多油脂。

（5）烟酒是毛孔变粗大的头号敌人，如果你不希望在30岁前有一张50岁妇人的老脸的话，就必须尽快戒掉烟酒。

（6）化妆时也要注意一些问题，在化妆前要先使用能调控皮脂分泌的美容品来抑制油脂，粉底方面宜选用清爽不含油分的，以透气度高为佳，这样不但能为肌肤提供多一层防护，更能有效控制肌肤的油脂分泌，使毛孔不会因外在污染而变得愈来愈粗大。

注重颈部的护理和保健

十个美人九个美在脖子，颈部之美对于女人很重要。美颈是有标准的，既要线条优美挺拔，又要皮肤白皙光滑，触之如丝绒。如果你细心观察，那些脖子漂亮的女性总能吸引更多异性的目光。

人的颈部是全身老得最快的地方,因为这里最缺乏脂肪,最容易产生皱纹,它比脸部的肌肤更加薄弱,汗腺和皮脂腺的数量都只有面部肌肤的一半,导致水分与皮脂分泌严重不足,加上频繁的扭头、摇头,所以更容易显现出衰老。想象一下,一张美丽的脸蛋下衬着一个如此不堪的脖子,是多么煞风景的事呀。因此,作为女人,应注重颈部护养。颈部护养可从以下几方面入手:

1. 专业护理颈部

如果你的颈部皮肤已出现松弛、缺水、轮廓感下降的情况,就有必要到专业美容院进行具有针对性的颈部护理。

2. 日常保养颈部

每日早晚要使用专业的护颈霜,进行简单的 5 分钟按摩,并注意防晒等。这些方法都有助于增强颈部肌肤的弹性,减少、淡化皱纹,防止松弛老化。

3. 轻柔按摩颈部

按摩时要使用颈霜或按摩膏,否则效果不佳。

4. 运动美化颈部

如果你想美化颈部线条,就需多做颈部运动。颈部运动可以在富有节奏感的音乐中进行,方法为:将头交替前俯和后仰;分别向左和右侧摆动;从左至右旋转,再反方向从右至左旋转;用头部画大圈带动脖颈全方位转动等。

5. 好习惯健美颈部

养成良好的日常生活习惯对于颈部健美具有非常重要的意义。比如:平时需保持良好的坐、站、立姿势,尽量保持挺拔之态。

6. 巧妙修饰颈部

颈部太过细长会影响人的整体比例,可以用一些辅助饰物引开别人的视线。脖子太短的人,可以选择 V 字领的服装,使颈部产生延伸感。

养成颈部保养的习惯是很重要的。如果没有条件去专业美容院做颈部护理,可以做好居家日常保养。颈部和脸部一样,需要早晚涂抹日霜和晚霜。多用冷水洗脸,不要枕较高的枕头睡眠。保持良好的坐姿和站姿。最好不要吸烟,饮食上多吃果蔬,用鸡骨煲汤,可以提高肌肤的弹性。

如果你的颈部已经有了皱纹,可以为颈部做重点按摩来缓解,以令颈部肌肤润滑而富有弹性,淡化或消减颈纹。按摩时要使用颈霜或按摩膏,否则效果就会不理想。

多做颈部旋转、拉伸运动。如果你想提升你的颈部轮廓,就多做颈部运动。维吾尔族女性的颈部线条通常比较优美,而且较修长,这和她们从小跳舞善动脖子不无关系。长期坚持做颈部运动，不但有助于塑造颈部曲线，还可避免因下巴皮肤松弛、脂肪沉积而形成双下巴。这样可以使颈部皮肤富有弹性，而且可以缓解颈部肌肉与皮肤的疲劳感。

养成良好的日常生活习惯对于提升颈部轮廓健美具有非常重要的意义。睡眠时，要保持一个良好的睡姿，高的枕头容易使颈部过度弯曲，容易产生皱纹，因此应使用较平的枕头；气候冷而干燥时，可围上柔软的真丝巾或羊绒围巾保暖，防止干燥；穿高领毛衣或硬质立领衣服时，应穿一件棉质高领上衣，以避免摩擦颈部皮肤，皮肤敏感者不要穿透气性差的化纤高领衣服；避免将香水直接喷到颈部皮肤上；平时需保持良好的坐、站、立姿势，尽量保持挺拔之态；洗澡时水不宜太热，以免过度刺激皮肤，造成松弛；经常用鸡骨头煲汤，其中的软骨素可以提高皮肤纤维的弹力，或用猪蹄炖黄花菜，其胶质亦能增加皮肤的弹性。这些好的习惯一旦养成，会获得很美的颈部。

如果颈部天生形态不美，过于细长或粗短，还可以借助衣饰进行巧妙的修饰。颈部太过细长会影响人的整体比例，可以用一些辅助饰物引开别人的视线。如在颈部使用围巾，提高领子的高度，佩戴引人注目的胸针等，在视觉上制造断面，使颈部显短；还可选择颜色鲜亮的口红，使人们的视线集中在唇部；选择蓬松的发型，使上部产生膨胀感。脖子太短的人，可以选择凹领或V形领的服装，使颈部产生延伸感；借助稍偏长点的项链延伸人的视线；在颈部少量使用暗色调修饰阴影粉，加强立体感；把头发拢在脑后盘起来，亮出整个颈部。

办公室护肤全攻略

干燥、辐射、浮尘都是肌肤大敌，办公室女性一天至少要在这种环境里待上8个小时，对肌肤的危害是可想而知。长期面对电脑，肌肤疯出油狂出痘；天天空调房，水分流失肌肤干燥；加班加点熬夜通宵毁掉一张嫩脸。可见，对于每一个办公室女性来说，护肤保卫战可谓是迫在眉睫。

如何能打好这场"战争"，以下攻略可供参考。

1. 清洁皮肤

电脑关机后，第一项任务就是洁肤，用温水加上洁面液彻底清洗面庞，将静电吸附的尘垢通通洗掉，然后涂上温和的护肤品，久之可减少伤害，润肤养颜，这对上网的女性而言真可谓点滴工夫，收获多多。如果条件允许，中午洗把脸，再涂上无油清爽型的乳液会很舒服。

如果你不希望第二天见人时双目红肿，面容憔悴，一副黑眼圈，那么，切勿长时间连续作战，尤其不要熬夜上网。平时准备一瓶滴眼液，以备不时之需。洁肤后敷一片黄瓜片、土豆片或冻奶、凉茶也不错。方法是：将黄瓜或土豆切片，敷在双眼皮上，闭眼养神几分钟；或将冻奶凉茶用纱布浸湿敷眼，可缓解眼部疲劳，营养眼周皮肤。

2. 面部防护

上网前不妨涂上护肤乳液,再加一层淡粉,以增加皮肤的抵抗力。至于隔离霜虽然对于隔离电脑辐射方面收效甚微,但是它能够隔离空气中的灰尘,自然在使用电脑时擦隔离霜可以减少灰尘对皮肤的伤害。

涂抹隔离霜之前一定不要忘了喷一些保湿喷雾,直接喷在皮肤上,轻轻拍打一下就可以了,好的保湿喷雾在化过妆的脸上还能起到定妆的效果,一举两得。

另外一个很重要的部分就是补水。在现在的夏秋季节,可能你更关注防晒美白方面的问题,而对于肌肤保湿方面会不以为然。其实,夏季油脂分泌旺盛,身体出汗又容易在高温下蒸发,所以身体缺少的不是油分,而是水分。而且,在长时间开着空调的房间里,一方面空调本身具有抽湿功能,空调房间里的空气相当干燥,同时低温时,血液流动慢,带给肌肤的水分和养分自然减少,新陈代谢速度也会变慢。

补水方法一方面是要自己多喝水,另一方面是多给皮肤"喝水"。对于后者,首先,是日常护理方面。先可用较温和的洗面奶洗面,使肌肤不易因换季而敏感,谨记接着涂保湿调肤水,调节肌肤酸碱度,因为护肤品需要在酸碱度平衡的肌肤才发挥最佳功效,之后再适当涂上精华素,保持肌肤水分,最后涂上较重水分的保湿品,而且每周要做 1~2 次的保湿面膜。

3. 常做体操

黑眼圈浮现出来,可以用中指及无名指轻放于上下眼皮处,轻轻由鼻子滑至太阳穴,揉压太阳穴,共做 3 次;重复以上步骤,再以拉的方法做两次,然后将中指及无名指换到下眼皮,重复动作,一共两次;把眼胶点于眼部四周,重复步骤二的动作,改以按压方法做 3 次即可。

长时间上网,你可能会感到头晕、手指僵硬、腰背酸痛,甚至出现下肢水肿、静脉曲张。所以,平时要多做体操,以保持旺盛精力。如睡前平躺在床上,全身放松,将头仰放在床沿以下,缓解用脑后大脑供血供氧的不足;垫高双足,平躺在床上或沙发上,以减轻双足的水肿,并帮助血液回流,预防下肢静脉曲张;在上网过程中时不时伸伸懒腰,舒展筋骨或仰靠在椅子上,双手用力向后,以伸展紧张疲惫的腰肌;还可做抖手指运动,这是完全放松手指的最简单方法。记住,此类体操运动量不大,但远比睡个懒觉来得效果显著。

4. 远离高辐射

外部条件也是损失皮肤的罪魁祸首之一,一般不要使用旧电脑,旧电脑的辐射一般较厉害,在同距离、同类机型的条件下,一般是新电脑的 1~2 倍。使用电脑时,要调整好屏幕的亮度,一般来说,屏幕亮度越大,电磁辐射越强,反之越小。不过,也不能调得太暗,以免因亮度太小而影响效果,且易造成眼睛疲劳。另外离屏幕越近,人体所受的电磁辐射越大,因此,较好的是距屏幕半米以外。

此外,趴着睡觉的时候要记得关机,而不只是把屏幕关掉而已。其实,键盘比显示屏的辐射更加厉害，只把屏幕关掉是无法杜绝辐射线的，而且很多人都是趴着睡，头直接对着键盘显然是走入了误区，赶紧改正这样的坏习惯。

5. 食 补

食补是从内到外的滋润，因为我们平时都面对的是干燥的环境，那么多吃一些维生素C类的水果是最好。不管是从美白还是防晒的角度来说，吃这类水果都绝对没错，例如鲜枣、猕猴桃、胡萝卜、芒果、西红柿、木瓜、空心菜等，都含有大量胡萝卜素及其他植物化学物质，有助于抗氧化、增强皮肤抵抗力。此外，多吃一些坚果和谷物类粮食能帮助抗氧化和消除自由基。也可以多吃谷类主粮。还要喝一些绿茶或是使用含绿茶成分的保养品，可以让因日晒导致皮肤晒伤、松弛和粗糙的过氧化物减少约1/3。

五步护手招术

美女的标准除了脸部之外，一双白皙细嫩的"青葱玉指"也是相当吸引人的。

在中国的古代，有许多描述手的诗词，《孔雀东南飞》中，就有"指如削葱根"的精妙词语。可以说是对女子手指纤细白净的绝佳形容。

手还有一个称谓："柔荑"。在我国最早的诗歌总集《诗经》中，美人的形象是："手如柔荑，肤如凝脂，颈如蝤蛴，齿如瓠犀，螓首蛾眉，巧笑倩兮，美目盼兮。"荑是茅芽，又软、又嫩、又白，用以形容手的柔嫩细腻。这首诗从手、皮肤、颈、齿、眉、眼睛、额头等方面描写了女性的美，而手是被放在首位进行描述的。可见，早在2500年前的西周时期，就已经对手之美极为关注和重视了。

女人的双手是女人的招牌，无论打招呼、握手，还是传递物件或者不经意的碰触。女人的双手最容易泄露自己的秘密，一双粗糙、青筋暴露、斑点满布的手绝对不是美人应该拥有的。无法想象一张清秀细致的脸庞，配上一双粗糙暗沉的手，是多么的不协调。

艺术家的手指大多都是修长的，在修长的手指下，创造的是动人心魄的艺术。这双手拨弄琴弦，能奏出清脆美妙、余音绕梁的乐曲；这双手写写画画，能挥洒自如，大开大阖之间纵情激昂。美手之妙，还更多地体现在舞蹈中。在杨丽萍的舞蹈表演中，手似乎是她的灵魂，纤长的双手扭动着，像火焰一样散发着光芒，像不死的精灵在无声地歌唱。她的手自由地飞舞着，飞向哪里，就和哪里的部位构成美的造型，最大限度地演绎出美。

假如我们天生没有修长的双手，那么，细嫩光洁却是我们可以做到的。细嫩光洁是指手部皮肤白嫩平滑，富有亮泽，整个手掌没有干裂的现象，指甲周围没有脱皮和毛刺，当然更不能有裂纹、甲癣等病症。对于女人来说，一双细嫩的手体现的不仅是美感，而且是性感。就女性自身而言，拥有一双性感娇嫩的手无疑是值得骄傲的资本。

除了脸部以外，手最常暴露在外，也最容易受到外界环境的刺激，例如紫外线、风吹、各种清洁剂等，这些都会造成手部肌肤的干燥与老化。我们常常可以观察一个人的手背肌肤来判断她的年龄，松弛、皱纹、老人斑，这些老化的现象都会在手背上一一浮现，因此有人说，手部肌肤就像女人的第二张脸，为了不要轻易泄露年龄的秘密，手部的保养千万不可忽略。

下面教你五步护手招术：

第一步，深层清洁。选用含有蛋白质的磨砂膏混合手部护理乳液，按摩手背和掌部，蛋白质及磨砂粒能帮助漂白及深层洁净皮肤，去掉老化角质和促进细胞新陈代谢。

第二步，舒缓修护。选用有舒缓作用的手部修护乳擦拭手部，多注意选择含有维生素及蛋白质的产品，这样的产品能帮助促进细胞新陈代谢及迅速改善皮肤弹性，令皮肤恢复柔软润泽。

第三步，手部按摩。选择较油性的滋润护肤膏涂抹于手背上的指节及粗糙位置，可软化粗糙皮肤及关节，还能充分滋润防护。再混合护手霜及手部按摩油按摩双手。

第四步，深层护理。涂上手膜后，用保鲜纸、热毛巾或棉手套包裹10分钟左右，这样对巩固皮下组织及深层滋润肌肤有很好的作用。

第五步，完美保护。最后涂抹防皱润肤霜，充分润泽肌肤及锁住已经吸收的养分，这样双手皮肤会迅速恢复娇嫩柔滑。

一双清洁没有污垢的手，是人际交往时的最起码要求。经常修剪你的指甲，指甲的长度不应超过手指指尖。如果你想要涂指甲油的话，请记住先涂一层底油，这样能使指甲易于上色，涂完指甲油后，再涂上一层保护油，这样你的指甲油就不易脱落。要知道，一双覆盖着残缺不全的指甲油的指甲，还不如一双干干净净没有涂任何东西的指甲。

保养自己的双脚

脚踝，充满着遐想，也是女人散发魅力的性感地带。曲线毕露、秀气可人的脚，都是最能令人怜爱的。当你拥有一双这样的脚，并且光脚穿一双漂亮时尚的凉鞋时，那模样清纯到了极点。然而，它却默默地承载着我们的身躯，和没日没夜数不完的步伐，面对这么辛苦的双脚，我们又怎能忍心忽略及伤害它们呢？好好犒赏一下自己的双脚吧！

假如你不曾关注过自己的脚，你不仅已经被时尚所抛弃，而且你会发现你已经不敢或不能去正视自己的脚——它不仅干燥粗糙、退皮，还经常令你感到酸痛！此刻你必须做的就是加入我们的拯救行动，对你的丑脚进行长期的、坚持不懈的努力，使它无限地接近美丽。

将双足浸泡在加入10滴茶树油或薄荷油的热水中做10分钟足浴，会舒缓足部的胀痛和压力，加强血液循环。另外，用玫瑰油或玫瑰花瓣进行足浴，同样具有养护和放松的作用。

浴足时，用手将每根脚趾都用力拉一拉，在脚趾沟里多摩挲几下，用旧牙刷清洗干净指甲缝。

将脚洗干净后，再将脚浸泡在40℃左右的水里几分钟，脚适应了水的温度，可以继续加水，到可以没过踝关节处，让水温保持在60℃左右。水中可放入有松弛肌肉、滋润皮肤功效的浴盐。水中加入香熏油不仅可以除臭，还能够解乏或去肿。浸泡时间应该不少于30分钟。

热水泡脚对缓解疲劳和有效促进睡眠很有好处。因为通过刺激脚部神经末梢，可以降低大脑的兴奋度，使人的整个身心放松下来，起到镇静催眠作用。

脚泡在热水里，要让双脚互相搓动，苏打水里含有重碳酸盐可软化粗糙的皮肤，等脚的皮肤开始变软时，再用磨脚石摩擦后跟，最后用清洁刷将整个脚部的粗糙死皮全部去掉。

这道程序能够使脚变得透气、光滑，更容易吸收润肤品。

泡完脚后，用手从脚趾向脚跟方向按摩15分钟左右，或者用足部按摩器按摩，都能起到很好的作用。

如果你的脚很干燥，按摩前就要做一个补水足膜，还可以把海沙和润肤剂拌匀，用来摩擦，这样能使硬皮变得细腻。之后再敷上润肤霜或橄榄油等进行按摩，这样保养就好了。

让足部充分透气是保持干燥度的良好方法，为了抑制细菌在鞋子里的繁殖，选择干净干燥的鞋子也是足部护理重要的手段。舒适的鞋子不仅能减少心理压力，而且能够保证脚形的美观，许多女人正是因为太过于强调鞋子的漂亮及整个身体的增高，恰恰忽视了足部本身的保养需要，结果造成灰指甲、变形脚，这是非常令人沮丧的事。

若不是工作环境的需要，你就要尽可能地赤脚穿软底布拖鞋。长期在家里或办公室内工作的人，走路较少，足部的休息及养护就容易许多了。

现在流行的足浴保健是十分科学的养护方法，如果条件允许，最好每周两次，每次一小时，让足部也美美地放松享受一下。

优美的足部最好避免穿高跟鞋，因为长期穿着高跟鞋走路，人体的重心会压迫脚趾变形，并且会造成静脉曲张。

养成好习惯，经常做一些正确的护理和保持正确的穿鞋及走路方式对足部的养护有积极作用。

慎重选用护肤品

女人在一生中会接触到很多化妆品。而化妆品中的许多化学成分在保护皮肤的同时，也会不同程度地刺激皮肤。面对眼花缭乱、琳琅满目的化妆品，在选用时要特别谨慎，最好在充分了解它的功效后再购买。

1. 对三种说法要小心

(1)"深层洁净。"其实比较确切的说法可能应该是"彻底洁净",一般声称可以去除所有黑头粉刺的宣传,那也就有可能造成皮肤受伤出血。不过,有很多方法可以溶解黑头粉刺,但不能属于"深层清洁"。

(2)"纯天然,无添加。"当许多化学性的成分被认为对皮肤有损伤的时候,大家就会涌向"纯天然"的怀抱。但是,任何化妆品都避免不了在产品中添加防腐剂、稳定剂、染料和香料等,即使是需要冷冻保鲜的产品,也需要有一种成分保证它解冻后保持成分的鲜活。

另外,不必盲目崇尚天然,因为当今科技的进步,许多人工合成的成分可以解决天然成分不稳定、刺激性强的问题,对肌肤可以产生更好的效果。只要用量有所控制,就不会对皮肤造成影响。

(3)"不易敏感。"强调不易形成敏感其实就是针对消费者担心过敏的心理。调查表明,仅仅有0.02%的人使用护肤品出现不良反应,而通常这种不良反应并非过敏所致,而是刺激引起的。有哪些成分容易引发刺激,在很多美容网站上都能查到。

2. 掌握方法选对商品

(1)卸妆液(油):在手背上刷一层防水睫毛膏,用蘸有卸妆液(油)的棉花片,迅速擦拭,能在最短时间内不留痕迹,就是合格的。

(2)精华素:精华素作为第一层保养品,所含香料精华成分越多(看看成分表上的排名)、越复杂,越容易引起过敏。如果不想在脸上试,可以在指尖指甲周围最干的部位试,看能否迅速软化滋润肌肤。

(3)眼霜、眼膜:皱纹、眼袋,易请难送。而且这两样从理论上讲是唱反调的。前者通过滋润,细胞吸满水膨胀起来,令细纹不明显。后者是加速循环,排除积水,消肿去眼袋。市面上的"万能"眼霜充其量是做到略为平衡。眼膜则是暂时性地缓解,用不了多久眼袋、皱纹又会重现。

眼部肌肤异常柔嫩,眼霜通常都会标明"不含酒精"。但是,很多隐藏的酒精也要尽量避免,比如说香精油,因为所有的香精油都含酒精。

总之,判断一款护肤品是否好用,需要充分了解产品的特点、自身皮肤的状况和需要,从皮肤基础护理开始,逐渐扩大到对皮肤的专项护理。同时还要关注自己所处的环境和身体状态等。当肌肤在使用一款产品后感觉舒适,在使用该款产品一段时间后其所关注的皮肤问题有所改善,同时在使用产品过程中精神和心情也得到愉悦,那么,我们就可以认定该款护肤品对自己是适合的。

第四章 魅力发型，"发"现迷人气质

> 看一个女人美不美，往往总是从"头"看起。一头乌黑柔顺的秀发不仅仅是美丽的标志，也是健康富有活力的象征。为了拥有健康而美丽的秀发，养护就显得十分重要。此外，得体而有魅力的发型同样可以衬托出女人的美姿，"发"现迷人气质，增添女人动人的光彩。

用心洗出好头发

如今，美发行业的火热让越来越多的人感受到了美丽发丝带来的自信与不凡。电视上频繁可见明星们光彩闪亮的秀发，身边女性的头上也有了更丰富的色彩和发型。其实，真正漂亮的头发来源于健康的头皮，可是，长久以来头皮的健康问题却常被人们忽视。

维护头发健康，洗发是关键。可能有人会觉得奇怪，洗发还用教吗？当然！洗发是护理头皮的基础。洗发的过程，有水温、洗发产品、手法等多种因素共同作用在头皮和头发上。如果方法不当，那头皮的健康怎能保证？没有了健康的头皮，头发自然会给你"颜色"看。

正确的洗发步骤与方法是：

(1)先梳头。洗发前，用梳子（最好是大齿梳子）将头发梳开，先从发梢开始梳，然后逐渐向上，最后从发根梳至发梢。如果头发打结，一定要静下心来一点一点把头发梳开，千万不能拉扯头发，否则会对头发带来严重的伤害。这样清洗才不致于发丝相互缠结在一起，有利于洗后的打理，也有利于洗发用品的营养成分渗入发丝。

(2)清洗按摩。头发梳通后，先用约为38℃的温水彻底淋湿。一般洗发产品浓度过高而不宜直接涂抹于头发上，所以我们应先往手掌里倒入适量的洗发产品（可以根据头发长度来决定洗发产品数量），在手心把洗发产品揉搓起泡后再从发根至发梢均匀地抹于头上。之后，轻轻按摩头发，用手指的指腹以画圆圈的方式轻轻按摩头皮，这样不仅可以清除污垢，同时也可以促进头部的血液循环，增强头皮的健康。千万不要用指甲抓挠头皮，这样会严重损伤头皮，甚至还会带来头屑的烦恼;也不要用洗发水按摩头皮,那样会对头皮带来伤害,须用专门的预洗液来按摩。按摩完头皮之后再洗发丝,一边轻轻地揉,一边用手指顺着发丝往下捋。

(3)使用护发素。洗完头之后,可以使用护发素加强头发的护理。由于护发素主要是为发丝提供滋养,因此将护发素应抹于头发上而非头皮上,按摩时和洗头不同,只需用手指梳顺头发,然后用热毛巾包裹头发,时间长短按照产品说明来进行,最后用水冲洗干净,这样才能使护发素真正起到护发的作用。有些女性认为,护发素停留的时间越长,效果越好。其实,护发素停留的时间不宜太长,否则会损害头发。因此一定要遵照说明使用。

如果有条件的话,最后可以在盛水的盆中放几滴橄榄油,将头发浸入其中几分钟。这样有利于保护头发的湿度,而且头发清爽不油腻。最后可以将头发用冷水冲一下,这利于头发的生长,让头发保持一定的韧性。

(4)擦头发。擦头发看似简单,但是未必人人都做得对。有很多人习惯用毛巾使劲揉搓头发,这是不对的。正确的方法应该是将毛巾搭在头发上,用手轻轻地按压,让毛巾把头发的水分吸干,千万不要用力。

(5)烘干头发。洗发后,不要急着把头发弄干,而是应该趁头发的湿度和热量还没有散发的时候,用毛巾将头发包裹住,20分钟后再放开。这样有利于头发营养的吸收,也有利于缓解头皮的紧张,对头发的养护非常重要。头发尽量让它自然风干,这对头发没有损伤。但是如果有紧急情况需要用吹风机的话,一定要保持10~15公分的距离。注意吹的温度不要太热,一般来说,吹干头皮就可以了,让头发自然干透。

(6)梳理头发。刚洗完头,自然要将它梳理一番,这时需要一把宽齿扁梳,不能太尖利,以免刮伤头皮。一般要选择牛角梳或者木梳,先梳左边,从发梢开始,一点点梳开,最后梳头皮,接着,用同样的方法梳右边和后面。湿发时头发的毛鳞片都打开着,如果你很用力地用梳子拉扯头发或用毛巾使劲挤干水分,都极容易使本身脆弱的头发再受到更为严重地损伤,平时一定要避免这类现象的发生。

至于洗发的频率,应该根据每个人发质的情况而定。干性头发皮脂分泌量少,洗发周期可略长,一般7~10天洗一次为宜;油性头发皮脂分泌多,洗发周期略短,一般3~5天洗一次为宜;中性头发皮脂分泌量适中,一般5~7天洗一次为宜。此外,还应该按照季节的变化调整洗头的频率,如冬季人体油脂分泌较少,可以减少洗发次数,而夏季油脂分泌旺盛,就要增加洗发次数,春秋季节可以按照平时的频率进行。

掌握秀发护理技巧

富有光泽的头发是女性魅力的重要组成部分,因此应细心地呵护自己的秀发。

1. 不同发质头发的护理

根据发质的不同,头发可分为四类,即正常、油脂性、干燥性、劣质性。头发也要根据其类型有针对性地进行护理。

正常发质,也就是中性发质,有光泽,没有一点油脂及干燥感,易于梳理,发型容易保持,是最健康的头发。拥有这种发质的女性,要注意每次洗头时洗发剂一定不要用得太多,太多会损害头发,洗发后要用毛巾抹干,然后用吹风筒将头发吹干,但切勿将风筒离头发太近。

油脂性头发,主要是皮脂腺活动旺盛所致,头部表皮和头发总是发黏、油乎乎的,常有湿乎乎的浮皮落下来。保持清洁是油脂性头发的人所应重视的。应该增多洗发次数,洗发时应避免大力抓和刺激头皮,因为这会加速皮脂腺的分泌,使头发更油腻。要用去油性的洗发水或酸性的洗发水,不要用热水,护发素要用不含油性的。油性发质宜选择短的发型。冲洗头发宜用温水,而且要冲得干净,尽量擦干头发,然后再用手指梳。

干燥性头发,头部表皮或头发干燥。经常脱落浮皮是干性头发的特点。这种发质表明头发及头皮的营养不足,也有的是由于烫发、染发所致。有这种头发的女性,可以使用一种专洗干燥毛发的洗发剂,一周洗一次到两次即可。每次洗头后都要用护发素,但最好是把护发素尽量抹在头发梢上而不是发根,因为发梢最易受损和开叉。

2. 将稀疏头发变浓密

头发较为稀疏的女性,往往给人一种年龄较大或缺少魅力的感觉。于是,许多人便常常烫发以使头发看上去变得丰厚一些。但经常烫发会使发质受到损伤,对头发稀薄的人更为不适宜。不过,可以试一试下面这些简单可行的方法。剪个齐发脚的短发,使人在比例上感到头发浓密。长发会使稀薄的头发显得更稀少,削发也会使头发显薄,所以一定要齐着发脚剪。

不要用含有酒精成分的洗发香波,因为这会使头发干枯、断裂、开叉。

护发素只擦在发梢上。先将护发素挤在手心上,加点温水,然后抹在发梢上即可。

洗发后,选用干毛巾包头,待头发快干时再取下毛巾。用电吹风由下至上将头发吹干,先用暖风,后用冷风。

3. 自然卷曲头发的整理技巧

自然卷曲的头发卷曲度通常很细小,头发浓密而蓬松,这种头发非常难以梳理和变换花样。要从根本上改变这种卷曲发的性质是不可能的。为了便于梳理,可采用以下三种方法:

(1)物理方法。目前在我国较普遍,其原理与直发烫卷相似,用烫发药水浸头发,分股用大卷筒卷紧,以改变头发的卷曲度,这是关键,药水起定型作用。

(2)药物方法。是用一种改变曲发的药剂,涂在头发上,四五十分钟后就能初见成效。隔一两个星期做一次,多次使用后头发的曲度就会改变。

(3)变换发型的方法。在发式造型时,顺应头发的特点,多用小辫组合发型,或梳理顺畅后修剪成蓬松的圆弧发型。

吃出一头秀发

头发与身体其他部位一样,每天也在进行新陈代谢。要使头发保持健康美丽,除了要做好梳、洗、理之外,还要注意供给头发充足的营养。

蛋白质是维持一头秀发的主要原料。饮食中蛋白质摄入不足,会使人营养不良。头发营养不良则毛根萎缩,头发变细,失去光泽,并容易脱发。因此,保证充足的蛋白质摄入,正常成人每天不少于70克,可以使头发生长良好。蛋白质在奶类、蛋类、瘦肉、鱼、豆制品中含量丰富。

维生素A和B族维生素也是维持一头秀发的重要原料。这是因为维生素A能维持人体皮肤和皮下组织的健康,缺乏维生素A会使皮肤下层细胞变性坏死,皮脂腺不能正常分泌,皮肤变得干燥、粗糙和角化,毛发生长不良甚至脱落。维生素A在动物肝、蛋黄、鱼肝油中含量丰富。另外,在胡萝卜、西红柿、油菜、玉米、黄豆中富含胡萝卜素,它在人体中能转变为维生素A供身体利用。B族维生素的主要生理功能是参与人体的物质代谢,如缺乏维生素B1,会影响末梢神经的营养代谢,从而影响头皮的正常代谢,影响头发的生长。B族维生素在绿叶蔬菜、谷类外皮、胚芽、豆类、酵母中含量丰富。

微量元素与头发的健康亦不容忽视。碘是合成甲状腺激素的重要原料,甲状腺激素对头发的光亮秀美起很大作用,如果分泌不足则头发枯黄无光。因此,饮食中要适当吃一些海带紫菜、海鱼海虾等含碘较多的食品,能使头发滋润健康。锌参与体内多种酶的组成,缺锌是引起脱发的重要原因。锌在海产品、牛奶、牛肉、蛋类中含量较多,因此应该适当多吃这些食物。

此外,核桃仁和黑芝麻不仅营养丰富,还是养发护发的佳品,因此平时也应适当多摄入这两类食物。核桃仁能补气血、润肌肤、黑须发,可每天空腹吃4~5枚或制成糖酥核桃仁食用。黑芝麻有养血、润燥、补肝肾、乌须发的功效。可将黑芝麻洗净晒干,微火炒熟,碾成粉,配入等量白糖,每天早晚食用两汤匙即可。

总之,能使头发健美的食物很多,在日常生活中注意安排好一日三餐,饮食多样,荤素搭配,营养平衡,就能吃出一头秀发来。

赶走恼人的头屑

头屑产生的原因通常分为生理性和病理性。生理性头屑是皮肤、头皮、表皮细胞不停地新陈代谢产生的,头皮光滑,通常看不到明显的脱屑。病理性脱屑则是头皮上皮细胞过度增生,引起的临床上一系列的疾病。在临床上,根据头屑的多少以及皮损的形态,来分不同的病症。

比如,头皮是正常的,仅仅有头屑,梳头的时候掉头屑,这种情况是头皮的单纯糠疹。如果头皮屑非常多,而且皮层很厚,上面有红斑,头发可以成束,而且身体的其他部位也有皮疹,那么就可能是银屑病。另外,如果说头皮上的鳞屑是油腻性的,头发油腻、干枯,头皮上也有些红斑,那么这个就可能是脂溢性皮炎。还有一种,头皮的鳞屑非常厚,鳞屑呈干燥的粉末状,这种情况多半是头皮石棉状糠疹。另外有一种头癣也可以引起头屑的增多,主要是白癣,同时会伴有脱发。这些都是临床上比较常见的头屑种类。

如果是正常的头皮屑,对人体是没有什么危害的。但是会影响到工作和生活很多方面,如社交、美丽、形象等。但是病理性的头屑,对人的健康的危害还是很大的。如银屑病,不仅仅是头上的表现,也影响到身体其他部分。另外如石棉状糠疹,不及时治疗的话很难自愈。这些病不仅仅影响病人的生理,对人心理的影响也是很大的。

头皮屑很多是由疾病引起的。怎样能把头屑去掉呢?建议应该到专业的医院,咨询专业的大夫。先把这个病搞清楚了,看看到底是什么问题?然后根据不同的疾病采取不同的治疗方法。目前,市场上有许多去头屑的洗发剂。老实说,这些去屑洗发剂对减少头屑的确有一定的作用。但是,要想彻底解决头屑问题还是应该去医院看医生。

病理性的头皮屑和生理性的头皮屑是不同的。最明显的区别是病理性头屑鳞屑非常多,有些人刚刚洗过头,第二天头皮屑就非常多,用梳子一梳像雪花一样地落下来。其次是有症状,瘙痒、头皮有些高低不平,遇到这种情况的话,还是应该去医院看医生,光用市面上的洗发水不一定达到治疗的作用。

头屑问题不像我们想象得那么简单,其实是很复杂的。有些是由疾病引起的,比如说脂溢性皮炎,可能和真菌有一定的关系,医学上称它为马拉色菌。这种菌在头皮上可以引起头屑的增多,如果是由真菌引起的脂溢性皮炎,处理就不一样了,就应该去看医生,选择一些抗的药物。所以,希望广大女性朋友不要以为头屑是一个很简单的问题,一般的去屑洗发剂就可以治好的。如果你发现你的头屑增多、有症状,应该及时去看医生,以免耽误了最佳治疗时机。

预防脱发，留住一头青丝

一个人平均每天掉几十根头发是正常的新陈代谢现象，不足为奇。早春和秋末季节，女性由于荷尔蒙的分泌，生理状况不易保持平衡，有时一天掉百八十根头发也不必担心。但若脱发远远大于此数，就应引起重视了。

一般来说，引发女性脱发的原因很多，主要有以下几个方面。

首先是压力的影响。现代社会生活节奏的加快和竞争的激烈易使人背负日益沉重的压力。据研究，压力不仅与脱发有密切关系，还会加速人的衰老和皱纹增生。对此，唯一的对策便是及时卸下重负，让自己彻底放松起来。

其次是疾病的影响。某些疾病或先天性所致或皮脂腺分泌过多或皮脂腺分泌性质改变，都可引起脱发，比如高烧。高烧会损坏发根组织，使头发大量脱落，特别是持续高烧对发根的损坏尤为厉害。不过，这也能在6个月左右后正常如昔。

再次是不良饮食、不良行为的影响。女性为了美丽常常做出对身体、头发有害的事情，如盲目节食、频繁地烫发和漂染等。节食使头发缺乏充足的营养补给，头发若缺少铁的摄入，便会枯黄无光泽，最后的结果必然导致大量脱落。因此要均衡饮食结构，不要盲目节食减肥。频繁地烫发和漂染也会对头发造成损害以致脱发。因此不可烫发过频或滥用多种染发剂。此外，扎得过紧的马尾辫、羊角辫和麻花辫以及将头发束得紧紧的卷曲带，时间长了都会损害发根造成脱发。

对于成熟女性来说，造成脱发的原因还有：①避孕药。长期服用避孕药的女性也会出现脱发现象，一旦停服，脱发症状可消失。②分娩。由于怀孕时体内分泌出大量的女性荷尔蒙，所以头发有充足的成长激素，产后由于荷尔蒙分泌突然减少，头发自然而然就会大量脱落，不过这种现象在产后6个月左右就会恢复正常。

预防脱发，除了对以上导致脱发的原因要注意外，还要注意以下几点：

(1)不用尼龙梳子和头刷。因尼龙梳子和头刷易产生静电，会给头发和头皮带来不良刺激。最理想的是选用黄杨木梳和猪鬃头刷，既能去除头屑，增加头发光泽，又能按摩头皮，促进血液循环。

(2)不用脱脂性强或碱性洗发剂。这类洗发剂的脱脂性和脱水性均强，易使头发干燥头皮坏死。应选用对头皮和头发无刺激性的无酸性天然洗发剂，或根据自己的发质选用。

(3)正确洗发。洗发的同时需边搓边按摩，既能保持头皮清洁，又能使头皮活血。

(4)多食蔬菜水果防止便秘，维护头发健康。要常年坚持多吃谷类食物、蔬菜水果。如蔬菜摄入减少，易引起便秘，影响头发质量，得了痔疮还会加速头顶部的脱发。

(5)尽量少在空调的环境中久留。空调的暖湿风和冷风都可成为脱发和白发的原因。空气过于干燥或湿度过大对保护头发都不利。

(6)尽量少戴不透气的帽子。头发不耐闷热,戴帽子、头盔的人会使头发长时间不透气,容易闷坏头发。尤其是发际处受帽子或头盔压迫毛孔肌肉易松弛,引起脱发。所以应搞好帽子、头盔的通风,如垫上空心帽衬或增加小孔等。

其实,预防脱发并不难,只要你在日常生活中多多注意保护、保养你的头发,你就会拥有一头健康的秀发。

冬季防脱发妙招

在冬季的寒风下,毛囊收缩加快,如果你的头发营养不足或严重受过伤害,毛囊就会萎缩,长出细小头发甚至不长头发,从而造成头发越来越少。不过正常的脱发问题只要认真护理,就可以减少甚至防止。

1. 减少洗头次数

在冬天尽量地减少洗头发的次数,在气候干燥的冬天,有人一感觉脱发多就频繁洗头,结果是适得其反,头洗得越勤,头发就掉得越多。冬季应该尽量减少洗头的次数,一般每周洗头1~2次就足够了。洗发水不要像热天那样使用去油脂和去头屑的类型;尽量少用碱性大的香皂洗头;要多用护发素;还可间断性地使用些啤酒或在水中适当加点食盐和醋洗头,这样可预防和减少脱发。洗头的水不宜太热或太冷,洗头的间隔最好是2~5天,洗发的同时需边搓边按摩。

2. 梳头发尽量不要过紧

头发扎得过紧、也会导致脱发。喜欢扎马尾或喜欢拉紧头皮造型的你一定要注意。

3. 轻柔按摩不可少

在洗发后,用手指按摩头皮,可促进头皮的血液循环,使头发获得更多的养料、氧气、激素等,使头发长得健美。按摩时不能用指甲接触头皮,只能用手指肚从前额上有头发的部位开始,在固定的部位揉捏,慢慢一步一步向前额以后的部位揉捏,再移向头顶,两侧,直至颈后。常洗发与按摩对防止因头发脏乱、干燥而引起脱发有良好的效果。头发的修饰也有一些讲究。扎用丝带、皮筋时,不要把头发束得过紧,这样不利于头发的生长和健美。发型以蓬松为好,这样能使头发自然生长。过硬的头刷、梳子都会损折长发。梳长发时最好用梳齿距离较宽而质量软韧的梳头用具。

4. 防 晒

还有就是要注意防晒。冬天阳光中的紫外线含量并不比夏天的太阳时少,尤其是天气干燥、阳光猛烈的日子,千万不能忘记防晒,到户外活动也应该尽量打伞或者使用别的遮挡物,以减少对头发的损害。

5. 减少烫、染发次数

频繁地烫发和漂染会对头发造成损害,导致脱发。将染发、烫发的次数降到最低,脱发情况一定会有所缓和。

6. 缓解生活工作压力

生活工作压力会使人感到烦心、紧张、情绪不稳、失眠,这些因素会影响荷尔蒙分泌,令油脂过盛而堵塞毛囊,最终影响血液循环及头发的营养吸收,导致脱发。

7. 少吃甜食

医学家指出,食用过量糖分,特别是果糖,将会造成前额秃头。当秃头病人减少糖分的摄取后,秃头速度有明显减缓趋势,甚至不再掉发。

8. 多吃含硫氨基酸的食品

此类氨基酸是滋养头发的主要成分,大多存在于蛋等动物性食品、豆类和包心菜中。适度地摄取瘦肉、家禽或鱼肉等动物性蛋白,可以提供毛发生长的必需营养。但是,过度食用肉类,不仅无法促使毛发生长,反而造成毛发脱落。

9. 多吃含脂肪酸的食物

每周食用2~3次鱼肉(切莫高温油炸调理)。如果发质又干又涩,可以多食用待霄草油或经纯冷压榨或榨油机压榨制成的亚麻仁油(购买用不透明容器包装,且放置在冰箱内保存的油品),来改善你的发质。

10. 多吃含丰富维他命B族的食物

含胆碱的食物:如蛋、小麦胚芽、豆类(豆荚、豌豆和扁豆)、燕麦粥和糙米等;含环己六醇的食物:如卵磷脂、米糠、全麦和豆类。

11. 生姜治脱发

将生姜切成片,在发黄、脱落头发的发根处或斑秃处的地方反复擦拭,每天坚持2~3次,能刺激毛发的生长。

发型，女人情绪变化的晴雨表

发型对于女性来说十分重要。女性不仅可以通过发型来体现女人的气质魅力，还可以通过发型的改变来传递和表露自己的情绪。每当女性有了这样或那样的情绪变化，特别是遇到重大的事情时，总想用发型的变化来改变自己的心情。比如，失恋了，她们往往会把头发剪短，表示"从头再来"；如果遭受了挫折，她们往往会重新做个发型，表示要"焕然一新"。

1．由短蓄长

希望留着长发的女性，其实隐藏的意思是对自己的未来有所希冀；让头发一次性留成过肩甚至齐腰的长发，则表示女性心理依赖性在增强，心理承受力在减弱。

2．由长剪短

突然将本来很喜欢的长发剪掉，表示一个人遭受了挫折或者独立意识在增强；由长发一下子变为超短发，甚至光头，则表示她否定了原先的自我角色，甚至到了心理崩溃的地步，往往意味着一种生活状态的结束。

3．由散到辫

平日里都是披散头发，某一天突然扎起辫子，这说明这种女性感到压抑，处于被动局面。

4．由散到束

平日里都是披散头发，突然将头发束起来，说明这种女性希望寻求自信与独立，在人际关系中执意强调自我，期望得到他人的认可。也可能说明她们不满足于现状，期望能够有所突破，渴望超越平凡。

5．由散到绾

平日里都是披散头发，突然将头发绾起来，这是一种在情感问题上遭遇挫折、心情低落的表现，也可能是因为她们"一夜长大"，通过经历某件事而一下子成熟起来。

6．由散到盘

平日里都是披散头发，突然将头发盘起来，这一般是在做自我身份的宣告，表示她们强调自我的女性身份，有意引起异性的好感，并且希望能够体现自我存在的价值。

7. 完全散开

一直都是将头发精心打理的，某一天突然任其散开。这类女性是想把自己的身心都做一次彻底的释放，不想再被束缚。散开头发就是表示个人自我意识的回归或加强，意味着不受约束，在自由状态下随心所欲地释放自我。

8. 由直变卷

头发一直都是直的，突然想到要烫卷，这流露出一种由平实转变为愉悦欢欣、情不自禁的心态。

9. 由卷变直

将卷发拉直表示心态由热烈转化为平和坦然，是心灵的一种回归，也是对纯真的一种向往。

10. 染发

染色对头发的改变是很大的，这种举动代表了一种追求新事物及渴望自己的生活状态有所改变的心态。

从以上发型的改变，我们大概就可以知道女人们到底在想什么和遇到了什么事情。

选择适合自己的发型

1. 根据五官选择适合自己的发型

发型是女性妆容中很重要的一个组成部分，一个好的发型往往可以弥补女性五官的缺陷，其作用不亚于漂亮得体的服饰。因此，女性朋友可以根据五官选择适合自己的发型。

（1）高鼻子。高鼻子的女性可将头发梳在脸周围，这样从侧面看可缩短头发与鼻尖的距离。

（2）低鼻子。低鼻子的女性可将两侧的头发往后梳，目的是使头发与鼻子的距离拉长。

（3）大耳朵。大耳朵的女性适宜留蓬松且盖耳的发型。

（4）小耳朵。小耳朵的女性可以尝试边式发型，另外，太多太厚的头发不宜夹存在耳朵上，头发往后梳时应用发卡固定。

（5）宽眼距。宽眼距的女性不妨将头发做得蓬松一点。

（6）窄眼距。窄眼距的女性可将两侧发型做成不对称的形状。

2．根据发质选择适合自己的发型

每个人的发质都不一样,所以选择发型时需要参考自己的发质,两者匹配就可以把头发打扮得更美丽。

(1)柔软发质。柔软发质易于打理,被称为理想发质。这种发质对发型的要求并不高,只要你喜欢,各种发型都可以进行尝试。另外,由于柔软的头发比较服帖,因此俏丽的短发对于个性美的展示更具优势!

(2)自然卷发质。有的女性很不喜欢这种发质,认为可变化性太小,其实可以顺其自然地做出各种漂亮的发型。这种发质最适合留短发,但是如果卷曲度不太明显,留长发反而显得更具风情。

(3)服帖发质。拥有服帖发质的女性朋友,如果经过巧妙修剪,就能使发根的线条以极美的形态表现出来。这种发质的人适合留短发,前面和旁边的头发可以按自己的爱好打理,但是后面的头发一定要有特点,以显示出发丝线条为主,最好能将发根稍微打薄一点,使颈部若隐若现。

(4)细少发质。细少发质的女性宜留长发,并将其梳成发髻,如果在正式场合,可梳在头顶,显得高贵典雅,在家时则梳在脑后即可。这样梳起来容易,而且比较持久。但是细少的发质也会让盘起的头发缺乏"实"感,所以最好辅以假发。

(5)直硬发质。直硬发质的女性想要做发型可不是一件容易的事。第一种选择是做直发,可披肩,直硬发质有助于这种造型的成功,特别是做离子烫,效果会比其他发质的头发好得多。如果不喜欢直发,在做发型前,最好能用油性烫发剂将头发稍微烫一下,使头发能略带波浪、稍显蓬松,而后再用大号发卷来烫,做出来才会自然一些。这类发质的女性最好以修剪为主,尽量避免复杂的花样,简单且高雅大方即可。

3．根据脸形选择适合自己的发型

很多时候,我们觉得某个人的发型很靓丽,但套用到自己身上却不见成效。为什么呢？因为发型与脸形或五官不相配。不同脸形所适合的发型有下列几种情况:

(1)圆形脸。圆形脸的特征是额部小、下巴短、颧骨宽、五官紧凑。这种脸形的女性可以考虑把刘海向上梳,做个小花样别到头顶以形成提高的效果,脸部两侧的头发要拉长或拉低一些。较长的发型会有助于让脸部看起来修长,从而让脸形看起来不会那么短和圆。两颊旁的头发也要特别注意,太多或太蓬松的头发会使脸部看起来更圆。

(2)正三角形脸。正三角形脸的特征是上窄下宽,额头窄小,两腮宽大,给人沉着大方和威严的感觉。这种脸形适合将额头的发型维持一定宽度,这样才不会凸显两颊的宽大线条。这种脸形可选择比较温柔的波浪卷发,长度以中长或及肩的长度为佳,太短就起不到遮掩和修饰两颊的作用了。值得注意的是,蓬松波浪不要刚好到两颊下部,否则会让脸形的缺陷更加明显。

(3)倒三角形脸。倒三角形脸的特征是额头宽大饱满,下颌消瘦。这种脸形适合脸部两侧较蓬松、上额两侧较为服帖的发型。这种脸形的女性最好选择短发,让下颌处看起来有加宽的效果。但是短发并不适用于颧骨凸出的人,这要尤其注意。

(4)长形脸。长形脸的特征是面长、额宽,脸颌骨横直,颔线起棱角,颊线直,骨骼狭长,鼻子显长。这种脸形想要找到平衡,就要把握好头发蓬松的方式,采用头顶部位的头发不要太蓬松、脸部两侧较蓬松的发型。这种脸形的女性一定要挑选长度适中的发型,过短或过长都不是很适合。薄刘海会比一整片厚刘海更漂亮,两侧头发的层次与蓬松感会中和长形脸的线条,从而得到很好的修饰效果。

(5)国字脸。国字脸的特征为方额头、方下巴、脸较宽。这类脸形适合将头顶部位的头发稍微提高、上额两侧与下额两侧较为拉低的发型,中分也会得到不错的效果哦。

4.根据体形选择适合自己的发型

凡事都讲究整体美,讲究协调,适合自己的才是最好的。那么发型与体形又应该如何搭配呢?

(1)娇小身材。身材娇小的女性给人以小巧玲珑的印象,但是往往会让人觉得在身高上有缺陷,所以在选择发型时应强调丰满与魅力,并且不宜留长发,也不宜把头发搞得粗犷、蓬松。可以在头顶梳一个可爱的苞花,或是庄重的盘发,这些都可以增加身高,使人有秀气之感。

(2)高瘦身材。在追求健康的今天,骨感美已经过时了,既高挑又苗条的女性朋友都希望自己有一点丰满的感觉,这时就可以通过发型来弥补。这种身材的女性适合留长发,不宜盘高发髻,也不宜将头发削剪得太短。

(3)矮胖身材。身材矮胖的人在选择发型时也要优先考虑弥补身材的不足,最好也要有增高的感觉,所以可选用有层次的短发、前额翻翘式等发型,而不宜留长波浪、长直发。

(4)高大身材。高大身材的女性朋友想要显得娇小一些,不妨追求大方、健康、洒脱的美,从而弱化大而粗的形象。所以应以简单的短发为宜,但对直长发、长波浪、束发、盘发、中短发式也可灵活处理,切忌发型花样繁杂、造作。

女性朋友们在选择发型时还要注意颈部的特点,颈部长的人适合稍长的、波浪大的发型;颈部短的人要把头发从颈部向后梳,把后面的头发梳得完整一些,让颈部暴露出来,使颈部显得长些。

不同场合选择不同的发型

在不同场合选择不同发型可以展现女性的不同气质和神采,那么如何选择呢?

1.商务谈判发型

此款发型的目的在于突出女性的干练与成熟,所以比较适合各种盘发。
首先,选用中号卷发棒将发梢部分卷弯。

其次，将头上所有头发梳成一个马尾。

最后，用发卡将头发盘起来，留出卷发的发梢即可，头顶部位稍加整理，以蓬松自然为佳。此款发型会令你看上去更加高挑、自信。

2．情侣约会发型

此款发型的目的在于突出女性的温柔、可爱，适合侧留波浪卷发。

首先，选用中号卷发棒将头顶部位之外的头发全都卷成大波浪。

其次，选用大齿发梳梳理头发，令其显得蓬松。

最后，用漂亮的发卡将一侧的头发别起来。

3．运动休闲发型

此款发型的目的在于方便女性运动，显示女性的活力，所以适合将头发扎起来。

首先，选用大号卷发棒将两侧与底部的头发卷弯。

其次，梳出一个马尾，两侧要留出几缕头发，这样既能修饰脸部轮廓，又能增添动感。

最后，将发蜡或摩丝打在发梢上做定型。

4．朋友聚会发型

此款发型的关键在于突出女性的高贵优雅，所以适合盘发。

首先，选用小号卷发棒将头发卷出形状。

其次，将头发梳成一个马尾。

最后，选用深颜色发卡将马尾部分的头发别成一个发髻的造型。

5．野外郊游发型

此款发型的关键在于突出女性的舒适、自由。

首先，选用大号卷发棒将两侧和底部的头发卷出大波浪。

其次，斜分前面的刘海，分哪边更能显示出脸形的美就分哪边。

最后，保持头发外观整齐，自然的大波浪。为了使发顶看起来更加蓬松自然，可以将内层的头发逆梳打毛，发梢处用发蜡打理，这样卷发会显得更加活泼。

不同季节选择不同的发型

发型的选择要看出席的场合，这是多数人都明白的道理。与此同时，发型还受季节的影响。一年四季，春夏秋冬，我们应怎样变换发型呢？

1．适合春季的发型

春天冰雪融化，万物复苏，发型可以做得年轻些、潇洒些。比如，用三角烫、圆杠烫等烫出一些琐碎的发型，额前可以留些长刘海，也可留鬓角，可以用卷烫的头发做成堆积式的各种发型。

2．适合夏季的发型

夏天热情奔放，脱掉了碍事的毛衣、长裤，可以穿漂亮的裙子、T恤衫了，一切都渗透着青春与活力。如果舍不得剪掉长发，可以换各种髻或盘出各种花瓣形状，这样既显得高雅，又不失活泼。绾一个低髻，做一个高式发，穿一袭白裙，即使在夏天的烈日下仍有一种天使般的清凉。

3．适合秋季的发型

秋天是收获的季节，也是短呢裙、风衣流行的季节。打开你的头发，任其在萧瑟的秋风里随风飘动，会平添几分动人的风姿。试着编一根长辫，把一条彩色的丝带一起编进去。

4．适合冬季的发型

冬天花木凋零，不适合剪短发、蘑菇头、翻翘发型，可以留长发，做大波浪。发型要饱满，但不要臃肿，否则会让人看上去有肥胖笨重之感。当然，过于单薄也是不可取的，否则会有比例失调之感。此时的发型一般只注意整体造型，很少强调局部。

发型与性格的完美搭配

迷人的气质也需要烘托，而发型就是其中不可忽略的。只要了解自己的性格，选择适合自己的发型并且与妆容、服装相配得当，你就会魅力无限。下面介绍四款发型，为不同性格特质的女性朋友量身打造，看一看你属于哪一种！

1．古灵精怪，活泼好动

如果想把自己过分好动和古灵精怪的性格隐藏起来，不妨试一下齐刘海，这种规整的剪裁会把你的不安分遮盖起来，让你看起来既乖巧又恬静。

我们可以选择整齐而带有一些蓬松质感的发型。

2．情绪波动性大

发型平衡：如果想让自己看起来稳重且又不失活力，不妨选择成熟妩媚的大波浪卷。

造型要点：要想做出大波浪的效果，头发必须要长，烫的波浪卷要比较大，刘海中分。另外，在刘海尾部做一些外卷的效果，会更显妩媚。

3．多愁善感，优柔寡断

可以选择盘发，既显"女人味"，又显得干练沉稳，帮你摆脱性格中的优柔寡断，让整个人看起来更清爽而不拖泥带水。

头顶要蓬松，其余头发应该尽量规整，可以借助盘发发卡绾出漂亮的发结，彰显十足"女人味"。

4．沉着冷静，认真严谨

别再中规中矩了，不妨做一个奔放的波浪卷，重新给自己定位，给人以眼前一亮的感觉。而且，这种发型也会帮助你找到自信，让你时刻充满活力。

对于波浪的选择可以根据个人的性格特点而定。例如，不喜欢太夸张的女性可以选择编织烫，就像编织头发那样，把一缕头发烫成卷发，另一缕头发保持直发，以此间隔地烫发。这种发型既不会显得很卷，又不失活泼，是个不错的选择。

发型与服装的完美搭配

发型除了要与脸形、发质、性格等相称外，还需要与服装款式相协调。下面我们来看看服装与发型如何搭配。

1．搭配夹克衫类服装的发型

夹克衫有一个共通的特点，就是短小合体、肩部宽松，一般与长裤相配，从而形成上宽下窄，给人以潇洒、修长的美感。女性应配以蓬松、轻盈的发型，这样不仅外形漂亮，在气质上也很匹配。

2．搭配针织类毛衣的发型

许多女性朋友喜好针织衫，这种服装给人以恬静、文雅且轻松的美感，属于休闲类服装，所以应以直发、束发等简单线条的发型与之合理搭配。

3．搭配西装的发型

西装给人正统、严肃的感觉，如果想要体现出潇洒自然的感觉，就应以端庄、艳丽、大方的发型为主，且头发不宜太蓬松。

4．搭配皮制服装的发型

一想到皮制，自然会给人一种"酷"的感觉，所以女性可以把长发梳向一边或是采用披肩发、短发、束发、盘发、辫子等多种发型。

5．搭配滑雪衫的发型

滑雪衫是一款轻盈保暖、令人容光焕发、看起来格外精神的服装，对发型没有太多的要求，所以发型可以尽情发挥，使之具有轻松、自由、洒脱的自然美。

适合职业女性的发型

有人说，美丽与职业化不可兼得。其实，只要你巧妙处理，就可以做到的。

1．干净和整齐

无论你拥有什么样的发型，干净与整齐都是最起码的要求。要保护好你的头发，并不是洗洗就算了，一定要挑选适合自己发质的护理产品进行细心护理，这样会让你的头发更加健康美丽。比如，直发者可适当使用护发剂，只要一抹，就去除了常有的静电；卷发者要常抹一些弹力素，让头发看起来光彩照人。

2．根据职业特点、办公环境选择发型

如果你在网站工作，年轻些、狂野些的发型就不会受到指责；但如果你在律师事务所或银行工作，你的发型最好收敛一些、正统一些。

3．头发长短的选择

短发很干练，长发很有"女人味"。对于懂得打扮的女性来说，长发一样可以整理得非常干练。所以，我们认为女士还是以长发为主，这样可以随心情变化发型，让美可以每时每刻地自然流露。

4．根据脸形选择发型

让发型跟着自己的脸形走，让头发凸显脸部的优点是应遵循的基本原则。

5．不同发型的建议

短直发：职业女性还是要把这类发型留得稍微长一些，否则确实有点"辣妹"了。
长直发：注意保持长发的干净和光亮，否则会显得非常邋遢。
短卷发：选用适合你的发质的护理产品，以保持头发的整洁和服帖，运用一些护理品做造型也是个好办法。
长卷发：给头发一点儿蓬松感，可用弹力素等产品来辅助。

根据脸形选择合适的刘海

一个女性发型的成败往往就取决于刘海。刘海能改变一个人的脸形，影响一个人的气质。那么不同的脸形又该选择什么样的刘海呢？下面就介绍几款刘海。

1．及肩中分长刘海

及肩中分长刘海是一款瘦脸发型，侧分的长刘海能修饰过于圆润的脸形。
发质硬度：适中，适合柔软的发质。头发不能粗硬，也不能过细。
发量：适中。
适合脸形：圆脸。

2．三七分斜刘海

三七分斜刘海给人的感受就是甜美、柔和、亲切，大多数女性都可使用。斜分的刘海对脸形有一定的修饰作用，但是椭圆形脸的女性要从此处绕开了。椭圆形脸配这个发型会使额头看上去更窄，而且会拉宽下巴，本来完美的脸形就会变得有缺陷了。
发质硬度：不要过于粗硬即可。
发量：适中。
适合脸形：圆脸、倒三角脸、心形脸。

3．厚重齐刘海

厚重齐刘海可遮住1/3的脸部，具有"小脸"的作用，很适合"大脸"的女性。不过它对发量是有要求的，发量太少的女性还是不要试了，如果得不到厚重的效果，就起不到"小脸"的作用，而且会让你的头发看上去更少。
发质硬度：不要过硬或过软即可。

发量:适中。

适合脸形:圆脸、倒三角脸、心形脸。

4．齐刘海

不同的厚度和发尾的长度,使得这款发型看上去更加"小女人"。

发质硬度:适中。

发量:适中。

适合脸形:圆脸、倒三角脸。

5．偏分刘海

偏分刘海可增强脸部线条的柔和感,有种淑女的韵味。

发质硬度:适中。

发量:适中。

适合脸形:椭圆脸、圆脸、心形脸。

6．中分长刘海

中分长刘海修饰了圆润的脸部线条,圆脸的女性不妨一试!

发质硬度:适合较柔软的发质。

发量:适中。

适合脸形:椭圆形脸、圆脸、心形脸。

7．大众刘海

齐刘海留长之后可做大众刘海。

发质硬度:适中。

发量:适合发量较多的女性。

适合脸形:圆脸、倒三角脸。

8．日本刘海

日本刘海使额前及两侧呈递增的层次感,凌乱又随意。

发质硬度:适合偏柔软的发质。

发量:适中偏少。

适合脸形:椭圆脸、心形脸。

第五章　完美身材，展现迷人气质

　　随着时代的进步，人们对美丽的要求逐步升级。美丽不仅仅只是一张漂亮的脸蛋，事实上，曼妙玲珑的身材也是女性美丽的标准之一。完美的身材不仅仅美观，更能体现出女人气质，是每位女性的向往。

　　女性的容颜是会变的，永远拥有年轻、靓丽的面容是不可能的事，但是拥有魅力却是可以通过努力实现的。你可以通过健身美体来提升你的性感指数，绽放个性魅力。

女性身体的曲线美

　　在人们对美越来越苛求的今天，真正美丽的女人不仅仅是五官的美丽，身体之美也是极为重要的内容。

　　女性身体之美蕴藏在曲线之中，曲线之所以给人以美感和愉悦，是因为曲线具有强烈的动态感，具有修饰、色彩、立体感等，构成了容貌特有的曲线美。身体的自然曲线首先是身材整体比例的和谐，不能是那种腰长腿短型的。最重要的就是身材凹凸有致，前挺后翘，也就是现在所说的"S"型，比例恰到好处，符合现代的审美标准。我们最为欣赏流水波纹之美，也最为欣赏女性曲线之美，欣赏一种处于"和谐中的对比"。

　　医学、美学认为，女性的曲线美是世界上最美的事物。而人体的曲线最重要的是三围。

　　三围中第一围便是"胸围"。女性胸部的美丽与否十分重要。乳房健美的标准包括：本身形态和乳房与形体关系两部分内容。前者有乳房的弹性、充实饱满状态、颜色光泽、局部皮肤平整性、乳头状态等；后者主要指乳房位置、大小与形体关系符合一定美学规律。

　　三围中的第二围是"腰围"。腰部是构成人体曲线美的重要因素之一。由于腰际长而高，且肌肉不发达，所以腰两侧内收形成腰线。腰线也称腰身，在解剖学上实际是指侧腹部形成的曲线，因此也可称为侧腹线。左右腰线呈对应的弧形，其弧度在男女之间的差异比较明显，并决定腰部的美学特征。人的胖瘦最主要的还是表现在腰身的粗细上,也直接关系着女子形体的美感。因此,细腰是女子形体美的一大特点,饱含着柔软腰肢的动态、静态曲线美,洋溢着富有青春活力的健康美和弹性美。女性的腰部从正面看明显比胯部窄,形成胸大腰细胯部大。而从侧面看后腰与臀部又形成明显的曲线。女性的腰腹按照审美观点应当是女性三围当中最细的一围,它的粗细直接影响着女性的曲线美、体形美。腰部美主要体现在:上下呈圆滑的曲线,以及上接肩部和胸部,下延丰满隆起的臀部的优美曲线。该曲线像数学中的单叶双曲线。躯体之所以美,是因为上腰身部有凹点,下腰部又柔和地向臀部扩张。正是这种变化,使人的曲线有了美感。而"水桶腰"则显得呆板。

臀部在女性人体美当中由于其性感特点突出而占有重要地位。"臀围"是三围中的第三围。许多服装设计、舞蹈动作、健美表演、艺术创作等都有意地夸大臀部,以强调女性的曲线美和性感魅力。臀部美的要求主要是:臀围明显比腰围大,从侧面看臀部与腰部、腿部的连接处曲线明显弯曲;从背面看臀部成两个完善的圆形,臀部向后突起而无下垂,皮肤光滑坚韧富有弹性感。女性着紧身裤、着裙、穿高跟鞋,对体现臀部美十分有效,而臀部美对健美锻炼的依赖性也很大。

玉腿美无论在着装的情况下还是在裸露的情况下都对异性产生很大的诱惑力,同时对于女性整体美的身材、轮廓、曲线等都很重要。标准的玉腿美一般包括:整体长度是身高的一半以上,骨骼正直、外形圆润,无松弛肌肉和皮肤,粗细适当,皮肤有弹性,膝盖外形圆润,骨骼纤细。大腿和小腿笔直伸展,小腿较长,是大腿长度的3/4以上,两腿合拢时其间隙不超过2厘米。足踝纤细、圆润、无脂肪聚集和皮肤松弛现象,围长较小。这些标准不仅使玉腿美本身有很高的审美价值,而且使女性的整个体型显得修长、苗条、挺拔,并对女性的动态风度气质有很大影响。

女性后背美的标准一般是指背部宽窄适中,与臀部的比例适当,肌肉丰满、腰部起伏、弯曲明显,脊柱沟比较明显、肩下骨不太突出。背部形态美能提升女性的魅力指数。西方女性着装喜欢露出大半个背部甚至整个背部,以此表现后背的魅力。东方女性着装喜欢裸露后背的也越来越多,但即使在着装的情况下,后背美由于其面积较大仍然是女性美的重要部位。

女性由于自身生理特征,表现出的独特的曲线美,可以唤起种种不同的意象,有时像一朵含苞待放的花,体态的婀娜仿佛花茎,面容的微笑、发丝的光泽,宛如花萼的吐放。女性的曲线美确实具有无穷的魅力,无论是秀美娴静、亭亭玉立的少女,还是美丽庄重、风度潇洒的成熟女性,她们那丰润、矫健、稳重的形态美和婀娜多姿、楚楚动人的线条美,都会引起人们的遐思和好感。

让你的胸部更挺拔

乳房是人体美最为重要的因素,是女性美的重要标志。自古以来,乳房是文学、艺术及电影对女性美的描绘中不可缺少的部分。古埃及的妇女以裸露丰满的乳房来炫耀自己的美丽;古希腊时代的妇女用毛织的窄带束紧前胸乳房下部,使乳房更加突出;闻名于世的维纳斯女神雕像表现的就是乳房美……这些无一不是在展现女性乳房的魅力。

柔和而丰满的线条、结实挺秀而有弹性的轮廓,给人无限的视觉美。女人的乳房总是给人一种无法言喻的美。决定乳房形态美的种种要素,主要的有:形体、大小、位置等要素。女人的乳房,形态大约有三型,即:圆锥型、圆盘型与半球型。半球型乳房是指乳房基底圆的半径与其高大致相等。乳房若过于下垂或位于外侧就不算美,如果半球型乳房下部曲线弧度稍大、圆型更为丰满,乳头在第四肋骨处被视为最标准的乳房。总之,就东方美女的体形而言,女性的胸围:身高×0.515 为最妙。

当今社会,健美的乳房是女人的魅力资本之一。丰满而坚挺的乳房使女性充满自信,更富青春活力和体现女性的魅力。然而,不少女性因乳房不美而苦恼。其原因是多种多样的,如:先天发育不良,哺乳后乳房萎缩,内分泌功能失调,或乳房疾病手术等引起的缺陷。这包括胸部扁平、乳房下垂以及巨乳症等。这些缺陷不仅影响了女性外表的美观,更会影响她们的心理健康。

不过,存在乳房缺陷的女性也不必发愁,坚持胸部锻炼可以让你胸间的迷人风景再现。

虽然通过健身方式使胸围尺寸增大恐怕不太现实。但是胸部锻炼可以使支撑乳房脂肪的胸大肌更加结实,为挺拔的胸部奠定坚实的基础。以下几个动作相对而言比较简单,易于锻炼,而且效果也比较明显,你不妨试试。

1．跪姿俯卧撑

在健胸的动作组合中,这个动作堪称经典。和普通的俯卧撑相比,最大的特点就是膝盖着地,将力量集中在上半身的锻炼上。

双手撑地,让身体保持在同一水平线上,注意臀部不要刻意翘起。身体向下压的时候尽量让胸部接近地面,同时腹部与地面靠近。它对于力量的要求较高,对手臂塑形也很有帮助,能够缩短 L(锁乳间的距离)线和 QQ(两乳头间的距离)线,让胸部更向中心靠拢。

2．哑铃推举

手臂的大幅度动作通常与胸大肌和背阔肌紧密相连。使用小器械锻炼胸部线条通常会取得很好的效果,这与肌肉的联动效应是分不开的。

双手紧握三磅左右的小哑铃,躺在平板上,手臂伸直使之垂直于身体,均匀呼吸的同时,双臂同时向头顶上方举,直至手臂内侧与耳朵贴近,然后缓慢放松。这个动作对于缩短 L 线很有帮助,能够使胸部位置上移,显得更加挺拔。

3．健身球夹胸

平躺,双手打开用掌心压住健身球两侧,手臂可以略微弯曲,再用力。夹紧健身球的同时摇摆手臂,使得健身球在身体上方划出弧形轨迹,形成一个大圆。这个动作要求始终不间断给健身球的压力,随着动作幅度的增加,还能同时锻炼到腹部的肌肉,增强肩关节的灵活性,注意保持颈部放松,将注意力集中在胸部对动作的控制上,可以缩短 QQ 线。

4．胸部的健美操

胸部健美在女子体型中占有很重要的地位，丰满而富有弹性的胸部不但能显示出柔美的轮廓，而且也是身体发育良好的重要象征。胸部的健美操做法如下：

第一节：自然站立，两脚距离比肩稍宽。两臂经体前交叉，手心向内，慢慢举至头顶，抬头提起脚跟，两手分开侧平举，同时深吸气。然后两手心向下，两臂放至休侧，呼气。

第二节：站立，两腿同肩宽，两臂伸直放在背后。两手指交叉后握拳，两脚跟提起，胸部力量向前挺，同时深吸气，然后两脚跟落地，胸部往回收，同时呼气。

第三节：面对墙而立，距墙两尺远，两腿并拢，两手扶墙，身体向前趴，直至上体靠近墙为止，停三四秒钟胸部再撤回来。反复20次。

第四节：两手抱住后脑勺，身体向左右各转90度，这样能使胸部扩大，胸部肌肉更加发达。

第五节：站立，抬头挺胸，两臂侧平举，尽量向后振臂，同时进行深呼吸运动。

第六节：仰卧，手握哑铃向上推举。

第七节：做俯卧撑运动，直至酸得做不动为止。即两手分开与肩同宽俯卧，两腿伸直，足趾支撑地面，抬头、紧腰、收腹。两臂弯曲，身体下降，撑起；再下降，反复进行。

第八节：按摩胸部也可改良胸部状况。用手背从下腋向胸部中央部分，像画螺旋形似的按摩。

通过这样系统、全面的锻炼，相信每一位女士都能拥有一副骄人的身材，进而拥有一个好心情，重新做回美丽的自我。

除了锻炼外，做到以下几点，也会使乳房丰满健康。

（1）注意姿势。站要有站相，坐要有坐相。走路时，要有意识地提醒自己抬头挺胸、收腹紧臀；坐时，避免含胸驼背、歪坐以及其他不良姿态，要挺胸端坐，保持脊柱与地面基本垂直。

（2）避免外伤。女性要注意自我保护"脆弱"之处，在从事体力劳动或体育运动时，一定要防止乳房被硬物撞伤或挤压受伤。一旦受伤，要及时就诊，防止发生病变。

（3）按摩乳房。经常按摩乳房可使其丰满挺耸，可收到令人满意的效果，常用的方法有三种，按压大椎穴、旋转按摩法和轻压法。

轻压法先用右手托住右乳房，再将左手轻放右乳房上侧，右手沿着乳房用掌心向上托，左手顺着乳房向下轻压，20次以后，再按摩左乳房。此法可增加乳房弹性，有益于乳房发育。上述方法如在淋浴时进行，效果更好，如坚持三个月，一般可使乳房隆起1~2厘米。

（4）营养适度。千万不要片面地追求曲线美而盲目地节食、偏食，特别是处在青春期的女孩，否则不但不会起到理想的效果，还会妨碍身体各部分的发育。想要今后拥有更美的姿态，不妨适量增加蛋白质的摄入。蛋白质可以增加胸部脂肪量，从而使乳房更加丰满。

打造性感的锁骨

锁骨是女人性感、有气质的一个重要指标。调查显示，很多男人都对女人的锁骨情有独钟。一项5560名男性参与的"你认为裸露时最性感的部位是哪里"的调查结果显示，30.8%的人回答是"锁骨"，超过"胸部"这一答案占据首位。他们认为锁骨比其他部位更能展现女性魅力。

说到锁骨，就不得不提舒淇。港片《有情饮水饱》中她穿着露肩紧身上衣趴在露台上，本就玲珑有致的身材在消瘦的锁骨映衬下更显诱惑，从此引得无数男人开始为锁骨美女疯狂。张曼玉的美总让人联想到"轻盈"二字，她不凭脸蛋三围打天下，仔细观察，尖尖的下巴和消瘦的锁骨，绝对为她的气质大大加分。

完美锁骨的标准，应该是够玲珑、够瘦削，但又不非常突兀。完美的锁骨肩头有以下特点：锁骨窝深浅适度，锁骨线条清晰、平直，肩头饱满圆润但不臃肿，略有一些肌肉，保持视觉上的弹性即可。太瘦或是锁骨被脂肪包围都可以通过塑形训练加以改善。

炎炎夏日，T恤、背心、吊带，都在考验着身体裸露部位的优美线条。很多爱美的女性总是注意自己的脸是否变圆了、手臂会不会太粗，但却总是忽略夏日最引人注目的一个部位——锁骨。要知道，裸露的锁骨最能够展现你夏日的美丽和性感。如果觉得自己的锁骨不够完美，那么就赶快通过塑形训练、保养加以改善吧。

颈部最容易透露女人的真实年龄，但脂肪堆积过多的颈部和锁骨部位，也很容易给人年长了几岁的感觉，所以夏日要让自己拥有青春活力的风姿，那么锁骨部位的减肥就刻不容缓。

对于这里的肌肤，除了使用运动减肥以外，精油减肥也是比较不错的方式。目前许多香薰产品都有减肥瘦身的效果，有的还是专门针对颈部和锁骨部位的，爱美的女性可以根据自己的经济实力，选择合适的精油品牌，从现在开始实施自己的锁骨减肥计划。

除了注意锁骨减肥外，女性平时也要注意姿势，比如说不能耸肩、不能拱背等，这些不正确的形体姿势很可能影响颈部的线条。

许多明星漂亮的锁骨线条，并不是与生俱来的，大部分还是靠后天的保养，除了按摩以外，每天定时做锁骨运动，对于修饰锁骨线条，效果可是立竿见影的。

锁骨运动一般以静态运动为主，瑜伽就是非常适合的运动方式。瑜伽中的"眼镜蛇式"、"骆驼式"、"上犬式"、"双角式"、"后仰式俯卧撑"、"坐姿推举"等动作，都是针对颈部线条的训练。爱美的女性可以在家每天做上10分钟，说不定能让你拥有惊喜的效果。

哑铃是锻炼肩部前侧最好的运动项目，让你重现美人骨。

身体站直，双脚略微分开与肩同宽，紧握哑铃，手心向下，使整个手臂平直上抬，基本水平为止，然后慢慢放下，连续做8次。拉出肩部的线条才会突显肩胛骨的形状。

除了瑜伽、哑铃之外,以下运动方式效果也不错。

(1)双脚开立,与肩同宽,左手放于头后,身体保持直立。用手将头部慢慢向左侧伸展到最大幅度,保持 8~10 秒,再重复做反方向动作,重复 6~8 次。

(2)俯卧于垫子上,双臂支撑,身体尽量伸直,头顶向上方延伸。身体及头部向右侧转动,至最大幅度,眼睛看自己的脚跟,保持 8~10 秒,再重复做反方向动作,重复 6~8 次。

在坚持做锁骨运动的同时,锁骨按摩保养也不容忽视。一般来说,锁骨的按摩保养,大部分女性会选择在家里完成。首先要选择一款清洁度好的磨砂膏,清洁颈部和锁骨的肌肤。每星期进行一次锁骨清洁,非常有利于保持锁骨肌肤的柔嫩白皙。

清洁完毕之后,可以选择一款紧肤效果好的精油或者是乳液,轻轻按摩颈部和锁骨部位,最好是能够围绕锁骨周围的淋巴腺按摩,这样可以促进血液循环,达到精致的效果。另外,按摩的时候不能忽略锁骨凹陷的部位,这个部位要凹进一定的深度才会有美感,因此是特别需要密集按压的部位。

性感的锁骨会为你的魅力加分,使你的颈间妩媚百生。

练就惹眼靓背

有人说"女人的背部是性感之丘"。背影透露出女人无数的信息,往往令人生出许多遐想和美妙的感觉。看看那些穿露背装的女人,只背影就足够吸引人。要塑造完美的背部曲线,并非遥不可及,只要你坚持锻炼就会练就惹眼靓背。

1. 家中锻炼

(1)俯卧上仰消脂肪。身体向下平躺着。挺胸,抬腿,肩膀放松,臀部和骨盆放平。双手放在下巴下面成支撑的姿势,主要是为了在必要时辅助稳定身体。收紧背部下半部肌肉,挺起胸部渐渐向上仰,与地面成 30~35 度角时保持姿势一小会儿,然后缓慢下降,回到预备动作。

做俯卧上仰运动时,双膝不能集中于同一边。因为当上身抬起时扭动脊椎,毫无疑问会压迫脊椎骨,容易受伤。另外,上仰角度不要超过 35 度,避免脊椎过度伸展。

俯卧上仰可以锻炼背肌和肩胛肌,使肩背部的脂肪消除,肌肉变紧实,是很好的美背美肩运动。

(2)双臂负重出线条。双膝微弯站立,挺胸,收紧小腹,上身向前微倾,双手握住灌满水的饮料瓶之类的重物置于身前。然后,双手平缓向旁平举,再放下手臂,共做 20 次。这个动作对美化背部线条是非常有效的!

双臂负重抬起需要注意的是,向旁平举时不可超过肩膀的高度,避免肩部受伤。

2. 健身房器械锻炼

专门针对背部的锻炼可以在健身房里专业教练的指导下进行。其中，高位下拉器、坐姿平拉器、划船器等，都可以达到使背部紧实的功效。

(1)高位下拉器。坐稳以后双脚脚尖向前，双手握住横杆，每只手的握距要比肩宽一个手掌左右，身体稍微向后倾斜。主要的动作就是将横杆向下拉，拉到下巴处就可以了。向下拉的时候速度要快，而往回放时就放慢一些。向下拉横杆时可以明显感到背部的收紧感觉。

这种运动通常是在教练的指导下进行的，所以问题不大。向下拉横杆时不用拉到胸口，拉到下巴处即可。

(2)坐姿平拉器。保持脚尖向前，膝盖向前。膝关节不要太张开，两脚之间的距离要小于肩宽。挺胸，眼睛平视前方，双手将把手水平向后拉，拉到肘关节也就是上下臂成90°角位置时停顿一下，然后再慢慢向前伸。需要注意的是，一定要挺身，不能弯腰，否则很难达到锻炼效果。

(3)划船器。双脚踩稳，手握拉杆，眼睛向前看，腰挺直。先用脚蹬，蹬到一半时用双手拉拉杆，水平向下拉到腹部中段。往回放时尽量向远处伸长。要知道阻力取决于速度，所以用手拉时发力一定要快。

这种器械启动时一定要先用脚蹬，很多人习惯先用双手拉然后才想起用脚蹬，这种错误的做法一定要纠正过来。

3. 锻炼法则

(1)健康为本。对于需要长期伏案的你，先不说怎样才能给背部减脂，单是肩背的僵硬酸痛和脊柱的提前衰老就已经够让你心烦了。要纠正不良的坐姿和习惯，还需要定时地活动肩背，做一些背部的伸展运动。这一阶段要遵循运动及"少量多餐"的原则，因为背部长期缺乏运动，不宜做幅度太大的动作，防止造成拉伤。

(2)美丽至上。对于偶尔健身的你而言，脊背的健康基本可以保证。要想使背部健美，得先看看背部的肌肉结构：人的背部主要由背阔肌、斜方肌、菱形肌、背长肌和背短肌等肌肉群组成。我们通过背部肌肉群的健美训练，就可以使背部健美。背部塑形重点在背阔肌，这是我们上半身最大的肌肉，从腰部中央一直到腋窝，它们和肩部肌肉一起塑造成一个理想的"V"字形，这些肌肉的健康发展不仅会让我们摆脱含胸驼背的身体姿态，还会让我们的髋部显小，腰部更显纤细。

练就迷人小蛮腰

美女有没有统一标准，每个时代有每个时代美的标准。玫瑰花蕾般红润的嘴唇、乳白色的肤色都曾大行其道,是男人眼中最美的女人应该具备的条件之一,但是,这些标准却并不是在每一个时代都备受推崇的。美国研究者最新发现,唯有一个美女标准是永恒不变的,那就是杨柳细腰,古今中外,只要被公认是美女,那就一定有着细可盈握的腰肢。

领导此项研究的是美国得克萨斯大学的德旺德拉·辛格,这个小组研究了34.5万部小说、散文以及戏剧等文学作品中提及的女性美的部分,评估了女性美的常数,这些文学作品大部分是16~18世纪,英国和美国的文学作品,不过,也有一小部分来自印度和中国的作品,包括中国第六个朝代的宫廷诗歌(公元4~6世纪)以及印度古代的两大史诗《摩诃婆罗多》和《罗摩衍那》(公元1~3世纪)。

研究人员说:"在整个人类历史和我们的文化中,女性美是永恒的话题。古老的希腊史诗、波斯和中国的诗歌、印度的古典作品、神话、通俗作品甚至是民间故事都会毫不吝惜地赞美女性的美,我们的研究显示,尽管对美的描述不断变化,健康与生育的标志——细腰——却是女性美的永恒不变的标准。"

中国春秋战国时期的楚灵王就格外喜欢细腰美女,不仅喜欢细腰女人,连男人也要求细腰,王公大臣为讨好他,纷纷节食以求细腰,这才有了"楚王好细腰,宫中多饿死"的名句。

英国著名演员费雯丽之所以能够主演好莱坞名片《乱世佳人》中的主角郝斯嘉并获得巨大成功就是因为她的腰极细,才力压众多美女争得这个机会。即使是印度的雕塑,在丰乳肥臀之外,也还必须有细腰。

腰是运动的中心,腰部的动作极富优雅感与韵律,因为它承上启下,有蜿蜒施展之妙,予人以无限的遐思和幻想,因此,细腰成为美人的一大要件。

柳腰迷人,在于腰细能更好地衬托出高耸的胸和丰满的臀,让上高下圆的双曲线更诱人,故有"腰肢风外柳"、"纤腰婉若步生莲"之叹。一般说来,女人的腰围=身高×0.37最为合适。

女人如杨柳般的细腰,集中了女人的神秘和欲望。女人形体美的关键在于曲线美,而塑造玲珑曲线的关键,恰在于中间的那一段腰。所以,爱美的你从现在起就应该想尽办法与"水桶腰"抗争,才能拥有梦想中的细腰,也才能让自己的身材在细腰的衬托下,更显摇曳多姿,曲线迷人。那么,怎样才能拥有迷人的细腰呢?

1. 通过饮食瘦腹

(1)食用纤腰食品。首先要保证均衡与适量的三餐,而且谷类、水果、蔬菜等都要均匀地分配于三餐之中。还要少吃多餐:一次大量进食后,身体会分泌较多的消化酶,促使人吃的食物消化吸收,当然也就极易肥胖。反过来,吃得少,餐次多,就能使血糖保持稳定,又能抑制食欲。多吃富含纤维素的食品:纤维不仅因为可以使人感到饱胀从而帮助减重,同时也可以防止便秘,使腹部不至显得过大。白豆、黑浆果、干杏和冬季南瓜都是高纤维的食品。要少吃甜品,因为吃甜食很容易使肥肉聚积在上腹部位。此外,细嚼慢咽也可以减少脂肪沉淀。

(2)多饮水。多饮水也是控制肥胖的重要手段。每天至少喝8杯水,尤其是饭前一小时饮水能增加饱感,有助抑制食欲。

2. 通过运动塑造腰腹部曲线

拥有纤腰是每个女人的梦想,许多健身专家都有这样的结论:相对腿部而言,腰腹部是最容易瘦下去的。纤腰最实际的做法就是做运动,只要动作到位,并结合饮食控制,一个月就能有明显效果。下面介绍几种细腰运动方法,供广大女性朋友参考。

(1)橡皮筋运动法。这种运动主要训练的是上腹部肌肉,可以多人组合练习。

仰卧屈腿,两腿分开同宽或略宽于肩,双手放于颈部两侧握住橡皮筋手柄,收腹起身反复动作。应注意以腹部的力量带动橡皮筋,而不是手臂力量带动。卷起45度即可,慢慢收回。

(2)转身练内外斜肌。

①左脚站立,提起右脚,双手握着用力扭转身体,左胳膊肘碰右膝。

②左右交替进行20次。

(3)单收腹。这项运动虽然简单,但非常有效。

躺在地上伸直双脚然后提升,放回,不要接触地面,重复做15次。

运动密度:每日做3~4次,每次15下。

(4)仰卧起坐练正腹肌。

①膝盖弯曲成60度,用枕头垫脚。

②右手搭左膝,同时抬起身到肩膀离地,做10次,然后换手再做10次。

(5)呼吸练侧腹肌。

①放松全身,用鼻吸进大量空气,再用嘴慢慢吐气,吐出约七成后,屏住呼吸。

②缩起小腹,气上升到胸口上方,再鼓起腹部将气降到腹部。

③将气提到胸口,降到腹部,再慢慢用嘴吐气,重复做5次,共做两组。

此外,如肚皮舞、普拉提、瑜伽、舍宾、有氧健身操、健身球等运动也能较好地美化腹部,是一项很好的腹部锻炼运动。同时,还可以配合按摩的方法瘦腹,因为按摩可以提高皮肤的温度,大量消耗能量,促进肠蠕动,减少肠道对营养的吸收,促进血液循环。

(6)腰部健美操。女子如果有健美的腰身,就能体现出迷人的曲线美,表现得婀娜多姿,风韵十足。为达此目的,不少女性紧束腰部,其实,效果远不如腰部健美操好。其做法如下:

第一节:两脚并立与肩同宽,两臂上举后振,抬头,上体后仰两拍,然后上体前屈,两手尽量触及地面,两拍后还原。如此重复20~25次。

第二节:仰卧在床,两膝紧立,脚跟尽量靠近臀部,双腿向左横倒下去,直到膝盖碰到地面为止,上半身向右扭转。然后双腿再向右侧横倒,上半身向相反的方向扭转。反复20次。

第三节:两膝碰到地面跪坐着,两手前伸。然后身体弯曲,左手抓住右脚脚踝处,让腰部充分扭转,停2秒,再用右手抓住左脚脚踝,腰部向反方向扭转。如此反复做20次。

第四节:坐在凳子上,双脚别在固定物体下面。两手交叉托头。上体后仰,由左向右悬空做绕环运动。速度稍慢。重复8~10次,休息1~2分钟,再由右向左做8~10次。

3．其他塑造腰部曲线的方法

（1）不要束缚它。束腰过紧，会妨碍腹腔脏器的血液循环，影响胃肠蠕动，降低消化和呼吸功能，也势必会影响胸腹的起伏，使人呼吸不畅，同时压迫下腔静脉，使回流心脏的血量减少。束腰还会影响腰、腹及骨盆腔的血液循环，容易引起骨盆腔充血，影响正常月经。

（2）刺激腰背穴位。腰部穴位有：带脉穴，位于第十一肋顶端，与肚脐同高度；腹洁穴，位于腋乳头线往下，比肚脐低3厘米处的位置。背部穴位有：京门穴，位于第十二肋骨顶端；志室穴，位于第二腰椎突起向下5厘米处。用拇指、食指，或二三指按揉、点捏、掐压这些穴位及有关的肌肉。捏揉按摩腰部带脉。带脉位于带脉穴一带，是腰最细处。经常按摩此经脉，减腰肥效果很好。可从前后两个方向，用双手两边按捏、揉点、提拿带脉。

练就平腹翘臀

1．练就平腹

腹部是全身最容易堆积脂肪的部位。这里的脂肪因距离心脏较近，又最容易被动员出来进入血液循环造成危害，是名副其实的"心腹"之患。因此，当腹围在90~100厘米以上或腹围与臀围的比值男大于0.9，女大于0.85时，腹部的脂肪就非减不可了。

怎样才能较快地减少腹部多余的脂肪，使它显得平坦？下面介绍两种平腹训练方法。

（1）腹部速效平坦法。

热身活动10分钟，至全身微微出汗后，再用保鲜膜捆扎腹部5~6层。

平卧位做腹肌运动。

脐上练习：下身固定不动，仰卧起坐，旨在使胃部凸出部分收紧平坦。

脐下练习：上身固定不动，双脚抬起做屈伸腿和头上举练习，目的是收紧和减去整个下腹围。

腹外斜肌练习：完成上下腹部练习后，再做各种腰部转体练习。这种练习作为辅助练习，使上下腹部练习的减肥效果更加明显。

揉捏腹部，"躯赶"脂肪。有道是："七分运动，三分揉捏。"要想腹部尽快去脂，在腹部运动后再以顺时针和逆时针做环形按揉各100次，"躯赶"脂肪，促进脂肪代谢。

（2）腹部健美操。

女子健美的腹部，应当是腹肌发达，腹部扁平，没有多余的脂肪。腹部健美操，对达到以上目标有直接的帮助。具体做法如下：

第一节：仰卧床上，两膝关节弯曲，两脚掌平放在床上，两手放在腹部，进行深呼吸运动，吸气时鼓肚子，呼气时收缩肚子。

第二节：仰卧床上，两手抱着后脑勺，胸部稍抬起，两腿伸直上下交替运动，由幅度小到幅度大，由慢到快，连做50次左右即可。

第三节：仰卧床上，两臂向上伸直，两腿一齐向上翘，膝关节不要弯曲，脚尖要绷直，两腿和身体的角度最好达90度，翘上去后停一会儿再落下来，如此反复进行，直到腹部发酸为止。

第四节：仰卧在床，身体放平，两手放在身体的两侧，用腹肌的力量（收缩腹肌），使身体坐起来，然后再躺下。初练时，可用手稍加帮助，直到能单用腹肌的力量坐起来时即放弃手的帮助。每天早晚练习10~20次。

第五节：仰卧床上，先将两手搓热，然后再用两手在腹部按摩，直到局部发红发热为止，每天早晚各1次。

（3）腹部练习操。

预备：坐在有靠背的椅子上，双手反抱椅背，放松地弓背弯腰，腰部要尽量地贴在椅面上。

第一组动作：坐在椅子上，想象自己坐在自行车上，双脚轮流做踩自行车的动作，此时腿部肌肉要放松。要求一脚向下伸，越低越好，但不能碰到地面，另一脚向上弯曲，越高越好。反复练习，每天要坚持做30次。

第二组动作：加大难度，在保持第一组动作的同时，双腿一起向上弯曲并且一起向下伸展，做到尽量使腹部与胃部收缩，然后再尽量接近，以达到腹部肌肉的运动。每天坚持做30次。

当然，运动不可能取得立竿见影的效果，但如果坚持天天练或隔天练，相信一个月以后便会有令人惊喜的效果，并且没有副作用。

（4）做专业腹部护理。产后女性想快速恢复腹部的平坦状态，淡化妊娠纹，可去美容院做专业腹部护理，通过美容师的按摩、指压或治疗仪等方法，配合芳香精油等相关产品，刺激腹部血液循环和新陈代谢，促进肠胃蠕动，缩短食物营养在肠道的停留时间，从而起到快速消减腹部脂肪、淡化色素和妊娠纹的效果。

女人最大的痛苦，莫过于某一天突然发现自己变得不漂亮了，而比这更痛苦的，是某一天突然发现自己腹部的赘肉能一把抓得住了。突出的小腹不但对整个身体曲线的美观度有重要影响，还会透露年龄、营养、健康和妊娠等状况。因此，每个爱美的女人都应该拒当"小腹婆"！

2．练就美臀

臀部之美在于丰满、圆滑且富有弹性。美丽诱人的臀部，其轮廓应该明显地隆起，成为柔软的波状形，臀部下面弯入的曲线最好柔美、圆浑、紧滑。人们用像满月一样的神秘美妙来形容女人的臀部美,阿拉伯人形容女人的臀部是一座能旋转的天堂。一般人在评论女人身材时,常以腰部为基础,区划上半身和下半身,理想的下半身,从臀部顶点到脚后跟的高度应该是身高的一半。女人的臀部太肥大,看起来像一个南瓜,但也不宜太扁平,臀围=身高×0.542最理想。

美臀的标准是什么?挺翘、圆润、结实,还要有弹性。那么怎么才能拥有呢?

爬楼梯,简单又省钱,但是,因为每栋办公大楼几乎都有电梯,大家搭电梯习惯了,怎么可能还想爬楼梯呢!其实,爬楼梯有很多好处,可以消耗卡路里,另外,如果你在走楼梯时,每次踏两个阶梯,可带动您的大腿及臀部肌肉群,紧实您的臀部。

找一把椅子,扶着椅背,一脚站直,另一脚在空中向后伸展,约两秒后,再放下,动作可重复10~15次,接着换脚再做。

跪在地上,用双手撑住地面。单脚屈起向外侧伸展,左右脚轮流做20次。

席地而坐,双腿伸直,挺腰直背:用半边臀部向前"行走",背不能躬,双腿不能弯曲,不能用手扶地。上述练习对减少大腿尺寸都有帮助。

双手扶把,双腿并拢,双膝伸直,挺胸,紧臀,上肢向后倾,此姿势保持30~60秒为一次。反复重复以上动作,臀部肌肉有酸软的感觉,每次练习要坚持三分钟,每日可重复练习数次。放一池温水,坐在浴缸中,将双腿伸直。将一条腿曲起,用力将身体向前俯,维持若10秒,双腿轮流重复动作,能收紧腿部及臀部的肌肉。

刷牙时,两脚并拢,肩部挺起,臀起用力缩紧。漱口时,臀部放松。可使臀部及大腿的线条更动人。

坚持美臀的练习,可以加强腿部线条美,尤其对减去臀部脂肪、臀部位置的抬高和加强腰背力量均有效。

只要你按以上方法和顺序,每次做30分钟,每周3~4次,坚持做下去必有很大的收获。

此外,你还可以每天做一次臀部健美操。臀部健美操能防止臀部脂肪积聚和臀部下垂。其具体做法如下:

第一节:坐在床上,双腿伸直并拢,脚跟着床,两手撑床。滚动左臀,将全身的重量放在左手上,右臂伸展,举过头顶;然后向右臀滚动,体重落到右手上,将左臂伸过头顶。

第二节:仰卧在床上,两手抱住后脑勺,以头顶和脚尖着床,臀部尽量向上挺,身体呈桥形,连续20~30次。

第三节:仰卧在床上,双手抓住脚尖。猛力向上拉,不要动,停1~2秒钟后落下,休息一分钟,然后再做,每天早晚各进行10次。

第四节:俯跪在床上,头向下垂,右腿缩到胸前,然后,再用力向后高抬右腿,同时,把胸向前挺,抬头。两腿交替向上抬,抬上去后停2~3秒钟,放下,做20个回合。

第五节:站立在地,两腿叉开,两手半握拳,轻轻拍打臀部,每次30~50下,每日进行两次,以局部感到发热为好。

塑造美丽的双腿

俗话说："女人美不美，全看两条腿。"毫无疑问，女人由于经常穿着裙装，对腿部的形体要求也就格外苛刻。要尽量避免表面粗糙以及较多的汗毛，或者汗毛孔未发育出来而形成的鸡皮；又要避免膝关节粗大；或者小腿肚太丰满；或者皮包骨头般精瘦，否则，你只有终年穿长裤来避人眼目了。

穿裙装是每个女人的喜好，腿部的裸露无疑成了至关重要的大事，女人的优雅风情尽在此处展现。

如果不穿丝袜都紧实有致、富有光泽感，那么你的腿真是够让人陶醉了。

漂亮的腿形不一定与生俱来，但我们可以通过努力向美腿靠近！下面介绍一些美腿的好方法：

1．控制饮食，坚持锻炼

（1）如果你比实际体重看起来胖，除了锻炼，就要避免糖分和油分高的食物，多吃海产品、蔬菜等低热量食物，零食最好不要吃，多跑步、游泳、骑自行车，以消除腿部的赘肉。

（2）不要以为肌肉发达的双腿就是健美，这样往往会因缺乏女性的柔美魅力而让人敬而远之。如果肌肉过于结实，就要适当减少使肌肉发达的无氧运动，多做些散步、游泳之类的有氧运动，并尽量用按摩来解除肌肉的紧张。

（3）对于长时间坐在座位上不动的上班族，或是常常出差的人来说，双腿略有浮肿是很常见的事。久而外之，脚腕会变粗，膝盖也会长出多余的肉。对于这些人而言应该尽量避免快餐、点心等食品，控制咸食，少喝或者不喝可乐、雪碧等碳酸饮料。注意不要保持单一动作超过一个小时，做一些简单的肢体体操，都是很好的改善方法。

（4）每天做一次腿部健美操。女性健美的双腿，应该粗细均匀，结实有力。为达此锻炼目的，请每天做一次腿部健美操。

第一节：站立，两脚同肩宽，两手叉腰，然后尽量下蹲，上身要挺直，同时脚跟抬起，停1分钟后站起来，踏踏步，再如此反复进行五六次。

第二节：站立，两手叉腰，将左腿自然抬起，绷直脚面，停三四秒钟后放下，再换右腿。如此反复20次左右。

第三节：站立，两臂侧平举，左腿向前伸，脚面绷直，然后再向前、后、左、右伸，四个方向伸过后，再换右腿，也伸四个方向。如此轮流做，以腿感到酸沉为止。

第四节：一条腿弯曲抬起，然后用支撑全身重量的另一条腿原地蹦跳，每次跳20~30次，两脚交替进行，直到腿酸为止。

第五节：仰卧床上，两腿抬高，尽量与身体成直角，持续1~2分钟后落下，然后再抬起来，如此反复5~10次。

第六节：仰卧床上，举起双腿，用手撑腰，像踩自行车一样蹬圆，慢慢地把蹬的空间扩大，腿酸为止。

第七节：坐在较高的床上，两小腿悬吊于床边，两脚踝转动，一起做上、下、左、右运动。然后，脚趾做屈伸练习（用脚趾抓挠）。将小腿放到床上，休息1~2分钟后再做。

第八节：高抬腿原地跑步，约5分钟。

（5）坚持美腿动作训练。

◇侧卧抬腿

预备：侧卧于床上、沙发上或地上，右肘及左手支撑起上体，右小腿弯曲，左腿伸直触地。

动作：左腿向上伸直，尽量抬起，超过头部高度，还原初始状态。反复做5~10个8拍，然后左腿抬起并且停留10秒钟。换左侧卧位，重复以上动作。

作用：此动作可以锻炼大腿外侧及腰侧肌肉。

◇俯卧屈小腿

预备：俯卧于床上、沙发上或地上，双腿伸直并拢，双肘支撑，上体抬起45度。

动作：两小腿向上弯举，钩脚，脚跟尽量接近后臀部，充分收缩股二头肌。还原成初始状态。反复做5~10个8拍。

作用：此动作可以锻炼大腿后侧股二头肌。

◇仰卧屈腿内收

预备：仰卧于床上、沙发上或地上，双手放于体侧，双腿弯曲，并拢上抬，与躯体成90°。

动作：腿侧分，幅度尽量大，还原预备姿势。反复做5~10个8拍。

作用：此动作可以锻炼大腿内收肌。

◇坐姿抬腿

预备：坐在沙发上、床上或地上，双手体后支撑，双腿伸直并拢。

动作：左腿伸直，尽量上抬。还原成预备姿势，换右腿做。反复做5~10个8拍。

作用：此动作可以锻炼大腿股四头肌。

◇坐姿钩脚

预备：坐在沙发上、床上或地上，用手在体后支撑，双腿并拢伸直。

动作：两脚用力钩起，双脚用力绷直。反复做5~10个8拍。

作用：此动作可以锻炼小腿三头肌。

◇坐姿并腿伸展

预备：坐在沙发上、床上或地上，双腿伸直并拢。

动作:上体前伸,手从两侧握脚掌,上身尽量贴紧腿,同时用力向前送肩,静止用力10秒钟。

作用:此动作可以有效地伸展腿后侧肌群,增强脊柱及各部位肌肉与韧带的柔韧性。

◇坐姿钩脚伸展

动作:坐在沙发上、床上或地上,右腿前屈,左腿侧伸直钩脚,双手握着左脚尖往回拉,上体下压与左腿相贴,静止用力5~10秒钟。然后换另侧腿再做一遍。

作用:此动作可以充分伸展小腿,使小腿肌肉线条修长。

◇仰侧屈腿伸展

动作:仰卧于沙发上、床上或地上,左脚放在臀左侧,手扶脚背;膝关节稍用力下压,大腿前侧有伸拉感,静止用力10秒钟。然后换另侧腿再做一遍。

作用:此动作可以舒展、放松双腿前侧肌群,使大腿更显修长。

2．腿部按摩

按摩也是一种很好的瘦腿方法。

(1)摩擦式按摩。涂上乳液之后,用手指在脂肪较多的地方用力揉搓。在膝盖的周围集中按摩,可使大腿前侧结实平滑。

(2)捏拿式按摩。用手指用力抓出皮下脂肪。沿大腿内侧、外侧的中心线开始,使用的力度是刚刚可以感到疼痛,有节奏地持续进行。

(3)搓操式按摩。捉住脂肪多的地方,用大拇指用力搓揉按摩。这种按摩方式能让肌肤紧致平滑,最适合大腿内侧等皮下脂肪较厚的地方。

3．保持腿部肌肤的柔滑

(1)每周一次去角质,不只是脸部,身体和脚部也要去角质。膝盖因为经常活动摩擦而变得干燥粗糙,而脚底更会因为走路的关系产生死皮厚皮,所以这些部位是重点注意对象。在洗澡时用磨砂膏适度地按摩,以便去除粗糙角质。脚底若出现硬皮现象,就用浮石以画圈的方式轻轻摩擦去除。只有把腿上的老旧角质去掉,乳液中的营养成分才能被肌肤充分吸收。也可以用一片柠檬擦拭膝盖,使皮肤更柔滑细腻。

(2)保持滋润。为肌肤去掉角质之后,最好在10分钟之内涂抹营养霜,这不仅可以滋润肌肤,也是让肌肤吸收营养成分的最好时机。特别是加强膝盖等关节部位,以画圈方式按摩。四肢的涂抹方向,则从远而近,可以加强血液循环效果。如果是纤体营养霜,则在涂抹后轻轻按摩或拍打,吸收的效果会更好。

(3)舒缓双腿。工作一整天后,一定要为双腿消除疲劳!洗澡时要选择有舒缓放松效果的精油滴在水中,让它迅速渗透。洗完澡后喷上有镇定清凉舒缓功效的收肤水,再立壁抬腿15分钟,促进腿部血液循环,充分让一整天的疲劳完全消除。

美丽的双腿是不应该深藏在厚实的裤管中的,经常穿裙裤可以使你的腿有足够充分的呼吸。自信一些,让你那美丽的双腿充分展示出来吧!

吃出健康与美丽

吃出健康与美丽,是爱美女性赋予一日三餐的新内涵。可怎样才能如愿呢?下述两点可供参考。

(1)深色蔬菜是首选。在蔬菜的选择上,《中国居民膳食指南(2007)》推荐,每天应食用的300~500克蔬菜中,深色蔬菜最好达到一半。因为深色蔬菜维生素含量要比浅色蔬菜高很多。研究发现,消费量最多的前15位深色蔬菜和前15位浅色蔬菜相比,维生素C含量高出一倍,深色蔬菜能够保证维生素、膳食纤维,特别是水溶性纤维达到人体所需营养。目前中国人的饮食,蔬菜摄入未达标,水果摄入更是不到推荐量的1/5~1/4。

深色蔬菜包括:菠菜、油菜、冬寒菜、芹菜叶、空心菜、莴笋叶、芥菜、西兰花、小葱、茼蒿、韭菜、萝卜缨、西红柿、胡萝卜、南瓜、红辣椒、红苋菜、紫甘蓝等。为了最大限度地保留蔬菜的营养,新指南建议,烹调蔬菜应做到先洗后切、急火快炒、开锅下菜、炒好即食。

(2)6000步+合理饮水。你有多久没运动了?昔日大学操场上的矫健身影去哪儿了?我们每天的运动,一部分包括工作、出行和家务消耗体力的活动;另一部分是体育锻炼,两者都可降低发生心血管病等慢性疾病的风险。《中国居民膳食指南(2007)》建议成年人每天进行累计相当于步行6000步以上的运动,最好进行30分钟中等强度的运动。"6000步"并不一定非得真的要靠步行来完成,其中家务劳动等消耗能量的活动都能折算成"步"。

推荐一个换算标准:

身体活动6000步=每日基本活动量(2000步)+自行车7分钟(1000步)+拖地8分钟(1000步)+中速步行10分钟(1000步)+太极拳8分钟(1000步)

每天足量饮水是新膳食指南增加的条目。

水是一切生命必需的物质,一个正常成年人每天应至少喝6杯水(不低于1200毫升)。饮水应少量多次,主动,不应感到口渴时再喝水。在早晨、睡眠前、午休后都养成习惯喝1杯水,这样能稀释血液。充足的水分还能让人体保持健康和活力。

除了喝的开水、茶水外,还要学会选择适合的饮料。挑选饮料主要看成分表,尽量选择营养密度高的饮料。比如含维生素、矿物质等营养成分丰富的饮料。

运动出"魔鬼身材"

在追求"魔鬼身材",崇尚"骨感美人"的今天,肥胖既影响健康,又破坏形象。随着肥胖者的日益增多,参加减肥运动的人群也在不断壮大。然而,不少减肥运动的参加者,或是跟风赶潮流,或是一曝十寒,或半途而废,没有将减肥运动坚持下去,也没有将其当做一种生活方式。

实践证明,防治肥胖症的最佳疗法莫过于运动。首先,减肥运动是通过消耗热量,将人体内的脂肪燃烧掉。可怎么烧?烧多少?又如何通过节食防止脂肪的再产生?却是一项需要定量控制的科研工作。其次,据计算,人要减肥1公斤,大约要消耗7千卡的热量。如果只是散散步、做做操或从事家务劳动等无氧运动,消耗的不过是刚吃进肚子里的热量而已。而要削减堆积在体内的脂肪,最有效的减肥运动就是参加有氧运动。

所谓有氧运动,指的是持续性、耐力高的运动,像慢跑、骑自行车、游泳等。而且,参加这类全身性运动,持续的时间应当超过30分钟。只有这样,才能达到扩张人体心肺,加速代谢,产生氧气来燃烧脂肪的效果。

因为,运动减肥的机理是:

(1)人体运动主要能源来自于糖和脂肪。在有氧运动中,肌肉对血中游离脂肪酸和葡萄糖的利用增多,导致脂肪细胞释放出大量的游离脂肪酸,使脂肪细胞瘦小;同时也使多余的血糖被消耗,不能转化为脂肪。

(2)人在体育运动时,肾上腺素、去甲肾上腺素分泌量增加,可提高脂蛋白酶的活性,加速富含甘油三酯的乳糜和低密度脂蛋白的分解,所以能降低血脂,使高密度脂蛋白升高,最终加快游离脂肪酸的作用。

(3)经常从事耐力运动的人,其肌肉细胞膜上的胰岛素受体敏感性提高,与胰岛素的结合能力增强,胰岛素对脂肪分解有很强的抑制作用,它能减少伴有儿茶酚胺和牛长激素等的升高,最终加快游离脂肪酸作用。

(4)肥胖者安静状态下代谢率低、能量消耗少。经过系统地运动锻炼,使机能水平提高,特别是心功能的增强、内分泌调节的改善,使肥胖者代谢水平提高,能量消耗增大。

(5)肥胖者进行适宜强度的运动训练后,常发生正常的食欲下降,摄食量减少,从而限制了热量过多地摄入,使机体能量代谢出现负平衡,引起脂肪的减少。

总而言之,减肥运动的基本原则是:能量的消耗量要大于补充量。同时,运动科学的研究还发现,即使减肥成功,其限制高热量食物的摄入和运动仍应成为个人生活习惯的一部分,以保持一生的好身材,任何时候中止,都容易再度长胖。对肥胖者而言,减肥运动是一项只有开始没有结束的持久战。最好是每天固定持续运动一段时间,再加上营养均衡的低热量食物的饮食。因此,不管你是自愿或被迫,都要做好思想准备,即一旦参加减肥运动,就意味着改变原有的生活方式,必须持之以恒地坚持,将减肥运动进行到底!

在进行运动前,一定要进行热身,做一些伸展运动,活动一下关节韧带,伸拉四肢、腰背肌肉,这些都是准备活动,然后逐渐进入适当强度的运动状态。不要太急着进入强度较大的运动中,以免发生抽筋、扭伤等运动损伤。

办公室里的健美运动

健康和美丽是最佳的黄金组合,随着人们逐渐认识到健康的重要性,越来越多的女性开始追求健美。

这里介绍几种简便易行的锻炼方法,可使办公室里的女性利用空暇时间,忙里偷闲地活动一下自己的身体。

1. 头俯仰

头俯仰的时候动作幅度不妨放大一些,用力低垂,然后用力向后仰伸,不论是俯还是仰都需停留片刻,以颈部感到有点发酸为度。如果两手交叉抱在头后用力向前拉,而头颈用力向后仰,效果会更好。

2. 头侧屈

将头用力向一侧曲,感到有些酸痛时停留片刻,然后屈向另一侧,同样也作片刻停留。

3. 头绕环

头部先沿着脖子,即前、右、后、左,再沿前、左、后、右用力而缓慢地旋转绕环。练习中常可听到颈椎部发出响声,要细心按摩这些部位,因为它们已经出现小问题了。

4. 肩耸动

耸肩活动有三种:
一是反复进行一肩高耸、一肩下降;
二是两肩同时向上耸动;
三是两肩一上一下向前后环绕颈部旋转。
这三种耸肩动作可以帮助女性减缓肩部的疼痛,所以一定要认真练习。

5．体侧转

保持坐姿，下身不动，上身缓慢地轮流向左侧或右侧转动。这样可以达到锻炼腰部的目的。

6．腿抬伸

保持坐姿，用力伸直小腿并向前抬起，绷直脚面，停留片刻后放下，再抬起。如果可能，也可臀部离座，全身尽量伸展，停留片刻后还原后再伸。

7．膝夹手

两手握拳，拳眼相触夹在两膝间，两膝从两侧用力挤压两拳。

8．体放松

端坐椅子上，全身放松，眼微闭，冥想，以除杂念，闹中取静，呼吸自然、深长。

9．心放松

使身体处在最舒服的状态，然后将身体分成许多个部分，一个部分、一个部分地放松。比如说，从头开始想，头部和大脑先放松，然后颈、肩部放松，胸部放松，再次是心、肺、胃等内脏放松。这也是瑜伽的冥想法。

以上方法简便易行，随时可做，效果显著，可以全练，也可根据个人需要选练，且对场地要求也不高，最适合办公室白领丽人一族。要注意的是，有些方法的运动量和运动强度要循序渐进，以不感到肌肉酸痛为度。

简易减肥方法推荐

1．饭后减肥法

众所周知，最有效的减肥方法还是有氧运动。如果实在做不到，最低限度就是不让饭后的血糖浓度升高。有人说，减肥的关键就在饭后30分钟。那么，这30分钟该做些什么才能有效减肥呢？

（1）做家务。充分用好这30分钟，家务总得要做，为什么不让它为你的减肥贡献一份力量呢？把拖布改成小抹布，蹲下来擦，这样可以加大你消耗脂肪的速度。如果家里有庭院，不妨去给花花草草翻翻土。另外,把房间进行一次整理,夫妻二人可一起动手进行,一方面促进感情,另一方面又有利于减肥。这个方法可谓一举数得,整洁的环境也可以带给人一个好心情。

(2)洗澡。饭后10分左右舒舒服服地洗上一个热水澡,这不仅能缓解一天的劳累,对减肥也有奇效。如果你洗完后把浴室打扫干净,减肥的效果就会更好了。

(3)按摩。饭后30分钟,夫妻可以互相按摩,使身体得以舒展,这不仅能起到减肥的作用,对于促进感情也是一项不错的选择。

2. 禁食减肥法

这里的禁食可不是不让你吃饭,而是控制你的食欲,让你更健康地达到瘦身的目的。

少喝或不喝含糖的饮料。含糖的饮料热量多,想瘦身的女性还是远离为妙。

不要因为你的爱心而吃两顿晚餐。有些女性常因为丈夫晚归,而和丈夫再吃一次晚餐,这样会摄取过多的热量,促使血糖浓度上升。你可以倒上一杯白开水,默默地陪着丈夫吃饭,效果也是一样的,他还会为此感动呢。

少吃甜食。甜食易使人发胖,这是人人都知道的。不过,也不要求你立刻禁食甜品,可以循序渐进地从3天吃一次到一个星期吃一次,在自己可以接受的范围内逐渐减少。

3. 饮食健美法

减肥一直是很多女性朋友追求的目标,但是随着人们对健康认识的不断加深,骨瘦如柴的"骨感美"不再是人们追求的目标,而"健康美"成了减肥的最终目的。下面介绍的几种健康饮食,可以让你轻轻松松达到健美的效果。

(1)白开水。有人说:"女人是水做的。"不错,水是女性最好的知己了,早上起床喝一杯白开水,可以清洁肠道、排毒养颜,并且可以补充夜间失去的水分;晚上喝一杯白开水,则能保证一夜当中血液不致于因缺水而过于黏稠,防止提前衰老。

(2)矿泉水。矿泉水中含有微量元素和矿物质,这些都是皮肤最需要的物质,所以通过矿泉水适当补充一些矿物质是很有必要的。这里教大家一种平日里不常用,但却又很简单的方法:清洗脸部后仰卧,将一块干净的纱布用矿泉水浸湿,敷在脸上,待纱布变干后再次浸湿,再敷在脸上,如此反复几次,就等于给面部做了一次微量元素的营养补充。

(3)喝茶。喝茶不仅是一种休闲方式,还对女性减肥非常有好处。茶是最天然、最有效的减肥剂。如果胃没有问题,常喝绿茶和乌龙茶最好,特别是对于那些想减肥的女性,再没有什么比茶叶更能消除肠道脂肪的了。

(4)维生素。女性过了25岁,就应该注意延缓衰老。维生素C、维生素E是必须补充的,它们可以中和侵袭人体皮肤组织的自由基,对皮肤起到保护作用。

(5)醋。醋可以消毒杀菌,每日3餐中食用一点醋可以延缓血管硬化。除了饮食外,醋还有一个妙用,就是每次洗手之后在手上敷一层醋,保留20分钟再洗掉,可以使手部的皮肤又细又白。试试看吧,一定会让你满意的。

(6)酸奶。很多女性都知道酸奶的重要性了,这里再强调一下,女性是最容易缺钙的一个群体,而酸奶的补钙效果是最显著的,并且容易被人体吸收。

(7)西红柿。西红柿是含有维生素C最多的食物之一,每天至少吃一个西红柿可以满足人体一天所需的维生素C。如果工作紧张顾不上,则至少要每天喝一杯用维生素C制成的泡腾片水。但要注意,泡腾片溶解后就要立刻喝掉,因为其氧化速度非常快,水中的维生素C很容易失效。

4. 简易运动减肥法

肥胖不仅会影响美观,还是很多慢性病的"元凶",所以女性朋友们要想拥有令人羡慕的身姿、远离慢性病,就要坚持锻炼,保持身体健康。只要你坚持去做就会发现,让赘肉悄悄地消失,并不像想象中那么难。

(1)跳绳。天气寒冷的时候,女性最佳的运动莫过于跳绳了。科学表明,不间断地跳绳10分钟和慢跑30分钟消耗的热量差不多,是一种低耗时、高耗能的有氧运动,长期坚持可以令双腿变得健美。

(2)下蹲。其实,修正体形的方式无处不在,比如,下蹲这个普通的动作就能明显改善梨形身材,而且随时随地都可以进行。另外,针对不同的瘦腿部位可以采取基本的站立,或脚尖略微向内站立、向外站立的姿势,对缩紧腿部外侧肌肉、内侧肌肉有显著效果!

(3)腰部运动。许多女士都想令自己的腰部纤细,你可选择在睡前仰卧,两腿弯曲,两臂放于体侧,头和上身慢慢向上抬起,停留1分钟左右头再落下,反复进行直到肌肉感到酸沉为止。持之以恒就可使腰部,颈部线条变得优美。

5. "三围"健美法

(1)胸部健美。

牵拉运动:站姿或坐姿均可,两臂放于身体两侧,两手分别放在大腿两侧,最好播放舒缓的音乐,帮助身体放松,减缓压力。之后,两臂缓慢地向两边举起,达到头、肩之间高度后再缓慢向前举,直到两臂快要相碰时停止,两臂再次分开,还原并使肌肉放松。如此反复慢移5~8次。

反支撑挺身:可以坐在比较硬且平的椅子上,两臂撑在椅子的两侧,上身靠后,将重心放在手臂上;同时伸直两腿,臀部紧缩向前提髋,抬头挺胸,使身体成直线,持续5秒钟,然后还原。注意自然呼吸,两臂和身体均伸直。

挺胸运动:保持跪立姿势,两臂自然放下,臀部坐在脚跟上,上身后移,同时呼气;两臂在胸前平屈,手背相对,手指触胸,含胸低头;然后重心前移,挺髋,上身立起,同时吸气,两臂肩侧屈,抬头挺胸。反复进行此动作。

俯卧运动:这个动作是比较常见的,一般我们都会做,现在我们一起来看看正确的姿势是怎样的。俯撑,双脚分开与肩同宽,上体下压,两臂弯曲至体侧,使上臂与地面平行;然后吸气,两臂用力撑地将肘关节伸直,同时抬头挺胸,还原成预备姿势,呼气。重复做数次。

仰卧运动:这个动作也比较常见,是对应俯卧运动的另一种运动方式。仰卧在较硬的床上或沙发上,双手握哑铃,两臂平伸,依靠胸肌收缩力直臂上举,然后放松还原。每分钟重复做20~30次。

平躺运动:这个不像上面几个动作那么累,动作也很简单,即俯卧于床边,将胸部伸出床外,然后上半身抬起,双手交替做"划水"的姿势。每分钟10~15次。

(2)腹部健美。

仰卧起坐:仰卧于床上或沙发上,上身缓慢抬起,收腹,头尽量向双膝靠近,后仰还原。目的在于锻炼上腹部肌肉。

举腿收腹:仰卧于床上或沙发上,双腿伸直并尽可能抬高,接着再缓慢放下,反复多次;接着双膝弯曲做同样的动作。目的在于锻炼下腹部肌肉。

屈膝团身:保持坐姿,尽量伸直膝盖,上身后仰,保持身体平衡,然后屈膝收腹,使腹肌尽量折屈。练习中脚始终不能触及地面。目的在于锻炼腹部肌肉。

交替触脚尖:保持仰卧,伸直两脚,两手放在身体两侧,抬起身,同时举左腿,用右手碰左脚趾;恢复原状,再抬起上身,同时举右腿,并用左手碰右脚趾。重复做数次。

扭腰:你可以选择一手握住扶手或拉一定重量的重物,当然空手也行,关键在于腰的扭动。先顺时针扭转10圈,再逆时针扭转10圈,最后向前、后、左、右各弯腰5次。目的在于锻炼腹外斜肌和腰部肌肉。

(3)臀部健美。

俯卧举腿:保持俯卧,双臂屈肘,小臂支撑于地面,小臂与肩平行,掌心向下,上体不动,左腿伸直尽量向上举起、绷脚尖,还原,接着右腿上举,还原。呼吸应自然,举脚越高,效果越好。

下蹲运动:直立姿势,分开双腿,距离与肩同宽,脚跟平接地面,挺直背部,放松腰部肌肉;头自然抬起,面朝正前方,臀部渐渐下沉,呈下蹲姿势,直到大腿与地面平行为止,然后起立。类似平常的马步姿势,连续重复次数。

弓步运动:直立姿势,双腿并拢,挺直背部,单脚前出,距离与肩同宽,后腿屈膝呈前冲姿势,小腿垂直,膝部角度以不超过90°为宜。左右腿交换,连续重复数次。

提举运动:侧卧于床上或沙发上,双腿自然弯曲,双膝向胸部提起,呈弓形姿势,上侧一条腿上举,保持弯曲;然后侧身,重复以上动作。

登高运动:不坐电梯,改走楼梯。这是一项锻炼臀部肌肉的好方法,攀登时膝间弯度不超过90度。如果是使用健身器做登高运动,频率不宜过快,同时注意背部挺直,肌肉放松。

爱美的女性朋友们不妨把以上运动当做功课来做,日久见奇效。

如果锻炼时间不多,可以挑选以上方法中的一种或几种来做,即使不能每天进行,最好也能隔一天做一次。

6．不同肥胖身材的减肥法

(1)下半身肥胖的身材。身材不高大,甚至算得上娇小,肩膀也不宽,其实这种身材相当女性化,上半身该有的曲线也都有,而多余的赘肉主要囤积在臀部、大腿及腰部。这种身材的人必须靠做运动长出肌肉的方式,才能让松软的下半身变得结实。最适合这种身材做的运动是有氧运动,以消耗热量和增强耐力。运动量以每周三次,每次30分钟为宜。

(2)上半身肥胖的身材。肩膀宽,胸部发达,腰身厚,因为肩膀比腰部宽,身材看起来比较男性化。这种体型的人,臀部通常肌肉结实,腿也比较细。如果肚子周围变粗,往往是因为饮食习惯不佳,或者缺乏运动所致。减重目标是把靠近胸肌的脂肪缩减到最小。要知道,腹部丰满是一种自然趋势,怀孕、年龄增长或停经,都可能导致这种现象。吃得太多太好,或者停止运动之后,小腹自然会隆起,脂肪开始堆积。但你不用太绝望,这种脂肪是相对"年轻"的,比较容易消掉,相形之下,下半身肥胖的身材的脂肪堆积主要是基因造成的,想要把它们消耗掉就没那么容易了。

建议每星期至少要运动三次,做体操、慢跑、骑脚踏车等都可以,每次约20分钟就可以了,以免太疲倦而打消下次运动的念头。减肥期内可以喝白开水、茶、花草茶、低糖可乐,为了换口味也可以选择加香料的矿泉水,不含糖的气泡饮料。但有些人喝了气泡饮料会胀气,尤其下半身肥胖的人,胃肠比较敏感。至于烫青菜的水,如果你能接受那种味道,或者减肥的意愿真的很强烈,据说喝了烫青菜的水对于止饥的效果很好。

(3)全身皆肥胖的身材。四肢较短而圆润的人,一般脖子短,身体丰满,臀部及大腿肉较多。这种体型的人虽然看上去比较健硕,但一般人都易发胖,必须努力保持体态,勿让身体积聚多余脂肪。

最适合此种体型的运动是每周三次,每次一小时的有氧运动,这样能消耗脂肪,令身体能苗条一些。此外还可以在做有氧运动三个月后开始练习举哑铃,以每周举2~3次,每次15~20遍,哑铃的重量以5千克为标准。

这种体型的人应少吃煎、炸的食物和脂肪含量高的肉类,宜多吃蔬菜和鱼类。

要减肥,先把脖子拉长

要减肥首先要把脖子拉长。当然,拉长脖子不是让你去改变天生的脖子长度,而是找到一种向上牵引的感觉。

人们一眼就能从脖子上看出胖瘦,脖子粗自然就显得短小,所以把短脖子拉长很有必要。

现代人生活中有很多"恶习"会在不知不觉间逐渐形成,比如,长期趴着看书,或者行走坐站的时候贪图舒服、过于松懈,这些习惯使本来成直线的脊柱出现了弯曲,身形发生了改变,影响了整体的美观。不仅如此,不正确的姿势还会让你最讨厌的赘肉找上门来,爱美的女性不得不注意。

要减肥,先把脖子拉长。下面介绍几种拉长脖子的方法。

1. 坐拔脊椎

在坐姿中寻找脊椎挺拔的形体感觉和状态,不为多余脂肪提供生长的土壤。在形体到位的情况下,一手肘关节抵在侧腰部,身体向一侧倾斜,另一手尽量向后向上伸展。此时下巴翘起,避免下巴堆积脂肪,同时脑子想着肚脐这块,也就是"意守丹田"。这能让肢体更协调、开放,享受肢体先天到位的美感。

2. 压弓步

前腿弓、后腿蹬,双腿交换反复做。此举能恢复并保持膝关节功能,增强其韧度。

3. 转"8"字

以脊椎为中心,双手自然张开,用胯部划横"8"字。它能消减腰腹部赘肉,保持其灵活性和美感。原则是在体态到位的前提下,动作不求量多幅度大,重在肢体到位。

4. 坐拉双臂

取坐姿,强迫自己的脊椎挺拔起来。感觉有根绳子拽着自己向上挺,此时脖子尽可能伸长,双手相合双臂尽量向后向上伸展,目的使人找回先天挺拔的状态。这对改善颈、胸、腰椎姿态,减少脖子皱纹,挤掉腹部多余脂肪很有效。

站立时,在"提收松挺"的状态下活动脚腕。一腿站直,另一腿反复向上、向下最大幅度的钩、绷脚腕,对脚和膝盖力度的恢复,腹肌、臀部的收紧有效。此动作双腿换着做。

告别双下巴的方法

1. 推拿按摩

两手在下巴肉多的地方进行推拿式反复按摩,这种方法可以促进血液循环,从而达到消除脂肪的作用。另外,这种辅助性运动还能使荷尔蒙活化,从而起到分解下颌脂肪、消耗热量的效果。这个方法对松弛的双下巴十分有效。

推拿前在下颌处均匀涂抹一层按摩霜,这种做法不仅可以起到润肤的作用,也会让按摩效果事半功倍。

涂好按摩霜之后,就可以开始按摩了。用拇指、食指、中指将下颌的皮下脂肪往下拉,并以剪夹方式按摩下颌尖端。

抓住皮下脂肪,向上推压,用力剪夹皮下脂肪,手从下颌中央至耳朵方向运动。利用第二关节指头推压皮下脂肪,左右各反复2~3次。

2. 摩擦法

无论是在坐公车时,还是在午休时,这种方法都可使用,非常简单易学。方法是用双手手背从脖子根处向下颌尖端推出按摩,有节奏地慢慢进行20~30次左右。不出一个月,下巴的赘肉就会无影无踪。

3. 重点刺激法

使用双手拇指的指腹由下颌下方至耳下做按压状,速度要慢,对耳根下方穴位集中处做重点刺激,着重按压,这种方法可以帮助下巴恢复紧实。

4. 指压穴位法

如果不懂穴位也没有关系,重点就在下巴与脖子交汇的那块骨头处,沿下颌骨的骨侧边缘,从左至右、由下往上,这些点都是消除下巴赘肉的最有效部位。

四指并拢,指尖朝上,大拇指放在下颌骨与肌肉交接处。指压时轻轻往上有节奏地顶就可以了。

5. 双下巴减肥运动

指压运动完成之后,接着便是柔化下巴边缘线条,消除下巴赘肉的边缘,牵引到颔下的肌肉,在一收一放、一紧一松之间促进肌肉的紧实,达到增强淋巴循环的作用。

双目正视前方,双手自然下垂。挺直腰,保持肩不动,下巴尽量往下伸展,最好能够碰到胸部。还原初始姿势。保持肩以下不动,脖子尽量往后压,停留2~3秒钟。还原初始姿势。

女性朋友们在保养与按摩下巴时,别忘了要使用化妆品来增加紧肤效果,防止下巴皮肤松懈。

科学瘦身,莫入减肥误区

肥胖不仅影响形体美,而且给生活带来不便,更重要的是容易引发多种疾病,加速衰老和死亡。但是,减肥要采取科学的方法,否则,不仅达不到瘦身目的,而且还会影响身体健康。减肥没有什么捷径可言,只有坚持科学饮食、合理运动和健康的生活方式,才能达到瘦身的目的。

1. 盲目节食减肥有损健康

"我太胖了！""我要减肥！"这些话似乎成了众多爱美女性的口头禅。然而，你真的胖吗？你真的需要减肥吗？这要看你的体重是否超标，用你的体重（千克）除以你身高（米）的平方，得出的体重指数 BMI 便可知晓。比如，你的体重 60 千克，身高 1.6 米，那么你的体重指数就等于 $60 \div (1.6 \times 1.6) \approx 23.4$。这说明了什么呢？按照我国的标准，BMI≥28 属于肥胖，在 24.0~27.9 之间属于超重，18.5~23.9 为标准体重，你的体重指数为 23.4，说明你没有超重，更不是肥胖。还有更简单的判断方法，即量腰围。男性腰围≥85 厘米（国际上把中国男性定为 90 厘米），女性腰围≥80 厘米为腹部肥胖。这是向心性肥胖（躯干胖，四肢瘦）的标准。

肥胖已被世界卫生组织认定为一种慢性代谢性疾病，它不但影响体形美观，还增加患冠心病、糖尿病、血脂异常等与肥胖相关性疾病的发病率。鉴于肥胖对人体身心健康的种种危害，体重指数或腰围超标的超重或肥胖者，应积极减肥。即使不超重也应该讲究健康饮食和适当运动。所以，保持标准体重是大家都应关心的主题。但是有些青少年女性 BMI 已经 <18，还要盲目节食减肥，这就不对了，会导致一系列健康问题。盲目节食减肥的后果除可导致贫血、甲状腺机能亢进等营养性疾病外，还容易引起继发性闭经、胆结石等疾病，严重影响健康。

2. 饮食减肥方法要正确

肥胖患者几乎都有不良饮食习惯。比如从来不吃早餐，中午随便吃个水果，晚餐则很丰盛，有肉有菜，饭后有时还要吃冷饮和水果，有些人还喜欢吃零食。吃完晚饭感觉比较累，看会儿电视就睡了，一天几乎没有运动。像这样胖起来的不乏其人。

因此，减肥首先就要从改变不良饮食生活习惯入手。最重要的一条即减少饮食总热量。一般人不会也不必去计算每餐热量，但可掌握吃到七八分饱即可，切勿因亲友劝食或怕剩菜"浪费"而一再进食。长期观察可以以体重及腰围是减少还是增加为标准。

下述四种饮食减肥法是错误的，应当避免。

（1）拒绝摄入脂肪。在很多人，特别是在年轻女性的眼里，脂肪是保持良好体形的最大敌人，还是各种疾病的隐患。因此，她们断然拒绝摄入脂肪，认为这样既能保持良好体形，又能维持身体健康。

这种认识和做法是片面的。正确的做法是：脂肪应限制在总热量的 30% 以下。因为脂肪产热量是碳水化合物的 1 倍以上。但脂肪的功能不能一概否定。不饱和脂肪不能少，当然也不能太多；但饱和脂肪，包括反式脂肪，不能多，因为它可促使动脉硬化，产生心脑血管病，应限制在总热量的 7% 以下。

怎样区分呢？饱和脂肪在常温下呈固体，不饱和脂肪则呈液体。如猪油、牛油、奶油即属饱和脂肪。而鱼油、植物油则属不饱和脂肪。所以，在荤菜的选择上，可多选鱼虾，少选猪牛羊肉。当然不是说要禁吃牛羊肉和猪肉，适当吃一点牛羊肉、猪瘦肉还是可以的。

要少吃肥肉、少吃荤油,更要避免近年新出现的人造的反式脂肪。西式酥糕点、脆饼、炸鸡腿、方便面、人造奶油、不少洋快餐中含有反式脂肪。食品工业将液体的不饱和脂肪如植物油部分氢化,成为固体,即人造奶油,又称麦淇淋,将其作为起酥剂。当时以为既然是不饱和脂肪,应该无害。但后来却发现,它也能造成动脉粥样硬化,甚至会引起腹部肥胖及胰岛素抵抗。

(2)持续吃水果餐。有些人认为午餐或晚餐只吃蔬菜和水果,热量低又有营养,是减肥期间最好的食谱。

这种认识和做法是错误的。蔬菜和水果是膳食纤维、维生素、果糖、果胶等营养物质的重要来源,当然是人体不可缺少的。但只吃蔬菜水果,肯定会造成营养缺乏。因此,水果只能作为正常膳食的补充,提倡多吃,但不能作为唯一的食物。

(3)长期不吃早餐。有些女性,尤其是职业女性,有不吃早餐的习惯,以为这样既省事又减肥。

其实,不吃早餐会导致胆结石、胃病、心血管病等多种疾病。这样的减肥方法可谓得不偿失。而且,有研究指出,不吃早餐并不能达到减肥的目的,因为从晚上到中午身体长时间处于饥饿状态,午饭和晚饭时对热量的摄入能力就会有所提高。不吃早餐的人往往多吃零食,其结果反而比吃早餐的人还要胖。

(4)告别薯类食物。经过高温油炸的薯片、薯条,是导致热量过剩、引发肥胖的不良食物,这让一些人误以为薯类食物都是减肥的大敌。

其实,油炸的薯片、薯条引发肥胖主要是加工时用的油,而且这些油炸薯片往往属零食,并非正餐。而马铃薯、红薯本身不仅口感好,还是能产生饱腹感的低热量食物,且营养价值超过米和面,热量与米相等,钙含量是糙米的5倍,铁含量是白米的3倍,蛋白质、维生素C的含量也很丰富。所以,放弃容易导致肥胖的油炸加工方式,而采取煮、蒸、炖等烹调方法,薯类就是美味与营养兼得的减肥食品。

3. 运动减肥方法要科学

体育运动可以增加体内能量的消耗和促进脂肪"燃烧"。但运动必须经常做,能坚持每周做4~5次以上的运动才能收到减肥的效果。

运动可分无氧运动和有氧运动两种。800米以下的全力跑、短距离冲刺都属于无氧运动,这类运动虽然强度大,但由于持续时间短,对体内脂肪的动员作用不大;而有氧运动如长跑、1500米以上的游泳和慢跑等,由于持续时间长,有利于脂肪的消耗供能。散步、快步走、慢跑、爬楼梯、骑自行车、游泳、跳绳、做操、跳舞、打乒乓球或羽毛球等都是较好的有氧运动方式。

下述三种运动减肥法是错误的,不可取。

(1)高强度运动。有些人认为,既然运动是公认的减肥方法,那就多做高强度的运动,让自己迅速瘦下去。

事实上,并不是运动强度越大,运动越剧烈,减肥效果就越好。应在专家的指导下,制订一个合乎自身情况的、循序渐进的锻炼计划,每周锻炼4次以上,每次45~60分钟,加上合理的膳食,每月可减掉1~2千克体重,坚持下去,才会达到减肥目的。

(2)局部运动。"瘦腰、减臀、收腹"这样的字眼充满了诱惑力,局部运动给了人们对不满意部位进行塑造的希望。

事实上,局部运动并非能达到只减想瘦的部位的效果。能量消耗的概念是整体的而非局部的,运动减肥绝不能和塑形相提并论。局部运动消耗能量少,易疲劳,且不能持久;而且运动消耗的热量是全身性的,并非练哪个部位就可以减哪个部位的多余脂肪,而是哪里供血条件好,有利于脂肪消耗,哪里就能减肥。例如,减肥者运动一段时间后,腰围不见小多少,可脸颊却消瘦了,原因就在于此。

(3)空腹运动。有些人以为,空腹时运动更能加速脂肪的消耗,减肥效果更好。事实上,这种做法是十分危险的,非但达不到减肥的目的,反而还有害健康。空腹锻炼时,人体内血糖会降低,会引起头痛、四肢乏力乃至出现昏厥现象。同时还会产生饥饿感,出现腹痛,抑制消化液分泌,降低消化功能等,因此,空腹锻炼不可取。由于一般食物在人体胃肠里停留4小时左右,如果选择饭前锻炼,正确的方法是运动前1.5~2小时少量摄入一些碳水化合物,以保证运动中有充沛的体力。

4．慎用减肥药物

许多人管不住自己的"嘴"和"腿",减肥药便以其方便有效越来越得到青睐。但滥用减肥药的后果是非常危险的,减肥药导致副作用的报道不时出现,甚至有人服用减肥药致死。中国消费者协会的减肥药品调查报告称,减肥药品普遍夸大疗效,94%有不良反应。

任何一种减肥方法都离不开控制饮食和增加运动这两个基础,但对于明显肥胖的人,适当地用些药物也是应该的。不过药品必须在医生的指导下应用。

(1)减肥药大多有不良反应。常见的减肥药有脂肪酶抵制剂赛尼可、食欲中枢抵制剂曲美等,这些减肥药都应在医生指导下应用。还有一些不应该使用的减肥药,如大黄等泻剂,减重的是水分,并不一定减少脂肪,而且影响营养的吸收。甲状腺素类减肥药可造成人为的甲状腺功能亢进症,这种疾病严重时有可能致死。还有一些减肥药(如芬氟拉明等,在国外已禁用)可能对心血管有不良影响。

(2)药物只是减肥的配角。赛尼可这类减肥药,可以抑制人体内脂肪酶,阻断膳食中30%的脂肪被吸收。有的人以为只要一天吃3粒药,不控制饮食,不加强锻炼就可以舒舒服服减肥,事实并非如此。服用赛尼可的目的在于帮助肥胖者改善过去不合理的膳食结构和不良生活习惯。在减肥上,赛尼可只是个配角,合理饮食和适量运动才是主要方法和手段。

(3)是否服用减肥药应因人而异。既然减肥药有这些不良反应,那服用减肥药到底是利大于弊还是弊大于利呢?这得因人而异。比如有些人肥胖已经非常严重地影响他的生活了,如体重超过100千克的人,健康风险非常高。在这种情况下,服用减肥药是必要的。但需要注意的是,所有的药品都必须在专业医师的指导下服用。

5．手术减肥要三思而后行

吃药担心副作用,锻炼、节食又难以坚持,于是一些人开始考虑手术减肥。但肥胖者接受减肥手术一定要有心理准备,三思而后行。

目前媒体上宣传的减肥手术种类繁多,如吸脂术和胃缩小术。但目前已不主张用吸脂术,而且手术减肥都有严格的适应症,主要针对重度肥胖者(如 BMI≥40 者),并需权衡手术利弊,慎重进行。手术也可能引起一些不良反应,如消化不良、腹泻、贫血、维生素缺乏、感染、血肿和神经损伤等。另外,减肥手术后若没有配合饮食控制和体育运动,还是会造成"复胖"的。

手术减肥的原理不外乎以下两种:

(1)减少食物摄入。手术方法:胃减容术,包括腹腔镜下可调节式胃束带术、垂直式胃束带术、胃减容术。

(2)减少营养吸收。手术方法:胃旁路手术,包括胃空肠吻合术,胃回肠吻合术,胃大部旷置、残胃空肠 Roux-y 吻合术。目前推荐采用的手术方法是腹腔镜下可调节式胃束带术(SAGB),创伤小,对胃肠道没有切割,不改变食物的生理通道,恢复快,减重效果确实,而且是可逆的,安全系数较高。不过其远期后果还在进一步观察中。

6．选择中医减肥应到正规医院

中医历来重视人体的差异,强调辨证论治。因此,在选择中医减肥疗法时,应到正规医院按中医医生的指导,选择减肥方法。

目前经研究证实能调脂减肥的中药有不少,经中医师辨证开出的中药方剂,还能治疗因肥胖而引起的并发症和代谢紊乱;针灸疗法对轻中度肥胖疗效较好,针灸减肥也并非哪肥减哪,而是进行全身调理,使人体达到阴阳平衡、气血调和的状态;气功减肥要应用得当,避免偏差,更不要一味强调辟谷,以免引起食欲消失;推拿减肥是一种辅助治疗手段,可以长期使用;药浴、药粥、药茶、药饼虽好,也要根据各人的个体差异选择,不可一用到底。

中 篇
打扮自己做魅力女人

第六章 得体服饰，穿出迷人气质

> "云想衣裳花想容"，相对于偏于稳重单调的男士着装，女士们的着装则亮丽丰富得多。得体的穿着，不仅可以显得更加美丽，还可以体现出一个现代文明人良好的修养和独到的气质魅力。
> 　　一套剪裁得体、质地优良、色彩和谐的服装，再加上恰到好处的饰品，瞬间会塑造出一个气质迷人的女人。

女性着装的要领

注重着装和仪表，这并不是让你穿上最流行、最时髦的衣服，也不是让你保留最前卫的发型，只是要求你穿得使人看上去有整齐、清洁之感，面颊和发型都很娴雅、自然、得体就行，至于衣服新旧等问题都是次要的。

着装对于女人，犹如绿叶，令国色天香的牡丹更显雍容典雅。掌握好着装的学问，将使你神采出众、个性迷人。要做到这一点，女人应把握以下四个着装要领。

1. 应己着装

所谓应己，即要求在选择着装时要因人而异，使所穿的服装与自己的身体条件相适应。

女性只有根据自己的身体条件选择服装，才能扬长避短，充分展示个人的最佳形象。具体而言，应己原则应围绕性别、年龄、肤色、体型四大身体条件展开。

（1）性别。穿着与自己性别相符的衣服，这是人人都应具有的基本常识。然而服装的中性化趋势日益明显，许多服装不分男女，已成为男女的共同选择。更有一部分人崇尚男服女穿、女服男穿，俨然成为一种时尚。然而对于着装保守、规范的女性来说，是绝对不能追随这一趋势与潮流的。尤其在涉外交往中，更不能误认为这是外国时尚而"投其所好"。

（2）年龄。不同的年龄对着装有不同的要求。在选择着装时，要考虑到自己的年龄因素，使自己的着装与年龄相符。否则，便会不合时宜，贻笑大方。

(3)肤色。所着服装还应与自己的肤色相协调。尽管绝大多数中国人都是黄皮肤，但具体到个人来讲，肤色是同中有异的，因而对服装颜色也有着不同的要求。例如，肤色白净者，适合穿各色服装；肤色偏黑或发红者，忌穿深色服装；肤色发黄或苍白者，宜穿浅色服装，等等。

(4)体型。人有高矮胖瘦之分，具体到身体各部分还有标准与不标准之别，这就是个人形体条件的差异。不同的形体条件应当选择不同的着装。女性如果不注意自己的体型而乱穿衣，可能会闹出笑话。

2. 应事着装

所谓应事，即根据自己所要办理的事情的不同而选择不同的着装，使自己的着装与所办的事情相配合、相呼应。

不同的场合，着装应有所不同，特定的场合，往往有特定的着装要求。不遵循这个规矩，摆出"以不变应万变"的姿态，着装与所处场合不协调，难免会招惹麻烦。

(1)普通场合。主要是指在办公室工作或外出处理一般类型的公务时。在这种场合，着装应当符合本公司、本部门的规定，在总体上做到正规、文明、干净、整洁。

(2)庄重场合。主要指参加庆典、会议、盛宴、谈判、外事等庄严、隆重的活动。在这种场合的着装应力求庄重、高雅、严肃。在国外，按照礼仪规范，在庄重场合应着礼服。

(3)喜庆场合。通常指举办联欢会、舞会或游园会，参加婚礼、生日、节日或纪念日的庆祝活动等。这类场合大都充满热烈、喜悦、欢乐的气氛，因此着装应定位于时尚、潇洒、鲜艳、明快之上。但切勿做得过头，不可显得过于引人注目。

(4)悲伤场合。一般包括出席葬礼、向遗体告别、祭扫陵墓以及慰问逝者家属等场合。在这些场合，参加者往往心情沉重、悲伤，因此着装要素雅、肃穆、严整。如果身着色彩艳丽或标新立异的服装去参加上述活动，显然是很不得体的，表明对逝者及其家属的不敬。

3. 应时着装

所谓应时，不是指追求时髦，而是要求着装必须与穿着的具体时间相吻合，不可不分季节、不分早晚地胡乱着装。

应时着装的原则通常包括以下三层含义：

(1)与早、中、晚变化同步。在每天的上班时间与非上班时间，以及在非上班时间的不同时间段，都应选择不同的服装。

每天早晨散步或运动时，可以穿便于活动的运动服；中午在家用餐时，可脱去正装，穿上休闲服，好好放松一下；而在晚上欣赏电视节目或准备休息时，则可换上睡衣睡裙，以求舒适、惬意。

(2)与四季变化同步。在着装的选择上，任何人都必须随着四季的变换和气候的变化作出适当的改变，使着装冬暖夏凉，春秋适宜。

(3)与时代变化同步。着装不应与时代脱节。不同的时代有着不同的着装习惯与特征。随着时代的发展,服装也在不断地更新换代、发展变化。自然应顺应时代发展的要求,在着装上体现出时代的特征。

4. 应景着装

所谓应景,是要求在着装时必须考虑自己即将出场或主要活动的地点,使服装尽量与自己所处的场合保持和谐一致。

在工作时必须身着工作装。穿着制服或西服套裙处理公务,会显得正规而庄重,能令人肃然起敬。如果穿着牛仔服、运动鞋或网球裙去上班,或者外出办事,就会给人留下不庄重的感觉,这是绝不合适的。女性对这一点尤其应当予以重视,切不可将新潮、浪漫甚至奇异的产外装束"引进"工作场合。

着装的 TPO 原则

穿衣不能随性而为,而要根据时间、地点、场合而定。国际上有一个通用的 TPO 着装原则,这里的 TPO 是三个英语单词的大写首字母,分别代表时间(time)、地点(place)和场合(occasion)。所谓 TPO 着装原则,就是指着装要符合时间、地点和场合。

(1)时间原则。不同时段的着装规则对女士尤其重要。男士有一套质地上乘的深色西装或夹克装足以包打天下,而女士的着装则要随时间而变换。白天工作时,女士应穿着正式套装,以体现专业性;晚上出席鸡尾酒会就需多加一些修饰,如换一双高跟鞋,戴上有光泽的佩饰,围一条漂亮的丝巾;服装的选择还要适合季节气候特点,保持与潮流大势同步。

(2)场合原则。衣着要与场合协调。与顾客会谈、参加正式会议等,衣着应庄重考究;听音乐会或看芭蕾舞,则应按惯例着正装;出席正式宴会时,则应穿中国的传统旗袍或西方的长裙晚礼服;而在朋友聚会、郊游等场合,着装应轻便舒适。试想一下,如果大家都穿便装,你却穿礼服就有欠轻松;同样的,如果以便装出席正式宴会,不但是对宴会主人的不尊重,也会令自己颇觉尴尬。

(3)地点原则。在自己家里接待客人,可以穿着舒适但整洁的休闲服;如果是去公司或单位拜访,穿职业套装会显得专业;外出时要顾及当地的传统和风俗习惯,如去教堂或寺庙等场所,不能穿过露或过短的服装。

TPO 着装原则是人们约定俗成的惯例,具有深厚的社会基础和人文意义。一定服饰所蕴涵的信息内容必须与特定场合的气氛相吻合。可见,穿着要充分考虑到时间、地点、场合的因素,只有与这三者完美地结合起来,才能显现应有的风度。因此,女人在日常着装时必须遵守这一黄金法则。不论穿什么衣服,你都要记住,你代表的是什么和你的身份是什么。

日常服装大体分为职业装、晚礼装、日礼服、休闲装、运动装和居家装等几大类别，要根据不同场合选择服装。

（1）职业装。正式场合应选择职业套装。在较为宽松的正式场合中，可选择造型感稳定、线条感明快、富有质感和挺感的服饰。如果想体现女性的职业能力，则要考虑服装的质地，质地尽可能考究且色彩纯正，没有花纹、不易起皱褶的服装给人以端庄、简洁、庄重的感觉。

（2）外出职业装。在出差等外出工作中，职业女性的服装应注重舒适、简洁、得体，最佳着装为西服套裙配以简约、品质好的上装和女式高跟鞋。这时的着装与职业装实际并无太大区别，虽然可以在款式上稍作调整，但是仍然不能忽略职业特性，因为你的着装就是为工作服务的。

（3）公务礼服。在正式、隆重的公务场合，女性应当选择品位和格调具有代表性和典型性的服装。服饰的优良品质是最重要的，应以黑色和灰色为主色，并应特别注意选配质地优良的鞋子，因为此时你代表的不仅是你个人的形象，更是所在单位的形象。

（4）休闲服。休闲服已经成为现代人越来越喜欢的服饰，具有生活服饰和职业服饰的双重性。如今很多职业场所已经将休闲服改良成"职业装"，这类服装穿着舒适大方，面料具有天然、优质、柔和、易于吸汗、不需熨烫等特点，深受人们的喜爱。但是要注意的是，休闲服要特别避免体臭或运动后的汗味，洁净才能彰显其品质和魅力。

成功的服装搭配观念

女人的形体、气质、服装、佩饰等是各自独立的，或美，或不美，独立时可能是不美的，但合为一体时可能是非常和谐和美丽的，这便有了一门新的学问——形象设计。形象设计讲的是如何将这些独立的部分完整地结合到一起构成新的特定形象？服饰搭配则是这门学问中最为重要的一课，是形象设计的灵魂。

选对自己的服装仅仅是着装的第一步，着装有三个层次，也可以说是有三层境界。第一层次是和谐，第二层次是美感，第三层次是个性。每个层次仅仅靠服装本身几乎是无法完成的，越高的层次和境界越需要借用搭配来完成。搭配通常有三个方面：一是服装与服装间的搭配，比如上装与下装的搭配，内装与外装的搭配等；二是饰品与服装的搭配；三是服装、饰品与人体的搭配。

搭配是一门艺术，涉及面极为广泛。成功的服装搭配观念包括：

（1）整体观念：服饰是立体活动彩色雕塑，所以不要把上下装分开来看造型，而要于整体上装扮。

（2）肤色观念：脑子里要先有适合自己肤色的色彩系列。一定要注意所有服装是要穿在自己的"肤色"之上的,而绝不是配在白墙上或白色黑色模特儿架上的。如果你真的酷爱某一种颜色,你还是把它用来布置房间吧!

（3）体形观念:体形不佳的人尤其要会用服饰掩饰,让人首先觉得你的体形的美丽与长处。比如说臀部较大,让人苦恼,但穿上皱折的长裙,让人感觉出流洒的田园风格。

（4）配饰观念:配饰品与服装密不可分,买完衣服仅仅是万里长征走完了第一步,要预算出一半的钱来考虑配件。认为配件可有可无或不重视的人会被认为是没有品位的。

（5）发型观念:服装设计师的最新作品,有时是通过奇特的发型展示出来的,头式的风格（尤其是色彩）决定着服装配搭,但很多人都没有注意到这点。

（6）妆型观念:不同的服装要搭配不同的妆型,能化更多不同风格的妆型,当然是最好的办法。如果妆型比较单一,就会影响服装的表现力。

（7）个性观念:年轻人对于流行服装有很敏锐的反应,但往往是粗线条的直觉,再加上不会搭配,反而显得没有品位。最聪明的人是把流行当"调料"放进当季衣服中,使自己永远时髦又别具一格。

（8）经济观念:肯定是质量越高服装越贵。衣服越是满街过剩,选择越是本事。最佳办法是确定购衣价格单,买衣服单价高一些,数量不要太多。同时列出配饰品的价钱来。

（9）保养观念:这是一般人所有功课中最差的一项。这包括两个方面:一方面是服装的洗涤、熨烫、收藏和保管,另一方面是每周提前订出衣着计划。

不同服装的巧妙搭配

穿对衣服才能彰显气质。如果一个人的着装色彩与款式适合自己,就能为其平添一分姿色,让人感觉到灿烂和轻松。

有些女性常常这样感慨:"衣橱里的衣服一大堆,要穿的时候却找不出几件合适的!"其实,不是衣服不合适,而是你不会搭配。下面教你如何巧妙搭配服装。

1. 衬 衫

最为普遍、大方的衣服当属衬衫了。衬衫的款式与质地非常多样化,我们可以通过不同的搭配穿出正式或休闲的风格,同时也可以展现时髦且轻松的个性。不同款式衬衫的搭配,可以展现出女性不同的风格与气质。

很多女性喜欢用衬衫与西裤或套装来搭配,从而展现中性、干练的气质。

若要展现出比较有女人味的风格,衬衫也可以帮你轻而易举地做到。只要将衬衫与毛衣一起搭配,或将衬衫当做外套来穿,就可以展现比较随性、悠闲的女性气质。

拉链式的衬衫显得比较休闲，一般我们用它来搭配及膝短裙，从而展现出十足的女人味，特别是有立领的拉链衬衫，在含蓄中可以展现出干练而简洁的风格。如果在拉链衬衫的腰部或下摆有抽绳的设计，还可以为时尚加分。

衬衫搭配裙子或长裤，似乎是最为常见的搭配法，若再加上少许配件，又可以为你打造出不同的风采。例如，系上美丽精致的皮带、丝巾，或戴上别致的项链。

无袖针织衫能够突现女性双臂的柔美线条。初春的季节选择一款无袖针织衫，再搭配一件披肩或小外套，是具有女人味的搭配方法。如果在无袖针织衫内穿一件男式衬衫，就能轻易穿出女性的时髦气质。无袖针织衫与百褶裙搭配能为你塑造出线条感的魅力，令人感受到被包裹的另一种朦胧美。

小碎花风格的衬衫越来越受女性的喜爱，它能展现出女性更为柔和的特质。若与大大的褶皱裙搭配，则能打造出公主般的梦幻特质。

几乎每个女性朋友都有纯白衬衫，我们一般用它来搭配有褶皱或花纹的裙子。而合身的长腰长袖白衬衫，可搭配低腰长裤或及膝直筒裙，可以给人一种庄重的感觉。

2. 外 套

外套的款式与颜色不要花里胡哨，尽量选择基本色调，而且要质地优良，如此才能给人清爽而庄重的感觉。

西装外套属于上班族的必备服装，搭配裤装、短裙或中长裙等都是不错的选择。

中长外套是常见的普通款式，对修饰臀部曲线有不错的效果，适合搭配长裤，颜色以黑、灰、咖啡色最为常见。

修长大衣款式以简洁大方为佳，适合高大的人穿着，可以穿出气质与魅力。

休闲外套适合逛街购物、外出活动以及在休息日穿着，冬天适合皮革制或厚棉类的，夏天适合棉质或麻质类的。

3. 裙 子

作为女性，根据自己的体形搭配裙子有助于身材上的扬长避短。那么怎样挑选各种款式的裙子呢？

直筒裙是成熟女性的不错选择。款式简单、大方是直筒裙的特点，从上到下像个筒子，没有剪裁上的工艺，只在面料的图案及颜色上有变化，比较适合成熟的女性。这款裙子最完美的搭档莫过于中长靴、中长风衣，配上它们，一定会让你表现出成熟的美。

A字裙是温柔女性的最佳选择。其特点是大气、柔美、突出线条的风格，流露出温柔的女人味，可以修饰身材是其优势所在。素色或格子图案最易于搭配。这款裙子最完美的搭档为短靴，配上它，会起到突出气质的作用。

百褶裙是活泼女性的选择。其特点是俏皮的风格，能突出女孩天真可爱、富于幻想的特质。均匀裙褶、较短、在颜色和图案上比较前位的百褶裙备受女学生们的喜爱。这款裙子的最完美搭配为长靴、短小的外衣,配上它们,立刻流露出青春的气息。

套装裙是职业、传统、保守型女性的选择。其传统、简约的风格,突出了女性的稳重、做事认真的性格,适合事业有成的职业女性。这款裙子的最完美搭配为长裤和高跟鞋,配上它们,职业女性的特有味道就会油然而生。

连衣裙是成熟、风韵女性的选择。其优雅、端庄的特点让女性身体曲线显露无遗,比较适合成熟的女性。这款裙子的最完美搭配为短靴或高跟凉鞋,配上它们,自然优雅万千。

4．套 装

偷懒的女性不妨选择套装作为职业装,它是永远不会退出流行地带的时装。质地好又合身的套装,能有效增加穿着者的自信心与职业精神。

裙式的套装比较正统,并且能展现女性化的一面。长裤类型的套装给人中性与爽朗的印象,同时也能突出干练与利落的特质。

穿着套装时,可以视个人的爱好与场合在里面搭配衬衫、毛衣、背心、裙子或长裤等,可谓变化多端。在办公室工作、外出拜访或宴会场合,套装都是最舒适、简便而又正式的着装。

工作繁忙的女性朋友们可以选择最便利的搭配方法,可以为自己挑选多款套装,相互搭配就能展现丰富多样的形象。

5．牛仔服

提到牛仔服,放眼望去,满大街都是牛仔服的天下。牛仔服永远都流行,它演绎的是野性与本色、优雅气质与不羁个性的和谐统一。如今,牛仔服已经演变得越来越有女人味,一身靓丽牛仔装不仅彰显了女性的青春活力,而且让女性的个性魅力展露无遗,牛仔裤更是靓丽女性的宠儿。以下就介绍几种牛仔服的搭配技巧。

臀部较大者适合穿 A 字形牛仔裤,要选择笔挺、光滑的质料,颜色宜选择暗色,不宜穿弹性、臀部有口袋、横线或绣花的裤子。

臀部瘦小者适合穿后面有口袋、绣花的牛仔裤,它们可以很好地掩盖你的缺点,使你的臀部看起来比较丰满。

身材高挑者适合穿直身或喇叭形牛仔裤。

身材娇小者适合穿较贴身的牛仔裤。

腿部较粗者不宜穿牛仔短裙,应穿直筒的或裤管宽大的牛仔裤。

腿短者宜穿直筒的牛仔裤,但是切忌上面有横线,否则会使腿看起来更短。

牛仔裤是我们常穿的,常与牛仔裤搭配的有哪些呢?

运动鞋。运动鞋配上牛仔裤,再搭配 T 恤衫,尽显动感、活泼。

T 恤衫。蓝色牛仔裤配白色 T 恤衫,是经典中的经典。

西服上衣。西服上衣里穿格子图案的衬衫,再系上领带,配直筒形牛仔裤为最佳。西服一般给人比较正统的感觉,所以为了搭配牛仔裤的风格,可以只选 3 粒纽扣的西服款式,显得随意。

牛仔衫。颜色相近的牛仔裤与牛仔衫相搭配，比如蓝色的牛仔裤可以配蓝色的牛仔衫。这样看来整体效果更强，看上去浑然一体。

展现不同个性的服装搭配

每个女人都有着属于自己的个性，在精致动人的妆容下，穿着得体便可恰如其分地表现自己的个性风格，不但让自己充满自信，更能让他人得到视觉享受。看看下面哪种风格适合你。

1．纯情型

如果女性朋友们将自己定位于纯情型，那要先看看自己是否拥有秀气五官、白皙皮肤、淳朴气质。清纯型女性的衣着设计多偏向于蕾丝、荷叶边、小碎花、缎带和蝴蝶结等风格。

2．温柔型

柔声细语、动作优雅的温柔女性是以仪态和风度来打动人心的，也许她们身材一般，相貌也一般，可是表现出的淑女气息却不一般。这类女性适合淡而柔和的色彩、悬垂飘逸的衣料、温柔的花边褶及X形的女性化造型。

3．青春型

青春型女性的脸是可以"说谎"的，从相貌上你根本无法猜到她的真实年龄，可能是活泼开朗的缘故，她们总是比实际年龄看起来年轻许多。这类女性大都个性无拘无束，似乎并不刻意讲究穿着打扮，所以属于休闲一族，棉质、针织类布料制作的宽松裤、短裙或衬衫等都会十分符合她们的气质。

4．性感型

有些女性天生就身材健美、五官精致、富有魅力，因此衣着宜采用柔软紧身的款式，在表现优美身材的同时也凸现一种浪漫性感的风韵。

5．高贵型

一般这类女性的年龄都在30岁以上，她们事业有成、阅历丰富、衣着讲究，具有中年职业女性的形象。这类女性在服装的穿着上要从气质和年龄上考虑，合身典雅的剪裁、沉着的色调和高级面料、条纹花色比较传统的套装都比较适合她们。这种服装搭配不仅能体现出她们的端庄仪态，还可以烘托出她们特有的古典高贵的气质。

6．艺术型

追求前卫风格、主观意识强、有独特想法的女性往往都是搞艺术的,她们视个性为潮流,喜欢非主流,摒弃雷同或众人一致。所以,这类女性衣着要彰显性格,还要穿出一些潇洒不羁的味道,宽大罩衫、手染布裙、民俗饰品、异国风情的花色,极华丽或极朴素的化妆等都比较适合她们。

穿出个性,才能穿出你的特有气质,不同个性着装的颜色也有一定的讲究。个性一般可以分为五种:

急躁武断的个性。建议这类女性少穿容易激发急躁颜色的服装,例如红色。

优柔寡断的个性。建议这类女性少用粉色等温柔颜色,除非你的能力已被证实了。

稳定谨慎的个性。这类女性的个性还不鲜明,风格尚未形成,尽量避免基本色。

果断利落的个性。建议这类女性少用冷的、严肃的颜色,例如蓝色。

反应迟钝的个性。建议这类女性不要用混浊的、非纯正的颜色,例如在所有颜色中调了点灰色的颜色。

不同肤色和脸形着装的巧妙搭配

女人要想穿出自己独特的魅力,展现自己的风格与气质,首先要认识自己的肤色和脸形。下面简单介绍不同肤色和脸形的女性在着装时的搭配秘诀。

1．不同肤色着装的巧妙搭配

很多女性朋友都有过这样的经历:拼命逛街,精挑细选,就在满心欢喜地穿上自己满意的时装,期待着朋友或同事称赞时,他们的反应竟然是:"你怎么了?脸色这么难看,是生病了吗?"真是令人沮丧,让人无语。造成这种结果的原因就在于衣服的颜色与肤色不匹配。

因此,在决定选择什么颜色的服装之前,你首先应该确定自己肤色的基调。根据肤色选择适合你的服装,才能达到理想的效果。基本上肤色的基调可大致分为以下五种:

(1)白皙肤色。这类肤色的女性要想显得洁净、素雅,可着明亮度高的浅色服装,如黄色、浅绿色、淡蓝色、粉红色、银灰色等;若要显得活泼可爱,可着深红色、杏红色、紫色、绿紫色的服装;若想皮肤显得更娇嫩、白皙,可着深色服装,如蓝色、黑色、烟色等。

(2)红润肤色。红润皮肤给人精神焕发、富有朝气之感,这类女性可根据自身的情况,穿出不一样的感觉。面色偏红者,可着淡黄色、中黄色的服装,这样显得有朝气,不可穿绿色和黑色上衣,因为绿色与红润肤色不易协调,而黑色会加重面红颜色或产生黑红肤色的感觉,也不美观。

(3)偏黄肤色。健康的面色偏黄,这类女性宜选浅色和柔和颜色的面料,如中灰色、浅灰色、粉色、红色、蓝色,不宜穿纯黄色、橘黄色、墨绿色、深紫色等颜色的服装,因为这些颜色会使肤色显得更黄,从而失去朝气。另一种黄肤色者,最好选择带有调剂精神的色彩图案的面料,以弥补面色发黄的不足。

(4)深褐肌肤。有的女性的肌肤是茶褐色的,看起来更有个性,适合墨绿色、枣红色、咖啡色、金黄色的服装。

(5)偏黑肤色。偏黑肤色的女性宜采用浅色调衣服,如浅蓝色、蓝绿色、白色、淡黑色等,不要选择颜色深、明亮度低的面料做上衣。

2. 不同脸型着装的巧妙搭配

千人千面,每一个女人都有不同脸形,但每种脸形都有属于各自的美。脸形大致可以归纳为四种,那么怎样着装才能更加衬托出脸形的精致迷人呢?

(1)长脸。长脸的女性朋友们非常适合圆领、披肩领、立领的服装。立体感的圆领会让脸部线条看起来更圆润,从而解决脸长的烦恼。

不宜穿大V领的服装,因为这样的衣服在视觉上会使脸显得更长,开阔的领口会露出更多的皮肤,使脸显得更加细长。

(2)方脸。方脸的女性朋友们非常适合小U领、圆领的服装。圆领可以平衡面部轮廓,缓和方形脸棱角分明的轮廓,减缓过于明显的线条。如果在领口上有一些花纹或小设计,则有缓和面部硬朗轮廓曲线的作用,让面部看起来更加小巧精致。

不宜穿方形领、菱形领的衣服,因为这样的领口只会更加突出面部轮廓。

(3)圆脸。圆脸的女性朋友们非常适合U领、V领的服装。V领在视觉上能起到拉长脸部线条的作用,显得脸部更修长。

不宜选开阔的圆领服装。开阔的圆领服装会加重圆脸的轮廓感,突出脸部的圆润线条。

(4)尖脸。尖脸的女性朋友们非常适合立体感的荷叶边外翻领、立领的服装。立体感的外翻荷叶边圆领口可以有效改善和缓和面部的尖锐轮廓。

不宜穿深V领的服装。开阔的深V形会加重脸部的尖锐感,在视觉上延长脸部线条,使面部更显细长,更加强了尖锐轮廓。

如果女性朋友们能熟练掌握以上技巧,就能搭配出适合自己的色彩,穿出自己的风格。

着装的色彩搭配技巧

服装色彩是服装感观的第一印象,它有极强的吸引力,若想让其在着装上得到淋漓尽致的发挥，必须掌握着装的色彩搭配技巧。下面我们为女性朋友介绍不同衣着颜色搭配技巧以及适宜的妆容。

1. 蓝 色

颜色搭配：蓝色适合搭配紫蓝色、小碎花图案的服装。

适宜化妆：粉红色粉底、咖啡色眉毛、玫瑰红胭脂、稍暗的大红或粉红色唇膏。

2. 黑 色

颜色搭配：黑色为百搭色，适宜此色的女性可以用它来搭配其他任何颜色的服装。

适宜化妆：深红色粉底，暗红色胭脂，银色、蓝色、绿色等眼影及枣红色口红。

3. 白 色

颜色搭配：与黑色相同，白色也是百搭色，可与其他任何颜色的服装搭配。

适宜化妆：深色粉底，眼部的化妆应强调立体感，可以画上眼线和涂上眼膏来强调眼部的神韵，然后涂上明亮的红色唇膏。

4. 红 色

颜色搭配：红色最宜搭配白色，艳红色上衣与蓝色牛仔裤搭配也是不错的选择。

适宜化妆：粉红色粉底、灰色眼影、黑色眉毛、玫瑰色胭脂及深玫瑰色唇膏。

5. 黄 色

颜色搭配：浅黄色宜搭配咖啡色。

适宜化妆：粉红色粉底与面粉、蓝色眼影、咖啡色眉毛、玫瑰红色胭脂及粉红色唇膏。

6. 绿 色

颜色搭配：绿色一般与白色搭配。

适宜化妆：黄色粉底、粉红色面粉、同服装色系眼影、深咖啡色眉毛、橙色胭脂及橙色唇膏。

7. 花 色

颜色搭配：小碎花布料适宜同色系的素色布料，大花式的花色衣服适宜采用对比色或白色搭配。不论是什么样的花布，如果是两截式的服装，一定要注意其深浅，若是上身色浅，则下身应该色深，下身若深，上身就要浅。

适宜化妆：一般化妆即可，强调你的个性及你想凸出的气质。

世界因为色彩而美丽，无论自然界的各种事物，还是人类社会，都是由斑斓的色彩构成的,女人的美丽也是通过色彩展现出来的。

作为美丽的代言人,色彩对于女人而言,作用之大是不言而喻的。如何巧妙地利用色彩来装扮自己,这是女人一生都在研究的课题。恰当地使用色彩可以充分展示女人的美丽,使女人变得更加有气质;反之,会使女人变得庸俗乏味。

每一种颜色都有其自身的内涵,每一组色系都有其巧妙的组合,每一个女人都有适合自己的独特色彩。

要想学会巧妙利用深浅色系来搭配服饰,就需要了解一些色彩调和的补色与配色方面的技巧。

补色关系是指每一色相与相对色相之间的关系。灵活运用补色关系是色彩搭配成功的要点。一般人只需记住五大色相的基本补色关系,即红的补色是蓝绿、蓝的补色是黄红、绿的补色是紫红、黄的补色是蓝紫、紫的补色是黄绿。根据上述的配色原则给服装配色,就能避免色彩不协调的弊病。

有些女人喜爱紫色,但不想以一身纯紫色来打扮,那么可以首先分解一下紫色。紫色是由蓝绿色与紫红色混合而成的,因此,可以选择一条蓝绿色的裙子,配上紫红色的上衣,二者颜色虽然比较强烈,但因其混合色是紫色,故仍给人以高雅的感觉。如果用接近白色的浅紫色来搭配紫红色上衣,则可显出一种柔和别致的格调。两种颜色配置的比例不同,也会形成特殊的补色效果。如一位豆蔻年华的少女,穿一件蓝上装,配条橙色或黄色的裙子,会在整体上给人以青春活泼的感觉。如果在浅褐色的套装上,配上深褐色的皮带、皮鞋及帽子,可使服装看起来具有活力。

也可以利用同色强调对比方式配色。如果穿一件灰黑色的套装,为了避免显得太老气,可用一条接近白色的浅灰色裙子来搭配,这种同色强弱对比方式的配合,无论何种年龄,均可产生轻快明朗的生动感。

颜色还具有矫正身材的作用,如墨色能使臀部和大腿粗胖的人看起来更苗条,横条纹可以使瘦削的人显得略为丰满。

女人只要巧妙地运用服装色彩,便可以扬长避短,表现自己的优点,掩盖缺点,让衣着打扮展现你的美丽。

一个懂得装扮的气质女人,在打扮自我的时候,不但重视自我存在,同时也会留意周围的环境条件,依照情境做适当的调整,这样才能用色彩打扮出真正的自我,使美丽得到充分展示。

不同季节型女人适合的色彩

我们按春、夏、秋、冬四季将女性分为四类,看看不同季节型女人各自适合什么样的色彩。

1．春季型女人

春季万木勃发，到处一片生机勃勃的景象。春季型女人往往有着乌黑明亮的双眸与细嫩透明的皮肤，神情充满朝气，给人以年轻、活泼、姣美的感觉。这种类型的女人用鲜艳明亮的颜色打扮自己，会比实际年龄显得更年轻。

肤色特征：浅象牙色、暖米色，白皙、细腻而有透明感，脸上有珊瑚粉色的红晕。

眼睛特征：像玻璃球一样明亮，眼珠呈现焦茶色、黄玉色，眼白为湖蓝色。

发色特征：明亮的茶色、柔和的棕黄色或栗色，发质柔软。

适合的口红：桃粉色、橙色、明红色、桃红色。

服饰搭配：适合以黄色为主色调的各种明亮、鲜艳、轻快的颜色。在色彩搭配上应遵循鲜明对比的原则来突出自己的朝气与俏丽，适合用驼色与浅棕色做职业套装，鞋和包以浅绿松石或清金色搭配为佳。

2．夏季型女人

夏季是个奔放的季节，花草繁盛。夏季型女人给人以温婉飘逸、柔和而亲切的感觉，如同一潭静谧的湖水，使人在焦躁中慢慢沉静下来，去感受清静的空间。这种类型的女人的身体特征决定了轻柔淡雅的颜色才能衬托出其温柔、恬静的气质。

肤色特征：粉白、乳白色、带蓝调的褐色、小麦色，脸上有淡淡的水粉色红晕。

眼睛特征：目光柔和，整体感觉温柔，眼珠呈现焦茶色、深棕色。

发色特征：轻柔的黑色或黑灰色、柔和的棕色或深棕色。

适合的口红：浅粉色、粉紫色。

服饰搭配：用蓝基调扮出温柔雅致的形象，适合较深的玫瑰棕、酒红色、紫色。穿蓝灰色或灰蓝色显得非常高雅，不同深浅的蓝灰与不同深浅的紫色、粉色搭配最佳。

3．秋季型女人

秋季是收获的季节，秋季型女人有着瓷器般平滑的象牙色皮肤或略深的棕黄色皮肤，一双沉稳的眼睛，配上深棕色头发，尤显成熟稳重，是四季色中最成熟和华贵的代表。

肤色特征：瓷器般的象牙色、深橘色、暗驼色或黄橙色皮肤，脸上不易出现红晕，呈现金黄色的感觉。

眼睛特征：目光沉稳，眼珠呈现深棕色、焦茶色，眼白为象牙色或略带绿的白色。

发色特征：褐色、棕色、铜色、巧克力色。

适合的口红：砖红色、铁锈色。

服饰搭配：用浑厚浓郁的金色搭配出成熟、高贵的形象。穿着与自身特征相协调的以金色为主的暖色系颜色，会显得高贵典雅。适合的颜色有金色、棕色、苔绿色、橙色等华丽的颜色，烘托出自信与高雅的气质。

4. 冬季型女人

冬季里植物纷纷凋谢，冬季型女人适合用鲜明对比、饱和纯正的颜色装扮自己。黑发白肤与眉眼间锐利鲜明的对比给人以深刻的印象，充满个性，与众不同。

肤色特征：青白或暗黄的橄榄色皮肤，泛青的黄褐色皮肤，脸上不易出红晕。

眼睛特征：眼睛黑白分明、目光锐利，眼珠为深酒红、深黑色、焦茶色。

发色特征：乌黑发亮，呈黑褐色或银灰。

适合的口红：酒红色、玫瑰红。

服饰搭配：对比色搭配，凸显惊艳、脱俗之感，适合黑、白、灰以及所有纯色、蓝色、紫色。纯正的蓝色和紫色是冬季型女人的专用色，适合做套装、毛衣、衬衫、项链、戒指的用色。

职业女性的着装原则

一般来讲，女性着装以整洁美观、稳重大方、协调高雅为总的原则，还要考虑到服饰、色彩、样式与自身年龄、肤色、气质、发型、体态相协调，着装要符合时间和场合，不同的场合有不同的着装特点，选择服装时要注意符合这些特点。每个女人在扮靓自己之前，都要对自己的个性、风格有个准确的把握。

俗话说："人靠衣装马靠鞍。"着装是很有讲究的，带有浓郁女人味的着装，让原本平平常常的女人脱颖而出。那么，作为职业女性着装应遵循哪些原则呢？

1. 着装风格要符合职业特点

想要树立完美的职业形象，着装学问是必须要掌握好的。不成功的着装所传达给上司的唯一信息是：重要的任务不能放心交给你做。职业女性应选择正式的职业套服，但不同的职业有着不同的要求，做教师的当然不能穿吊带装，而时尚杂志的编辑、记者也不要打扮得很古板。所以，职业女性的着装风格要符合职业特点。

2. 要根据自身的特点选择着装

别人穿着好看的衣服到了你身上未必也好看，所以要根据自身的特点选择着装。体形娇小的女性适合简洁流畅风格的服装，可以使身形显得修长。身材不高但丰满的女性适合同一色系的衣服，这样可以有使身材变高的感觉，不适合闪光发亮的衣料或带有夸张图案的服装。对于现代女性来说，热衷于流行时装是很正常的现象，身处于这样的大潮之中，即使你不去刻意追求，流行也会左右着你，但要避免过分花哨、夸张的款式。

3. 掌握色彩技巧

不同色彩会给人不同的感受，如深色或冷色的服装让人产生视觉上的收缩感，显得严肃庄重，浅色或暖色调的服装会有扩张感，使人显得轻松活泼。我们要根据自己的肤色来选择服装的色调。一般而言，皮肤白皙的女性，对服装的色彩要求并不严格，适应面较宽。肤色较深的女性既不适合着太过鲜艳的，也不适合黑色的服装，可选择白色或海军蓝。皮肤微黄的女性适合粉红色、浅紫色的服装，这种色彩会使脸色增加亮度。此外，服装的色彩与个人的性格也要相协调。

4. 职业女性着装大忌

在选择最适合自己的着装时，还要注意不要走入误区。

（1）不要过于节俭。一年只穿两套洗得泛白的套装，如果你认为花费在上班服装的金钱是无谓的投资，那就大错特错。你沉闷单调的外表会给人一种呆板、不愿与时俱进的印象。

（2）不要过分崇尚名牌。职业女性在选择套装时一定不要忽视它的质量，但并不是只有名牌服装才质地好，也别认为名牌货一定适合所有人，购买前也需清楚该品牌的风格及剪裁跟你是否适合。

（3）不能无视身材的缺点。你需要有面对自己身材缺陷的勇气，例如腿粗的就别着短裙，身材肥胖的就别着紧身衣物。当然，若你坚持这样的穿法，也不是罪过，但不会是令人赏心悦目的穿着。

（4）别过分自信。服饰搭配很讲求自信，但也不表示你需要谢绝所有评语，漠视别人的意见。过分坚持太过自我的装扮，其实也不代表你会穿出最适合自己的理想形象。职业女性还必须注意，除了穿着应该考究以外，从头至脚的整体装扮也应讲究"整体美"。

优雅服饰，扮靓职业人生

作为女人，你尽可以把自己打扮得华丽或者性感，但在办公室就不同了，要尽量在穿出自己个性的同时，还要体现出优雅的品位。要想做到这一点，你应在衣裙款式和配饰的选择上下些工夫。

1. 衣裙款式的选择

颜色审美的培养尤其重要，蓝白间色或蓝白花朵天生就是女性清纯美丽的代言者，它会使你觉得不俗。此外，与秋天的田野色彩密切相关的颜色，如麦秸白、玉米黄、桔藤色、薄暮色等，都是接近大自然沉思状态的色彩，它们身上已洗尽浮躁之色，焕发出几经磨砺与风霜之后的清淡之美，这种美正是优雅的基础。

从款式上说，修长简洁的线条比"短小打捞"更能体现出卓越动人的典雅之美。短皮裙、短夹克是一种青春反叛性格的折射，也是愤世嫉俗的表现，而优雅则是远离激愤的状态。

优雅的宽容度最大，它可以对格格不入的衣着文化表示理解，但它绝不随波逐流。缀有盘花扣的长马甲、长衬衣和略紧身的织麻马甲，及踝的印花土布裙，毛麻混织的烟土色裙，露出一截秀丽的脚踝……这都是优雅的服装。

2．配饰的选择

配饰的重要性不亚于服装，尤其是女士随身携带的包袋，乃是女士们"风华绝代（袋）"的魅力发射源。伊丽莎白女王为何身不离包？正是因为那玲珑拎包是其整体气度的支撑点，少了一个包，优雅美就有了缺口。

一般来说，拎包比挎包优雅，大包比小袋更有雍容风度。

如果是年轻女士，不妨买个双肩背的真皮小背囊，背囊不仅使女士们行走时很自觉地挺胸收腹，而且能成为休闲装散淡之美的聚焦点。有了这么个背囊，穿卡通T恤和休闲中裤的女子就难有过分慵懒之相，她仿佛是从午睡的迷糊状态中突然惊醒了……优雅可是一种清醒状态下的美。

富贵相太足的首饰是优雅的大敌。钻链、金项圈、大颗粒的钻石，自有其展示风采的场合，但与优雅无从亲近。什么是优雅的饰物？一块不太纯净的玉，穿以结有同心结的丝绳，陶片、大陶珠串起的"清陶项链"，菩提籽做成的灰色串珠。

这样，你也许会获得意想不到的赞誉和好感！

丰满女性的着装技巧

在这个以苗条为美的时代，过于丰满的女性常常为自己的身材而苦恼，不知如何穿着才漂亮。其实，使自己变美的方法不仅仅只有减肥瘦身，掌握一些着装技巧，巧用颜色搭配，也会展现出你的迷人气质。

暗色直条纹套装展现出女人的优雅品位，而细长的白条纹套装使人看上去更修长。值得注意的是，条纹服装虽然好看，但是切莫选择横条纹，因为它会让你更加丰腴。

腿粗的女性可以选择有皱褶的裙子，以掩饰过粗的腰围。另外，白色的衣领也适合丰满的女性在正式场合穿着。非皱褶裙搭配暗色圆领外套能显示出纤细的感觉，白色衬衫亦是重点的点缀，给人清爽而又优雅的印象。

清一色的黑色连衣裙、袜裤、鞋子、手套、帽子、手袋的组合，并以金质项链来点缀，会让你在神秘之中显现出迷人身段。

飘逸的白色圆裙搭配合身的深色上衣，可以巧妙地衬托出纤细的腰身，也可以掩盖住丰腴的身材。如果这时再配上一串复古的长项链来点缀,就更显贵妇的味道了。

格子服饰、长裤都能为体型丰满者带来意想不到的效果,窄小的衣领显出轻快感,带有格子图案的帽子亦能点缀出几分帅气。

束起的上衣搭配深色牛仔裤可以穿出最佳的身材。合身的牛仔裤,不仅可掩饰身材的缺憾,还能表现出一份年轻与自信。丰满的女性只要将深色的牛仔裤束起上衣,并用腰带点缀,身材就会变得纤细许多。

巧妙着装,弥补缺陷

每个女人都会有一些不愿意暴露的体型上缺陷,而巧妙着装恰恰能掩饰体形上的缺陷。只要掌握了不同体形的服装搭配技巧,我们便可以扬长避短,收到意想不到的效果。

1.美化颈部

长颈。蓄一款长发,领围力求宽松,从而淡化颈部的"长",选择翻领或半高领为宜。

短颈。尽量多露出一些颈部来使短颈显长,选择V字领、U字领、无领等式样为宜。

粗颈。挑选突出肩部尺寸宽度的服装来模糊"粗"的范围,加强对比感,宜选择加宽的领子、深领口。

细颈。与粗颈相反,可在领部做一些装饰来掩盖颈部的纤细感,宜选择小领口且领口不深的服装。

2.美化肩部

有的女士很不满意自己的肩部线条,其实只要稍做装饰,这些小缺点就可以变得完美。

溜肩。可选择领口加长、加大的服饰,还可用垫肩、褶皱、泡泡袖等设计弥补溜肩的缺点。

窄肩。选择一字领的服装,以增加肩部宽度,也可采用夸张肩部或横条纹的面料装饰肩部的方法,起到掩饰作用。

斜肩。可以在低肩处加垫肩,这是很多女性采用的方法。另外,选择不对称的时装也是一种好方法,不但遮挡了不足之处,还走了时尚的路线。

3.美化腰部

腰部的线条对服装的穿着效果影响很大,美腰几乎是每一位女性关注的焦点所在。腰部的缺陷也是可以掩饰的。

粗腰。一般可采用两种方法来掩饰:一是"高胸细腰"法,即增加胸高,利用对比度来掩盖粗腰；二是"视觉转移"法，如可在连衣裙腰部两侧加上口袋的样式，把人们的视线转移到口袋上，从而忽视了腰粗的缺点。

长腰。宽松的半截裙是长腰美女们的首选，加宽腰带、提高腰线，也可增加上半身的变化而吸引人们的视线。

4．美化臀部

臀部也是女性审美的一个标准，也是人们目光的焦点所在，所以臀部的地位举足轻重。让臀部变美也很容易，只要运用好臀部的不同线条，做合适的搭配，就会得到满意的效果。

臀外翘。色彩的搭配成为关键，上身用浅色，下身用沉稳的深色，在视觉上可以遮蔽臀外翘的缺陷。但是切记不要选用轻薄、垂感强的衣料，否则较易显露体形缺陷。

臀平坦。可以利用面料的褶皱在臀部形成的凸起而使臀部显得丰满，从而掩饰臀部的平坦。

臀肥大。千万不能挑选紧身裤，适宜选择较宽松的服装，长度要盖住臀部。特别是裙子，应样式简单、少褶。

5．美化腿部

裤装、裙装的选择与腿形的关系也很大。

粗腿。以直线形且较宽松的裤子或中长的裤子（过膝）为宜，这样可遮掩腿部。

短腿。选用短小上衣，提高腰线，裤子的颜色以浅色为主，裤腿要长，立裆相应要短，且裤口不宜过大。

罗圈腿。应选择长度过膝的裙子。

6．美化整体造型

穿着服装讲究的是整体效果，所以一定要从整体上考虑。

丰满型着装。挑选深领口的领形，并略加宽肩处理，以此来平衡下半身的视觉效果。避免穿紧身的毛织类服装，否则会显得十分臃肿。

过瘦型着装。挑选比较宽松的服装，以能使身材显得饱满一些的花色为主，如条格与人花都会起到很好的装饰效果，颜色尽量选浅色。

过高过胖型着装。挑选裁剪得体且加长的衣裤，宜穿着有分割线的衣服，也可穿不对称的衣服。在面料的选用上，取厚薄适中、较为挺括的衣料，颜色宜偏深。

矮胖型着装。适合选择宽松的衣裙，裙长一般在膝盖以上。花型宜选中小型，款式简单。

世界上没有完美的女人，每个女人都有体型上的缺陷，只是你包装得巧妙，突出优点，掩盖缺陷，会令你眼前一亮！

选择适合自己的内衣

随着女性对生活品位的不断提高，内衣——这种与女性贴得最近的服饰，其地位日益重要，它不仅限于以往那种只为遮体这一简单的功能。如今质地款式名贵高雅的内衣，可以穿出流动的曲线，尽现女性的魅力。

内衣是女人的一种柔情，又是对自己的一份宠爱。当一个女人独自在镜子前摆弄着她新买的内衣，并做出各种可人的姿态时，尽管并没有观众在旁边鼓掌喝彩，但这个女人的自信和那份对生活的热爱早已呼之欲出了。

内衣是女人的第二肌肤，再找不到比内衣更能表达女人细腻的情感和对时尚的执著了，一个真正懂得时尚的女人绝不会忽视内衣的作用的。如果一个女人外表光鲜而时尚，内衣却廉价随便，我们敢断言，这样的女人绝不是真正的时尚者，也不是真正懂得生活的女人。

真正的时尚者是不会放弃内衣的。虽然能够欣赏到自己内衣的人实在太少——除了自己，也就只剩最亲爱的人了，不过，内衣本来就不是给更多的眼睛关注的。如果说外衣是为了悦人，那么内衣则是为了悦己。

内衣的体贴浪漫如坚贞不渝的恋人，它的朦胧、暧昧、温婉、激情又似人们始终追随的爱情。女人对待内衣的态度，恰恰体现了她们心理的成长过程：矜持羞涩、亮丽清新、热情奔放……它不再是女人掩藏起来的秘密隐私，而是在有度的保守与开放之间，勾勒出时尚与潮流的曲韵。

为了给你曲韵的美丽以极致的体贴与关怀，你一定要注意选择适合自己的内衣。

1．选择适合自己的尺寸

由于过于宽松的内衣穿着会引起乳房的下垂或变形，或因为过于紧束的胸衣导致乳房受压迫、胸部血液循环受阻，造成扁平胸、乳头下陷以及胸衣外的肌肉下垂形成赘肉等，都是不健康的。因此，购买内衣时一定要进行试穿。不要因为不好意思而直接购买，更不要在买回后发现不太合适时仍将就着穿戴。

同时还要注意选择适合自己的内衣样式。内衣分全包、半包、斜包式以及有托衬、无托衬几种。有的托衬还会用到长短不一的钢丝。女人身体的细小处千差万别，告诫所有的女性朋友不要只被内衣绚丽的颜色与别致的花边所吸引，冲动地做出片面选择，这于女性胸部健康而言是大忌。

2．选择适合自己的款式

蕾丝是女性内衣永恒魅力的主题。贴身通花的黑色内裤、2/3罩杯的小碎花镂空文胸，是罗曼蒂克型女人的钟爱之物。这时，内衣的性质不再局限于掩体遮羞，却更像一朵在女人身体上盛开的花,鲜艳、娇羞、惹人怜爱……与端庄纯情的传统内衣相比,蕾丝所呈现的女人世界更像一道炫目的彩虹。一些款式的文胸,其下沿还饰有透明花边的裙摆,法式的情趣弥漫一身。想象一下,倘若在西装领的一角,露出一点点蕾丝的身影,若隐若现,会不会是一种独特的心境?宛如绿丛中偶尔无心崭露头角的花骨朵,有种不经意的温柔与淘气。

雪纺的轻柔、蕾丝的浪漫、棉布的含蓄与素雅,都是在诠释女人的独特气质。不论从一而终的传统保守,或者多情幻想的浪漫,还是性感热情的豪放,女人都不要将自己的风格固定在一个模子里。随着成熟的临近,大胆的尝试更能帮助自己找到新的自信。

3．选择适合自己的面料

全棉托衬全包式罩杯适合胸部欠丰满的女子。如果是正处于发育阶段的少女,最好不要用带钢丝托衬的胸衣,以免伤害到稚嫩的肌肤与脆弱敏感的胸部生理组织。对于胸部已经足够丰满却没有明显乳沟的女子来说,斜包式钢丝托衬是合适之选,这样不仅能使她的胸部拥有完美乳线,还能帮助双乳定型。完美的胸部丰满而挺拔,带钢丝托衬的半包式罩杯不仅能起到很好的承托作用,还能将美丽的胸部凸现出来。对于胸部已经有下垂迹象的女性来说,选择连身型的功能性内衣是比较合适的,因为它不仅可以矫正胸部形状,还能帮助你塑造理想体形。

从质地上看,全棉针织面料的内衣最富有弹性,且最具有耐久力。其他化纤、真丝、混纤也都具有比较理想的伸缩力。因为内衣的基本功能是它对于胸部的包容和承托性,所以,选购时应多注意这一点。

4．选择适合自己的颜色

白色应该是属于青春期的专有色彩,它的柔和、明朗、洁净与清纯,让人想到蓝天里自在悠闲的云朵,一种素雅恬静的温馨扑面而来。选择白色内衣的女人心理单纯、含蓄矜持,性格温婉可人。尤其在纯棉质地上饰以朴素细碎的绣花,更加浪漫。选择白色(或自然色)的内衣,就无需考虑是否会与外面的着装相冲突,这一类型的内衣个分方便女人搭配衣着,实用简单又永不过时。

充满幻想、撩人妩媚的黑色,其本身便具备一种性感。它具有一种引人注目的高贵,若在外面搭配一件同色半透明的薄衣,隐约的光影于虚实之间涌动着迷幻的暧昧与激情,令人充满遐想。即使是在外面配上其他颜色的薄衫,也是不错的效果。

神秘的紫色充满了朦胧优雅的气质。

柔媚亮丽的金黄将娇俏完美诠释。

粉色的含蓄,却在表达心底欲说还休的情愫……

作为女人,一定不能忽视内衣的美丽。一款体现你个性特色的内衣,不仅可以愉悦你自己,也是在你的爱侣面前尽展女人魅力的重要细节。

内衣的选择是一门学问,不同的外衣要求相应的内衣,相信你只要能掌握配衬内衣与外衣的窍门,那么,美妙的体态、独特的气质和不俗的品位,不再是遥不可及的梦。

内衣与外装的巧妙搭配

内衣不但需要配合外装也要配合体形和心情。如能结合外衣的设计及面料和穿着场合，就能体现穿衣者的品位和修养，并取得相得益彰的效果。

常人以为浅色系外装要选肉色内衣。夏秋季节的浅粉色系、白色系以及半透明衣裙，穿白色胸衣最保险，不会配错颜色。其实不但这样，纯白色内衣在浅色和半透明面料下会非常突出地显形。内衣穿着，以造型不留痕迹为最佳。在粉色、浅黄等暖色系和半透明外装下，穿贴近肉色内衣为最佳！比如极浅的驼色、嫩黄色、牙白色、嫩粉色、粉底色等，会给人一种和谐、自然、轻松、随意的舒服印象。

嫩色系外装要选浅色系内衣。嫩色系是指那些浅色中有鲜亮因素而绝无灰色因素的颜色，如橘黄、黄绿、鹅黄、橘红、嫩粉等色系。这类外装穿上去亮丽可爱、楚楚动人，纯白色内衣与之搭配是很好的，此外，还可以选黄色、浅咖啡色、淡紫色、浅绿色等内衣。如果是低领或露肩外装，最好选接近外装颜色的内衣；另外，不会流露内衣的外装，在各色浅色系内衣中可以任意搭配。需要注意的是，绝不可以选深色系内衣穿在嫩色系外衣里面。

艳色系外装要选亮色系内衣。大红、明黄、翠绿、宝蓝、玫瑰色等艳色系外装，可以搭配白色内衣，同时还可以配金红、果绿、湖蓝、深粉、玫红等色系内衣。这不仅使内外一致，而且还会使人心情上有种明朗放达的感觉，非常开心。这个时候若选肉色系或浅淡色系内衣，就会显得太平常普通，而选用深暗色内衣又有种沉重的感觉。艳丽就是要从里到外地艳丽。在庆典、盛会、公众场合，艳丽与开朗，是女子最美丽的表现。

深暗色系外装要选用相近色或者反色系内衣。在许多正规场合，黑色、墨绿、藏蓝、紫红、深咖啡、暗红、紫罗兰等色系都是非常庄重和俏丽的颜色，这时候，内衣选深蓝色、黑色、大红色、咖啡色、深绿色、玫瑰紫等是适宜的。当然，穿着不袒露外装，纯白的也很好看。

丝袜让你光彩夺目

女人受上帝特别的偏爱。在女人可以露出腿来走路的时候，上帝就赐予女人一个重要的礼物——丝袜。因此，女人体现在腿上的美就跃升了一大步。假如在世界上没有一双完美的腿的话，那么自从有了丝袜，我们就可以自信地选出那双完美的腿了。

随便放在包里或放在某处的丝袜，它只能说是一件毫无美感，也无意义的东西，只有它与女人的腿结合在一起，才能光彩夺目起来。

会不会穿丝袜，反映的是一个女人内心的品位。

透明素色是丝袜最适用的颜色。素色的好处在于低调，且品位上乘，而且也容易搭配服饰颜色。选择肤色丝袜时，用手臂内侧而不是手背来测试丝袜的颜色，因为手背肤色通常会比腿部肤色要深。黑色的丝袜也很实用，当穿着深色服饰和黑色鞋子时，黑色丝袜可以将服饰和鞋完整地连贯起来，能够表现整体的造型效果。一般地，透明素色丝袜，易于强调和突出腿形和肌肤感，而黑色丝袜更有利于服饰连接和过渡。其他颜色的搭配也有很好的效果，但要非常认真，它们的搭配是比较困难的。

衡量丝袜品质的标准是弹性的好坏。弹性取决于丝袜的材质，以尼龙加上优质弹力丝（如莱卡）为好，再采用包芯方法制成的丝袜弹性更好，手感也更柔软。此外，莱卡的含量也很重要，莱卡含量高，丝袜的弹性和回弹性好，色度及透气性都能好一些。

有一种这样的丝袜，初看感觉非常轻薄柔软，弹性也非常好，但当用手撑开时就会发现纤维的密度织得非常稀松，那样的丝袜穿在腿上无法形成肌肤般的细腻质感，容易抽线钩丝。穿抽线钩丝的丝袜会使你的魅力指数大大下降。

彩色或镂花丝袜可以给休闲套装增加有趣的个性，适合年轻的女孩。对于优雅、成熟的女性，不建议选择过于新潮的丝袜，虽然丝袜制造商们不断推出流行的款式，也总被时尚媒体告知"这个季节流行网眼的、有图案的或彩色的"丝袜，在正式的场合要特别注意丝袜的品质、透明度以及款式，这是你个人魅力的体现。

好的丝袜还应与腿部高度相契合。丝袜的松紧口或连裤袜腿根部的织法是品质好劣的关键之处。高品质的丝袜会照顾到穿着者的舒适感，同时确保与肌肤理想的贴合度，如改变织法、加固或加精致的蕾丝花边等，让丝袜不会在关键时刻往下滑。由此，要注意选择相对固定的品牌和织法的丝袜。

丝袜的穿着方式也要讲究，特别是黑色的透明丝袜，穿的时候要拉得服帖平均，腿才会"着色均匀"。流行这样一种说法："穿丝袜要有一种仪式感。"所以，每次穿丝袜时，应该修剪好指甲或是戴上纯棉的手套，轻轻地套上足尖，一寸一寸地往上延伸，直到无皱无褶地与皮肤完全贴合。优雅地穿丝袜的过程，也是女人体验美好情调和细腻情节的过程。

华丽蜕变从鞋开始

自从女人的鞋子跨入装饰品行列那一天，珠宝的点缀也已变得平庸无奇了。无论是跳跃的色彩、玩味的造型，还是千奇百怪的材质组合，仿佛都在讲述着一个女人的华丽蜕变。

爱美的女人十分钟情高跟鞋,因为,女人优美的姿态,很大程度与高跟鞋有着非常紧密的关系。穿平底鞋与穿高跟鞋走路的感觉是完全不同的。不管你是不是喜欢穿高跟鞋,一旦穿上它,因为要平衡身体的重心,你就会不由自主地变得挺拔起来。为了使自己的步态优美,你必须适当地收紧小腹,伸直膝盖,将重心自然地由脚跟过渡到脚尖,让步履尽量轻盈一些。这样一来,走路时自然会变得优美婀娜起来。因此,尽管是个子偏高一点儿的女性,出席正式场合也可以选择稍有高度的鞋子。

当然,不要选择鞋跟超过 5 厘米的鞋子,那会有损身体健康。要想鞋与形体美完全统一,买鞋时首先得考虑舒适度。一双不舒服的鞋,会因不得不改变行走姿态而破坏体态,时间长了,会严重损伤形体。此外,对于职业女性来讲,过高的鞋子会限制活动范围,降低工作魅力。不要在商务活动期间穿新鞋或高度不适的鞋,这种场合女性最吸引人的魅力不是性感和妖媚。

鞋的选购很重要,既要耐穿,符合个性,还要注意可搭配性。一个有魅力的女性,至少得有 10 双以上能够穿得出去的鞋子。其中 3~5 双可以搭配各式各季、适合搭配三种自己常用色彩的正式套装的鞋,3~5 双晚会鞋,2~3 双休闲便鞋,1~2 双运动鞋,并且还要有自己喜爱的运动项目的专业运动鞋。如果你喜欢旅游、徒步旅行,还得特别准备心爱的旅游鞋或登山鞋。运动休闲是放松和快乐的,穿上心爱的鞋,心中会充满更多的快乐和喜悦感。

买鞋时要根据经济能力选择鞋的价位。应该了解的是,用于正装的鞋得有 1~2 款尽可能是知名品牌或品质非常好的。价格高昂的皮鞋不仅贵在牌子上,而且贵在精良技术和可靠质量上。在一般情况下,高品质的鞋都不是用机器做的,而是用手工做的,制作者缝合时小心翼翼并且力求每道工序都尽善尽美,这会延长鞋的使用寿命。意大利的纯手工定制鞋,要经过多达 300 多道繁复工序的精工细作。

不管你的经济能力能否让你享受高档商品,你都应该对它们有所了解和学习,正如你不可能拥有所有的名车、古董、珠宝,然而你可以鉴赏和熟悉它们,这是一种修养和品位。每个名牌都展示着一段文化,凝聚了经典元素,可以陶冶你的情操,提升品位。倡导风格元素,是优雅女性的象征。一些品牌的鞋具有极强的舒适性和良好的耐穿性,从鞋面到鞋跟,都经过了精细的琢磨和处理,外表也优雅端庄,俏丽秀美;内部结构材质上乘,可以衬托出脚的性感与妖媚。好的鞋子会让人产生独特的自信,与鞋融为一体。

正装鞋最好选用 3~4 厘米高度的小牛皮鞋,端庄大方容易搭配。颜色以中性色为宜,尤其是黑色,黑色宜于和中性色调或更多色调的衣服搭配,包容性较强。但是,并不是黑色可以搭配所有颜色的衣服,浅色调衣服搭配黑鞋会显得过于沉重,这时你可选用有黑色部分的衣服来呼应,或是配一些黑色的帽子、围巾、项链之类的饰品。另外,如果找不到适合的鞋子配某件衣服,可以选中间色调;一般可选古铜色或红铜色的鞋子搭配暖色调的衣服,灰色、雾银色的鞋子搭配冷色调的衣服。所以,通常你应备有多种色调的鞋子,黑色如古铜色、红铜色、灰色等,你可以用你偏爱的色调,与你喜欢和适合的服饰色系搭配。

学会搭配不同的靴子

　　对于女人来说，秋冬季节想扮靓自己当然离不开靴子。尽管女人把鞋子放在装扮自己的最后一步，但是你对它的重视程度绝不会是最小的。冬季的鞋柜里怎能没有一双展现迷人双腿的靴子呢？选择最适合你的靴子，学会搭配不同的靴子是爱美女士最应该掌握的扮靓法则。

　　选择最适合你的靴子是关键。对于短腿美人来说，靴跟的长度是很重要的。选择5厘米的靴跟会有拉长身高的效果，要使腿显得修长，首先不能让视线分散，和肤色接近的米色鞋子是最佳选择，配上及膝裙就更棒了。底不等于脚长，鞋跟与前脚掌一样厚，也达不到增长腿形的效果。所以马靴虽然可爱，想显得腿长的人还是避之大吉。对于选择长筒靴来说，不显笨重是最重要的。膝盖下的靴筒如果贴身，自然令人觉得腿形修长。但如果靴筒宽松，会使重心下移，小腿就会显得更短小。

　　O形腿的女人不要选择短靴。因为脚踝处正好是O形腿开始的地方，长度刚到脚踝的靴子，会使你的O形腿形完全展露出来。如果选择靴口有装饰或剪口设计的靴子，或者靴长到膝盖以下5厘米，就能达到把别人的视线引开的效果，O形腿也就不那么明显了。高出靴筒几厘米的彩袜也有转移视线的效果。

　　小腿肥胖的女孩不适合设计华丽的靴子，这样会把所有的目光吸引到你的腿上。特别是那些花哨的细鞋带、细后跟，仿佛随时会在重压下被拉断。与其自暴缺点，不如选择运动休闲型或者似乎无跟的靴子，它们简单轻松的设计，能让你的腿形显得苗条美丽。

　　如果腿特别粗，就要注意靴子长度的选择，正好暴露出腿粗部位的靴长是绝对要避免的。

　　紧身靴对腿粗的人来说会有适得其反的效果。倒不如选择靴口略为宽松的，与膝盖上下保持一致，反能使小腿显苗条。

　　漂亮的靴子可以是全身服饰的一个亮点，但一定要有呼应。就好比你穿一件深色的大衣或一套黑色的裙装，蹬一双玫红的长靴，那你就应该在围巾、项链哪怕是小小的发饰上有一点点玫红的点缀，不然就突兀得有些莫名其妙了。

第七章　点睛配饰，凸显迷人气质

> 饰品，是魅力女人关注的焦点。只需要一点点，就可以让女人的审美品位和品质得以体现。耳环、项链、手镯、丝巾、手袋……看似很普通的配饰，就能显示出独特的气质。

饰品是爱美女人的宠儿

有人说，饰品对于男人和女人的意义是不同的。对于男人，象征着权贵；对于女人就是点缀，可以点缀出品位生活，可以点缀出优雅气质，为女人的美丽加分。可见，饰品是爱美女人的宠儿。

选购饰品首先要考虑与服装搭配的可能性，任何一件好的饰品如果缺少这种特性，就不是适合你的饰品。饰品要能够丰富服饰的表达力，或是能够提炼服饰的主题，或者能够表达你的审美情趣。

选购饰品首先应适合你的消费能力，分为高、中、低三个档次是比较合理的。高档的饰品品质感较强，一般多用于重要的社交活动。饰品的品质与服饰、发型、面部修饰的级别相一致。有时搭配得巧妙，用高档的佩件配普通的服装，可提高服装的品质；或高品质的服装与低价的佩件搭配，可提高佩件的品质。

饰品可以多重使用，也可以单独使用。购买时应尽可能买到能多重使用的饰品，为这类饰品多付一点儿钱也是值得的。这类饰品可以用在晚装、日装、职业装等两个以上的场合；或可以与两个以上色彩的服装相搭配，要能配合两个以上季节的服装。此外，要能与你衣柜中三种以上的服饰相搭配，这是对你很有用的饰品。那些只能单一搭配，或只能与衣橱中一两件衣服搭配的饰品是单一饰品，这类饰品尽管色彩和样式很诱人，但放置的时间会比使用的时间多，购买时要好好权衡一下。

质地是购买饰品时需要特别注意的，你要尽量选择做工好的饰品，不管是珠宝金银，象牙、石材、木材、金属或人工复合材料等，做工是首要考虑的因素。

饰品通常是体小而质精的物品,多用在头、颈、胸、腕、腰等这些表现力强的人体重要部位,有很强的视觉影响力。因此,不要为了饰品而使用饰品,恰到好处和画龙点睛是使用饰品的基本原则。

饰品有较强的隐喻性,比如珠宝和金银佩件,它的价值和光泽隐喻了富有、华丽;象牙、石质、木质饰品隐喻较强的厚度、质感和温度;水晶、玻璃等饰品有透明、明快、纯洁以及清凉感。

购买饰品要考虑饰品的点、线、面与体形的关系。饰品点缀在人体重要部位,要格外注意与体形的关系。比如说身材矮小的人适用细小的项链,不适用粗壮或长长的挂件;身材矮小、粗壮的人,几乎不能使用露在身外的腰饰;身材苗条,身高标准的人适于各种佩件,但不宜从头到脚全身装扮,既过于累赘,也会露出俗气。饰品中表现力最强的是项饰和围巾,其次是腰带和手袋。

饰品是女人的心爱之物,也是女人身上的艺术品。

然而,很多女人舍得花钱买服装,却不舍得花钱买饰品,其实,好的饰品的效果常常大于好的服装。不配饰品的服装很难有品位,有时一件独到和心爱的饰品,便让你焕然一新,神韵毕露。

颈部的美丽表达

脸上的生动和胸部的妩媚,尽在颈间诠释。

颈部是头部与胸部之间的部位,颈项部分的装饰品就是项饰,项饰位于身体最为重要的枢纽部位,纵向与头部、胸部相连接,横向与人体双肩互为联系,是人的视觉中欣赏性最强的装饰佩件。

项饰如同个性的表现窗口,不一样质地、不一样形态、不一样色彩的项饰,强烈地表达了女性的个性、鉴赏水准和精神风貌。项饰有密实、疏松、立体、规范和随意等多种形态体现,不同的形态,有不同的表现力,如:密实,具有紧凑、独立、严谨和贵族感,可强有力地烘托头部的形象和力度;疏松,具有自由、流畅的个性,赋予肌肤较强的动感和活力。发光的、昂贵的项饰通常适用于华丽的社交场合或婚礼等特定场合。

项饰紧邻面部,选择项饰应适合于自己的颈形和面部轮廓;粗颈不要用粗壮和夸张的款式;短颈不要用复杂和色彩抢眼的款式;圆形脸不要用棱角分明、线条感强的款式;线条分明的脸不要用圆形轮廓的款式。

项饰包括:项链、围巾、挂件、领结、领花等。其中主要以项链、围巾和挂件为代表饰品。

1. 项 链

项链佩戴于女性颈部最显要的视觉部位,在视觉上具有较强的方位感和走向性,是最易直观地表现造型款式和形象的饰品。不仅具有装饰性,对身份、素养、喜好、个性也具有很强的表达力。黄金质地的项链代表着黄金能量,和太阳相辉映,体现了造物主的至高无上;钻石体现了永恒的主题和纯净的质地;珍珠则体现了纯净和高贵。

较长的项链在装饰上类似于挂件,有着和挂件相似的特性。

2．围　巾

围巾佩带部位显要、面积大,质地、形式、图案、色彩变化丰富,因此视觉感比较强烈,是女性饰品中的一件要物,围巾与服装搭配性很强,可以给服装带来更多的生动性和可塑性。

由于面积和质地的缘故,围巾从宏观的角度来讲,可以作为服装的一个部分;从微观来讲,也是饰品的一类。利用好围巾的服装功能,可以与服装结合形成新的服装结构和形象;利用好围巾的饰品功能,可以获得更多的创造空间和个性化的丰富情趣。如:结在颈部的方巾,使得服饰具有较强的礼仪感;结在胸前的长方丝巾,使得服饰有了飘逸的空间感;扎在颈部的围巾皱褶可以表现出较强的立体感和雕塑感;挂披在肩上的长形围巾可以增添服饰的气韵和风度。

围巾的品质是女性心灵密码的指向,它是贴近女性心灵的语言表达。选择围巾第一要看品质,第二要看主体色彩,第三要看质地,第四要看形式。围巾品质不好,再好的色彩和款式都是很难使用的。围巾的特有结法也给了围巾这种饰品更多的创造空间,同时也是女性关爱生活、富有情感、富有灵性的流露。

3．挂　件

所谓挂件就是挂在颈部的胸饰,类似于项饰中的长项链,拥有动感、空间感、飘逸感,具有较强的线条韵律性和修长苗条的形象感。位于人体胸部正中的垂直线上的挂件,是整体服饰视觉的中心,它对人体的形象、个性、气质的表达和塑造都有较强的影响力,能够形成人体、服装、挂件三个层次以上的立体感,突显人的内涵。

挂件有明显的装饰取向,质地不同的挂件,表达了不同的造型取向。名贵材质的挂件表达出服饰的华贵取向;木材等天然质地的挂件,表达出质朴、自然、柔韧的取向;水晶玻璃等透明质地的挂件,则具有清新、明快、晶莹剔透的取向。

挂件是颇富个性的项饰,它具有玩味、游戏的情趣,搭配方式一般有"同形同构"和"异形异构"两种。"同形同构"是指挂件同服装的形态、色彩一致,这种搭配具有对整体服饰的丰富感和烘托感。而"异形结构"则是指形态同色彩不相一致的搭配,这种搭配具有个性化和异样感,两种搭配特色不同,各具情致。

项链与服装的合理搭配

女人对首饰向来是情有独钟的，几乎每位女性都有几款质地各不相同的首饰。佩戴光灿灿的首饰，会使女性神采飞扬、气质迷人。项链是首饰的主要品种，深受广大女性朋友们欢迎。项链的种类名目很多，佩戴项链在款式、色彩与服饰配套方面要注意以下几点：

1．颈部偏粗的女性

这类女性搭配项链的尺寸要长一些，否则挂件不易露出。适合的服装是一字领的外衫。

2．选择突出的重点

想要突出的重点不同，项链的选择就会有所不同。假如要突出项链上的挂件，项链就不宜太长、太粗；若要项链搭配服装，体现出整体美，就应着重注意项链的款式和服装的风格。

3．寻找搭配的妙感

金项链与黑色服装搭配，会显得端庄高雅、仪态大方；金项链与红色服装搭配，会显得活泼奔放、热情洋溢；银项链与冷色调的蓝色服装搭配，会显得温柔开朗、妩媚多姿；白色珍珠项链与淡绿色和白色的服装搭配，会显得清新脱俗、明朗亮丽；粉红色的珍珠项链与白色丝绸服装搭配，会显得俏丽多姿、灵动诱人。

搭配是一门学问，只有认真学习才能成为搭配高手。所以，女性在佩戴项链时一定要多比较，看哪个效果理想。

丝巾，女人颈部的魅力符号

从古到今，爱美的女人，给丝巾命名了一个称号：布的宝石。意思是说，即使一个女人没有华贵的衣衫，甚至任何饰品，但只要在朴素得体的着装上，系上一条丝巾，那么你的美丽指数，肯定一路上升。

天上人间，似乎咫尺之遥，又看似千山万重。丝缕之间，尺寸之方，随意的缠绕，轻柔的呼唤，将天人合一。

伊丽莎白·泰勒曾说过："不系丝巾的女人是最没有前途的女人。"奥黛丽·赫本说："当我戴上丝巾的时候,我从没有那样明确地感受到我是一个女人,美丽的女人。"在电影《罗马假日》中,奥黛丽·赫本的光芒是靠一条小小的丝巾点缀完成的:当她站在罗马大教堂高高的台阶上将一条小丝绸手帕在颈间随手一系之际,万道阳光都在为她翩翩起舞,整个世界都成了春天。如果少了那条丝巾,她的整个形象就不会那么深入人心、灵动永恒,其美丽则必然变得黯淡……在国际明星与时尚名媛的社交 Party 中,她们反复交流的私下心得就是:女人可能没有一条裙子,但是不能没有一条丝巾。

有丝巾的女人,她的一生才没有白过,她们的生命才有宽度与深度。

有什么样的饰品,历经 5000 年的岁月淘洗,至今依然鲜活?答案是:丝巾。在这个世界上只要有女人存在,丝巾就永远不会消亡。

丝巾在女人的生命中,一代又一代延展,直到现在她依然在女人颈间萦绕飞舞,如同闪烁的精灵。也只有丝巾,不会因为女人的年龄、身型、脸型、肤色、身份、地位的不同,让自己在美丽生活中缺席。只要有一方丝巾,女人的心情,立即就可以柳暗花明,彩霞满天。

女人的颈部风情离不开丝巾,它是女人颈部的魅力符号。有的男人甚至说:"如果有一样饰品是使女人更能显出女人味的话,一定是首推丝巾。"他们的理由是,当女人端坐办公室时,丝巾呈现出来的美是静中取动;当女人在街头款款而行时,丝巾呈现的美则是动中取静。一个生动如花的女人,就如同一条风情万种的丝巾,兼具亦庄亦谐两种美,细想想,也蛮有道理的。在某公共场所看某女子布衣素服,整个人的表现简单得不能再简单了,但你从第一眼开始就感觉她是一个生动美丽的女人,究其原因就是因为她戴了一方小小的丝巾!丝巾在这里作为女人的一件佩饰,实际上就是一种美丽的身体语言。

点缀在肩上、领间、帽檐上的丝巾,有种欲语还休的艳媚。丝巾是服饰中永远不会凋零的时尚。当丝巾阔别固定定义、当丝巾成为某种时尚、当丝巾已不再是丝巾,我们可以确定,这将是丝巾的最高境界。因为变化而美丽,因为美丽而永恒。

丝巾的图案在高饱和度,高亮度的色彩运用下实现了简约与古典优雅的完美统一。一条丝巾代表着一种情绪,总在不经意间轻轻流露,每一次佩戴都会有不同的感受,它已经成为一个不可离弃的朋友和一段栩栩如生的记忆。你完全不必拘泥于现有的丝巾系法,让规则抹杀了丰富的想象力和创造力。根据自己的情绪,你可以随心所欲地把这一抹亮色点缀在自己身上,系在腰间、挂在胸前、围成头饰、绕在手臂上,甚至缠在脚脖子上,只要它好看,只要你开心。

你可以选择恰当的色彩和系法肆意渲染,或者含蓄地掩饰自己的情绪。当心情低落也要强装笑脸工作的时候,不妨带一条暖色调的、色彩艳丽的丝巾,它可以为你增添不少精神抖擞的因素,将你低落的心情掩饰得滴水不漏。

如果服饰与丝巾同是一个色系,会留给人一种优雅、大方、稳重的印象,这样的搭配可以给人以舒适、愉悦、平和的视觉效果,是一种最稳妥的色彩搭配。假如你穿的衣服颜色较暗淡或较沉闷,建议你选用色彩与之对比强烈的丝巾。性格奔放、开朗的女子一般喜欢选择与服饰呈对比色系的丝巾,这会使得自己色彩更丰富,也更有动感和活力。但这样的搭配,一定要具有对多种色彩的把握能力。切记,色彩越少越好,过犹不及。

丝巾的图案和款式没什么明显的雅俗之别，你喜欢什么图案跟款式，全凭你的喜好。但在丝巾图案选择上，女人们往往是刚选了俏皮的卡通形式的，又去选抽象的几何图案的、大方的格子图案的，接下来又鬼使神差地去选花花朵朵图案带流苏的；总是选了这种图案的还想拥有那种图案的——忍不住了，最后干脆全买下来才肯罢休。小丝巾需要配套装，中长款上衣一定要跟大方巾相配，长丝巾铁定是休闲外套的原配了。丝巾就该这样搭配，几乎所有的女人都是这么想的——因为所有的女人都知道，丝巾的魅力就在于使一个庸常的女人形象在瞬间改观，变优雅、变靓丽了！

丝巾的魔力更在于它的艺术性。原本很普通的丝巾，经过手工、机织、印染之后，在丝面表现出各种各式的图案，反而不像一条用来佩戴的丝巾，而是一件精美别致的艺术品了。闻名于世的爱马仕丝巾大多是由著名艺术家设计而成的，每条丝巾都有不同的图案，每幅图案都诉说了一个故事或纪念某一事件。如哥伦布发现新大陆等，都是爱马仕丝巾承载历史的见证。许多室内设计师还会用它当做壁画或装饰品，这样的丝巾艺术感极强，是女人的心爱之物。

没有女人不喜欢丝巾，它是女人颈间的美丽风景，不但可以让女人靓丽出行时心里装满优雅与自信，而且这种自信与优雅绝对是出自于女人本能的热爱。

丝巾仿佛是"知心爱人"，只要你用得上她，她会竭尽所能，把你打造成一个全新的丝巾似水女人……

丝巾的艺术性几乎可与宝石及绘画媲美，但是，如果仅仅重视远看效果的话，也仅仅是一块漂亮的布而已。如果你能将其巧妙搭配，采用不同的系法，会产生不同的佩戴效果，使女人充分展示女性的魅力！如在娱乐场合，将丝巾在胸前打上个花结，显示端庄淑美；在正式场合，将大丝巾披在肩上，展示华丽与优雅；在休闲场合，将花丝巾系在颈后，便多了几分飘逸的动感。而且还可以将丝巾化为女士身上浪漫精致的上衣与优雅飘逸的长裙，甚至成为头巾、发饰与腰带，更可巧妙地系打成轻便的手提袋和腰包，或是作为帽子与皮包的装饰。其特殊与别具一格的风采，足以使你成为一道流动的风景，吸引无数目光。

女性永远是时尚的创造者，可塑性极强的丝巾也是不可或缺的工具，丝巾的用途已被推广到更宽泛的领域。系在腰间就是腰包，提在手里可以当手袋，挂在墙上就是风格独特的装饰画。善用丝巾，你就是一道风景。

围巾，围出你的迷人风采

丝巾是女性春夏季节不可或缺的美丽饰品，而围巾则是女性秋冬季节必备的时尚饰品。一条美观大方的围巾，如果巧妙地围在你的颈部，会使你的风采迷人，魅力倍增。

围巾有长有短，过膝长度的围巾是从欧美秋冬时尚T台上流行起来的。除了保暖之外，超长围巾的装饰性以及制造流行的功能大过一切。几乎一拖到地的围巾缠绕在脖子上，那股飘逸的美丽让无数男士竞折腰，超长围巾成了秋季不可缺少的时尚饰品。

围巾绕脖后，端头或流苏分别搭垂于前后身。这种围法适于身材矮较胖者，看上去增加了瘦高感。若选用竖条纹深色长围巾，效果会更好。

围巾不绕脖子，从后面绕过来，对称悬垂。这种围法宽松、舒展、飘逸，适于胸围大、溜肩或短颈者采用。特别是与别人谈话时，可将置于身后的围巾端头拉到前胸来，以使谈话的气氛随和而融洽，给人以自然成熟的印象。若身着正统的套装或是立领的大衣，采用此种系法，更能突出你的稳重与干练。

围巾绕颈一周，端头相迭于前胸中央。这种围法颇具青春活力，有健康、蓬勃之感，多为青年人采用。

围巾绕颈一周，将围巾的穗端垂于前胸。这种围法适于瘦弱型女性，有利于增加胸部的丰满感，胖人一般不采用此法。

把围巾拧起来系在脖子上，系的结放在侧面，围巾的两侧要前后分开，更显你的聪慧秀雅，头发最好束起来。

围巾随意地，不加修饰地搭在肩上，给人留下优雅的印象。看似简单的方法其实并不简单，要想搭得自然，也要下一番苦心，此种方法比较适合瘦腿裤和紧身裙。

只是简单地披在肩上，并没有什么特殊的技巧，走起路来让你充满自信，寒冷的初春更显一分活跃气息。

围巾与无袖露肩露背装的搭配。围巾不经意地在颈上绕一圈，巾尾随意垂于身后，不但给香肩增加了温暖度，更平添了几分欲露还休的性感与妩媚。

围巾与V字领搭配。多重缠绕的围巾只有流苏轻轻垂下，可爱百分百，再加上V字领的魅惑真是绝妙的组合。V字领上衣性感逼人，与双重缠绕的围巾搭配，不但可以弥补颈间空洞的冰冷感，更添几分顽皮可爱。

围巾与无袖背心搭配。低胸无袖背心与披肩式大围巾的搭配，性感却不失高贵典雅。充满夏季清爽感的无袖背心和洋溢温暖感的围巾在对抗中融合。

在围巾与高领衫的搭配中，围巾上精美的刺绣是提升魅力的法宝。穿上高领衫回味那份清爽，长长垂于胸前的围巾更拉长了整体的纤细感。

围巾与衬衫相搭配时，合体的衬衫具有收身效果，随意系上一条围巾诉说书卷情结。宽大的围巾可做披肩用，与简单的衬衫搭配是典型的优雅休闲装。

围巾带给秋天许多回忆，毛线编织出温暖的眷恋，围巾一族的标志是出奇的优雅气质，不论是短短的围巾还是长长的围巾都可以打理得异常精致。缠绕，因而柔情；亲近脖颈，因而妩媚。到了秋天，我们可以尽情地拥抱围巾。在并不寒冷的秋天，面对拂面的秋风，围巾只是象征性地抗拒，故作姿态地围裹。

喜欢围巾的女人都是爱恋自己的人，因为戴了围巾的面容显得更加清晰，可以更好地调整出完美的脸色或是衬托妆容，所以只有爱恋自己的人才能戴出围巾的美。即使在有一丝寒意的秋天，也要穿上无袖、无领衫,用围巾搭配清凉装扮。围巾的魔力就是如此神奇。只要围上色彩炫目、柔软温暖的围巾,不但能驱走凉意,更可以把围巾不同的风格写上表情。或是扮酷,或是温柔可人。

利用耳饰掩饰脸型不足

虽然耳饰佩戴在耳朵上,但是它却可以为女人的脸部增添光彩与风情。耳饰选择得好会令女人更妩媚动人,否则效果将适得其反。女性如果对自己的脸形不满意,不妨利用耳饰来弥补不足,让面容因为有了耳饰的点缀而更显姣美。

1. 方　脸

如果你的脸是方形的,佩戴耳饰时就需要留意选择直向长于横向的弧形设计的耳环,比如长椭圆形、弦月形、新叶形、单片花办形等,让它们成双成对地在脸颊旁闪耀动人的光芒。

2. 长　脸

如果你的脸是长形的,佩戴耳饰时就需要留意选择如圆形、方扇形等横向设计的耳环,其圆润方正、弧线优美的特点能够巧妙地为你增加脸的宽度、减少脸的长度。

3. 圆　脸

如果你的脸是圆形的,佩戴耳饰时就需要留意选择长条形、水滴形的耳环和坠子,它们能让你丰腴的脸部线条柔中带刚,少几分孩子气,多几许英姿。

4. 瓜子脸

如果你的脸是瓜子形的,佩戴耳饰时就需要本着"下缘大于上缘"的原则进行挑选,水滴形、葫芦形以及角度不是非常锐利的三角形耳环都可以为你的脸形加分,打造一张美人脸。

5. 菱形脸

如果你的脸是菱形的,佩戴耳饰时要本着"下缘大于上缘"的原则进行挑选,如水滴形、栗子形的耳环。

6. 鹅蛋脸

如果你的脸是鹅蛋形的,佩戴耳饰时就需要留意选择适合自己脸部皮肤色调、脸形大小的耳环。

7．上尖下方脸

如果你的脸是上尖下方形的，佩戴耳饰时就需要留意选择倒三角形的耳环。另外，如果佩戴耳坠，其长度要超过下颌，否则会让"下方"更宽，给脸形"雪上加霜"。这种脸形的女性的耳饰风格要遵循"下缘小于上缘"的原则，才能平衡下颌宽度，从而创造柔美的脸部线条。

体形与首饰的合理搭配

并非每个女人都能拥有满意的身材，因而通过佩戴首饰来掩饰身型上的一些缺陷，也渐渐为很多爱美的女性朋友们所认识。

索菲娅·罗兰说："应该珍爱自己形体的缺陷，与其消除它们，不如改造它们，让它们成为惹人怜爱的个性特征。"所以，女人应直面自己的体形，认识它，改造它。

体形可分为正常体形和非正常体形两类。体形正常就是人体发育均衡，比例协调、体态健美，这样的体形为佩戴首饰提供了良好的先决条件。非正常体形一般可分为以下四种类型：较胖、较清瘦、偏矮、偏高。

较胖体形的特征是显得粗短、臃肿、脖子较短，佩戴首饰时就力求削弱身体两侧。为此，耳环、戒指、手镯等宜选择色调暗淡、造型简洁的。但项链的挂坠造型宜选长而细、大而多姿的，这种项链明亮迷人，容易吸引他人视线，分散对体形的注意力。手镯或臂环宜选宽而阔的，若戴了细而小的，令人觉得手臂更粗大。戒指宜选戴窄边的，这样会使手指看上去似乎长一些，能起到美化的作用。

较清瘦体形的特征是显得单薄、瘦弱、脖子细长，故选择佩戴首饰就要求淡饰中央而光彩两侧。为使脖子显得短些，项链与挂坠宜选择细小而简洁的，且不宜过长。而耳环、戒指、手镯等则宜选较为华丽一些的，如双耳佩戴有垂饰面积稍大的荡环，腕部戴有稍粗的手镯，便可使双耳、双臂和手夺人眼目而使人觉得并不太清瘦。

偏矮体形的特征是身材欠高大而结实，所以应选择首饰的原则是以柔克刚，冲淡硬气增添纤柔感。项链宜选择细长而造型简洁的，最好选择淡雅的珍珠挂坠与之相配。至于耳环、戒指则应粗细得当，过粗令人觉得你矮胖，过细则又与其较粗的手指不相称。

偏高体形的特征是身材高大、体格健壮，打扮原则与清瘦型类似，应是光彩两侧，淡化中央。但应注意的是，项链宜粗而长，挂坠的造型要大而丰富，戒指和耳环上镶嵌的珠宝宜选择有主次搭配的。

腕饰的搭配技巧

懂得搭配的女人都喜欢戴腕饰,戴着这样或那样的腕饰,以此来展现女人的双腕风情。不可否认,腕饰已成为时尚界的引领者,那么怎样戴出潮流、戴出精美雅致呢?下面教你几招搭配技巧。

1．层叠式手镯

层叠式手镯由均匀的各式细手镯合并而成,精致而又不单调,可以与之相配的风格多种多样。这也是一款日常生活和各种聚会场合都十分适宜的混搭佳品。

2．羽毛手镯

双节环扣、层叠的银质羽毛手镯适合搭配各式具有"少女味"的时装,体现出所佩戴女士的稚嫩和纯洁。

3．复古手链

显示复古风情的手链材质各异,如木质、铜质、珍珠等。这类手链尤其适合有民族特色和复古味儿的裙装,适合有古典及淑女气质的女士。

4．水晶手链

水晶手链自然闪亮,精巧别致,非常适合搭配,也是一款混搭手链,在不同时刻都能展现出佩戴者的十足"女人味"。

巧戴配饰,戴出风雅

迷人的气质,不能只靠华丽服饰装扮,服装配饰不可缺少。利用不同的服装配饰,来搭配适合各种场合的穿着,让女人整体造型更臻完美,更加璀璨瑰丽!

1．胸　针

胸针,又称胸花,是一种使用搭钩别在衣服上的珠宝,也可认为是装饰性的别针。一般为金属质地,上嵌宝石、珐琅等。可以用做纯粹装饰或兼有固定衣服(例如长袍、披风、围巾等)的功能。

胸针,也有人称之为"别针",是一种佩戴在胸前或领子上的饰品。

胸针的历史可以追溯到青铜时代,其形式变化在考古学上可以用来帮助确定文物的年代。

明末以来,随着海事开禁,特别是上海开埠后,大批的西洋物品涌进了上海。与此同时,也带进来许多西方的时尚元素。胸针从此便融入我们民族的传统文化之中,既带有传统的民俗文化,又蕴涵西方的时尚元素,被当时追求时髦的年轻人所广泛接受。

胸针更是女性喜爱之物,穿一身得体的服饰,再配上一枚色彩、造型与服饰相称的胸针,往往能给人一种"画龙点睛"的时尚美感,也更能显现出女性婀娜多姿的魅力。

在我国近代时期,也有人称其为"胸花"。旧时富贵人家的新人喜结连理时,常常少不了佩戴此种饰品。

胸针的材质以银质的居多,其他的还有象牙、黄(白)玉、琉璃、珐琅、骨角、珊瑚等。其制作工艺既有简单的,也有复杂的,其中又以镶嵌为多,比如镶嵌钻石、玛瑙、螺钿等,但栏丝、雕刻却也是常见的工艺。胸针一般都不大,最小的只有纽扣般大。

胸针的型制更是集各种习俗情趣和时尚元素为一体。就我们常见的就有兰花形、钻戒形、椭圆形、扇形、蝶形、乐器形、花叶形和元宝形、动物形等。

(1)佩戴注意事项。胸针在服饰配套中的应用,要注意以下几点:

①胸针要与服装相匹配。在色调上要求取得协调。一般说,衣服淡雅的,胸花宜鲜艳;衣服浓艳的,则胸花要素雅,即所谓"素中带艳"、"艳中点素"。

②胸针要与脸型相调和。胸花要衬托脸容,使你更加增添光彩。所以,圆脸型人,宜用长方形胸花;长脸型人,则用圆形胸花为好。

③胸针要与场合相适应。胸花同样能表达情感,什么场合适用什么样的胸花。比如,联欢会,别上鲜艳的胸针,表现出喜庆欢乐的气氛。相反,在丧事追悼会上,却是佩戴白花,表示肃穆悲痛,对逝世者的哀思。

(2)挑选细节。

①穿硬挺厚实的西装时,可以选择体积大一些的胸针,材质尽量选择硬质金属外壳的胸针,色彩要纯正。

②穿衬衫或薄羊毛衫时,可以佩戴款式新颖别致,同时体积小巧玲珑的胸针。

③线条不对称、不规则的服装,如果将胸针别在正中部位,在视觉上可起到平衡的作用。

④若你在西服套装的领子边上别一枚带坠子的胸针,则令庄重之中增添几丝活跃的动感。

⑤如果你的服装色彩较简单,可以佩戴有花饰的胸针,这样照样能够让你在高贵与端庄中显出独特的风采。

⑥如果你的上衣是多色彩的,下身是较为深色的裙或裤,那么,在这个时候就要在多色彩的上衣佩戴同下身一样颜色的胸针。

⑦胸针的造型不一,复杂、简单各有千秋,装饰味极其浓厚。若你穿着半高领的休闲服,切忌款式繁复的胸针。佩戴造型简单一点的胸针,则洋溢着一种青春浪漫的气息。

⑧当成熟的你身着高级面料的礼服时,则不宜搭配用塑料、玻璃、陶瓷为材料制成的胸针,因为这种胸针与高雅华丽的服装极不协调,只会给人一种品位不高的感觉。

⑨年轻的少女在选择胸针时,最好以别致型、趣味型为佳,在材料上没必要追求高档的金银珠宝。

(3)选购影响。选购胸针,当然就个人的喜爱、眼光、兴趣和经济条件而异,除此之外,还应考虑以下几个方面:

①年龄。少女或少妇使用胸针不要过大。中年妇女选用的别针,形状、大小均可不拘。老年人选用的胸针,最好用深色的、大颗粒宝石镶嵌而成的。

②造型。胸针的造型应典雅美观,不落俗套。颜色应鲜艳纯正,不宜太宽,太宽在灯光的照耀下会显得刺眼,不柔和。

③质地。宝石胸针要对镶嵌其上的宝石质地进行挑选和鉴别。对金、银、铜等材料也要进行质地检查,以防假冒和粗制滥造。

(4)佩带创意。

①别在正中做扣子。开襟毛衣或外套,以胸针取代传统扣子也有不错的时尚效果,或是装饰在抹胸款上装的正中,也有画龙点睛的作用。

②别在樽领毛衣边。除了别在胸前的一边外,还可以扣在樽领的一边,既优雅又浪漫。若想扣在胸前的话,可试着把数个小型胸针不规则地扣在一起,造出活泼跳跃的动感。冬季的服装,面料常以厚重、挺阔为主,胸针可选择金属类、镶宝石类或有重量感的。

③固定围巾。把胸针扣在两端交接的位置,既能点缀净色的围巾,又能起到固定围巾的作用。这时所选用的胸针要以大取胜。

④别在衣服的口袋上。在外套的明袋甚至是牛仔裤一边的口袋上扣上胸针,甚至是一簇小巧的胸针,同样能耳目一新。

⑤别在帽子上。一个别致的胸针扣在帽子上,能营造鲜明的效果,尤其是今季流行一时的画家帽,更显出优雅高贵,不落俗套。这里的胸针可选择小巧的蝴蝶结形或是中空的桃心造型。

⑥别在手袋上。在净色的布制手袋上扣上胸针,深色的手袋可以配上色彩鲜艳的花花胸针或闪烁的碎石胸针;若是浅色手袋,相同色调的胸针能营造出柔和感觉,对比的颜色则更为夺目。

⑦别在礼服裙的高开衩上。看看明星们的装扮,你就会知道这种将胸针点缀在高衩裙开衩处的做法有多时髦!选择中等且闪亮密镶款式的胸针最佳,当然也要考虑所点缀服装的色彩。

⑧别于浓密的发间。这种将胸针当做发饰的做法并不常见,由于胸针一般质量较重,所以比较适合发丝浓密的烫发,太过垂顺的直发不太适宜。可根据头发的颜色与长短选择胸针的颜色、款式和体积。

2.颈 花

颈花的点缀功效不可低估。走在大街上,一袭薄纱长裙,配上一朵明媚的颈花,估计"回头率"会大大提升。

时下，新上市的颈花种类很多，传统的半球形，前卫的正方形和三角形，浪漫的不规则形，都让人爱不释手。颈花除单一色彩外，有的还附有一些背景图案，如大花格子、条纹和几何图形。为追逐流行色和适应不同人的喜好，颈花色彩从鲜红到浅粉、殷红、紫色，不同深浅的黄、松绿色、苹果绿、橙色和米色，各领风骚。与流行色有所不同的是，这里所有的色彩都更柔和。而由大小来看，直径从2厘米到10厘米不等。另外，如果你实在选不到合适的尺寸，专柜还可以按指定的尺寸和样式为顾客定做。颈花的面料五花八门，专柜上除了丝、毛、棉、麻等天然材质以外，还有以聚酯等化纤产品作原料的颈花。素材不一，手感也各异，人们可视场合不同选用。

那么如何选购适合你的颈花呢？佩戴颈花要根据不同的场合及服装的款式、颜色的改变来选择。下面介绍一下如何挑选颜色适合的颈花。

（1）颈花与服装相配。在选购颈花时，首先要考虑搭配哪一件衣服，然后选取与所要配的衣服相近颜色的颈花就可以了。只有配得好，才能体现出自己的个性；如果没有掌握好搭配的技巧，反而会起到不好的效果。

服装体现着着装者对美感和时尚的理解，假如你想突出自己的风格与个性，就必须对服装进行二度创作，加入体现个人风格的配饰与妆容。也许你改变的并不多，带来的却是与众不同的靓丽形象。

（2）颈花与发色、肤色相配。女性在挑选颈花时，不仅要注意与衣服相配，还要考虑自己的发色、肤色甚至眼睛的颜色等相关因素。颈花离脸最近，可衬托出脸部神采的颈花才是首选。值得注意的是，如果选择色彩深沉的颈花，就会让人感觉脸色灰暗，气色不佳。

腰带，女人的腰间风景

女人的腰部之美是体态美中的重要组成部分。女人若懂得用腰带之类的饰物，来强调腰部的纤柔之美，这样会尽展女性的迷人气质。

腰带和服装上的鲜色系一脉相承，以炫目为主，添加了金属元素，在妩媚中平添了几分中性的爽朗。假如你不愿在服装上引人注目，可以系一条鲜艳的腰带，同样会让你平添几分姿色。

棉质休闲裙适合配草编缀花的腰带，给人返璞归真的纯美之感。式样已旧而纯黑的裙子，不仅显得老气，而且显得单调，若在腰间配一丝质的大红色调的蝴蝶结，会使人眼前一亮。

名贵质地的晚礼服，只需系一条纱巾在胯间，上缀与晚礼服同色的小花，踏步而来，裙摆随着细腰的摆动，显得仪态万千。

露后背的白色裙装，可以在后腰正中缀一朵缎质的红色玫瑰花，可以平添后背和腰部的线条美感，使整个人娉婷生姿！

春季，若穿统一格调、无纽扣式的西装裙，倘若在腰间系一简洁的细皮带，可以给人一种正好配合季节韵律的感觉；假如穿皮装或牛仔装，配上一条缀满金属亮片的皮带，会使整个人显得精神抖擞；在蝙蝠袖的毛衣外面，系一条男式的皮带，会显出干练豁达；穿一贴身上衣，外配一条高腰直身阔脚裤，系一条皮质的腰带，戴一副同色同质的手套，会显得高贵、典雅。

值得注意的是，细腰适合细皮带，粗腰适合粗皮带。

现在越长越流行，别具一格的超细加长的缠绕式腰带当属腰带中的"新兴一族"，有了它的"捧场"，女性的身姿更显窈窕。受欢迎程度是不言而喻的，整条用宽蕾丝配皮的腰带总是受到美女的青睐。没有蕾丝，似乎美女们都不知道怎么做了。

珍珠腰链的热度继续在发威，做工精巧的珍珠腰链低垂在腰间，若有似无地展示着腰部线条，从前高贵的珍珠也"变"得平民起来。

铆钉腰带有着西部牛仔饰钉做装饰的腰带风格，它亮闪闪的饰钉风格使斜挎在腰间的腰带最适合与时髦牛仔的搭配，是休闲时尚女性的最爱。

彩虹条纹腰带和尼龙质腰带看上去轻松悠闲，适合与简洁的休闲装相配。这类腰带中以带有彩虹色彩的条纹最为流行。

淑女型的腰带总体风格是纤细精致，搭配职业装一定要用真皮的细腰带，质地务必精良。一套纯白一致的职业套裙，上衣是流行的九分袖，小立领，下面穿及膝铅笔裙，腰上一条黑色的细皮带，银色的上衣扣闪着金属的光泽。其实那腰带绝不是用来系住上装的，只是为了勾勒出一种气质。

可爱型的腰带一般是用来搭配少女装。粉蓝、鹅翠绿、柠檬黄等艳丽的色彩、透着甜美的可爱气息。前卫型的腰带宽大、夸张、色彩鲜明，闪耀着金属光泽。一件玫红色的中长型连衣裙，搭配上一条磨砂白色的有宽宽的PU革的腰带之后，马上就洋溢出前卫、可爱的气息来。

另外，配系腰带首先要根据自己的身材而做出选择。身材较矮的人着衣主要目的应拉长身体，所以，最好全身上下穿着色调一致，再配系和衣服色调一致的腰带，这样能强调人的高度。如黑底小白花连衣裙、黑鞋配黑色腰带，会显得个子较高，腰肢粗圆、身材胖大者更应扎和衣服颜色一致的腰带。但切忌使用过宽的腰带或把腰扎得过紧，那会使腰带上方多余的肉突出来。

个子较高的人，就要系与衣服成对比色的腰带了，如穿黑色衣服，可配白色皮带；腰身较短的女士，腰带的颜色应与上衣颜色一致；腰身太长，腿部较短的女士也不必烦恼，注意腰带的颜色应与下身裤装或裙装相同。至于那些挂有许多漂亮饰片的金属链式腰带，虽然外表诱人，但体形不理想的人可要慎用，否则会弄巧成拙，影响美感。

同样重要的是，腰带的选择与佩戴还应与服装的色调相协调。穿花色衣裙的女士挑选与服装底色相一致的素色腰带，会产生较佳效果；而当上下装色彩不同时，可根据个人情况或与上装、或与下装颜色相似；着颜色较深或较浅的单色服装，可选择对比强的腰带。一般来说，黑、白色腰带更易与服装色彩搭配。

手袋，女人拎在手上的时尚

大多数女人都爱手袋。每天出门都会使用的手袋，对女性来说不仅是一种实用品，更是一种装饰品。但手袋的使用同样很讲究，一般来说，不同的手袋配不同的服饰，不同的场合需要不同的手袋，这已成为女性朋友们的共识。但具体到每一个手袋都会有它的个性以及这种个性是否与自己吻合，都是我们需要考虑的问题。

有人说，女人年纪越轻，她的手袋体积就越大；年纪越大的，她的手袋体积就越小。这可能是由于年轻人活泼好动，服装又以宽松自然为主，大手袋可以配合出无拘无束的感觉；而成熟女人，除了年龄、服装的限制通常要表现典雅文静外，工作场合背一个大手袋也很不相宜。不过现在这种界定已经变得越来越淡，服装佩饰潮流的瞬息万变，手袋的大小已不是问题，适用与否，才是最重要的。

时下，市场上各式女包和手袋问世，成为了一种时尚、一种潮流。女包和手袋不仅是女人装随身物品的工具，也是女人的点睛装饰。随着女人对生活品质要求的提高，一只不大不小的背包无论怎样也满足不了都市女人各方面应酬的需求，于是手袋诞生了。经过背包、双肩包、挎包一个完整的运行程序，设计日益完美的手袋满足了女人爱美、追求时尚的心理。

手袋的高贵在于它使人忘记了经济落后的年代。双肩包的天真烂漫，背包的匆忙，手袋更多成分是宠爱女人，让她们从工作及生活中解脱出来，获得从未有过的悠闲、从容和优雅。拎手袋的女人精神焕发，光彩夺目。

手袋不能用粗犷的牛仔布面料，那和女人极婉约的精致不搭配，不能用很一般的皮革，那将不能突出画龙点睛。手袋有别于其他肩包功能，它的内容精致而体面，即使有很大的空间，也理所当然。

时下的手袋很时装化，环形的、梯形的漂亮而高雅，线条明快而硬朗。有一些锐气，是女人骨子里的好胜要强，是柔中带刚；具有民族味的绣花手袋，重重叠叠的手工工艺，蕴涵的是女人的聪慧，有的还镶嵌了飘飘的动物羽毛或绒毛。

女人拎的手袋也能反映出她的生活状态，看女人的手袋，就能判断出她是一个怎样的女人，把所有东西都放在一个大手袋里的女人，她们做事情总是很有效率，胸有成竹，是很有主见的职业女性；拎优雅的名牌手袋的女人，她们讲究秩序，手袋里的东西总是放得整整齐齐，并且对人对事要求都很高；背双肩背包的女人，她们是感情丰富的一群人，就像她们的背包一样，心里总是装着很多东西，友谊对她们来说是最重要的，但是她们绝不会容忍被人打着友谊的幌子利用；拎迷你小手袋的女人，她们想要的东西很多，愿意付出的却很少，所以现实生活中，她们时常用脑袋去撞墙。

手是人类创造世界的工具，手袋是女人拎在手上的时尚，手袋是否具有时尚感是女人是否时尚的标志。

手袋是女性饰品中最为实用的饰品，也是个性和审美情趣最富有张力的表现手法。手袋可以作为服饰的一种强有力的补充，服饰中的一些缺陷和不足，可在手袋中得以弥补。比如不够奢华的服饰可以搭配高档的手袋；不够有个性的服装可以搭配别出心裁的手袋。手袋还可作为形体的一种协调和补充，比如过胖的体形限制了服饰的选择余地，便可以选择高品质或流行时尚感强的手袋，以起到最好的弥补作用。

手袋与女人是相伴同行的，选用手袋能够较强地表现出选用者的生活态度和理念，暗示出消费心态，是否选择名牌，选用何种质地，选择何种造型、色彩、成色以及保养程度，是需要用心设计和定位的。

手袋的美可用多方面表现，表现的点主要有外形、质地、包带、佩件、挂件、图案等。不同质地的手袋，有不同的形象立体感，表面的纹理和光泽还会强化手袋的立体形象感，所以有"远看其形，近看其面"的说法。

手袋的造型具有较强的个性与职业取向，职业女性宜选择轮廓分明的方形或长形手袋，这与线条分明的职业装相吻合，强化了职业女性的严谨和端庄。社交手袋则应突出女性或华丽高贵、或妩媚多情、或恬淡飘逸、或成熟风韵的不同风采。选购手袋不单要考虑外形款式，还要考虑到提带的款式，背、挎、提、夹都与服饰整体和女性个性有着密切关系。

手袋是一种贴近女人身心的物品，是女人最亲密和忠实的伴侣，养护好的手袋是女人心灵和品位的形象语言，女性应避免使用那些破旧、不洁净、过时的手袋，以免影响你的形象气质。

第八章　追求时尚，"炫"出迷人气质

> 追求时尚是女人的天性，生活在时尚之中的现代女性，不应一味地追求时尚，而应学会驾驭时尚，做时尚的主人。对时尚要取精去粕，根据自己的内在精神需求与性格气质，准确把握时尚的脉搏。只有这样，才能让自己的品位卓尔不凡。

时尚引领时装的发展

"时尚"这个词现在已是很流行的了，几乎是经常挂在某些人的嘴边，频繁出现在报刊媒体上。追求时尚似已蔚然成风。可时尚是什么呢？《现代汉语》中的解释是：时尚，即现时的风尚。"时尚"二字拆开来看，时，是时间；尚，是崇尚。顾名思义，时尚可以说是在某段时间里的崇尚。"时尚"二字包含了两个方面的因素：首先，时尚具有时间性，它站在潮流的前面，却并不长久地存在；其次，它是被崇尚的，但又必须是能为越来越多的人逐渐接受的，否则就是哗众取宠。

从这个意义上来说，时尚唤醒了流行，然后又融入流行，最后退出流行。

在中世纪，时尚往往是和贵族联系起来的，尊贵的身份注定造就了前沿的享受，是他们主导时尚这个行业的未来。

以前经常有一些时尚的贵族，他们的服装是当时贵族的梦想，他们总能穿着华丽而不失品位的服装，就像通常时装是一种性的表达，难怪很多时装界的翘楚，在风流韵事上也值得大书特书。这就是最初的时尚。

20世纪以前西方的女装是非常复杂的，里外有很多层。有一阵，流行细腰。所以所有女性都用束腰把自己的腰勒的紧紧的，只为了能显示出自己纤细的腰肢。其实我们在很多电视、电影里看到了女性穿束腰的场面，通常一个人是完成不了这艰巨的任务的。一般要好几个人，一个人把束腰穿到自己身上，后面要有一个人用全力把束腰勒紧。通常束腰的材料都是用鲸骨、木板，或更硬的材料，如铁板。

所以通常女士在穿束腰前都要深吸一口气，然后让自己的仆人给自己穿上束腰。这个过程是非常痛苦的，甚至有的人的束腰上留下了斑斑血迹。可是为了能在聚会上显示自己纤细的腰肢，女士还是忍痛把折磨人的束腰穿在自己身上，虽然穿着束腰非常不舒服，但是热爱时尚的女士还是对此趋之若鹜，有的人甚至勒时间长了都要昏过去。所以当时时尚界的一个必不可少的东西是嗅盐瓶，闻一下这个东西，通常女性能清醒点。

当时女性不光是穿束腰，实现纤细的腰肢，而且还穿了一些特有的东西。为了能使自己的胸看着更大点，下面则是蓬松的大大的裙子，这样的衣服通常很难有什么灵便性，都非常沉，通常女士们都坐在那里，只在跳舞的时候才站起来。

后来一个人发明的内衣，这个简单的服饰取代了女性里面穿的复杂的构件，比如衬衣什么的。

时装设计师在时尚的发明创造方面起了举足轻重的作用，比如漂流木，教会女人用百搭的休闲包来简单提升自己的气质，另一个时尚设计师发明了超短裙使得年轻的女性可以穿的和年纪大一点的女性不一样。

时装设计师的性格也影响了他们设计的服装，比如有一个设计师非常的忧郁，当他的店开张的时候，别人还恭喜他，屋子里，人山人海，可他却吓坏了，藏在衣橱里不敢出来。

有的时装设计师的想法比较超前，他设计的服装充满了现代感，他用了很多人造材料，看起来有点像塑料，穿在身上充满了未来感。

其实以前的时装往往是定做的，所以衣服非常的繁复，华丽的无以复加，但是后来慢慢的时尚需要向更多的阶层开放。所以成衣出现了，成衣就是机器生产的衣服，为了降低生产的难度，成衣的时代的衣服，往往都比较简洁，少了以前的华丽，但是增添了一丝简洁和精干。

近代的时装的发展往往和时装模特和电影明星有不可分割的联系，以前模特是非常低下的工作，模特只是站在那里，供设计师设计衣服，或者设计好展示自己的衣服，一个女的如果是时装模特，都不好意思告诉别人自己的工作。

后来时装工业慢慢的发达，对时装模特的需求也越来越多，从最开始的模特一天只能挣25美元，到后来，一个顶级的模特，一年可以挣到250万美元，这是多么大的差距啊！这些差距也告诉我们时装业的发展和模特从不被人重视到必不可少的过程。

后来出现了很多职业模特，包括坎贝尔、辛迪·克劳馥，他们对时装越来越重要。后来摄影师也成了一个必不可少的职业，他们往往可以把服装拍得更漂亮。模特变得越来越重要，衣服似乎可有可无，在人们看时装杂志的时候，似乎更多看的是时装模特。

而且时装模特的要价也越来越高，这引起时装设计师的越来越不满。他们觉得模特抢了衣服的风头，他们辛辛苦苦地设计衣服，却没人重要，相反的人们总是在谈论哪个模特更加漂亮，更有风度。

所以时装设计师准备联手封杀那些胃口越来越大的超级名模，他们决定培养一批新人。

他们成功了，他们选择的新人迅速的占领了人们的视线，出现在越来越多的时装发布会和杂志封面上。

他们选的这批模特都是比较瘦的，而且胸不是很大，而摄影师也利用了这些特点，拍出了很多阴郁的、昏暗的照片,人们觉得他们的照片似乎在鼓励吸毒,因为看那些照片实在无法不让人想到瘾君子。于是这次尝试失败了,时装设计师,不得不重新启用那些超级名模。这些超级名模从被人忘记,又重新回到了她们的舞台,风头更劲。

电影这样一个新媒体,也开始越来越多的影响大众对时装的口味,比如当人们看到马龙·白兰度在电影中穿着黑色的皮夹克,黑色的皮靴,骑着黑色的重型摩托车,随着电影的放映,模仿的人也开始越来越多。一时间,街上越来越多的人开始穿着黑色的夹克,黑色的皮靴,还有开着黑色的摩托车。

以前女士的裙子总是很长的,可能是表现一种华丽。后来的裙子则越来越短,当一个设计师,把裙子改到刚刚过膝的时候,人们就感觉有点接受不了。到后来的超短裙,人们开始越来越知道表现自己天生的魅力。

其实我们可以从很多重大事件联系到时装中的变化,比如第二次世界大战的时候,人们开始摒弃原来的S曲线,即那种前凸后翘的造型,转而开始接受一种中性的利落的女性造型。

而在第二次世界大战的时候,法国人由于被占领,物资缺乏,所以人们很难再有兴趣顾及时尚,那时东西都是配给,所以那时的衣服都是耐磨的,颜色也是灰不溜丢的。很少有像以前那么光鲜的衣服。

所以当第二次世界大战结束之后,一位设计师,发布了一套华丽的服装,重新点燃了人们的热情,人们似乎觉得时尚又重新回到了他们的生活,结果那位设计师的衣服被一抢而光,供不应求。

可见时尚是和历史分不开的,历史发生了什么事往往直接影响到时尚。比如一个科学家偶然的发明了一种布料叫尼龙。这种布料通常可以做很好的降落伞。而聪明的人用它发明女性的最爱——丝袜。

丝袜被发明以后,一下就大为流行,所有的女人都不再穿以前的长筒袜,改穿丝袜,可能裙子的越来越短,也给丝袜的流行带来可能,毕竟当你穿到脚踝的裙子的时候,穿什么样的袜子别人都是看不见的。

后来打仗了,所有的尼龙都被用来制作降落伞,可是聪明的女人还是从战场上捡来降落伞,改成丝袜,所以从那时开始,自己动手开始流行,因为所有的时装店都已经关张,所以他们只能自己动手,来制作喜欢的衣服。

时尚是一个有趣的东西,多少俊男靓女都沉迷于此难以自拔。

时尚从某个角度上说也是一种知识,有了这种知识,女性朋友在选择衣服的时候就不会盲目,不知选什么样式好。

时尚总是今天来明天走,不知道有什么东西是不变的,但人们喜欢关注时尚中不变的东西,那就是文化,一个没有内涵的时尚是不可想象的。

时尚，流动着的美丽

　　时尚是个性的、张扬的，但不是肆无忌惮的。时尚从骨子里面渗透出来，在一举手、一投足之间展现。即使只留下影子，也能让人明白那是你，而不是别人。时尚在时间和空间中流动，不疾不徐，伸出手，你就可以感觉到它在指间淌过时的轻盈。

　　时尚是从容的，因而你必须有一颗悠然自得的心。时尚是略带贵族气质的生活方式，你若因它而终日劳碌奔波，再华丽的服饰也只是俗不可耐的装饰品。经济方面的应付自如和悠然闲淡的心态才能让时尚在你身边驻足。

　　流水不腐，时尚在变化中精彩。时尚的魅力就在于它是不断变化的，它在一个很尖端的位置体现着时代的发展和社会的进步。人类一直在追求着一种先知先觉，所以当时尚这个名词所代表的内在的抽象概念出现时，就注定了它必将成为人们追逐的对象。并且时尚形成的客观原因必然导致人们追求时尚的强度与社会发展的速度成正比，社会发展越快，时尚越瞬息万变、飘忽不定，而人们对时尚的追求也就越狂热。

　　时尚在年轻与老去之间伫立，人性化而富有生命的活力。

　　时尚是我们生活的调味品。时尚在时装设计师的笔下色彩缤纷，在作家的脑中高潮迭起，在音乐中无限沉醉。高兴时是红色在跳跃，生气时是紫色的朦胧，忧伤时是蓝色在哭泣，幸福时是粉色的温暖……

　　时尚的意义并不仅仅是流行那么简单，应该还要有一份属于自己的内涵孕育其中，穿出自己的风格才是时尚的真谛。

　　时尚可以是四五个青春靓丽的女孩给都市带来的一抹亮色，时尚可以是时装展示会上的一件标新立异的服饰的掠影，时尚也可以是你脑海中一闪而过的新奇……

　　简单的追随、幼稚的攀比，只能是时尚的悲哀。

　　时尚是一种追随，时尚在追随中展现自我。时尚在社会的每一个角落吹拂。在这个社会中，我们常常可以听到一些反传统、反潮流、后现代的声音，他们标新立异、特立独行，想要在时尚的潮流中逆流而上，但事实上，这些声音往往又形成另一种时尚，成为时尚的一个分支。从这个意义上来讲，反时尚只是从另外的一个角度来诠释时尚。正反两种声音共同推动着时尚向前。

　　时尚如一些媒体，它的出现、发展、潮流趋势都具有导向性，如不能善加引导，就会造成巨大的反效果。这就是社会中存在的盲从现象。

　　时尚就是以美为目的的永无休止的过程，它转瞬即逝，周而复始。每当它到来之时，总能成为一种普遍的情感与力量。人们在这样的潮流中，亦步亦趋，尽量使自己的脚步踏准时尚的节拍。

追求时尚是女人的天性。世界上有两种时尚的女人,一种是追求时尚的女人,另一种是能引领时尚的女人。

当然,这并不足以说明谁是时尚者,谁不是时尚者,这只是一种说法而已。但可以确定的是,女人之所以钟情时尚,是因为她们钟情美丽、钟情气质。

时尚不是所谓的"流行"

很多人会把时尚与流行相提并论,其实并不如此。简单地说,时尚可以流行,但范围是十分有限的,如果广为流行,那还有时尚的感觉吗?

时尚桀骜不驯,不拘于流行,流行却尽力模仿着时尚。

古时就有"楚王好细腰,宫中多饿死",而唐明皇喜欢丰满的女人,于是整个唐朝都以胖为美。20世纪五六十年代,全球女性都尽量掩藏自己的性征,以平胸窄臀为美。如今的女性却以丰乳肥臀,拥有魔鬼般的身材为美。

想来,环肥燕瘦不过都是一时之风。

流行如一段漂浮于生活河流表面的木头,一段漂走了,另一段又来了。

还记得当时非常流行的歌曲《两只蝴蝶》吗?如今已经成为昨天的流行。

听过《爱情买卖》吗?这首炙热的流行歌曲不同样在降温吗?

既然是流行,那么就会流逝。轰轰烈烈而来,静悄悄而去。流行不过是经济运营下的产物而已,背后是金钱和利益在驱动。

英国有一句谚语:质美的布永远时尚。

时尚不随俗,时尚是经过艺术精心提炼的创意。时尚在一定的时间段内经得起人们的品味和推敲。

约翰·施特劳斯的《蓝色多瑙河》是时尚的,凡·高的《向日葵》是时尚的,而且是经典的。不是谁都能创造时尚,不是谁都能消费得起时尚。时尚比流行长久,比流行更具有内涵。

今天在大多数人眼中的"时尚",仅仅是对时尚拙劣的模仿。时尚极具自己张扬的个性,它是思想和美感创造出的典雅与高贵的形式,华丽而优雅。

时尚消费体现的是消费主体思想的深刻,审美趣味的极致。

我们拼命地追求时尚,一不小心却陷入流行。

我们因时尚而掀起流行的潮流,我们在流行的潮流中追逐时尚。

追求时尚是一门"艺术"。模仿、从众只是"初级阶段",而它的至臻境界应该是从一拨一拨的时尚潮流中抽丝剥茧,萃取出它的本质和真义,来丰富自己的审美与品位,来打造专属自己的美丽"模板"。追求时尚不在于被动的追随而在于理智而熟练的驾驭时尚。

优雅，时尚女人的标签

法国时尚界泰斗热纳维耶芙·安东丽·德阿里奥在她的一部经典之作《优雅》中写道："优雅的种类太多了——比如举止的优雅，谈吐的优雅，装饰的优雅，还包括生活艺术的所有其他方面……一个真正优雅的女人必须在各个方面都是优雅的。"《优雅》这本书出版后，畅销欧美，成为时尚女性的必读书。此书被誉为"时尚的圣经"，告诉女人如何永远保持别致、优雅和迷人的仪态。

优雅是女人一生的事业，它不是与生俱来的，只有经过岁月的历练、思想的积淀、艺术的熏陶，才能在一个成熟女性的身上慢慢散发出来。优雅其实也不单是女性才有，男性同样也有优雅的问题，只是相比之下女性更爱优雅罢了。

不管优雅的感觉是否总与成熟有关，不管女人们嘴上怎么说，如果有人赞扬："你真是个优雅的女人！"即便是年轻女子也会很高兴。在现实生活中，许多经济独立的女性从来不放松行动，相信终有一天能够实现自身的优雅，尽管这并非一日之功。优雅是一种美学现象，女人都是爱美的，而优雅是一种较高境界的美。所以，女人谁不爱优雅。

优雅和优秀不同。优秀，是良好教育之下的一种才能，是知识与经验的积累和社会实践的结果；也是任何人通过修养可以获得的一种品质。而优雅，则是一种上天的恩赐，它包含在心灵的单纯与宁静之中，它赋予人的一切行为和动作以愉悦感。优雅不单是美，它更是一种内在的禀赋，是生命韵律与智慧的自然体现，是心灵善良光芒的不由自主的焕发，是才情与艺术修养巧妙融合后的本真流露。优雅的女性大多优秀，优雅比优秀多了一份天性中美感和高贵的品性。

有的人没有时间去培育优雅的品性，只是将精力花在外在的修饰上，却忽视了灵魂宁静的滋养。

有一位品位高雅、境界非凡的女性，她受到良好的家庭氛围的熏陶，才情横溢、气质优雅、谈吐芬芳。后来她随时代的变化而倾势发展，创办了一家广告公司，由于她具有出色的审美和创意能力，公司发展很快，业务蒸蒸日上。

她整天在公司忙碌，晚上还要拖着疲惫的身躯在交际场所应酬。家中的钢琴早已蒙上一层灰尘，油画颜料也渐渐干枯，她没有时间阅读诗歌或聆听音乐。内心里典雅幽深之情愫随时间的流逝离她而去，她变得坚强、果敢，女性天然的温柔与悠远的心灵回响也随之消失。几年后，一次同学聚会上人们看见她时，觉得她完全变了，这种内在的销蚀是如此可怕，令人有着恍若隔世的感觉。

著名时尚节目的女主持人沈星，她修长高挑的身材，极有棱角的脸庞让她在众多女主持人中显得格外耀眼。作为主持人，她对时尚和流行的了解来自自己多年的心得。她说："掌握流行和时尚都是从模仿开始的。虽然某一季的流行未必适合我们每个人，但它一定是美的。"她认为，一个人在潮流中的位置，不可太超前，也不能太滞后，稍前是最佳的。但你不知道哪里是"稍前",所以你得关注时尚。

沈星还认为:"一个女人如果穿得落伍,是很难看的;难看得不忍心去看。她自己也会觉得自己难看。在时尚的都市中,一个不关注时尚的女人很容易就会变成村姑。或许你今天上街还自我感觉良好,明天上街你就发现自己很老土了。"但时尚不是盲目地追赶潮流,别人穿什么自己也跟着穿什么。时尚绝不肤浅地只属于拥有许多双精工制作的高跟鞋,或是抢购限量版品牌服装的年轻人。那种由内而外自然散发的理性成熟、优雅自信才是永远立于时尚之巅的根基所在。

一个真正懂得时尚的女人往往是一个创造性很强的女人,不离开大众,又不同于大众。

一个真正时尚的女人应该是仪态大方、内涵丰富、智慧聪颖、优雅成熟、时尚而不时髦、风韵而不风流。

追求时尚但不盲从

追求时尚但不盲从,然而很多女人都犯过盲从的错误。连靳羽西女士年轻时也犯过这样的错误。

靳羽西是一个魅力十足的女人,是羽西牌化妆品的创始人,《纽约时报》称她为"中国化妆品王国的皇后"。她既是著名的企业家、主持人,还是美国电视六强人之一,获得了许许多多的成就奖,影响了一代中国人和电视主持人。

但是,在25岁以前,她也和爱赶新潮的年轻人一样,喜欢尝试新的东西,以此显示自己的与众不同。她那时赶时髦、追流行,把头发染成金色,涂蓝色的眼影。25岁以后,她才知道什么才是使自己漂亮的东西,并给自己的衣着打扮定了位。也可以说,她从盲目的追求时尚中进行了反省。

从此靳羽西不再花时间和金钱去追求那些虽然流行、时尚但并不能使她变得漂亮的所谓的时髦。为了事业的成功,她需要一个成熟的、有品位的自我形象。她选择的"整齐刘海、扣边短发"的发型,使她看上去既比同龄人年轻,又保持了她内在的青春活力,尽显朴素高雅的魅力。这一发型似乎成了她的固定选择。她对流行色有独到的见解,能使皮肤白嫩、细腻、年轻、漂亮的颜色就是永恒的流行色。在众多女性追求和崇尚西方的金发碧眼,并为自己的黄皮肤、黑发、黑眼睛感到自卑时,靳羽西却认为亚洲人的黑发就是美,因此她保留了黑发的黑、直的特点。她同样认为黄皮肤也是美丽肤色的一种,关键是要使这种肤色成为一种健康色,打扮的效果是要使这种肤色更美丽,而不是要改变它。显然,她的定位——新色彩、新风格和新服装使她光彩照人,她的形象设计得到了全世界女性的认可。

华丽的衣裳不一定能装扮出灵魂的美来,而朴素的衣服也不一定会掩盖一个人的精神风采,这就是气质的魅力,它来源于对自身清晰的认识和中肯的评价。

遗憾的是,大多数的女性似乎过于容易被光怪陆离的时尚所迷惑,在不惜花费大量金钱奋起直追中误入了歧途。在越来越多的女性争相模仿中,时髦也就日见俗气,开始令人望而生厌。

所以,时髦并不一定能让你美丽,只有穿出自己的个性与气质才能真正彰显自己的魅力。服饰的风格如果不能与自身的气质相配,那么再华丽时髦的装饰也只能是一堆赘物。低胸、露背式的晚礼服穿在性格开朗的女性身上,会使她在宾朋满座的晚宴上充满信心、应酬自如、光彩照人;但若穿在生性胆怯的女性身上,难免会令她局促不安、手足无措,显出一股小家碧玉似的忸怩状。

服饰界不存在永远新奇的衣饰,却存在永不过时的品位。拥有几套款式大方、质地较好、色彩含蓄的服装,再经过巧妙的搭配、适度的点缀,就可以在任何场合都不失其优雅。

创造时尚的人将会把自己的形象铭刻在他人的脑海里,使模仿者黯然。时装模特的风采令人如痴如醉,但T型台不等于现实生活。女性在追求时尚之前,一定要仔细琢磨自己的个性、体形、肤色、身份和生活方式是否具备了追求的条件。如果抱着"别人有的我也要有"的观念,那你最多也只能是一个成功的购买者。一味追求他人创造的时尚,说明你对自己缺乏基本的自信。因此要想拥有永恒的魅力,就要保持不变的个性,永不为外界所干扰。

时尚的女人要学会用自己的眼睛观察自己,相信自己具有与众不同之处。如果仅仅生活在他人创造的流行与时尚中,那么你所拥有的也只能是茫然和盲从。

时尚女人的品味生活

时尚女人追求的是品味生活。品味生活不再以量取胜,而是以质取胜;不再以增加财富为唯一目标,而是在财富与欲望之间取得平衡。真正的时尚女人,不仅有着经济的保障,最为重要的是,她们有着无限丰富的精神世界。

时尚的女人气质迷人,但要想成为时尚的女人,一定要在以下几个方面入手。

1. 阅读时尚杂志

在时尚女人的咖啡桌上,少不了时尚类杂志,而且绝对是印刷精美、价格不菲的,它们无声地提醒着女人。

2. 听音乐

时尚女人的家里绝对不会没有音响,一套音质好的高级音响不仅是时尚女人的代表,同时也体现了时尚女人对艺术品位的追求。在音响旁边必定会有一个非常漂亮的CD架,摆满着经典的唱片。

3. 看电影

时尚女人爱看电影,尤其是好莱坞大片。国外、国内知名导演的影片光碟也是时尚女人家里的必备品。

4. 读　书

时尚女人爱读书,村上春树的《挪威的森林》,还有杜拉斯、卡夫卡、张爱玲、朱德庸的很多作品,也许霍金的《时间简史》她们可能会看不懂,但摆在书架上就可以标显时尚女人的身份。

5. 收藏艺术品

这绝对是时尚女人生活中的点睛之笔。最好是朋友做的雕塑,境外的旅游纪念品,大师作品的限量复制品或者小古董,恰如其分又不过于招摇,符合时尚女人的虚荣心。

6. 讲究饮食

时尚女人对饮食很有讲究,时尚女人的饮食首先应换算成卡路里,她们绝对不容许自己身上长出多余的脂肪。她们对麦当劳、肯德基之类的快餐店不屑一顾,而喜欢星巴克舒缓的氛围。她们喜欢喝有着漂亮名字的咖啡,如蓝山、摩卡、卡布奇诺、哥伦比亚——美丽遥远而又不知所云。

时尚女人虽然不经常生火做饭,但一套精致的餐具不可缺少。通常是西餐餐具,配着漂亮的鲜花、蜡烛和玲珑的酒具,规规矩矩地摆着,但几乎从来都不用,只是用来养眼和展示的。

7. 追求品牌

时尚女人对穿着也是很有讲究的,她们对自我形象有着超乎寻常的热爱,因为她们知道,一个人的衣着、化妆、日用品随时随地都在向别人发出信息。

能简简单单、明明白白、直截了当表明身份的东西就是品牌。时尚女人的生活一天也离不开品牌,无论去买一件衣服,还是买一双袜子、一瓶酒,还是一个炒锅、一把勺子,这些物品对时尚女人的意味绝不仅仅是要去买衣服或勺子,而是买某某品牌的衣服或勺子。时尚女人对品牌的热衷好比古人对图腾的崇拜,不需要理由,但又死心塌地。

时尚从鞋靴开始

时尚的女人对鞋靴选择极为重视。女鞋的流行走向无外乎有以下几种:优雅、夸张、性感、女人味、异国风情等。设计师们真是不遗余力、绞尽脑汁设计鞋子款式,让女人们看得眼花缭乱。

目前市场上,鞋子的款式绚丽缤纷,可是无论怎样变化都逃不了几种流行趋势。

1. 休闲圆头鞋

年过二十的女人已不好意思穿。但经 Marc.Jacobs 点燃导火线后,随即掀起一阵圆头热潮。

现今更加入了芭蕾舞元素成为陪衬格纹、小碎花等印花出现。鞋面会以编织、挖洞、镂空、拼接等手法处理，同时在鞋面上会系上小蝴蝶结加以缀饰，整体弥漫着清新的小淑女风范，若搭配宽松的罩衫单品，味道更为完整。

2．风采延伸鞋

如今很多皮质鞋、帆布鞋的设计都考虑到了脚脖子以上的部位，爱穿七分裤的女性朋友千万不可错过几款鞋：一款帆布鞋，鞋面就由一缕缕细带层层复层层而成，一直蔓延到小腿根部。小腿有些粗的女人很适合，系上长长的鞋带后，小腿感觉瘦了一圈，细腿的女人穿这种鞋则是锦上添花。再有一款尖头鞋，鞋头上顶着一朵别致的花朵，鞋跟处生出两条红白枝蔓，一圈一圈向上缠绕，给人感觉像一根长长的牵牛藤，在上面也会开出一两朵花来。

3．优雅的长靴

空间短裙的流行促使长靴成了不朽的话题，挑一款时髦又高贵，流行又典雅的长靴是每个女人的梦想。鞋子的小配饰很重要，靴子当然也不例外，一些小的修饰是靴子品位的重点。下面我们就一起了解一下靴子的优雅风姿吧！

高度搭配靴子对于女人来说最大的优点莫过于它能够最大限度地藏起腿部的缺点，展露优美的线条。不同高度的靴子，搭配出的效果也不同。

鞋跟部以上10厘米矮靴的好处是穿着舒适、方便，但搭配相对单一，多配以长裤，也可以搭配中长裙，不过小腿粗圆或肌肉呈块状的女人要注意了，尽量避免用这种靴子搭配裙子穿着，因为那会使你的腿部看上去更加浑圆结实，而且还有"腿短"的嫌疑。

鞋跟跟部以上20厘米这种高度的靴子搭配非常多样，七分裤、及膝裙、长裤都可以搭配，如果靴腰上有一些装饰或褶皱，更可以适应正装和休闲装的多重搭配，对于一个每天出入办公室的都市女性来说，这种靴子可说是必备之选，而且它还可以让你的双腿看上去很修长。

鞋跟部以上30厘米的中靴对于小腿线条不够优美的女性来说，更加适宜。在寒冷季节的办公室里，毛衣是最常见的穿着了，而恰到好处的靴子，则能为厚重的衣服带来平衡的效果，而且优雅又帅气。

鞋跟跟部以上40厘米的高靴恐怕是最具靴子魅力的了，但是想穿得好看，也要花费一些心思。如果膝盖的围度较大，或内侧膝关节较为突出的女士，在穿这种靴子的时候就要尽量选择搭配裤子，或选择靴口比较宽松的靴子，否则会令你大腿的视觉效果也变粗，如果你天生一副修长美腿，那就不要犹豫，穿上短裙"秀"一下吧。

每个女人都必须拥有一双黑色的靴子。原因很简单，黑色是永恒的颜色。选择细高跟的靴子，就可以穿出百种风情。你可以用单色上装配上皮质的短裙，再穿上黑色长靴，简洁中带有性感的味道。

哥特风格的长靴以深茶色和驼色为主。这款靴子大部分采用了流苏和褶皱的设计，面料上多选用鹿皮。哥特风格的长靴可搭配九分裤或是牛仔鱼尾裙,这样的装扮把民族风情发挥得淋漓尽致。

一般深咖啡色长靴都选用上好的麋鹿皮制成,在搭配上也很简单,只需用苏格兰格子裙和加长的羊毛围巾,再配上一件小西装式样的上装,走在大街上绝对让你抬头挺胸。英伦的贵气加上一些稚气,造就一款经典的英伦风貌。

4．直筒双层晚装靴

这款靴子设计丰富,细节的变化上也独树一帜。直筒"双层"晚装靴可搭配毛皮大衣和丝质的长裙,还可以在腰间配上一条钻石腰带,优雅奢华的气质只属于你。其实,这款靴子还可以穿出另一种风情,用粗线毛衣配上小碎花图案的及膝裙,一股优雅气质便油然而生了。

有一双好鞋子,才会走出迷人的气质,所以,面对商场里琳琅满目的鞋子和靴子,你要好好选择。

演绎时尚的包包

有人说包对于女人的衣着而言,好比秤盘与秤砣的关系,没有它的平衡作用,便得不到和谐的装扮之美。无论何种大小的包包,因为女人的主宰,便拥有了许多内在的含义与价值,这中间,或是秘密的遐思与幻想,或是外在的精致与细巧。它们在不同的场合与不同的着装一起,真实地演绎女人的气度与美丽。

作为职业女性的日常用包,除了与上班衣着搭配协调外,还要拥有足够空间来容纳一些平时随身携带的物品,如手机、钱包、钢笔、记事本、纸巾、化妆品等。因此,这就必须要求它既具有合适的空间,而且还要在型款上大方、简洁、精致。拥有几款精致的包包不仅有助于你树立工作中的个性风格,更可贵的是能在你的精心呵护下伴随你度过优雅岁月,使你越发风姿动人。

自然轻松、无拘无束且富有浓厚的生活气息,这是休闲包的个性特点。由于它在做工上的精细,在造型上的讲究,因此成为年轻女孩子们的热衷之物。从休闲包的质感、品位、特性来看,它只求体现平凡生活的质量与品位,朴素的印花棉布、藤竹草的强烈质感、木环提手的质朴、带着异域风情的苏格兰格子,以及散发出民族风情与宗教气息的图案,与晚宴包(时装包)的华丽夸张与职业女性用包的挺括棱角之间,诠释自然的淳朴宁静和人与人之间恬淡的温情。不仅如此,心灵手巧的女子将零布碎片修整设计,也能演绎出别致独有的美丽。

户外运动包或旅行包的功能与女人的其他包包相比,更加直接明了:为了减少外出的负担,尽量做到轻松惬意。因此,此类包款可根据实际需要进行大或小的容积选择,进行单肩、双肩、挎、提等款式的选择。如果仅仅是手机、钱包、钥匙之类的小件贵重物品,不妨选择装饰性较强的腰包，既安全又美观。

无论是哪种职业、何种个性的女性，拥有一款适合自己的钱包是极为必要的。对于此类贴身的包品，应该更注重品质与工艺上的优秀。

不要一味地追求衣橱里包袋的数量，但一定要保证不多的几个基本型款质地的精致优良。在不同的场合配饰不同个性的包袋，做到与衣饰的协调，这是一个懂得装扮自己女人的智慧。

追求时尚一定要适度

女人爱美、追求时尚当然没有错，但是在追求时尚时，一定要适度，不可盲目模仿、跟风，更不能花重金去追求所谓的时尚。

1. 多运动

一个时尚的女人可以没有美丽的容颜，可以没有完美的身材，还可以没有各种名牌服装。但是，时尚的女人必须是一个爱运动的健康女人。

虽然运动不是追求时尚的灵丹妙药，但是运动的确可以拉近女人与时尚之间的距离。在人们感叹女人为体育运动痴迷所展现出来的豪情时，体育运动正高举时尚大旗，引领着更多女人，在追求时尚的大路上飞奔。

2. 注重时尚的和谐

（1）时尚与性格的和谐。每个女人都有自己独特的个性，在追求时尚时也应根据自己的性格选择时尚。模仿不是美，时髦也不一定是美，只有当内在性格与时尚追求和谐一致时，女人的美才能得到最充分的体现。当时尚强加在女人身上时，它就会破坏女性的美。例如，旗袍给人以文静优雅的感觉，男性化的女人就不宜穿着。所以，女性追求时尚要注意服装款式、色泽、质地都应与个性吻合，不可一味模仿。

（2）时尚与年龄的和谐。时尚具有很强的年龄特征，不同年龄的女性追求不同的时尚，已经成为普遍的生活现象和文化现象。所以，女性要根据自己的年龄特征选择恰当的时尚服装。处于青春妙龄的女孩，身材优美，体态轻盈，全身洋溢着青春活力和勃勃生机。她们只需穿上活泼明快、宽松利落的时尚运动装或简便装，就可以把少女的天然美、韵律美自然含蓄或淋漓尽致地表现出来。青年女性应穿着以明朗色彩为主体的时尚服装，这类服装跳跃性强，视野空间较广，且装饰性线条较多，可给人以热情、振奋的感觉。中年女性则应穿着柔和性色彩的时尚服装，这类服装色彩心理反射不太强烈，流动美感属中等水平，装饰性线条不太多，显得安定而宁静，给人以沉静、典雅之感。

（3）时尚与环境的和谐。女性在追求时尚、强调着装个性化的同时，还必须重视环境的因素，即在选择时尚服饰时，应与一定场合的气氛和谐统一。例如，在办公室里不宜着过分时髦的时装，不能给头发染太夸张的颜色。如果在比较严肃的环境里工作，刚好社会上流行红色，你头顶耀眼的红发去上班，肯定会引来异样的目光。

（4）时尚与职业的和谐。职业不同，在社会上扮演的角色就不同，因而，女性在追求时尚时要注意与自己的职业相协调。例如，女教师为人师表，就要为学生做好榜样，因此穿戴不要太前卫，以免造成不良影响，损坏自己的形象。在追求时尚时，注意结合职业特点来着装，可以显示出女性的工作能力和气质风度。

3. 切忌重金追时尚

有些商家为了达到盈利的目的，故意将一件成本很低的商品打造成价格不菲的时尚用品，如一件时尚衣服可能会花去一个女人一个月的薪水；一个吊挂在颈、腕上小饰物的花费足以让你买一台电脑……面对如此这般的所谓时尚，女性不应不知，更不能强行为之，让自己陷入财务危机。

时尚不宜以牺牲健康为代价

追求时尚是为了展现美丽、体现气质，然而越来越多的女性在追逐时尚潮流的时候，却漠视了健康的重要性。

有损健康的时尚行为主要有以下几种：

1. 穿塑身内衣

塑身内衣有的束腰，有的收腹，有的修饰腿部线条，还有一种被称为"全身绑"的连体内衣，厚厚的强力纤维把上腹、腰、下腹、臀、腿从上到下紧紧地箍起来，穿着它连呼吸都有些困难。但爱美的女性还总是自我安慰，"习惯就好了"。事实上，如果为了某个场合，短时间内用内衣修饰体形对身体没有影响，但如果天天如此，可能就要影响健康了。

腹部有许多重要脏器，如肠、胃、子宫、卵巢等，束身衣长时间紧缚肌肉，影响身体的自由活动，从而使腹部的血液供应受到限制，腹腔器供氧不足，会影响众多器官的生理功能。另外，束腰还会影响下肢血液循环，可能出现下肢水肿。

2. 打耳洞

打耳洞已不是什么新鲜事了，而且随着"韩风"日劲，耳洞的数目也有逐渐上扬的趋势。但是耳洞越多，细菌病毒就越容易入侵，尤其在气温渐高的春夏季节，感染的几率会很大。耳钉、耳坠等饰物放在柜台上,长期暴露在空气中,本身未必干净。有的摊主在打耳洞前,用具都不用酒精消毒,街边的所谓"无痛穿耳"就更没有安全可言了。更严重的是,在耳朵上过多穿孔,有可能造成软骨炎,使耳朵萎缩。至于在鼻、舌、眉、脐等部位打洞,那就更危险了。

3. 滥吃减肥药

当减肥成为时尚,就是一件很可怕的事情了。不少女性避开医生,滥服减肥药,经常会导致很多不良后果,如营养不良、器官功能衰竭等。事实上,减肥的根本在于改变不良的生活习性,滥吃减肥药是没有效果的。

对于单纯性肥胖者而言,少进食、多运动比任何减肥药都要安全有效。所以,减肥切忌盲目,一定要在专业医师的指导下进行。

4. 健身房健身

现在越来越多的白领女性把去健身房锻炼身体当成一种时尚。其实,锻炼身体最好的地方不是在健身房内,而是在室外。健身房里因装修等原因会残留一些有害气体和粉尘,而且空气流通不是很好,对健康就会产生不利影响。

5. 泡吧、唱KTV

泡吧、唱KTV逐渐成为城市生活的潮流。到一个城市,有没有像样的酒吧可泡,有没有豪华的KTV包房,也反映了这个城市的时尚指数。但如果去得太频繁,就不利于身体健康,因为那里空气污浊、噪音很大,并不适于人体正常休息放松。

6. 洗肠美容

近几年来,都市又兴起了美容时尚新概念——断食、洗肠。许多女明星都坚持洗肠美容,目的是让自己的身体里没有宿便,不蓄积毒素。但洗肠容易让肠管变粗,长时间反复刺激还会使肠管麻痹,容易导致一些人为的疾病。

7. 长期佩戴戒指、项链等首饰

有些女性担心把戒指丢了,就用线把接头缠牢,紧紧地箍在手指上,由于摘戴不便,就干脆不摘。天长日久,受箍的手指皮肤、肌肉就会下陷或产生环状畸形,里面会隐藏很多细菌,严重地影响手指的血液循环,造成局部坏死或细菌感染。

同样,长期戴项链也不利健康。除纯金项链外,其他项链在制作过程中均掺入了少量的铬与镍。尤其那些廉价的合成金属制品,成分更加复杂。佩戴后,项链所接触到的皮肤有时会出现微红、瘙痒,时间一长可能会形成湿疹般的红肿,严重者还会形成溃疡。

总之,时尚可以追求,但健康不能不要,没有了健康,怎么去追求时尚?所以,喜欢追求时尚的女人要懂得在追求时尚的同时也要维护自己的身心健康。

下 篇
修炼自己的内涵

第九章 文雅谈吐，"说"出迷人气质

> 谈吐是风度、气质组成部分。谈吐不仅指言谈的内容，而且包括言谈的方式、姿态、表情、速度、声调等。女性文雅的谈吐是学问、修养、聪明、才智的流露，它就像优雅的首饰，为你的气质加分。

言之有"礼"，谈吐文雅

语言是人们在日常生活中最常用的沟通与交流工具，是表达意愿和思想感情的渠道。

语言是一种艺术。同样一句话，由不同的人说出来效果会大不相同。说得好的，不仅会使他人愉悦，自己也会从中受益；说得不好的，好事往往会变成坏事，使别人厌恶，自己也得不偿失。

不仅如此，语言也是一个人的道德情操的体现，是文化素养的载体。在人际交往中，温文尔雅的言语容易给人留下良好的印象，让人们犹如沐浴春风，无比惬意；相反，如果言谈粗鲁，出口成"脏"，就会让人产生反感甚至厌恶。优雅的谈吐会给女性的气质加分，是女性的学问、修养、才智、气质的综合体现。语言苍白是一件十分可怕的事情，而那种富有知识、趣味的谈吐绝对会使你在众人中脱颖而出。

动听的语言总是给人留下深刻的印象。女性在与他人交往中，如果能做到言之有"礼"，谈吐文雅，很容易使人增加好感。

1. 恰当的称呼

说话时的称呼很重要，特别是在全世界都注重礼仪的今天，更不能忽视称呼。交谈时，要根据对方的性别、年龄、职业、职务等，给予对方恰当的称呼，这是必须做好的第一件事。

2. 多用敬语和谦语

俗话说："礼多人不怪。"在交谈中多用一些敬语和谦语，这样能体现出一个人的文化素养

和尊重他人的良好品德,会给别人留下美好的印象。这也是一种修养的自然流露,是气质美女不可缺少的。它们包括:

"您"、"请"、"请允许"、"谢谢"、"别客气"、"对不起"、"打扰您了"、"没关系"、"请原谅"、"麻烦您了"、"再见",等等。

每个人都有自己的个性,都有自己的用语习惯,这不能强求一律。否则,千篇一律反而使人感到索然无味。丰富多彩的语言具有魅力,有些大话、套话则令人生厌。现在网上交友聊天的语言,多数都有情有义有美感,但确实有些粗话脏话不堪入目。不要认为不相识就无所顾忌,即使是网上交友,仍然是面对自己的朋友,应该注意形象。

3．态度诚恳

说话虽然可以是无拘无束的,但它也是在不断地向别人传递自己的思想感情。所以,说话时你的神态和表情都很重要。当你向别人表示祝贺时,尽管嘴上说得十分动听,而表情却是冷冰冰的,那样对方心里肯定不高兴,认为你只是在敷衍他。所以说话做到态度诚恳和亲切很重要。社交场合是这样,工作的场合也是这样。要以情感人,对于别人的好处,不要嫉妒,而是由衷地称赞几句,这既会感动别人,也会感动自己。这种愉快的情绪会像电波一样,在相互间传递,对于你的好处,别人也同样会称赞。有时候,一句赞美的话会改变人的一生。

4．声音柔和

说话时,咬字要清晰,音量要适中,以让对方听清楚为度,切忌大声说话;语调要平稳,使听的人感到亲切自然。学会倾听的艺术,微笑着做出一定的回应,而不能随意打断别人讲话。俗话说:会说话的想话说话,不会说话的抢话说话。柔和美妙的讲话声音会让人愉悦。

5．注意说话语气

一样的话,一字不改也会传达出不一样的意思,主要靠的就是语气。比如"是吗"这样一个简短的句子,"吗"用一声调来读就是询问的语气,用四声调来读就是质疑的语气。所以,在日常交往中,我们一定要注意自己说话的语气。批评别人时,语气尽量要婉转,自然地传达要表示的意思,更能让人接受;如果是赞扬别人,语气不妨高昂一些,让它感染到听者的情绪,从而达到良好的效果。

6．适当使用肢体语言

肢体形态是一种无声的语言,它就像我们说话一样,表达的是自己的思想情感和内心世界。人类在还没有产生语言的时候,它就是一种语言表达方式。在语言产生之后,它仍然是配合着语言的一种辅助表达方式。适当使用肢体语言很有必要,事实上,人们在讲话的过程中自然而然地会用到一些肢体语言。比方说,如果人们内心充满自信,肢体表现出的是挺拔而有精神;内心热情开朗,肢体一定是自然舒展的等。

无论在什么样的场合,女性如果能够凭借知性且优美的语言使自己独特的个性得以展现的话,那么她肯定会被人定位成"优雅的女士",即使相貌平平,依然可以吸引他人的目光而成为全场的亮点。当然,如果你天生丽质,那么"皇后"一定非你莫属了。女性朋友平时要多加学习,从内到外地净化自己,将优雅慢慢融入自己的气质中,成为一个谈吐文雅的女人。

做个会说话的女人

会说话是一种艺术,女人应该掌握说话的技巧,通过说话来展示自己的魅力,做一个会说话的女人。

1. 说话有风度

要想使他人愿意与你交谈,你应该培养自己良好的说话风度。

说话风度,是一个人内在气质的言语表现,是一个人涵养的外化。使自己的说话具有风度,是增强自己说话魅力的重要途径。女性良好的说话风度,往往具有很大的吸引力。无论是企业家说话中那稳健自信的气度,还是主持人说话中那风姿卓越的魅力;无论是外交官那彬彬有礼的谈吐,还是政治家那稳重雄健的言论,都会令人仰慕不已,倾心无比。风度是外在语言和内在气质的恰当配合。

说话风度是一种品格和教养的体现。如果一个人没有良好的道德情操,没有一定的文化修养,没有优雅的个性情趣,其说话必然是粗俗鄙陋,浅薄不雅。

说话风度是性格特征的一种表现。比如性格温柔宽容、沉静多思的女人,往往寥寥几句的轻言细语就能包含浓烈的感情成分;而开朗豪放、性情耿直者,则说话开门见山,直来直去。

说话风度是多种多样、丰富多彩的。洋洋洒洒、侃侃而谈是风度;只言片语、适时而发也是风度;谈笑风生、神采飞扬是风度;温文尔雅、含而不露也是风度;解疑答难、沉吟再三是风度;慷慨陈词、英风豪气等,也都是说话的风度。

不知道你是否注意过,为什么有的人说话那么动听,有的人却总觉得自己嘴真笨,老是得罪人呢? 这就是不会说话的表现之一。

在与人交谈的时候,注意交谈的距离是十分重要的。距离过远或过近都会有失礼貌。距离过远,会使交谈者误认为你不愿意与之接近,嫌恶他;距离过近,稍有不慎就会把口水溅到别人脸上,把口中或身上的异味传给别人,令人生厌。如果对方是异性,还会使之戒备,甚至被误会。

当与别人讲话时,你的一举一动都能显示出你的教养。抖动腿脚或许能消除紧张情绪,但却是一种很不礼貌的举止。它会使人感到你是一个缺乏自信的人,而且抖动腿脚还会带动座椅一起抖动影响他人。

在交谈中不自觉地挠头摸脑也是一种不雅的行为。这种不自然的动作既不卫生又显出你过于拘束或怯场。它能造成他人对你的轻视,认为你缺乏社交经验,不懂礼貌或不善言谈。

在社交场合谈话应选择大家共同感兴趣、都可介入、都可方便发表意见的话题。如天气、当天新闻、家常琐事、现场气氛、环境布置等,不要只谈个别人才了解的话题,以免冷落他人。要想成为一个愉快、备受欢迎的谈话对象,要力求言谈准确、清晰、礼貌、风趣。

交谈内容不要涉及疾病、死亡等不愉快的事情,也不要谈荒诞离奇、骇人听闻、黄色淫秽的事情,应谈一些健康的、有益活跃气氛、有利于相互沟通的事情。如果谈话中发现接触到对方反感的问题应表示歉意,换一个新话题。对于对方不便回答的话题,不要追根问底。

良好的说话风度,往往具有很大的吸引力。每个女人在培养自己的说话风度时,应根据自己的性格特征、情趣爱好、思维能力、知识结构、职业习惯等,有所选择。另外,同样一个女人,在不同的场合、不同的环境下,其说话的风度也是有所不同的。比如女教师在课堂上讲课与在家里跟家人闲聊,则表现为两种相差甚远的风度。说话的风度是人的一种自然特色,是与时代相吻合的。不是脱离时代追求风度,不是脱离自己的个性、身份去研究风度。任何摇首弄姿、没有个性的说话,都是毫无风度可言的。

2. 良好的说话态度

我们说话的目的,是为了把自己的意思和想法告诉他人,让他人明白、了解、信服或同情我们。如果我们说的话,别人没什么反应,不信服或产生反感,这就没有意义了。那么,怎样才能锻炼出一种说一句是一句的理想口才呢?这就要求说话者既要了解自己,又要了解对方,力争培养出一种相互了解与同情的氛围。也许,人人都懂得,对方无论讲什么都无关紧要,最重要是她的态度。如果态度好,人们都愿意跟她谈,即使她不同意自己的意见,不满意自己的行为,人们也仍然愿意跟她谈。如果态度不好,就是再好的话题也无法顺利地进行下去。

别人都希望你对他的态度是友好的,希望你愿意和他做朋友;别人都希望你能体谅他的困难,原谅他的过失;别人还希望你能关心他们,帮助他们,思考他们的问题,并对他们提供有用的建议;当你与他人谈话时,你要把在场的每一个人都看到。你的眼睛,要随时在每一个人的脸上停留片刻,对于那些没有讲什么话的人和那些看似不太自在的人,特别要注意。要设法找些话题跟他们交谈,以便解除他们的紧张和不安的心理因素。

说话时给人良好的态度,是展示你说话风度的保证,也是提升你气质的重要方法。

如果在与人交往中,能向人展示良好的说话态度,则是对对方的一种尊重,同时,对方也会同样对你尊重。

那么,在日常交往中应该怎样展现你的良好态度呢?

(1)对别人正在做的事,如何做和从何开头,都表现出强烈的兴趣。别人都希望你对他本人,对他所做和讲的事情均感兴趣。其实每个人都有此希望,包括我们对别人的希望也是如此。因而,你最好能做一个对什么都感兴趣的人。

(2)诚心诚意并利用适时的机会赞美,不要有丝毫的夸张和矫揉造作。如果能再加入一点幽默的字眼,就不致于令人尴尬、困窘。

(3)有礼貌地接受赞美,不要拒绝别人的美意。如果某人想向你保证没有做过某事,理所当然地要表示理解;但是如果某人赞美你的作为,你不应该否认,而应感谢赞美者的好意。

(4)不在别人面前驳斥某人的话。如果某人为一个观点极力地辩护,而你毫不留情地反对,是一件相当无礼的事。你可以不带恶意地做消极的回应,在私底下再向对方展开你的火力。

(5)帮助害羞的人,觉得自己是谈话的一分子。如果你注意到坐在角落的人,没有人和他说话,可以问他对某些事情的看法,并把他介绍给大家认识,借此让他与当下的群体打成一片。

3. 创造愉快的谈话氛围

愉快的谈话氛围是使双方的交谈能够顺利进行的重要因素。与人交谈时,如果能做到思想放松、没有顾虑、想到什么就说什么,那么谈话就能进行得相当热烈,气氛就会显得相当活跃。在与人交谈中,能够接二连三地说出闪烁着智慧火花的、精彩的名言佳句的人,是为数不多的。也就是说,与其急于想把话说得精彩一点、动人一点,倒不如把心放宽,抱着"说得不好也不要紧"的态度,按照自己的实际水平去说,你反而能说出有趣、机智的话语来。

开始交谈时,交谈者要善于创造一个融洽的氛围,适当的寒暄还是必要的。如果是熟人、老友,可先谈谈自上次分别后的情况。如果是新朋友见面,则不妨各自做一番简单介绍,等气氛融洽后,再谈论话题深刻一点的内容。如果一见面就太严肃,把气氛弄得很紧张,对以后的交往则是很不利的。所以,交谈时要善于谈论一些愉快而丰富的话题。没有人会喜欢闷闷不乐的人、诉说生活苦闷的人,没有谁喜欢听到坏消息,也没有人喜欢就一个话题漫无边际、翻来覆去地说,在琐碎的问题上纠缠不休。相反,那些愉快的话题往往能在短时间内和对方建立良好的关系;丰富的话题不仅能给人巨大的信息量,还能引发高涨的兴致和对说话人的敬佩。

那么,如何才能创造愉快的谈话氛围呢?以下方法,不妨一试。

(1)不要谈失意的事情。失意的事情最好打掉了牙往肚里咽,以免过去不愉快的经历让对方觉得沉闷和无聊,影响对方的情绪。没有人想听你述说黑暗的命运,悲观的人无法获得好人缘。千万不要逢人就开始倾倒自己心中的垃圾,这样不仅无法引起对方的共鸣,还会徒增对方的反感。

(2)见机行事,适时转变不同的话题。谈话的内容狭隘令人讨厌,围绕着一个主题打转说话的内容就会受到局限,老是说同一个东西,虽然一直在不停地说,但是仍然给人彼此没有话说的感觉,而且让人感到没有乐趣可言,谈话气氛也很容易沉闷。

还有的话题不适合于在某些场合说,比如有人在吃饭的时候谈论死人的内脏、肠子、肚子之类的话,很容易就让人觉得说话者粗俗,这个时候,就要表现得技高一筹,赶紧转变话题。

(3)最好不要说那些有争议性的话题。一般说来,与陌生人见面的4分钟内,最好谈论一些无关紧要的话题,避免那些有争议性的内容,以免意见分歧带来不愉快。

善于创造愉快的谈话氛围是女人在与人交谈中必备的本领。因而,女性朋友应该多多练习。

4. 打开你的话匣子

由于害羞或心里有顾虑而畏首畏尾，生活中有许多女人不敢开口说话，以至于很难通过交谈把自己的意思表达给他人。下面，我们就介绍几种不敢说话时的开口方法和技巧。

(1)以礼开口。作为现代人，我们必须与他人建立和睦友好的人际关系，彼此互敬互爱，共同为社会发展尽力。这一切的存在，都依赖于一个先决条件——诚恳的态度、端庄的举止。

人的态度和举止在人与人之间的交际中占有十分重要的地位。如果一个人举止粗野、蓬头垢面，即使学问满腹，也会使人敬而远之；相反，如果一个人态度诚恳、举止文雅，给别人的第一印象温文儒雅、落落大方，那么即使他不开口说话，人们也乐意与之相处。可见，只有在高明的说话技巧和高雅的行为举止相得益彰时，才能使彼此达到理想的交流。

在日常生活中，我们常常要求别人守秩序、有礼貌，对自己却不能严格要求，这是十分有害的。人类社会是一个互为服务的群体组织，我们怎样对待他人，他人也会怎样回报我们。因此，我们处处以礼待人，诚诚恳恳，那么我们在交谈中也就容易开口了。

(2)用眼开口。众所周知，眼睛是人们心灵的窗口。其实，眼睛还是人们心灵语言表达的重要工具。通过眼神，我们可以看出一个人的思想动态；借着眼波，我们可以交换彼此的感觉与意识，可以传送感情。

"言有尽而意无穷"、"只能意会不能言传"，放在说话技巧上都恰到好处地说明了眼睛无法取代的作用。因为有时言语无法完全表达清楚我们的心思与用意，这就需要借彼此眼波交流来达到心灵间的沟通。如果我们要拒绝他人或者责备他人，或是不便于用言语来表达某种思想，不妨试试使用这种以眼代言的方法，也许能够达到较理想的目的和效果。

在日常交谈中，人们多半只注重说话的技巧，却常常忽略了面部的表情，尤其是把握不了视线的高度，以致于发生一些有失礼仪的事情，造成许多不必要的误会。

既然眼睛是人类心灵的窗口，那么我们的一切言谈，不论是询问、请求，还是劝诫、说服，都可以从眼神及表情上表露出来。这里要注意一点，人的视线应该是随着说话的语气而高低有异。比如，若是有求他人或是答谢他人之恩，我们的视线应由下往上注视，因为当自己以一种祈望的眼神向对方求助、感谢时，也就自然抬高了对方的地位，这样才能得到对方的同情与回敬。

有时，我们会见到另一种情况：当下属犯了某种错误，上司会目光如炬，眼睛炯然有神地盯着下属，不假思索地说出一些有分量的话来责备部下。由此可见，凝视对方的眼睛，可以使对方难以开口，而使自己更能大大方方地把话滔滔地说出来。这足以证明，眼睛的充分利用，对增添人说话的信心有很大的作用。

(3)委婉开口。在一个盛大的宴会上，某位女士看到一个熟悉的女士穿了一件紧身的新装，与她的胖身材很不相称，就马上对她说："说实话，你的这件衣服虽然很漂亮，但穿在你身上就像给桶包上了艳丽的布，因为你太胖了。"

这位女士生气地走开了，从此再也没有理过她。

其实这位女士就是典型的说话直言直语且尖酸刻薄，但她的心地并不坏，也有相当好的观察、分析能力。问题是,她说话太直了,不加修饰,于是直接影响了她的人际关系。

所以,在生活中,直言直语、尖酸刻薄是一把伤人又伤己的双面利刃。为了使你在人际交往中不致于四面树敌,你最好还是少直言指责他人处事的不当,或去纠正他人性格上的弱点,这不是"爱之深,责之切",而是和他过不去,况且你的直言直语也不会产生多少效用。因为每个人都有一个内心堡垒,"自我"便缩藏在里面,你的直言直语恰好把他的堡垒攻破,把他从堡垒中揪出来,他当然会不高兴了!因此,能不讲就不要讲,要讲就迂回地讲,点到为止地讲,他如果不听,那是他的事!

大千世界中的每个人都有自己独特的性情、独特的兴趣和不同的生活态度,在彼此交往中不可避免地会产生观念上的冲突。如果我们能在不否定他人见解的前提下得体地表达自己的意思,那么就会达到交际上的成功,可见委婉开口是一个很有用的说话方式。

当对方表达了他的观点而我们无法苟同时,我们不妨先肯定和赞许他的观点,然后以谦虚的口气说一下自己的进一步建议,这样就很容易为对方所理解和接受。这样做,不但表现了自己的风度,又坚持了自己的立场,何乐而不为呢?

增强说话的魅力

与人交谈,既有思想上的交流,又有情感上的沟通;任何语言的苍白贫乏、枯燥无味、粗俗浅薄,都会使人感到一种厌烦。如果女人的谈吐既有知识、趣味,又能用丰富的表情和优美的声音来表达,将会达到让人喜悦的效果。

说话的魅力直接影响到说话者是否对对方具有吸引力,关系到双方是否能建立良好的人际关系,同时,还影响到一个女人能否在与别人说话时表现出的自信,能否具有自如说话的勇气。所以,我们在训练说话的自信时,要注意增强自己说话的魅力。组成说话魅力的内容是十分广泛的。每个人说话的内容,说话时的遣词造句,说话的语气、语调,说话的身姿、手势、表情等,都可以折射出一个女人是否具有说话的魅力。

现代女性都十分重视增加自己的吸引力,但是大多把工夫花在了服装与美容上,却较少有人认识到,得体优美的谈吐,更能增添女性的魅力。因为服装与美容毕竟只能增加一点外在的美,而优美的语言,则完全是女性高雅脱俗的内在精神气质与修养的外射,它给人的,则是一种值得玩味的悠长的美,更能深入地打动异性的心灵。

那么,女性应该从哪些方面培养自己文雅谈吐,增加自己语言的魅力呢?

1. 巧妙开场

有一些人一见面,话题总离不开"今天的天气真好?"或"你在忙什么?"等,只要听到这些,就知道这是一个不善言谈的人。最好的方法是以对方作为话题,如服装、发式、化妆等,尤其是初次见面的人都很想知道别人对自己有何观感。

先关心别人,是找寻话题的诀窍,因为每个人都希望别人关心自己。一位节目主持人说过:"我通过主持节目多年的经验得知,凡是有人说'跟她谈话很愉快'或'她说的话很清楚'的这种人,通常她们的发言时间只有别人的三四成,其余时间都是听别人说话……"一个女作家说:"每次我听别人说话时,都会不时地点头表示自己正在认真听他说话,如此话题才能更加丰富。"

2. 饱含温情

对女性来说,会不会说话并不是最重要的,而有没有感情,才是更要强调的,因为这首先是一种对他人的态度。饱含温情的话语,就像是一缕春风,温暖他人的胸怀,同时也映衬出女性善良的美德。

3. 善解人意

人们普遍有一种心理,即对那些对自己的一言一行心领神会、体贴入微的人,都有一种由衷的欣赏与喜爱。女性天生比男人心细,与人交谈时,如能发挥出这方面的优势,善解人意,及时为人解忧消愁,那就极易获得对方的好感与青睐。

4. 真诚自信

我们常会遇到这样的女孩,人家夸她"你今天穿的这条裙子挺漂亮!",她就直摇头,"丑死了,我一点都不喜欢。"这样的回答缺乏自信,让夸她的人都觉得扫兴,不喜欢你穿它干什么。而充满自信的女孩,则会恰到好处地表现自己,既不自轻自贱,也不盛气凌人,给人的印象自然是很生动的,很有个性的。

5. 反应伶俐

女性说话一般不宜唇枪舌剑,咄咄逼人,但是并不等于说女性要放弃反驳的机会与权利。相反,女性如果锻炼自己具备一种思维敏捷、应答机智的能力,那么这样"百伶百俐"的聪明女孩走到哪里不受欢迎呢?

6. 活泼俏皮

无论男女,说话带点幽默感无疑会增强语言的磁性。但女性的幽默应是一种软性的幽默,温和、风趣,显示出女性活泼俏皮的一面,而不能像男性那样夸张而失去典雅的趣味。

7. 温婉含蓄

女性相对于男性,感情要细腻敏感得多,而且更易害羞,所以说出话来往往含蓄委婉,有丰富的言外之意,充满了巧妙的暗示,听起来有一种回味无穷之美。因此女性欲想使自己的谈吐更加动听,就应特别注意在含蓄蕴藉这方面下点工夫。

8. 柔声娇语

女性无论从体质上还是心理上都有比男性柔弱的地方,所以女性不必总要坚强,在适当的时候,对自己的丈夫、恋人或要好的同事撒一点娇,耍一点小孩子脾气,将自己的柔弱暴露给他们,让他们有一点显示男子汉气概的机会,这无疑是一种既省事又讨好的策略。

9. 情趣高雅

女性的言语,应该如山中的清泉,空中的白云,高雅清纯,余音袅袅。现代女性的言谈还要注意格调高雅,不应俗不可耐,令人厌倦。

10. 八面玲珑

看过《红楼梦》的人一定会知道凤姐儿,她的能言善辩让人印象深刻,真可谓"八面玲珑"。当她一见到才进贾府,站在贾母面前的林黛玉时,说了一句:"天下竟有这么标致的人物,我今儿总算见着了,竟像嫡出的孙女儿。"别看这么简单的一句话,足可以代表凤姐说话的水准,也可以谓之"八面玲珑"的典范。"天下竟有这么标致的人物"讨得了林妹妹和贾母的欢心,可也许会让站在旁边的迎、探、惜三春不高兴,这等于说她们不及林黛玉标致,于是凤姐儿马上又添一句:"竟像嫡出的孙女儿。"就讨得了"三春"和王夫人、邢夫人的欢喜,也又一次讨得了贾母的欢喜。这一句话,讨得了六人的欢心,真正是说出了水准!

平时,我们在交际中,也往往很讲究话语的"八面玲珑"。所谓"八面玲珑",是指一句话在每一位听者的心中都能感到愉快,也就是照顾到每一个人的情绪,维护每一个人的面子。要做到这一点不是很难,就是言辞间不要锋芒太露,"见面说话留三分"就是这个道理。同时,话没说出时,要多多考虑一下它可能会引起的各种反应,好的坏的,而加以"去芜存菁",若每一位听者都可能满意于你的这句话,你就达到了所谓"八面玲珑"的境界。

11. 做到"四有"

一是有分寸。知己知彼,明确交往的目的,举手投足和措辞均恰到好处。

二是有礼节。语言的礼节包含问候、致谢、致歉、告别、回敬等。

三是有教养。言谈有教养表现为说话有分寸、讲礼节,用语雅致,尊重和谅解。

四是有学识。优雅谈吐一定需要丰厚的学识底蕴做基础,富有学识的人也更易被人敬重,而不学无术的浅薄之人将会受到他人的鄙视。

12. 力求"四避"

一是避隐私。顾名思义,"私"就是不愿意公开的、无碍于别人的、自己私人的事情。所以,每个人都要有自知之明,在交谈中避免谈到个人隐私问题,这是做人最基本的礼貌。

二是避浅薄。学识不够,就少谈多听,千万不要不懂装懂,以免贻笑大方。浅薄并不可怕,可怕的是没有自知之明,明明不懂却还好为人师,讲外行话、词不达意只会给自己留下笑柄。

三是避粗鄙。言语一旦脱口而出,是无法收回的。特别是女性,一定要避免使用粗鄙的话语,满口粗话、脏话不仅会有损你的形象,也会降低你的人格。要记住,自爱者才能得到别人的真爱,除了你自己,没有人可以救你。

四是避忌讳。这是一种基本的礼貌行为。忌讳是指人们视为禁忌的现象、事物、行为等。在交际中,我们要懂得顾及对方的感受,不要因为贪图自己嘴上的一时痛快,而给别人留下无限的痛苦。比如,"死"可以说成"走了","棺材"可以说成"长生板"等。另外,在日常生活中,一些行为也要避忌讳,比如上厕所可以说成"去洗手间"等。

注意细节,克服不良习惯

要想给人留下一个良好的印象,应该在谈话中注意一些小细节,如说话的声音、目光、表情、体态等。那么,具体又应如何做呢?

(1)说话时要控制声音。声音不必太高,更不能像跟人吵架似的,说话的语调要尽可能沉稳和亲切一些,这样会使对方觉得你对待人真诚,也容易收到较好的效果。

(2)说话要有节制。开朗、健谈无疑是交谈的有利条件,但是话多也可能成为"灾难"。与人交谈时,并不是话越多越好,有时也需要倾听一下别人的声音。如果说得太多甚至有些不着边际,就会让人觉得你缺乏自制力或虚伪,从而心生厌恶。所以,女性说话一定要有所节制,该说的说,不该说的不说,这样会更具魅力。

(3)善于用目光交流。这是表示让别人知道自己正在聆听的最好方式。如果你同坐在椅子上的人谈话,最好坐下来同他的眼睛保持平视。别忘了,眼神的交流有时比语言更重要。偶尔肯定地点点头表示自己对谈话内容认可或有兴趣,但也不可像鸡啄米一样点头不止。多做练习,不断改进,你肯定能成为一个姿态优雅的人。

(4)注意身体姿态。说话时的身体姿态也很重要。好的身体姿态会为你的语言锦上添花,并让人产生一种舒适和受到重视的感觉。如果你想真诚地听人说话,那就端坐或站立。

站立时,两脚平行放置,全身放松,这表明你稳稳地站着而不是随时准备抬脚就走。不要交叉双腿或双脚,因为这样会给人敌视或防备的感觉。在你与人说话时,不时将身体稍稍前倾以表示在专心听讲,既保持机警又不失轻松的感觉。因为身体前倾暗示着你很乐意与对面的人交往。

除了要注意以上这些细节以外,以下这些不好的讲话习惯,女性朋友也不容忽视。

(1)说无意义的话。无意义的话充斥在我们讲话中间时,我们的讲话就会显得不甚连贯,听上去自己也显得犹豫不决。在短暂的停顿时间,任何用来填补空白的絮叨话,都算是无意义的话,白白让听众分散注意力。

(2)讲话太温柔。女性喜欢温柔地讲话。可是,如果我们非常温柔地讲话,那么我们讲出的内容就显得不是十分确定,显得缺乏信心。声音的高低也影响身体语言。如果我们声音洪亮,我们就会自然地加一些肢体动作。正确的声调再加上有力的手势,会表现出讲话者的权威性。

(3)声音太尖细。人们不仅仅对你讲话的内容有反应,对声音也一样。尖细的声音传达的信息,很容易被人忽视。声音越尖,可信度就越低。如果你降低音调,你的话就会引起更多的关注和尊敬。

(4)语速太快。一个人讲话的可信程度,跟内容关系并不大,重要的是他的讲话方式,因此在讲话中表现出自信心、权威性和思考的深度非常重要。如果语速太快,效果会适得其反。急急忙忙地讲话,会让听者误认为你的话没有经过大脑,没有经过反复的思考。这样的讲话,更加会令听者质疑你所讲内容的准确性。

(5)讲话方式太婉转。女性不想表现得太锋利,所以常常在表达自己意愿的时候加上很多的修饰语,来软化语气,同时也弱化了自己要传递的信息的意义。听上去给人模棱两可的感觉。

(6)啰嗦的开场白。在进入主题之前总要说段开场白。开场白有点像随手塞到柜子里的小零碎,如果塞得太多了,就看不清柜子里原来装的是什么。语言也是一样。你用的词越多、越庞杂,你所要表达的意思反而变得越模糊,听众很难从你的话中捕捉到哪些是你真正所要传递的信息。

(7)别做过多的解释。对应于啰嗦的开场白,还有一个冗长的解释。终于讲出了自己的观点,接着,偏又给它添上了一段沉重的尾巴,搞得听众恨不得买单即刻走人。

啰唆的开场白再加上一个冗长的解释,给了听众致命的双重打击。

(8)答非所问。有时候过于关注自己的答案是否完美、是否全对,也会妨碍我们直接、简洁地给出我们的回答。直截了当地回答问题,就像在学校里参加考试一样,不要答非所问。

如果能做到在和几乎所有人谈话时,都能保持优美的站姿或端庄的坐姿,不仅会赢得别人的尊敬,而且也有利于谈话氛围的轻松愉快。当然,在别人侃侃而谈时,做一个积极的聆听者是最重要的。听对方说话时,要时不时点头,表示自己听明白了,或正在注意听。同时也要不时面带微笑,当然也不宜笑得过度而导致面部肌肉僵死,一切顺其自然是最好的了。

可见,女性如能适当运用自己的语言表达能力,才有希望成为社交的中心人物,人们都会被你的独特个性所吸引。假如你是一个漂亮的女性,它将使你更加美丽;假如你是一个相貌平平的女性,也因此会增添光彩。

修炼柔和的说话声音

说话声音柔和,是女人谈吐文雅的表现,是女人的魅力资本。女人柔和的声音能征服男人,越有阳刚之气的男人越是会被柔和的声音所吸引。有人说,声音是天生的,没有办法改变。事实上却不是这样,声音是可以通过修炼而改变的。

很多女性开始重视容貌和姿态的修饰,但却把柔和声音的修炼忽略了。通常,人们感受到一个女人有魅力,是通过视觉、听觉、嗅觉获得的。感官系统能够感受到的信息是评判魅力的标准,魅力的修炼要从多方面着手。

女人的魅力是由多方面复合体现的。女性随着年龄的增长,一些先天的、青春美好的条件会渐渐消逝,如果再不重视或没有后天修炼的魅力,生命周期相对会短暂。修炼魅力就像储蓄,平时积蓄得越多,最后获得的总值就越大。有没有储蓄,储蓄了多少,年轻的时候不以为意,年龄越大,价值和需求越大,用处也越大。

对于女性来说,声音的魅力相对是容易修炼和保持的。但很多人还没有意识和重视提升这方面的魅力,增长和对比的空间是很大的。另外,声音源自体内,每个人都有更多的驾驭能力,而不受条件和金钱等因素的限制。同时声音由听觉感受,没有了视觉感受的复杂性,成本和代价相对较低。

尖声尖气的说话给人不成熟的感觉,这样的女孩要尽量放低声调,改用低缓、柔软的声调。有一位在外企工作、自身条件不错的男士要约见一位没有见过面的女孩,他们通了几次电话。在电话中,女孩沉静温柔的声音深深地吸引了他。他觉得,有这样低缓柔软声音的女子,一定是优雅、温柔、细心的,没想到还没见面,仅通过声音就能够使他折服。

有人说,女人柔和的声音是酒,是看不见火却正在翻滚的水。男人迷恋女人的声音,假如女人声音不谦和、不真诚,男人的自尊就会受到伤害,一旦反感了某种声音,那么他希望永远也不要再听到这个声音。而趾高气扬的大嗓门不仅让男人敬而远之,让女人也不愿意接近。

柔和的声音不一定非要天生,它还可以经过后天培养而成。这就要求女性朋友平时要注意运用亲切的语气、得体的言辞、落落大方的态度来表现自己,弥补声音上的不足,提升自己的魅力。

适当地赞美别人

在与他人交往的过程中,适当地赞美别人是有礼貌、有教养的表现,不仅可以获得好人缘,而且还可以使双方在心理和情感上靠拢,缩短彼此之间的距离。

因为这些适当的赞美与颂扬,常常会由此提高了他人的尊严,更有利于改善自己的人际关系。

每个人都喜欢受到别人的赞美。即使是一句简单的赞美话,也可使人振奋和鼓舞,得到自信和进取的力量。

每个人都渴望得到别人和社会的肯定和认可,我们在付出了必要的劳动和热情之后,都期待着别人赞许。那么,把自己需要的东西首先慷慨地奉献给别人,体现的是我们的大方和成熟。赞许别人的实质,是对别人的尊重,也是送给别人的最好礼物,是搞好人际关系的一笔投资。它表达的是我们的一片善心和好意,传递的是我们的信任和情感,化解的是我们有意无意间与人形成的隔阂和摩擦。

世界上的人大都爱听好话,没有人打心眼儿里喜欢别人来指责他,就是相濡以沫的朋友,你批评他几句,对方脸上也有挂不住的时候。

责备与批评只会带来更大的不满和怨愤。如果你的目的是为了让状况改善,何不运用夸奖这一方式呢。正如金诺方所说的:"赞美是所有声音中最好听的一种。"

美国哈佛大学的专家斯金诺做了一项实验研究,结果表明:连动物的大脑在收到鼓励的刺激后,大脑皮质的兴奋中心也会开始调动子系统,从而影响行为的改变。何况,人类为万物之灵,更期望和享受欣赏。一位日本的社会心理学家说过:"人们对你赞誉、表示佩服或敬意时,除非显而易见地是溜须拍马,即使是应酬话,你也觉着舒坦。可是,听到他人对你不中听的批评言语时,即使他没有恶意中伤,而且又部分符合实际,你也可能长期对他反感。"

这位心理学家的话恐怕不仅是对日本人说的,在一定程度上,说出了人对待赞许和批评普遍的态度。中国也有相同的经验之谈,不过言简意赅,没那么具体。"多栽花,少栽刺",就是这方面既直接、又深富哲理的良策警语。

一般人身上,都有着难以察觉的闪光点,而这些正是个人价值的生动体现。一个伟大的领导者,往往独具慧眼,且大多是赞颂别人的专家。

从心理学角度看,赞美是很有效的交际技巧,能有效地缩短人与人之间的心理距离。渴望获得赞美是人类的一种天性,我们在生活中就有必要学习和掌握好这一人生智慧。现实生活中,有许多人不习惯赞美他人,因为不善于赞美别人或得不到他人的赞美,而使自己的生活缺乏美好愉快的情绪体验。

赞美别人,仿佛用一支火把照亮别人的生活,也照亮自己的心田,有助于发扬被赞美者的美德和推动彼此友谊健康地发展,还可以消除人际间的龃龉和怨恨。

赞美是一件好事,但绝不是一件易事。赞美别人时如不审时度势,不掌握一定的技巧,即使你是真诚的,也会变好事为坏事。所以,我们一定要掌握以下赞美技巧:

1. 赞美要自然真诚

真诚的赞美是发自内心的,它是对对方的优点由衷地赞赏,所赞美的内容的确是事实,不是虚假的。赞美的语气通常亲切自然,表情真挚,使人感到情真意切。如果赞美他人时,挂着一副冷冰冰的脸孔,或满嘴讪笑口吻,你的赞美就变了味。

如何做到真诚地赞美人呢?对亲朋好友的赞美,当然出于善意的鼓励,但往往不自觉会带有偏爱或捧场的成分。你可以态度更热情,语气更热烈,但对人对事的评价绝不能脱离客观的角度,措辞也应当有一定的分寸。

虽然人都喜欢听赞美的话,但并非任何赞美都能使对方高兴。能引起对方好感的只能是那些基于事实、发自内心的赞美。相反,你若无根无据、虚情假意地赞美别人,他不仅会感到莫名其妙,更会觉得你油嘴滑舌、诡诈虚伪。例如,你看到一个并不漂亮的女孩,不能称赞她太美丽。因为这样,她会觉得你是在故意戏弄她或是你太虚伪。这所起的效果实在太糟糕了。但如果你着眼于她的服饰、谈吐、举止,发现她这些方面的出众之处并真诚地赞美,她一定会高兴地接受。真诚的赞美不但会使被赞美者产生心理上的愉悦,还可以使你经常发现别人的优点,从而使自己对人生持有乐观、欣赏的态度。

2. 赞美要看对象,注意赞美的内容

在爱漂亮的女孩子面前,你就赞美她的打扮;有小孩的母亲,最好赞美她的小孩;对于热爱工作的女孩子,你除了赞美她的外表之外,也可以赞美她优秀的工作成绩;至于男人,最好从工作下手,你可称赞他的能力。赞美要看对象,人的气质有好坏之分,年纪有长幼之别,因人而异,突出个人独特的性情,这种有特点的赞美比一般普通的赞美能收到更好的效果。

经常有人在称赞别人:"你这篇文章写得真好"、"你这件衣服很好看"、"你的歌唱得不错",这种称赞并不能使对方感到高兴,有时甚至会认为你根本在敷衍而使对方反感。称赞别人,要尽可能具体些。比如,上面三句称赞的话可以分别改为:"你这篇文章写得好。尤其是后面提的那个问题很有新意。这个问题还没有人注意过呢,我读了很有感触!""你这件衣服很好看,这种款式很适合你的年龄。""你的歌唱得真不错,不认识你的人准以为你是一个专业歌手呢!"这种具体而充满热情的称赞必能使对方愉快地接受。

有特点的赞美,比一般普通的赞美更难能可贵。对于任何一个人,最值得赞美的,不是他身上早已众所周知的优点,而应是那些藏在他身上,尚未让人发现的优点。这种赞美,不但会让他觉得惊讶,也许还会因你一句话,让他发觉自己深藏的潜力,从而改变他的人生际遇。

3. 要多赞美小人物

俗话说:"患难见真情。"最需要赞美的不是那些早已功成名就的人,而是那些被埋没而产生自卑心理,或正身处逆境的人。他们平时很难听到一声赞美自己的话语,一旦被人当众真诚地赞美,便有可能恢复自信而因此振作起精神,成就一番事业。因此,最有建设性的赞美不是"锦上添花",而是"雪中送炭"。

"我发现你很会利用时间,连三五分钟你都不浪费。我就做不到这一点。"称赞对方这种最细微的举动,是最能博取对方好感的。

4. 通过第三者的赞美更能打动人心

许多赞美的话由他人口中传来,心中的确十分喜悦,或是另一种经由长辈和上司口中传来的赞美,更是让当事者除了感到喜悦之外,还有一分骄傲与感动。虽然做事并不是为了得到

别人的好评,但如果你的成功能得到别人肯定,而且自己所敬重的人也深表赞同,相信会使自己更进取、更努力。

但赞美绝不是越多越好。因为,对人赞美毕竟不是维持人际关系的最终目的,它不过是拉近人们距离的一种手段。因此,赞美的话应点到为止,而后要在和谐的气氛之下,迅速转入谈话的主题,赞美只是"开场白"罢了。过分的赞美,一旦变成吹捧,就失去了正面意义,记住一句古语:"过犹不及!"

用心倾听,赢得对方好感

"说"属于语言表达能力的范畴,而"听"才是聪明才智特有的。倾听是使信任充分发挥作用的润滑剂。始终挑剔的人,甚至最激烈的批评者,常会在一个有忍耐和同情心的倾听者面前软化降服。所以,如果你希望成为一个谈吐文雅的女人,那就先学会倾听吧!

在交谈中,以对方为主,用心倾听,能使对方感到你尊重她,刺激她流露更多的信息。也就是说真正善于听话的人是能帮助对方说话,使对方话题不致中断的人。以一艘船作比喻,对方是帆,而你是舵。

用心倾听能赢得对方的好感,这是成功沟通的秘诀。那些受人尊敬,正在成功的道路上阔步前进的女性们,一般都不会忽略其他人的意见并剥夺对方的发言权。不到万不得已,她们是不会轻易强迫对方接受自己主张的。

通常,当我们碰到一个只顾自己高谈阔论,丝毫不考虑他人的意见和感受,也不给他人留一点儿发言余地的女性时,我们一般都会采取缄口不言、充耳不闻或心不在焉的消极态度,让我们的大脑关闭起来或自由自在地漫游,无论对方说对说错都当做耳边风。一些才华横溢的人往往容易自我感觉良好,喜欢在别人面前夸耀自己的才干或卖弄口才,顺应自己的说话冲动而剥夺别人说话的权利,这是令人十分厌恶、个分反感的做法。不管自己的见解有多么高明,别人也会因反感其做法而置之不理,真是自讨没趣。

一般女性都会觉得自己说比听别人说来得过瘾,因为我们都有表现自我,显示自我价值与存在的强烈欲望。如果碰到有人表现出非常喜欢听自己谈话的样子,给自己的欲望提供了满足的机会,就会因自己的愿望得到满足而对他人产生好感。

倾听是一种美,是一种尊重他人的表现。要想使别人成为自己的听众,自己应首先学会倾听,敞开自己的心扉,接纳受伤的心,给予他最温暖的慰藉。同时,应有最起码的保守他人秘密的道德,不要把知心话儿当做与他人闲聊时的谈资,否则,你会伤害了一个人的自尊,从而失去了一份弥足珍贵的情感。

良好的人际关系不是靠逢场作戏就能建立起来的。聆听是褒奖对方谈话的一种方式。只要对人际关系融洽的人和人际关系僵硬的人作一比较，自然就会明白，越是善于倾听他人意见的人，人际关系就越理想。因为你能够耐心倾听对方的谈话，等于告诉对方"你是一个值得我倾听你讲话的人"。这样在无形之中就能提高对方的自尊心，加深彼此的感情。当周围的人们意识到你能耐心倾听他们的意见时，他们会自然向你靠近。这样你就可以与很多人进行思想交流，建立较广泛的人际关系。否则，自己将会被孤立，得不到周围人们的同情和援助。

有一位可爱的女子，她之所以悦人耳目，仪态万方，并不是因为她长相特别漂亮，也不是因为她十分诙谐健谈。其奥妙在于：当她听你说话时，她的精神是那样的专注，简直会使你觉得自己是世界上最风趣的人。一个出色的听者具有一种强大的感染力，它使说话人感到了自己的重要，而不致于心灰意懒，欲言又止。

聆听是一种艺术，也是良好沟通的基础。那么，怎样才能做一个好听众呢？下面介绍一些在聆听过程中应该注意的要点：

（1）对你身边的人所说的话表现出兴趣。如果表现得冷淡、厌烦，那么一定会让人觉得对他不感兴趣或你很无礼，别人也不会对你有多大的好感，从而使双方的进一步交往受到阻碍。

（2）对说话者应表示尊重，即使话题不吸引你，但多少都可从中学到一些事情，或许你的见识会因此而增长，语言技巧也会有所进步。

（3）要注意聆听对方的讲话，不要心不在焉，以使对方误认为你对他有偏见或他的话题很无聊，从而造成双方的尴尬局面。

（4）用你的眼睛"聆听"，目光持续地接触，这样能显出你听进了每一个字。

（5）用你的身体"聆听"。运用肢体语言来感受，可倾身向前，脸上保持全神贯注的神情，表示对他讲话的专注。

（6）在聆听对方讲话时，不要轻易打断别人的谈话。轻易另起话题突然打断对方的讲话这是交谈中的一个忌讳。如果迫不得已，你一定要看看对方的反应，打断对方的讲话意味着你对人家观点的轻视，或者表明你没有耐心听人家讲话。如果需要对方就某一点进行澄清时，你可以打断对方。

（7）跟着对方的思绪。据调查，大多数人听话的接收速度通常是讲话速度的四倍，也就是说一个人一句话还未说完，但听者已经明白他讲话的内容是什么。尽管如此，你也必须要跟着对方的思绪，听他到底要讲什么内容。

（8）适当地迎合。口头上讲一些表示积极应和的话，比如"我明白"、"真有趣"、"是这样的"。这样表明你的确是在认真地听对方讲话。

（9）千万不要打哈欠。如果对方在兴致勃勃地向你叙说时，而你却发出一些令人难受的声音，比如说打哈欠、玩弄手上的物品、收拾桌子等不合时宜的声音。肯定会使对方感到你对他的讲话不感兴趣，导致谈话的中断，从而损害你们之间的友善关系。如果确实没有办法阻止你发出这样的声音，一定要确保对方听不到。

真诚地微笑

微笑是一种无声的语言,要表达的信息是:"我喜欢你,你使我快乐,我很高兴见到你。"试想,当有一个这样的人对你打招呼时,你会没有任何心灵反应吗?

与对方说话,面带喜色或嘴角含笑会使对方感到你与他(她)的交往十分高兴,这无疑也会使对方在心理上感到轻松,进一步增进说话的融洽气氛。

每天微笑的女人是一个崭新的人,微笑的女人是一个快乐的人。

当那些整天都皱眉头、愁容满面的人看见你,你的笑容就像太阳般驱散他们心中的乌云,使郁闷的心刹那间充满美好的感觉,感觉这个世界存在快乐和真诚。如果你期望别人喜欢你的话,就要记住:真诚地微笑!

微笑是五月的丁香花,拥有它,你会变得芳香迷人。

因为微笑有丰富的内涵,所以在不同的场合,可以发挥出神奇的作用。

(1)微笑可以给人安全感。你对着婴儿笑,他就会像受到感染一样冲着你笑,那是因为你的微笑让他觉得安心;相反,如果老板或者家长面带愠色,员工和孩子就会忐忑不安、心神不定。

(2)微笑可以给你更多的快乐。人的情绪往往会接受心理暗示,如果你不停地对自己说:"烦死了,烦死了!"那么在自觉和不自觉中,你的心情就会变得烦躁起来。相反你强调自己把笑容挂在脸上,慢慢地就好像没有那么多烦恼的事了。你身边的人看到你的笑容心情也会平和,生活在一个平和轻松的氛围中能不感受到更多的快乐吗?

(3)微笑是幸福的天使。有人说女人征服男人最有力的武器是"眼泪",但那往往是感情产生纠葛后的无奈之举。真正说来,女人对男人最有力的武器莫过于笑容,愉悦的笑容是护佑婚姻和家庭幸福的天使。一想到下班回家就会有爱人温暖的笑容来解除一天的疲劳,自然就会喜欢回家。

似乎有些不可思议,微笑就能带来家庭的幸福。但,这是事实!尝试着去微笑,不要吝啬对家人的微笑,你将发现爱人更加喜欢你,孩子对你的依恋也加深了。

与人交往中最重要的一点,就是要让对方心情放松,这就需要你保持微笑。

微笑是人际关系的"润滑剂"。在所有的交际语言中,微笑是最有感染力的,微笑是放之四海而皆准的人际交往的高招。往往一个人微笑能很快缩短你与他人间的距离,表达出你的善意、愉悦,给人春风般的温暖。一个微笑,邻座的人就可能成为自己的朋友。一个微笑,会燃起一对青年男女的爱慕之情。微笑使疲倦者休息,拘束者轻松,悲哀者节哀,就像一种情绪的调和剂。但是在运用微笑传情达到意的时候,要注意做到以下几点:

一是笑得自然。微笑是发自内心的,是美好心灵的外观。这样才能笑得自然,笑得亲切,笑得美好、得体。要注意不能为笑而笑,没笑装笑。

二是笑得真诚。微笑既是自己愉快心情的外露,也是纯真之间情的奉送。真诚的微笑让对方内心产生温暖,有时候还可能引起对方的共鸣,使之陶醉在欢乐之中,加深双方的友情。

三是笑在合适的场合。微笑并不是不讲条件的,也并不是可以用于一切交际环境。它的运用是很讲究的。当你面带笑容时,你的心情不会差到哪里去。当你面对一个笑容满面的人时,你也很难不对他报以微笑。微笑使人觉得自己受到欢迎、心情舒畅,但对人微笑也要看场合,否则就会适得其反。有时候,微笑让你看起来紧张、无助,特别是在笑得太夸张的情况下尤其如此。当你出席一个庄严的集会,去参加一个追悼会,或是讨论重大的政治问题,自然不宜微笑。当你同对方谈论一个严肃的话题,或者告知对方一个不幸的消息时,或者是你的谈话让对方感到不快时,也不应该微笑,或者要及时收起微笑。

四是微笑的程度要合适。微笑是向对方表示一种礼节和尊重。但是如果不注意程度,微笑得放肆、过分、没有节制,就会有失身份,引起对方的反感。

五是微笑的对象要合适。对不同的交际对象,应使不同含义的微笑,传达不同的感情。不然难免会有适得其反的情况出现。

巧妙拒绝别人

被拒绝总是痛苦的,谁也不愿意被拒绝,而有些情况下我们又不得不对别人说"不"。在什么情况下可以拒绝别人呢?一般来说,下列情况应断然拒绝:

(1)违法犯罪的行为;

(2)有损自身人格的行为;

(3)违背自己价值观的行为;

(4)违背自己做人原则的行为;

(5)自己厌恶的行为。

对于许多人来说,拒绝别人是一件很难办的事。当别人对他们提出要求时,他们不好意思张口说"不",因为这样很可能会伤害对方的感情,造成两个人的关系疏远。但是有时如果答应别人的要求自己又确实有难处。许多人在面对这种矛盾时都十分苦恼,不知该怎样办。

其实,在自己确有难处,或者如果答应别人的要求自己的利益会损失很大的情况下,我们就应该拒绝别人。但是拒绝别人也要考虑对方的情感,尽量做到不伤害对方的感情。怎样说"不"也是一门学问。

我们在拒绝别人时应该注意不使他们的面子受损。如果拒绝别人的要求,让他们丢了面子,那么他们产生不满之情是在所难免的。可是如果在拒绝别人的要求时,不让对方丢面子,使别人非常体面地接受拒绝,结果会大不相同。

那么,怎样巧妙拒绝别人呢?

1. 先倾听,再说"不"

当你的同事向你提出要求时,他心中通常也会有些担忧,担心你会不会马上拒绝,会不会给他脸色看。因此,在你决定拒绝之前,首先要注意倾听他的诉说,比较好的办法是,请对方把处境与需要讲得更清楚一些,自己才知道如何帮他。接着向他表示你了解他的难处,若是你易地而处,也一定会如此。

"倾听"能让对方先有被尊重的感觉,在你婉转地表明自己拒绝的立场时,也比较能避免伤害他的感觉、或避免让他觉得你在应付。如果你的拒绝是因为工作负荷过重,倾听可以让你清楚地界定对方的要求是不是你分内的工作,而且是否包含在自己目前重点工作范围内。或许你仔细听了他的意见后,会发现协助他有助于提升自己的工作能力与经验。这时候,在兼顾目前工作原则下,牺牲一点自己的休闲时间来协助对方,对自己的职业生涯是绝对有帮助的。

"倾听"的另一个好处是,你虽然拒绝他,却可以针对他的情况,建议如何取得适当的支援。若是能提出有效的建议或替代方案,对方一样会感激你。甚至在你的指引下找到更适当的支援,反而事半功倍。

2. 礼貌地说"不"

下面是常用的礼貌拒绝方法:

谢绝:对不起,这样做好像不是太合适。

婉拒:我想想,考虑一下再说好吗?

不卑不亢:我对这个好像没什么兴趣,不如你找别人试试好吗?

幽默:这样啊,可我最近都特别忙,看来只能当"逃兵"了。

无言:运用摆手、摇头、耸肩、皱眉、转身等身体语言和否定的表情来表示自己拒绝的态度。

缓冲:恐怕一时我还定不下来,你也再想想还有没有其他人选,我过几天再决定好吗?

回避:对了,我这也有一件更得意的事呢,让我来给你说说吧……

补偿:真不好意思,这事我恐怕帮不了你,下次有事我尽力好吗?

借力:你去打听打听,我可从来干不了这种事!

自护:你若为我想想,我想你就不会再让我去干这事。

3. 温和坚定地说"不"

当你仔细倾听了同事的要求并认为自己应该拒绝的时候,说"不"的态度必须是温和而坚定的。好比同样是药丸,外面裹上糖衣的药,就比较让人容易入口。同样地,委婉表达拒绝,也比直接说"不"让人容易接受。

例如，当对方的要求不合公司或部门规定时，你就要委婉地表达自己的工作权限让对方知道，并暗示他如果自己帮了这个忙，就超出了自己的工作范围，违反了公司的有关规定。在自己工作已经排满而爱莫能助的前提下，要让他清楚自己工作的先后顺序，并暗示他如果帮他这个忙，会耽误自己正在进行的工作，会对公司与自己产生较大的冲击。

一般来说，同事听你这么说，一定会转而想其他办法。

4. 多一些关怀与弹性

拒绝时除了可以提出替代建议，隔一段时间还要主动询问关心对方情况。

有时候拒绝是一个漫长的过程，对方会不定时提出同样的要求。若能化被动为主动地关怀对方，并让对方了解自己的苦衷与立场，可以减少拒绝的尴尬与影响。当双方的情况都改善了，就有可能满足对方的要求。业务人员，例如保险业者面对顾客要求，自己无法配合时，这种主动的技巧更重要。

拒绝的过程中，除了技巧，更需要发自内心的耐性与关怀。若只是敷衍了事，对方其实都看得到。这样的话，有时更让人觉得你不是个诚恳的人，对人际关系伤害更大。

拒绝也是一门艺术，只有学会它，巧妙灵活地运用，才会使自己避免为了不知如何是好而产生心理上的紧张和压力，从而让生活变得轻松愉悦。

不做好辩的女人

好辩的女人不受欢迎。女人好辩，就会给人留下小气、狭隘的负面印象。也许你会问，如果"不辩"，我遇到反对意见时难道要忍气吞声？当你的想法及意见与人相左，或是你的言行遭人非议时，切莫不顾形象地大声辩驳，这样的反应不但不会解决问题，还会使双方心生芥蒂，不欢而散。若遇到此种情况，你不妨对如下问题进行冷静思考。

争辩胜利了，我能得到什么？

如果结果是"得不偿失"，那为什么不一笑置之呢？做到心里有数就可以了，即使别人有意见也只是口头说说，实际上做决定的还是你自己，何必还去打这场唇舌之战呢？假使这场"战争"真的无法避免，也一定要事先考虑"值不值"，如果能通过争论使自己和他人都能受到启发和教育，那么就只挑主要的说，不必把时间浪费在那些无关紧要的细枝末节上。

意气用事有什么好处？

意气用事是非常愚蠢的行为方式。女人多是感性的，容易因为虚荣、面子而争吵，从而破坏人际关系，所以一定要控制好自己的情绪，防止这类争辩发生。

输与赢有什么区别？

俗话说："一个巴掌拍不响。"无论对方如何挑刺，只要你不去回应，即便对方火冒三丈，都无法将事态扩大。所以，千万不要意气用事，否则只会两败俱伤。相同的道理，如果这个有"敌意"的人是你，你更要自我反声："我为什么要这样做？争论的输与赢又有什么区别呢？"三思之后，怒气自消。

好辩的女人，即便赢了争论，也会付出失去朋友的代价。只要引发了争吵，就不会有胜利者。

第十章 优雅举止，"动"出迷人气质

> 举止优雅是女性良好风度、良好气质的体现，是女性美的一个重要组成部分。作为女人，要有意识地训练自己，使自己养成得体而优雅的举止，并使之成为习惯，做一个优雅而有气质的女人。

举止优雅，美丽无比

女性美是容颜美、形体美和仪态美的和谐统一。美丽的女人，不仅是容貌上无可挑剔的女人，而且也是仪态优雅的女人。优雅的仪态是女人身上的精灵，它会使一个平凡的女性变得魅力无比，在举手投足之间，尽显女人之美。

仪态美是指人的仪表、举止、姿态所显现出的美。它是人类把自身作为审美对象进行自我观照的结果，是人类按照美的规律实现自身外在改造的结果。

人的仪表美包括容貌美、形体美和在前二者基础上通过束装打扮而取得的修饰美。容貌美是人的面容、肤色和五官长相的美，它是仪表美中最显露的部分，因而占有重要地位。形体美是人的整体形态的美，是仪表美的基础。所谓"堂堂仪表"，实质上就是指美的形体。修饰美对于强化容貌、形体美具有不容忽视的作用，因而是构成仪表美的重要组成部分。

姿态美是身体各部分在空间活动变化而呈现出的外部形态的美。如果说人的容貌美和形体美是人体静态美的话，那么姿态美则是人体的动态美。一个人即使有出众的容貌和身材，如果他举止不端、姿态不雅，就不可能有完善的仪表美。

举止即指人的姿态和风度。一句众所周知的格言："风格塑造人。"一个人的行为举止反映出一个人的内在品格。也就是说，一个人外在的行为举止是其内在本性的表现。它反映出一个人的兴趣、爱好和情感世界等，这些经过长时期自我修养、自我教育而养成的个人的行为方式，是一个人本身性格、气质和禀性的综合反映。

如果一个心地善良、品德优秀的女人，若能举止优雅、谦和有礼，她一定会是一位有魅力的女人。

举止优雅应当是大方的、从容的、自信的、幅度正好的。举止优雅首先体现自尊。其次,举止优雅的人能够约束自己,不用粗俗的动作冒犯他人,表现了对他人的尊重。

一个女人的举止优雅是有内涵的表现。一举手,一投足,一开口,一颦一笑,都会给人留下深刻的印象。

举止大方就是要表现出开朗、热情,让人感觉你随和亲切,平易近人,容易接触。而不是忧郁、冷漠,使人产生一种固执任性和难于接近的感觉。在社交场合,热情开朗的态度和轻松自如的微笑十分具有亲和力。这既能使自己心情愉悦,也可使别人心情舒畅。

美是一种整体感受,再绝伦的容貌,再标准的身材,如果有一副萎靡不振的姿势、粗鲁无礼的举止,也不会给人以美的感觉。美就像圆一样没有起点。

女人要倾倒别人,仅仅用外在的装饰美是不够的。外在的装饰美,在一刹那间可以给人极为良好的印象,但是如果她除了装饰以外却一无所知,学识思想浅薄、反应力迟钝、表情不诚、说话粗俗,你会感到她一切美丽的外表,只能给别人增加厌恶。

所以,女性最难得的是内在的美,有学识有修养,品格高尚有理想的女性,她的言谈举止是非常自然的,不会流露出一点粗俗,她是富有风趣的,给人的印象难忘。女性这种内在的美,才是永久的美,不会凋谢的美。

美丽的女性,大自然赐给她好运气,但她不应该骄傲,因为一个人的青春是有限的。缺乏美丽的女性,不应该有自愧不如之感。只要从其他方面努力,如站姿、坐姿、走姿等方面,同样可以赢得他人的青睐。

展现你的动态魅力

一个女人的魅力可以从她的妆容、服饰、身材上表现出来,同样也可以从她的姿态上流露出来。有魅力的女人应该有她特有的姿态,这种姿态是静态与动态的结合,是欣赏与想象的结合。从静态来说,形态结构要体现女人的性别特征——协调的五官,匀称的体形,比例适度的肢体,柔软的细腰,光洁的皮肤和圆润的肌肉;从动态来说,运动特征要充分显示出美的风采。

朱自清曾写过一篇散文《女人》,提出了女性应当具有动态的魅力,欣赏女性美就在于发掘她在运动过程中所具有的艺术性的一面:"我认为,艺术的女人第一是有温柔的空气。使人如听着箫管的悠扬,如嗅着玫瑰花的芬芳,如躲在天鹅绒的厚毯上。她是如水的密,如烟的轻,笼罩着我们。我们怎能不喜欢赞叹呢?这是由她的动作而来的。她的一举步,一伸腰,一掠鬓,一转眼,一低头,乃至衣袂的微扬,裙幅的轻舞,都如蜜的流动,风的微漾……我最不能忘记的,是她那双鸽子般的眼睛,伶俐到像要立刻和人说话,在惺忪微倦的时候,尤其可喜,因为正像一时睡了的褐色小鸽子。和那润泽而微红的双颊,苹果般照耀着的,恰如曙色与夕阳,巧妙的相映衬着。再加上那覆额的、稠密而蓬松的发,像天空的乱云一般,点缀得更有情趣了。而她那甜蜜的微笑也是可爱的东西。微笑是半开的花朵,里面流溢着诗与画与无声的音乐……"

从朱自清先生对女性姿态魅力的描述中,我们可以看到,女性的美既有具体的形体本身的色彩、线条、质感的美,又有动态的美,她能出诗情、入画意、勾人心魄,具有一种可以扭转乾坤的"媚"的力量。一位姿态优雅的美人,就是一个流动多变的艺术长廊。

女性的魅力除了来自她的有形体外,还来自她各种美的"无形"结合。这种令人难以捉摸的魅力就在于举止、姿态、动作和表情上。它也许是一道眼波,也许是手的一触,也许是一种超越视觉范围的默契,也许是某种动作的优雅。女性的这种魅力,正是建筑在这些平凡的举手投足的基础上的。

所以,要想成为一个气质优雅的女人,就必须注重姿态美,注意自己的举手投足,注意自己的站、立、走、蹲的姿势。

亭亭玉立的站姿

站姿是人基本的姿态之一。学会优雅的站姿更是成为优雅美女的第一步。

很难想象不注意自己站立姿势的女人会有多优雅,保持优雅最重要的是随时检查自己的姿势。如果能养成每天确认自己服装、表情等习惯会更好。

正确的姿态是:头正、肩平、两肩放松,双臂自然下垂,双手放于大腿两侧或相握于身前,挺胸。长时间站立时,可暗暗调整身体重心,使双脚轮流承受身体重量。有人以一腿弯一腿直的方法调整重心,看上去很懒散,这种姿势是不可取的。总之,正确的站姿给人以挺拔舒展、落落大方、精力充沛的印象。

当你站立时,亭亭玉立,修长挺拔,是不是别具魅力?

女人站立时,头部应保持挺拔,感觉是有人在往上拉你的头发,有这种感觉的话,人会自然而且努力地站直。你看那些受过专业训练的舞蹈演员和时装模特儿,她们无论是在什么状态下,头部始终保持挺拔昂扬的姿态。这样做,不仅自我感觉很高贵,而且气质也出来了,整个人显得非常精神,显得神采飞扬。

头部挺拔并不是昂起头,用下巴对着别人显然是有欠礼貌与风度的,所以头部还是应保持平直,目光平视,双肩打开自然放松,胸略挺,手臂自然下垂,双腿靠拢成小"八"字或小"丁"字步站法,身体重心落在两个前脚掌。

总之,姿态要优雅,优雅是种内心暗示,是种感觉,感觉到位,你的站立姿态自然会表现出这份优雅。

优雅的站立姿势可以用5张纸贴墙站立来进行,时装模特儿的挺拔都是这样练出来的。这5张纸分别放在后脑勺、双肩后、小腿肚、双膝后。人的身体紧贴着墙,每次站立20分钟甚至更多时间,要求是不能让纸掉下来而且浑身还必须放松,否则时间一长,身体会僵硬发酸甚至麻木。

在用5张纸贴墙训练的时候必须注意，千万不能将你的身体重心全部压在墙上，而是身体的自然曲线的突出部分，将纸顶在墙上，这是非常关键的。因为事实上，挺拔优美的站姿是在没有任何依靠物的借助下表现出来的，保持自己的身体重心才是站直的唯一条件。所以，在贴墙训练完成之后，再做两个人靠背的5张纸训练，找与你身高体形相近的人，彼此背靠背站立，请第三者将5张纸分别塞在你们俩的后脑勺、双肩后、小腿肚、双膝间，两人紧贴着不让这些部位的纸掉下来，如果掉下一张，加罚5分钟，以此类推。

只有通过这种方式，你才能真正体会站直了的重要性及正确的站姿。因为任何一方感到背后压力太大，自己吃不消时，肯定背后那人的站姿有问题。同样，当你为了努力不让背后的纸掉下来而去紧靠住对方时，你很有可能会不由自主地往后靠，而一旦你的脚尖感觉到使不上劲，人在往后倒，那么此时的你也一定正在失去重心，而且你会很累，小腿会慢慢抽筋。

为了既保持平衡，又能让5张纸不掉下来，你就得始终保持正确的站姿。

而且，还要放松，嘴上带着微笑。当然，训练时千万别发笑，否则浑身肌肉因笑而抖体一松，就会失态，纸也会随之掉下来。千万不要小看这5张纸训练对站姿的修炼作用，所谓"水滴石穿"，每天做30分钟，长期坚持下去，效果一定非常明显。

后脑勺、双肩后的纸由于身体体形的缘故，一般不太容易掉下来，但小腿后和双膝间的则有些难度。现代女人大多腿形细长，很少会有过于丰满的小腿肚，如果不是努力，小腿肚后与墙之间的这张纸很难固定，穿鞋站立则更困难。因此，站姿训练必须赤脚进行，以便身体可以最大限度地放松，小腿肚则能尽量贴近墙。

双膝间夹着的纸是种考验，大多数女人的腿并不是细长笔直的，总会在膝盖处形成上粗下细中间一截弯曲的外形，更有甚者，双腿呈"O"字形，中间无法碰在一起，也有的则是大腿能够并拢，小腿则始终没办法合并。如果是如此体形，要想夹住纸几乎是不可能的。

对待下肢的畸形，18岁之前骨骼还未完全定型时，仍然可以用外力进行矫正。有些天赋不错但腿形缺憾的模特儿及舞蹈演员，晚上睡觉时用10厘米宽的布带紧紧缠绕住膝盖，使其慢慢地变直。采用这种近乎残酷的塑形方法，效果不错。当然，诸如此类强制性矫正的方法还常用于内八字脚。然而一旦人的机体发育成熟，再想利用这种方式显然非常痛苦，所以要趁年轻时把自己的体形做到完美。

天生体态优美的人，站姿仍然非常重要。如果你站在那里，倚着墙或其他物体站立；驼背、挺腹、塌腰或一腿不停地抖动；双手叉在腰间或插在兜里等，都会给人留下不好的印象。

总之，失态的站姿不仅有失你的身份，而且会显得你没有教养。

此外，需要注意的是，穿礼服或旗袍的时候，绝对不要双脚并列，而是要让两脚之间前后距离5厘米左右，以一只脚为重心。

温文尔雅的坐姿

坐,相对于站来讲是一种放松,但不是松懈。在公共场合,在办公室里,坐相一定要温文尔雅。女人的坐相,别有一番与众不同的风情。正确的坐姿可以为女性平添几分魅力,也对保持健美的体形大有裨益。所以,女人不要小看正确的坐姿。

正确的坐姿是:上半身挺直,两肩放松,下巴向内收,脖子挺直,胸部挺起,双膝并拢,双手自然地放于双膝或椅子扶手上。谈话时如果侧坐,此时上体与腿应同时转向一侧,把双膝靠拢,脚跟靠紧。

我们常常会把"坐"理解为是休息的时候,这样有时会为了坐出一个舒服的感觉,而忽略了姿态的优美,甚至不自觉地出现很不雅观的姿势。那么怎样能让人看上去充满吸引力,注意哪些细节可以使我们更稳重端庄、落落大方呢?

入座要轻、缓。入座时,走到座位前,转身后右脚向后退半步,从容不迫地慢慢坐下。千万不要将臀部翘得高高的去找座位,应该充分下蹲后,臀部及至椅面,再把臀部向后移。

落座后,身要保持正直,不要耷拉肩膀,不要含胸驼背,眼要自然向前平视,这样才能给人以落落大方的美感。

坐时不要左顾右盼,也不要低头看自己的脚尖,以免给人一种轻浮和见不得世面的感觉。

坐任何座位都不能坐得太深或太浅。坐得太深时,由于臀部及上身的重量与小腿的支撑点离得太远,坐下去时会引起小腿的肌肉紧张,时间长了会很累。不过这种姿势可以体现出你的沉稳大方。太浅的话又会使大腿的大部分露在椅面之外,使腿显得又短又粗。

坐椅子一般坐椅面的2/3左右,背部轻靠椅背。如果是与长者或上司谈话,为了表示尊重,上身应略倾向于对方,而不是靠椅子背。

采取坐姿时,腰背部分最能反映出一个人的精神状态,所以坐着的时候虽是放松的,也要注意上身端正,腰挺直,手肘不贴身体,手放在大腿的后部,虽不要求像士兵一样,但是也要显得精神奕奕,富有朝气。

在坐姿中,女性两条腿的摆法最重要。如果两腿分得很开或翘起"二郎腿",就显得粗俗不雅,没有风度。两腿应当自然屈曲,双腿并拢,两脚平列或前后稍稍分开。两手要自然放在膝上或支撑在椅子扶手上。

不论何种坐姿,自己的两脚不成"八"字形。因为两脚尖或是朝内,或是朝外,都会让人感觉极其不雅,有损女性的形象。

此外,双腿不要一直改变位置来回交叉。因为这种肢体语言不是表示你关节疼痛,就是意味着你急欲离开。

在坐姿中,双手的摆放也很重要。一般来说,双手的手掌应微微弯曲,掌心向下轻柔地交叠放在大腿上。一定要管住自己的双手,绝对不能做些不雅的小动作,比如挖鼻孔、抠耳朵、揪头发等等。万一要打哈欠,一定要低下头用手挡住,千万不能张大嘴、昂着头、伸长脖子任意地放纵自己。

据说英国有位皇室成员为了管住自己的双手,当他出现在人前的时候永远将手放在身后,使得那些想出他洋相的记者永远抢不到镜头。

穿裙装就座的时候要缓慢而文雅,用手将裙子拢一下,不要坐下后再整理衣服。穿短裙坐着时就要双腿并拢,注意自己的仪态。如果坐姿不雅,等于是对在场的男士发出错误的肢体语言,作了暧昧的暗示而不自知。

坐椅子时不要用两脚钩住椅子的腿,或自己的双腿缠得像麻花一样,也有人会双腿交叠,但脚尖总是一边撇左一边撇右。总之,这些缺乏美感的姿势,自己没看到无所谓,可坐在对面的人已把你这些不雅的坐相一览无遗了。

坐沙发时由于沙发通常很软,比标准的座椅深,不平又矮,这时你千万要注意两点:一是不能坐得太靠里,又去找个扶手依靠;二是膝盖绝对不能分开,小心春光乍泄。

双脚一定不要乱放,避免伸得很长,更不能绊到别人。采用双腿交叠坐法时,双脚的脚尖一定要朝同一个方向,上脚的脚尖尽量贴着下脚的脚踝骨处,并且脚尖应保持在膝盖的直线以内,便于起立。

坐姿能显示一个女人的文化修养和内心世界。因为坐的时候,人处在静止的状态,更多的习惯性举止会不知不觉地表现出来。

有人说,可以从坐姿上看出一个人的性格及教养,这确实是经验之谈。所以一个有品性、有修养的女性,绝不会把有失优雅的另一面展现出来。

在日常生活中,常可看到一些打扮入时的年轻女性或中年妇女,谈话时神采飞扬,风趣幽默;然而当你观察她们坐的姿态时,那可真所谓五花八门,丑态百出。有的是整个人坐躺在沙发里面,双腿还作不雅状,喜欢抖来抖去;有的歪斜地坐在椅子上,跷起二郎腿,晃来晃去;有的呢,虽然坐得好好的,可是两腿却没有合拢,这更是不雅。

要想坐出个美姿来,平时就要养成良好的习惯。真正做到不仅让人觉得安详舒适、端庄稳重,而且也要显得轻松自如、文静优美。

然而优美的坐姿是在生活中磨炼出来,而不是只在公共场所表演给人家看的。如果你不养成固定的习惯,那么稍有不慎,就会故态复萌,做出不雅的行为。而优美的坐姿让人觉得安详舒适,端正稳重。这不仅是成熟女性应该学习的,年轻的女孩更应该随时注意自己坐姿的端庄。

轻盈优美的走姿

走姿是一个女人最常见的、最基本的举止,它绝不仅仅是个人生活的细枝末节。从一个女性的走姿可以看出她是否有气质,是否有魅力,以至于是否有良好的教养等。

每一个女人都想拥有轻盈优美的走姿。轻盈的走姿是女性气质高雅、温柔端庄的一种风韵；而优美的走姿，则更添女性贤淑温柔的魅力，展示自身的风采。

除了模特和军人之外，我们大多数人并不是很讲究走路的仪态。但不很讲究不等于不要讲究。如果一位相貌靓丽、气质高雅的女子步态招摇地走来走去，人们一定会为她的不雅产生万分的惋惜。

优雅行姿挺胸抬头，目光平视前方，神态平和，脚尖向前，重心在脚尖上，双腿有节奏地向前迈进，双臂在身体两侧自然摆动，在这同时，手的摆动将带动整个上身，使脚步平衡，即当右脚跨出去时，整个上身随着左手往前摆动，而自然向右方向转动；当左脚跨出去时，上身即转向左边，而右手则摆向前方，连续动作看起来，就好像因肩膀左右晃动，带动了全身的摆动，而不是像有些人走路只扭臀部，而上身不动，这样会使上身看来僵硬，缺乏美感，光扭臀部，又太浪漫性感，失去大方的感觉。

此外，走路要尽量走成一条直线，步伐要稳健，步态要轻盈，脚步朝前跨时要有一点点朝前踢的感觉，跨出后，前脚大拇指着地延伸至前脚掌，这时，后脚轻微地后蹬，身体重心顺势由后脚弹到前脚，完成移动过渡。千万不能用脚后跟着地，而必须靠足弓的张力。两腿交换时，膝盖内侧似乎有些摩擦，不能分得太开，否则会很难看，像鸭子走路。

通常，走路最容易犯的毛病就是内八字和外八字，其次就是弯腰、驼背，或者肩部高低不平、双手过于摆动，或臀部扭动过剧、脚步太多，而令人有"不可侵犯"之感等，这些走路的姿态，都足以影响女性的美。

穿着不同的服装，步态也要随之改变。当你身穿旗袍或窄裙、脚踏高跟鞋的时候，就不要迈着很洒脱的大步（当然穿着旗袍或窄裙要想迈大步也不是很容易），这可不是展示你潇洒的时候。但是膝部和脚踝也不要过于僵硬，更不可将臀部扭动得很厉害。步幅以小为宜，轻盈一些。

穿平底鞋走路时，皆以脚跟先着地，所以平底鞋穿习惯了，要穿高跟鞋走路，就会同样以脚跟先着地，造成脚尖抬起，会让人看到鞋底，如此的走姿就不太美观了。因此，穿高跟鞋走路时，一定要记住：脚底板平一点儿伸出去，让脚尖儿先着地，有一点儿像跳芭蕾舞时走路的姿态，这样就会感觉脚步较轻盈、优雅。

正确的行走姿态是靠训练而来的。行走的时候，步伐不可太大，步速不可太快，但也不可太小、太慢，务求适中，两手自然地摆动。步伐的大小，通常是以足部的长度为标准，超过足长，步伐就会显得太大，但不及自己的足长，又会显得步子太小，不够大方；所以这就要靠平常的训练了。

正确行姿的训练方法：上身基本与正确的站姿一样，只是重心稍稍前倾；双脚要想走在一条直线上，双膝内侧走起来要有摩擦感。可在地上划一条直线，沿着直线走。

另外非常重要的一点，也是常为人疏忽的一点，就是走路的方法。

当你开始走路时，千万不要利用髋骨及腹部推动身体的前进，而不是用臀部的摇摆及小腿的动作来行走的。一般人常会有一种错觉，以为走路的时候不扭腰摆臀就不够婀娜多姿，欠缺性感。

有的女性往往在训练良好的走路姿态时，都喜欢在头顶上放一本书，走路时不使书本落下来，才算是标准的走路姿态。因为要保持头顶上的书本不跌落，唯一的姿态便是走得稳而且直，绝不能左摇右摆。每天只要练习几个小时，一年下来，就可以看出你走路的姿态已与从前迥然有异。

另外就是上下楼梯的时候,姿态要保持正直。两脚正正方方地踏在楼梯上显得笨重而死板,你不妨身体及腿部稍微作倾斜状,向左向右随自己选择,或视当时的环境作决定:如果你是一个人走,向左向右还无所谓,如果是跟朋友并行时,最好是倾向于朋友的那一边,这样的姿态,看起来比较协调。除了脚部以外,注意身体一定要保持挺直及平衡。最容易犯的毛病就是身体容易向后倾,这是非常不雅观的姿态。

行走时应注意以下几点:

(1)走路时,应自然地摆动手臂,幅度不可太大,前后摆动的幅度约45度,切忌做左右式的摆动。

(2)走路时应保持身体挺直,切忌左右摇摆或摇头晃肩。

(3)走路时膝盖和脚踝都应轻松自如,以免显得僵硬,并且切忌走外八字或内八字。

(4)走路时不要低头后仰,更不要扭动双臂部。

(5)步伐与呼吸应有节奏,穿礼服、裙子或旗袍时,步伐更轻盈优美,不可跨大步。若穿长裤步伐可稍大些,这样会显得生动些,但最大步也不可超过脚长的1.6倍。

如果仔细留心观察生活,会发现有人生活得粗枝大叶,有人活得精致有品位,好的生活是来自每一个细微之处的。平时稍加留心,稍加训练,让自己更加仪态万千。

姿势迷人的蹲姿

谁都有掉东西的时候,如果身处公众场合,不得不低身取物或俯身拾物时,女性朋友们就得注意了,如果姿势不正确,就不仅仅是美丑的问题了,还会暴露个人隐私。因此,你千万别直接蹲下去,切忌弯腰曲背、低头撅臀或双腿敞开地下蹲,尤其是对穿裙子的女性而言,这种姿势既不雅观,更不礼貌。

在必须下蹲时,一定要做到姿势优雅。以下几种蹲姿可供参考。

1. 高低式

顾名思义,高低式就是指在下蹲的时候要有"高"有"低"。动作为:左脚在前,右脚在后,左脚完全着地,小腿基本上垂直于地面,形成"高"的一端;右脚脚掌着地,脚跟提起,然后屈右膝,使其内侧可以靠在左小腿内侧,形成"低"的一端。在保持左膝高、右膝低姿态的同时,臀部向下,上身微前倾,用右腿支撑身体,整体形成"高、低"姿态。

2. 交叉式

这种蹲姿最适合女性,不仅不用担心难看,还会给人以优雅的感觉,特别适合穿短裙的女性朋友。这个姿势虽然造型优美,但难度较大,要想做好,还要多加练习。动作为:下蹲时,右脚在前,左脚在后,右小腿垂直于地面,右脚完全着地;右腿在上、左腿在下交叉重叠;左膝由后下方伸向右侧,左脚脚跟抬起,并且脚掌着地;两腿前后靠近,合力支撑身体,掌握好平衡。

3. 半蹲式

这种蹲姿的好处是简单易行,不像"交叉式"那么复杂。动作为:在下蹲时上身稍稍弯曲,幅度不要过大,臀部一定要保持向下(如果向上翘起,就不雅观了);双膝略微弯曲,角度一般为大于90°,身体的重心放在一腿之上。要特别注意的是,两腿之间不要分开过大。

4. 半跪式

这种蹲姿适合下蹲时间较长的女性,蹲姿容易引起腿部酸麻,所以尽量少蹲。动作为:双腿一蹲一跪,在下蹲后,一条腿单膝着地,臀部顺势坐在脚后跟上,脚尖着地,另外一条腿全脚着地,小腿与地面保持垂直;双膝同时向外用力,而双腿则尽量靠拢。

无论采用哪种蹲姿,女士都要注意将两腿靠紧,臀部向下,使头、胸、膝关节不在同一个角度上,以形成优雅的蹲姿。此外,还要注意以下几点:

(1)下蹲时速度过快。当自己在行进中需要下蹲时,要特别注意这一点。

(2)下蹲时离人太近。应该注意自己与别人相隔的距离,以免发生碰撞的尴尬局面,或发生其他的误会。

(3)下蹲时方位失当。女性在他人身边下蹲时,应选好下蹲的位置,如果距离很近时最好侧身拾物,因为正面他人或者背对他人下蹲,都是不礼貌的,还容易造成尴尬。

(4)下蹲时毫无遮掩。特别是身着裙装的女士,在人多的地方一定要避免在下身很少遮掩的情况下就贸然下蹲。值得注意的是,大腿叉开也是相当忌讳的动作。

(5)蹲在凳子或椅子上。这只适合在你的私人空间,公共场合则要绝对避免。

(6)下蹲时要避免臀部向后撅起、两腿叉开。

"依"出女人美态

身心疲惫的时候,女人的习惯动作是找个依靠。

"依"是顺从地借力,借助于外界,支撑住自己的身体。但如果"依"得过分,则成了"靠"。而"靠"是将自己的重心全放在身外,这样就会因推动重心而失去美。

"依"是美,"靠"是懒,这就是区别。

女人慵懒是一种美,更多时候,凭栏远眺、倚窗沉思,或者依在别人肩上,偷偷地一笑。这种倦态的美,因为身体的随意而显得格外的风情。

美的依姿是把自己的重心放在身体内部,只是上身的肩或手臂依在别的地方。手托着腮也好,手弯曲着撑住头也好,手臂搭在那里,身体斜斜的,只需要上身的稍稍倾斜就能使你的依姿成为一道风景。而在依靠时,脸部表情的若有所思无疑会增加一份迷人的情调。

对着镜子反复练习,仔细琢磨其中的微妙,看看镜子里的你是否顺眼,是否"依"出女人那份美态,是否全然放松但仍不失态,是最好的练习方法。

大多数职业女性由于工作需要,经常独自撑持着做自己的事,很少有时间与机会去感受什么依姿,再说了,场合也不太合适,然而这并不意味着职业女性就没有"依靠"的权利了,恰恰相反,在那些充满阳刚之气的商界中,有时候随意地那么一依一靠,出其意料地能弥漫出一种女性的柔和,使紧张的气氛得以缓解。

工作时间过久了,用美丽的依姿让自己放松一下,顺便暗示你的上司,真的有些累了,是不是可以不加班了?

只有你的上司铁石心肠或者病态,否则他的怜香惜玉之心终归会对你的身心疲惫表示出善意。因为这是每个男人共有的气度。

美煞人的取物姿态

拿东西是非常简单的事,伸手过去就是了。但是,在这提、拾、捡、拎的过程中,别人是怎样看你的行为和评价你的动作的。

作为女人,你的动作永远是他人关注的焦点,哪怕是最普通、最简单的动作都会引起他人的注意。

做一个受人们关注的女人,你又怎能对自己的动作不加以重视呢?何况这些动作都反映着一个人的教养。

女人在取物时应做到以下几点:

(1)绝不把手臂伸出很远去取物。

(2)取物时,体态始终保持着矜持与优雅,不要夸张地左摇右晃。

(3)神态保持温和与安详,重与轻、大与小都不要在脸上表现出来。

好的生活姿态是长期耳濡目染并且认真训练才能形成的。要想成为举止优雅、仪态万方的女人,就要坚持训练,只有这样才能使优雅的姿态成为你挥之不去的习惯。

动人的携物美姿

日常生活中,我们可能常见这样的场景:一个女人左腋夹一个包,右肘拐一个袋,两个手里还大包小包的一大串,把整个人的体态都扯得变了形;还有的女人夹持着的包总是会滑落下来,为了迁就它而不得不拱起左肩。这样的场景,可以说是贻笑大方。职业女性经常会携带一个大本的文件夹出入办事,有的嫌麻烦干脆用一只手拎着,有的则夹在胳膊肘内,一副很疲劳的样子,有的甚至将其抱持在自己胸前。

携物姿势不对,必然会影响女人的仪态美。

实际上,携带物品的姿势确实有些讲究。一般情况下,女人是不拎重物的,最多是一个小手袋拎在手里或拎在手臂上。拎的时候,手心空握朝上才有情调。

如果确要拎重物,就应左右均衡重量分开拎在手上,扛在肩上或夹在腋窝里的情况是不可取的。

至于文件资料或书籍,如果是单本,则可用单手托住书背,垂平靠在髋骨边;或者弯曲手臂,夹靠在肘部;也可以像学生妹那样挡靠在自己胸前;如果文件较多,则用两手托在身前。

总之,按照上述要求去做,就会让你姿势优雅,千万不要因为携带物品而坏了自己的形象。

一个女人如果要想保持优雅的风度,那么在携物时不论轻重,都要尽可能将物品放在纸袋中拎着。因为拎物总比夹物的姿态优雅得多,宁肯到了现场,把物品再取出来也没关系,无论如何也不要因为贪图方便而忽视了你的姿态,这不仅对于你而且对于其他人也是一种尊重。

另外重要的一点那就是在携物时仍然要保持你天鹅般高贵的头,保持腰背的挺直,只有这样,才不会顾此失彼,坏了你的形象。

这样简单的姿势,对着大镜子反复做几次,正面或侧面地看一下镜子里的你,找到那份感觉,一定会受到良好效果。

巧用动作语言传情达意

动作语言是运用身体的不同形态表情传递各种特定信息的肢体活动。人的动作语言主要集中在上身,而下身则很少用,偶尔也只是两腿交叉表示内急,用脚一踢表示"滚开",这都很简单。但是上身的动作所表现出来的某种特定含义则十分丰富。

女人的整体动作应该是优雅得体、落落大方,想要做到这一点,就要始终保持上身挺拔和双肩打开,这是最为重要的。有了这个条件,身体的其他部位的动作才可能显得从容不迫,有型有款。

女人站立时,要么双手在两侧自然下垂,要么就垂放在身前用右手握住左手,或者双手背在身后,这三种动作分别有其不同的含义。第一种表示自然放松,并不在意做出什么必要姿态;第二种表示为恭敬从命,带有现代女人应有的教养和风度;第三种则表示郑重其事,不是增强威信,就是掩饰紧张。

在动作规范里,手势的讲究是最复杂的,有时仅仅只是姿势略微变化,高度稍有不同,表现出来的意思也不相同。

例如,双手垂放在身前,右手心盖在左手背上,是有节制的放松,表示礼貌和尊敬;以相同的姿势上移到腹部,则表示紧张与拘谨。

如果右手握住左手四指垂放在身前,则表示内敛,表示斯文与温和;以同样姿势上移到腹部,则是优雅,表示自制与自信;但如果以同样姿势上移至胸部则是紧张,表示期待和渴望。

如果双手呈托抱状垂放在身前,也有紧张与期待的意思,但这个动作不怎么雅观。同样不能使用的手势还有手指,其中最忌讳的就是用食指指指点点,这绝对是没有教养的低俗举止,且非常令人反感。

至于双手抱拳于胸前高举自上而下作揖,以及双手合十的礼拜,都不是女人应有的手势。这种男性化的手势未免带些江湖气,与女性的身份不相符。

规范的手势应该是手掌自然伸直,且掌心向内,四指并拢,拇指分开,手腕伸直,手与小臂应成一直线,肘关节弯曲自然,大小臂弯曲约140度,动作的收放控制在于腕关节和肘关节上,前者常用于动作幅度较小的,后者常用于动作幅度较大的,打开与收回要有力度、有弹性、有节奏,不能拖泥带水,否则就会令所表达的意思缺乏准确和自信。

实际上,最丰富的动作语言在手臂与手的配合摆动上。对于女人来讲,准确的动作规范就是通过这两个部位的变化表现出来的。

表示"请"或"请进"的动作一般有以下四种:

一是横摆。微笑站立,目视对方,五指伸直且并拢,手掌自然伸直,手心向上,用肘弯曲,腕须低于肘,以肘关节为轴,手从腹前抬起向右摆动,另一只手下垂或者背在身后,上身微向伸出手的一侧倾斜。

二是前摆。微笑站立,目视对方,手掌伸直,五指并拢,手从身体一侧由下而上抬起,以肩关节为轴,手臂微曲至腰部后向身前右下摆去,摆到距身体约15厘米,不超过躯干位置时停止。

三是斜摆。当请对方入座时,手先从身体一侧抬起,到稍高于腰部后,大小臂成一斜线,而后向座位摆去。

四是双臂横摆。两手应从腹前抬起,双手要上下重叠,手心向上,同时向身体两侧摆动,当摆至身体侧前方时,上身稍前倾,微笑致意。或者双臂朝着一个方向摆出,即两手从腹前抬起,手心向上,同时向一侧摆去,两手臂之间要保持一定距离。

上述四种动作主要是针对较多客人示意"请"时使用。

表示指引的动作应为直臂式,五指并拢,手掌伸直,屈肘从身前抬起,向指引的方向摆去,摆到肩的高度时停止,肘关节基本伸直,这是大幅度的指引动作,一般用于与人距离稍远时。

如果与对方的距离较近,则动作幅度应减至肘关节弯曲处,单手提至前胸高度,向指示方向伸出前臂。这个动作还可用于为他人作介绍。

表示欣赏欢迎诚意的动作是鼓掌,正确的动作应是用右手掌拍击左手掌,掌心朝上。如果掌心向下,则意味着勉强。

如果按照上述动作规范加以严格训练,你一定会发现,女人的优雅、内敛、分寸都是在这套动作的展示中得到了淋漓尽致的表现。其基本要领是:手心向上,手臂在肘部弯曲平举,动作幅度酌情而定,连贯起来犹如在农田里撒种,先是腕关节,再是肘关节,最后是牵动肩关节。而平时最多的就是双手小臂平举于胸前。

当然,除了这些身体的局部动作之外,整体的动作也表达着不同的思想内容。例如,身体略倾向对方,表示热情和兴趣;向对方微微欠身,表示尊重;挺腰端正而坐,表示尊重对方或是对谈话内容感兴趣;弯腰曲背而坐或侧身而坐,表示淡漠或厌烦。

习惯性体态流露女人的"秘密"

现实生活中,女人永远是男人们常谈的一个话题,男人们常常感叹女人的心像天上的云,让人猜不透。其实,习惯性体态通常会自然地流露出一些女人的"秘密"信息,而且使女人看起来更加神秘动人。如果男人不了解这些,就可能失去接近女人的机会。男人怎样才能通过女人优雅的举手投足来了解她的内心情感呢?先来看看女人一些习惯性的体态。

1. 头 部

习惯头部上扬的女人通常被称做"天鹅女"。顾名思义,这类女人的姿态往往摆得很高,显得傲慢。她们一般经济条件优越并且姿色动人,因此追求者自然要以成群结队来计算,所以她们对男人的要求很高,但却无法从心里体谅男人的苦心。

习惯头部低俯的女人通常被称做"内敛女"。不难想象,这类女人多半内向,有时会让男人觉得生活毫无新意,缺少激情。但是在男人失意的时候,她们必然会成为最佳配偶,用温柔来抚慰男人的失意。

习惯头部侧偏的女人通常被称做"猫女"。这不禁会让人想起一只好奇的猫咪,可爱且聪明。但要注意的是,这类女人往往有固执的个性,会让她们很快坠入情网,但是却缺少守候爱情的忍耐力。

2. 手和手臂

握手是一种无声的传达,了解其中的奥秘,你就会受益无穷。了解女人不妨从握手开始。

手心干或湿包含着大学问,手心干的女人一般外向型居多,性格开朗、活泼;而手心潮湿的女人则正好相反,往往比较内向,不爱说话。但是这种判断也会有偏差,例如,前者也许因为对此类事件不"感冒",兴趣不大,后者也许是因为紧张或害怕等情况而话少。因此,聪明的人会在握手时通过细心观察女士的眼睛是躲闪还是微闭,从而使自己作出正确的结论。

握手时,手心的朝向也有学问。手心朝上的女人大多属于"贤妻良母"型,很容易相处,柔顺的性格会让很多男人痴迷;而手心朝下的女人则大多事业心比较强,喜欢争强好胜。还有一些女人握手时只会伸出纤细的手指搭一下就算完事,虽然动作看着谨慎,眼神却是风情万种,这类女人一般都精于世故,是男人的"毒药",男人爱上她们就不能自拔,但是她们也往往让男人招架不住。

3．胸　部

挺胸走路的女人,自信心是她们最有力的武器。这类女人绝不会走入日本式的"小绵羊"队列,男尊女卑的观念根本不会存在于她们的观念中,所以带有"大男子主义"思想的男人们最好别去碰触这朵带刺的"玫瑰花"。

习惯含胸的女人,其体态传达给人的第一印象就是"缺乏自信"。也许这类女人只是天性羞涩,但最好有意识地改变一下自己,提醒自己要做个"挺胸"女人。教你一个妙方:在心里默想"上帝拽着我的左耳朵",胸就自然挺起来了。其实自信的感觉很美妙,不妨试一下。

4．臀　部

移臀,即走路时左右臀部上下摆动。这类女人往往对爱情充满热度,并且不拘小节,喜欢做不切实际的"富人梦",她们除了逛街,基本上就没有喜欢的户外运动了。

不动臀,即走路时左右臀几乎不摆动。这类女人凡事都要讲"现实",比如谈到结婚,要求男方至少要有房有车。

自然站立时臀部自然上翘。这类女人大多热情,易与人相处,开朗的性格也是她们吸引人的亮点。

自然站立时臀部下垂。这类女人大可娶回家去做老婆,她们的温和性格一定会让婚姻生活温馨而幸福。

不可忽视下意识的小动作

男人和女人的生理不同,在行动上女人往往会不经意地流露出一些让人一眼就可以看透其内心的小动作。一位在日本一所女子大学授课多年的老教授在细致观察了一些女性的行为举止后,总结出这样一个理论:与男性相比,女性更习惯做一些下意识的小动作,特别是当她内心不安、犹豫不决或不自信的时候,总想用语言和表情掩饰这些心理状态。

女人在与人交往的过程中,有时为了顾及礼仪和面子,总免不了要说一些言不由衷的话。然而即使你说话再小心谨慎,下意识的小动作也可能会在不知不觉中把你"出卖"了。

1．捂　嘴

一旦说错了话,总会下意识地捂嘴,这类事情你经历过吗?虽然这让人觉得:你诚实可爱,但是却也隐藏祸端。在说话时或是说完后不由自主地用手捂住嘴的这个动作,已经向听者传达出你的话中含有不真实的成分,从而失去他人对你的信任。

2．不经意地触摸眼部

如果说话时一只手不经意地触摸眼部,也会告诉对方"我现在说的话并非出自真心,所以不敢正视"。如果你戴眼镜,小动作就会有所不同,一般表现为两种:一是用手轻触眼镜框,二是把眼镜取下再戴上。

3．抹嘴捏鼻

有这类动作的人多半有胆子惹事却没胆量承担。习惯抹嘴捏鼻的人,大都喜欢捉弄别人,爱好哗众取宠。

4．两手手指相触后轻碰鼻部

这个小动作就是在表达"我还要再想想……",是一种非常常见的表示迟疑或思考的肢体语言。

5．摸耳朵

这个小动作是摸头的"进化版",是为了掩饰用手撑头做思考状的动作而衍生的,通常所表述的意思是"你的话我不相信"或者"我还需要考虑一下"。

6．摆弄饰物

这是内向女人的"专利"动作,她们不喜欢用言语表达,但是动作却早已经流露出了内心的情绪。这类女人的一大优点是做事认真踏实,不会有满嘴的埋怨,不会干一点儿活就怨声载道。

7．用手指卷头发

这个小动作传达的肢体语言是"我很失望……"。有这个小动作的女人也许什么也没说,但是动作已经表现得十分清楚了。

8．双手绞在一起用力

这个动作传达了非常紧张和不自信的信息。这类女人的心里语言是:"会不会搞砸?要怎么样做?搞砸了可怎么办啊?"

9．婴儿拳

这个动作是把大拇指压在其他四指下,握成拳头。这个小动作表现出怯懦的个性。

10．谈话中抖腿或晃脚

这个小动作所传达的信息是精神紧张或心里不安。

女人在与人交往中,千万不要忽视这些下意识的小动作,否则会令你失礼于人前。

第十一章　动人表情，外现迷人气质

> 动人的面部表情是气质女人不可或缺的资本。气质女人的面部表情应该是微笑自如，内敛而不内向，从容而且淡定，不卑不亢，不急不缓，恰到好处，优雅成熟。
>
> 不管是意料之中的释然，还是意料之外的惊讶，在女人的表情中，都不应有相应的变化。我们所说的"不露声色"，实在是气质女人最重要的基本功。

丰富的面部表情

人的表情主要有三种方式：面部表情、语言声调表情和身体姿态表情。面部是最有效的表情器官，面部表情的发展在根本上来源于价值关系的发展，人类面部表情的丰富性来源于人类价值关系的多样性和复杂性。人的面部表情主要是指眼、眉、嘴、鼻、面部肌肉的变化以及对它们综合运用反映的心理活动和情感信息。表情从字面上讲即人表现出来的情绪，通常它和神态一起运用，来形容一个人。通过脸部微妙的活动反映出内心活动。

表情是最丰富的非语言词汇，它生动而且充分地展现出人类所具有的全部情感，譬如快乐、兴奋、喜悦、激动、忧郁、恐慌、失望、气恼、愤怒、悲伤、哀痛、自信、自卑等，同时，表情还能把人们的悲喜交集、爱恨交加、喜忧参半等一些复杂的心态表现得淋漓尽致。

眼：眼睛是心灵的窗户，能够最直接、最完整、最深刻、最丰富地表现人的精神状态和内心活动，它能够冲破习俗的约束，自由地沟通彼此的心灵，能够创造无形的、适宜的情绪气氛，代替词汇贫乏的表达，促成无声的对话，使两颗心相互进行神秘的、直接的窥探。眼睛通常是情感的第一个自发表达者，透过眼睛可以看出一个人是欢乐还是忧伤，是烦恼还是悠闲，是厌恶还是喜欢。从眼神中有时可以判断一个人的心是坦然还是心虚，是诚恳还是伪善：正眼视人，显得坦诚；躲避视线，显得心虚；乜斜着眼，显得轻佻。眼睛的瞳孔可以反映人的心理变化：当人看到有趣的或者心中喜爱的东西时，瞳孔就会扩大；而看到不喜欢的或者厌恶的东西，瞳孔就会缩小。目光可以委婉、含蓄、丰富地表达爱抚或推却、允诺或拒绝、央求或强制、讯问或回答、谴责或赞许、讥讽或同情、企盼或焦虑、厌恶或亲昵等复杂的思想和愿望。眼泪能够恰当地表达人的许多情感,如悲痛、欢乐、委屈、思念、温柔、依赖等。

眉:眉间的肌肉皱纹能够表达人的情感变化。柳眉竖表示愤怒,横眉冷对表示敌意,挤眉弄眼表示戏谑,低眉顺眼表示顺从,扬眉吐气表示畅快,眉头舒展表示宽慰,喜上眉梢表示愉悦。

嘴:嘴部表情主要体现在口形变化上。伤心时嘴角下撇,欢快时嘴角提升,委屈时撅起嘴巴,惊讶时张口结舌,愤恨时咬牙切齿,忍耐痛苦时咬住下唇。

鼻:厌恶时耸起鼻子,轻蔑时嗤之以鼻,愤怒时鼻孔张大,鼻翕抖动;紧张时鼻腔收缩,屏息敛气。

面部:面部肌肉松弛表明心情愉快、轻松、舒畅,肌肉紧张表明痛苦、严峻、严肃。

人之所以有表情,是因为人有丰富的表情肌。表情肌,头肌的一类,能表现出表情。多在口裂和眼裂的周围,如眼轮匝肌、口轮匝肌都是起自颅骨,止于皮肤,收缩时可改变眼裂和口裂的形状,皮肤出现皱纹,从而表现出喜、怒、哀、乐各种表情,还可以参与语言活动。颅顶肌后方以枕肌起于上项线,中部为帽状腱膜,前面以额肌止于额部皮肤,作用是牵动头皮向前后移动,也参与表情动作。因为人类交流的需要,所以人拥有了表情。

不同种族、不同国籍的人,有一点是共同的,那就是快乐、悲哀、静穆和狂怒等复杂、丰富的面部表情。通过它们可以看出一个人的精神生活和内心变化。因此,人的面部通常被看作人的灵魂的一面镜子。人类复杂的表情变化都是在头部的眉、眼、嘴、鼻的动作变幻上体现出来的,它是人体中最富有表情、最生动的部位。而它们又是由面神经支配的皮肤、肌肉等一系列复杂的运动来完成的。一旦因为损伤和疾病,面部的皮肤、肌肉失去了面神经的支配,就会出现令人难以接受的面部表情。

面部表情是进化的产物,人类有一项特有的技能——语言,但这项技能却异常复杂,也极其高端,在人类还未进化出这项技能之前,人类也是需要交流的,那时的交流十分简单,只需要借助肢体和其他方式表达,表达的也是最常见的需要,如喜怒哀乐惊惧,面部表情也是其中一种方式,有个词叫声情并茂,到现在人类的语言体系已经十分健全,人类在演讲、阐述、说服时也还是会使用到肢体语言包括面部表情,你去国外听不懂外语,你会比划,当别人激怒你,你会愤怒,这其实就是一种交流。

概而言之,表情属于交流的范畴。

一般来说,面部各个器官是一个有机整体,协调一致地表达出同一种情感。当人感到尴尬、有难言之隐或想有所掩饰时,其五官将出现复杂而不和谐的表情。

展现你的表情美

随着社会的进步和发展,人类的表情在不断丰富和复杂化。每个人的表情除了受所处社会环境的影响外,还可以经过后天的训练与培养而得到完善和修饰。下面向女性朋友介绍几种经典的体现女性美的优雅表情。

1．迷人的羞色

诗人泰戈尔曾经说过:美的东西是有色彩的。那么,世界上什么色彩最美呢?其实,在所有的色彩中,什么也比不上女性的羞怯之色,它是女性独有的风情,是女性内心真情的最纯真的流露。这种姿态是无法效仿的,即使是最好的演员也要通过腮红与灯光的辅助才可达到走上舞台的标准,因为在表演中演员能够表演出羞姿,却表演不出羞色。

可以这样说,一个女人害羞的模样不但是她最美的时刻,也是她最性感、最具吸引力的时刻。恋爱中的人最能体会这一点,恋爱中的女人如果露出一点羞色,会让男人的心里乐开花,因为那是无法装出来的真情流露。但是作为女性,要灵活运用羞色,只有在正确的时间、正确的地点,配合正确的环境氛围,才能正确地发挥女性害羞的本能,捕获到心爱的男人。

那么什么时候表现出害羞才比较适宜呢?

(1)为了给他一个偷窥你的机会,你可以害羞地将目光投向一旁,让他尽情打量。

(2)你可以不经意地犯个小错误。比如,你碰到了他身边的桌子或拿错了笔,然后羞怯地一笑说:"对不起"此时,你并没做什么坏事,只是霸道地向他温柔了一次。

(3)如果你实在不知道该怎么办,那就抹点红晕。你满脸羞愧、手足无措的样子是展现女性美最好的"招牌",没有一个男人会对这面"招牌"无动于衷。

害羞是一种资源,是女人的法宝,它不仅仅是一个眼神、一个动作、一抹红晕,更是女人赢得幸福的台阶,还是女人感受爱情的最真实体验。但是,也正是因为它的含蓄,经常会带来一些不必要的误解,使女人懊恼不已。在社交礼仪中,你要知道什么是被提倡的、什么是忌讳的。有的女人善于害羞地做一些看似不经意的小动作,有的女人善于用羞涩调节自己的紧张情绪。选择适合你的那一套路数,平日里勤加修炼吧。

2．淡淡的爱与哀愁

《红楼梦》中林妹妹的忧郁、唯美,是不是让人不忍放手呢?她冷冷的、淡淡的爱与哀愁,展示了具有中国特色的优雅女人的形象。林妹妹是古代版本,那么转换成现代版又当如何呢?

多读一些史书。在男人们海阔天空的时候,你微皱眉头,轻抿红唇,不经意地引用一两句,然后向他们请教,犹抱琵琶半遮面,展示自己的底蕴而又不夸夸其谈。

向男人们示弱。感动时可以流泪,气愤时可以表现委屈,但要适可而止,优雅与美丽地制造机会,会让男人们对你产生保护欲。

使一些小性子。林妹妹还有一点值得女性学习与借鉴,那就是经常使一些小性子,把男人的胃口吊得酸酸的,给人一种若即若离的感觉。

3．暗香浮动,展露风情

女性风情是举手投足之间的一种自然的情感流露,展露风情需要天赋,更需要勤加修炼。

只要把女性风情用得好、用得妙,保证再冷的男人都会被你感染得柔情似水。风情是不可卖弄的,蹩脚的表演只会徒添笑料罢了,下面介绍几种常用的女性风情。

(1)用好你的眼睛。总是用温柔的眼睛看着男人,认真地听他说的每一句话。

(2)不管是说理想还是侃大山,都不要泼冷水。

(3)想大笑的时候,一定要记住用手把口遮住,要痴痴地笑。

(4)男人说了俏皮话时,你要低下头来,脸上泛起一朵红晕,似笑非笑。

微笑,女人最迷人的表情

微笑是女人最迷人的表情。曾经有一项针对男性的调查,主旨是"你认为女人最迷人的表情是什么?"几百名男性的答案都是"微笑"。美丽而有气质的女人时常会保持动人的微笑。但是女性往往都很感性,容易受到情绪的影响,所以能做到这一点的人可谓少之又少,也正是因为少,才显得弥足珍贵。

微笑是疲倦者的温床、失望者的信心、悲哀者的阳光,是大自然消除烦恼的灵丹妙药。

微笑永远是最迷人的,它像是春天湖面上泛起的涟漪,微波闪闪,令人心醉;它像大地上吹来的第一缕春风,带着活力的气息,把温暖传播四方。春风是大地的微笑,甘露是夏日清晨的微笑,累累硕果是秋天的微笑,明媚阳光是冬日的微笑。

微笑,使陌生人感到亲切,使朋友感到安慰,使亲人感到愉悦。拥有自信微笑的女人,才是最美的女人。微笑就像香水,洒上一点,整个屋子都会弥散着淡淡的香,传递给家人、朋友和同事,让每个置身其中的人都感到生活的轻松和愉快。女性朋友们,松开你那紧锁的眉头,去试着微笑吧。

女人的幸福,形之于色就是一种坦然的微笑,这是女人遮不住的春风,微笑是因为幸福。

女人的迷人微笑最让人心动。

女人的微笑同女人的眼泪一样,具有让男人无法抵挡的杀伤力。

女人的微笑有一种魔力,它是人际交往的润滑剂,它可以使残暴者变得温顺,使困难变得容易。

女人的微笑是心灵沟通的钥匙,全世界的人都知道用微笑能打开人们心灵的窗户。所以,微笑是女人的制胜武器。

女人的微笑也是一种可以付出的快乐。连汽车保险杠上的贴纸都写着:"要是你看到别人一丝笑容都没有,请你给他一个笑脸。"

关于微笑,一位学者说得极为精彩:微笑无需成本,却可以创造出许多价值。微笑使得到它的人富裕,却并不使献出它的人贫穷。

美容专家陈安妮女士对"精神化妆法"深有体会,她曾说:"有些妇女遇到开心的事也不敢大笑,怕带来皱纹。其实不必担心,我就爱笑,可一条皱纹也没有。"看来,皱纹和笑容是搭不上边的,"笑一笑,十年少"是真实存在的。没有哪个女人是不爱美的,要想让青春常驻,笑要比保养品有效得多。而且,只要你的笑是发自真心,笑还会净化你的心灵,让你的美由内向外而生,岂不妙哉、美哉?

大笑容易给人张狂的印象,浅笑容易使人觉得小气,狂笑又给人乐极生悲之感,阴笑更是让人不寒而栗、毛骨悚然。比较而言,只有微笑最美!微笑貌似平淡,其实却是恰到好处。

身处不同环境,在不同的人面前,女人的微笑传递的含义也各不相同。

微笑着面对诽谤,你传出的是大度与从容的信号,收获的是更多的认可与支持。

微笑着面对危险,你传出的是自信与勇气的信号,收获的是沉着、冷静地化险为夷。

微笑着面对坎坷崎岖的漫漫人生路,你传出的是执著与坚强的信号,收获的是平凡的快乐与幸福。

微笑着面对陌生人,你传出的是友好与礼貌的信号,收获的是友情。

微笑着面对熟识的亲朋好友,你传出的是赞赏、鼓励、支持、温暖、快乐的信号,收获的是亲情和关怀。

微笑是礼貌的传承,是善意的表达,虽然有时一个微笑只是瞬间,但是可能在别人的心里已经成了永恒。

微笑无需我们付出分文,却令微笑者收获许多,变得更加富有。

微笑的女人最美丽。所以,多多微笑吧!在带给别人一份好心情的同时,也让自己拥有快乐,展现美丽。

练就一张迷人的笑脸

微笑是女人的秘密武器,它可以令一切防备、一切敌意都缴械投降。下面为女性朋友介绍怎样练就一张迷人的笑脸。

1. 眼神练习操

眉毛上下转动5次,主要是为了收缩上眼睑的肌肉。

眼睛上翻慢慢转圈,左右各转5圈,主要是为了消除眼睛疲劳。

右手食指放在双眼中间,做对眼状10秒钟,然后放松,重复5次。

双手食指各放在双眼前面,眼珠尽量不看食指保持10秒钟,然后放松,重复5次。

左右眼睛交替闭合,达到双眼都可以一闭一合,眼神操练习才算及格。

2. 笑容练习操

双手食指各放在嘴角两边,慢慢提升,保持10秒钟。

展现适中笑容,嘴角往上翘,保持10秒钟,其他部分保持松弛状。

嘴部做大笑状,持续10秒钟,然后复原。

手指沿颧骨按住面部,反复做笑容和松弛状,确保肌肉运动。
放松脸部的肌肉,做一个自己喜欢的笑容,你会发现自己的表情比做操前生动得多。

3．笑容保持操

做大笑状,嘴角用食指固定,不让肌肉复原,保持 10 秒钟。
回到适中的笑,固定嘴角,保持 10 秒钟。
用食指抿住嘴角回到微笑状,保持 10 秒钟。
抿嘴,嘴角略微向上,保持 10 秒钟。
食指按住嘴角,尽量嘟嘴,保持 10 秒钟。
每日坚持做,你就能拥有一张迷人笑脸。

练出动人的微笑

如果一定要用最少的字来总结什么才是女人最优雅的表情,那就是一个字——笑。所以,在练习如何使自己的表情更优雅、更迷人的时候,一定不要忘记练出动人的微笑。那么,该怎么去做呢? 可以通过下述六步打造迷人微笑。

第一步:放松嘴唇肌肉。
练习放松嘴唇周围的肌肉又名"哆来咪练习",它可以帮你放松嘴唇肌肉。从低音到高音,一个音节一个音节地发音,并将音节稍稍拖长,大声地清楚说三次"哆来咪"。

第二步:锻炼嘴唇肌肉的弹性。
微笑形成于嘴角部位,锻炼嘴唇周围的肌肉,能使嘴角的移动变得更干练好看,也可以有效地预防皱纹。
伸直背部,坐在镜子前面,反复练习嘴唇最大限度地收缩或伸张。
张大嘴并保持这种状态 10 秒钟,这可以使嘴唇周围的肌肉最大限度地伸张。
使嘴角紧张。闭上张开的嘴,拉紧两侧的嘴角,使嘴唇在水平上紧张起来,并保持 10 秒钟。
合拢嘴唇。在嘴角紧张的状态下慢慢合拢嘴唇,这时嘴唇卷起来,保持这个状态 10 秒钟。
保持微笑 30 秒钟。用门牙轻轻地咬住筷子,把嘴角对准筷子,两边都要翘起,并观察连接嘴唇两端的线是否与筷子在同一水平线上。保持这个状态 10 秒钟。在这一状态下,轻轻地拔出筷子,维持咬筷子时的状态。这一动作反复进行三次。

第三步:形成微笑。
在保持嘴唇放松的状态下,这一步的关键在于使嘴角上升的程度一致。如果嘴角歪斜,表情就不会太好看。在练习各种笑容的过程中,只要好好观察,你就会发现最适合自己的微笑。
(1)小微笑。嘴角两端一齐往上提,使上嘴唇有拉上去的紧张感,稍微露出 2 颗门牙,保持

10秒钟后恢复原来的状态并放松。

（2）普通微笑。慢慢使肌肉紧张起来，嘴角两端一齐往上提，使上嘴唇有拉上去的紧张感，露出6颗左右上门牙，眼睛也笑一点，保持10秒钟后恢复原来的状态并放松。

（3）大微笑。一边拉紧肌肉，使之强烈地紧张起来，一边把嘴角两端一齐往上提，露出10颗左右的上门牙，也稍微露出下门牙，保持10秒钟后恢复原来的状态并放松。

第四步：保持微笑。

一旦寻找到满意的微笑，每天就要进行至少维持那个表情30秒钟的训练。通过进行这一阶段的练习，可以获得很好的效果。

第五步：修正微笑。

如果你确实认真地进行了训练，但笑容还是不那么完美，那就要寻找是哪里出现了问题。

（1）嘴角上升时会歪。两侧的嘴角不能一齐上升的人很多，这时利用筷子进行训练很有效。刚开始会比较难，但若反复练习，就会在不知不觉中嘴角两边一齐上升，形成迷人的微笑。

（2）笑时露出牙龈。笑的时候露很多牙龈的人，往往笑的时候没有自信，不是遮嘴就是腼腆地笑。其实自然的笑容可以弥补露出牙龈的缺点，但由于你太在意，所以很难笑得自然。

第六步：打造迷人微笑。

每天花一点时间，伸直背部和胸部，按照我们介绍的步骤在镜子前面练习，每个人都能拥有迷人的微笑。

自然、灿烂的笑容能给人最佳印象，怎样能笑得自然又漂亮也是一门学问。

要由内而外地散发出自信的魅力，认为自己是最可爱、最漂亮的，如此笑容才能自然。

多面对镜子练习自然的微笑，检讨自己的笑是否僵硬或牵强夸张，发自内心的笑才是最自然、最坦诚的笑。

仔细观察微笑时牙齿的状况，是否太黄或不整齐，别忘记保持口气清新！

如果你认为上面的步骤太复杂，你也可以学习最简单的百分百笑容练习法。

放松全身肌肉，姿势端正，左右手手掌朝下。

双手合拢置于胸口，嘴角先上扬做笑容状。

脸颊肌肉渐渐往上，眼睛线条眯起，胸口前的双手逐渐打开。

眼睛开始散发自然的光芒，张开双臂，像是对人友善的样子。

微笑不仅是一门学问，也是一门艺术，我们应该学会并巧妙地运用微笑。这样，我们的气质与魅力就会因此大大加分。

打造楚楚动人的双眸

大凡美女都有明眸的双目，清澈明亮，目光流曳，生动传神。美女如秋水的眼波，令男人们销魂，也令古代诗人用优美的诗句赞美。唐朝大诗人白居易就在《筝》一诗中赞美道："双眸剪秋水，十指剥春葱。"寥寥几字便将女人的娇媚、柔情表达得淋漓尽致。此外，他对杨玉环的眼神是如此赞美的："回眸一笑百媚生，六宫粉黛无颜色。"女人的秋波就是这样威力无比，不仅能剪破秋水，而且还能令同性美色顿失。

可见，眼睛对女人是多么的重要。每个女人都想拥有美丽迷人、会说话的眼睛。因此，眼睛的美化是不可忽视的。楚楚动人的双眸，是可以经过保养和美容打造出来的。

1. 水汪汪

如果说眼睛是心灵的窗户，那么眼睑就是独一无二的窗帘，为眼睛提供保护和清洁。所以，眼睛的保养，在很大程度上是指对眼部皮肤的护理和滋润。眼部周围的皮肤拥有的皮脂腺非常少，所以是最纤薄最敏感的，很容易处于缺水的状态。要保持眼睑的平滑明净，必须重视补充足够的水分。

要重视每天早晚的眼部护理程序，尤其在干燥的季节和环境中。早晨最好选用轻柔的啫喱状眼部净化露或凝露，而在晚上可以选择具有滋养、修复作用的眼部精华液和眼霜。定期做眼膜能使眼部肌肤重获生机，让你的眼睛时刻如秋水般澄澈明净。

护理双眼要注意安全，一定要选用经过眼科检测的产品。对眼部的彩妆，一定要使用眼部专用的卸妆液，这样不仅卸妆快捷容易，而且不会损伤娇嫩的眼睛及眼部肌肤。

如果要刷出又长又翘的睫毛，夹睫毛其实是最为重要的步骤。由于眼睛有弧度，故夹睫毛时往往会忽略掉眼头及眼尾的部分，夹眼头的睫毛时可以将眼皮稍微往后拉，而夹眼尾的睫毛时就要将眼皮稍微往前拉，如此一来，就可以让每根睫毛都自然、卷翘。

当然，要让睫毛变得浓密卷翘，还是要借助睫毛膏。刷上睫毛膏后经常会发生睫毛纠结的情况，一般的解决方法就是用睫毛梳将纠结的睫毛梳开，不过一旦睫毛膏干了之后，这个方法就失效了。现在介绍一个小诀窍，不仅可以让睫毛根根分明，而且还能又卷又翘。先准备一支小发夹（最常见的黑色小发夹）与打火机，将发夹前端三分之一处加热约 10 秒钟，然后利用发夹加热后的温度，将睫毛由下往上提升，不但可溶解纠结的睫毛膏，而且具有固定睫毛弯度的作用。这个方法很有用，值得一试！但要小心别弄伤自己。

目前市面上睫毛膏的种类依功能大约可分为浓密型、卷翘型、加长型，还有兼具隔离、定型作用的透明睫毛膏；按性能区分则有防水与不防水的差别。

基本上，睫毛膏的种类由睫毛的先天状况而定，而且不同类型的睫毛膏还可以搭配使用。例如，睫毛特别短的人，可先使用加长型睫毛膏，再上一层卷翘型，就能弥补睫毛太短的遗憾。防水与不防水的差别就在于防水性睫毛膏具有不容易脱妆的优点，也就是不会让你变成熊猫眼，但是卸妆时比较麻烦，要用专用的卸妆产品才卸得干净。

2. 明　眸

眼睛应得到充分的休息，眼睛疲倦除了影响美丽之外，还会伤害眼睛。造成眼睛疲倦的原因主要有以下三点:一是在光线不足的灯光下阅读;二是做细致的工作,眼睛太过专注而产生疲劳;三是用不正确的方法阅读。阅读时光线要充足,在电灯下阅读,应该选择80~100瓦的节能灯,电灯的位置应该高于视平线。抄写、打字、统计、速记、针线等工作时,不宜不间断地进行,应该在工作一段时间后让眼睛休息2~3分钟,休息的方法是让眼睛看远处的东西,如墙壁、天花板,如果能凭窗眺望2分钟更好。

眼睛是对光线最敏感的器官,紫外线对眼部肌肤的伤害则不用多说,同时过多的强光刺激还会增加患白内障的几率。养成在明亮的光线下戴太阳眼镜的习惯,在保护眼睛的同时,也能有效防止因强光照射引起的眯眼而使皱纹提早出现。

眼睛不清晰而混浊,是美容上的缺憾,也是身体上的一种病态。眼睛明亮与否,与营养有密切的关系。一般而言,眼睛出现混浊的人,多是由于过分食肉类、细粮类等食物,而鲜果、蔬菜等食物吸收太少。宜多吃有利于眼睛的食物,如鱼类、肝脏、橙汁等。

睡眠适量充足,精神愉快,身体健康,眼睛自然会出现动态美。睡眠前如用茶水洗眼一次,对眼睛的美丽极有效果,因为茶含有维生素C和单宁酸,对清净眼睛有很大的功效,尤以清茶类如水仙、龙井、寿眉等未经制炼的较佳。

3. 魅 眼

平滑紧实而肤色匀致的眼睑当然是魅力眼妆的基础,但如果出现了一些不尽如人意的状况,还是有补救措施的。根据眼部肌肤的特殊性质,你可以选用眼部专用的遮瑕产品,这样会让你的眼睛显得更细腻更滋润,同时还可以遮盖眼部的小细纹。

皱纹和黑眼圈最影响眼睛的美丽。外眼角的皱纹,可以用粉底遮掩,黑眼圈可以用香粉遮盖,但那些都是临时的,如果一洗脸,立即会"原形毕露"。消除黑眼圈最有效的方法是用平衡的食物复原,而外眼角的皱纹可以在晚上敷营养霜或进行按摩。

训练动听的声音

声音是女人"裸露的灵魂"。一个声音动听的女人,能够产生不可思议的磁性魅力,并且也很容易被周围的人接受。

每位女性都希望自己的声音富有吸引力,使听者感觉是一种享受。那么,我们如何能让自己的声音悦耳动听呢? 如果先天声音不够动人,就来靠后天的培养吧。

我们都知道,节目主持人的声音具有拨动听众每一根兴奋神经的魔力。他们是天生拥有一副好嗓音吗? 其实不然。这些主持人并不一定天生就有一副好嗓子,而是经过了长时间、有目的的训练后,逐步提高了自己的音质和音色,最终让我们听到如此悦耳的声音。

那么,如何训练发音呢? 具体而言,可以通过以下几种方法打造动听的声音。

1. 发音训练

吸气要领：吸到肺底，两肋打开，腹壁"站定"。

呼气要领：稳劲、持久，及时换气。要掌握好这一方法有一定难度，通常要经过专业训练。

简单易行的方法：你可以根据想象来做，比如，你可以想象心平气和地去闻鲜花的芳香，受到惊吓时的倒吸冷气，模拟吹灰尘等。还可以利用早上起床的时间来做一些训练，比如，全身平躺在床上，尽力伸展身体，收缩腹部，一只手平放在横膈膜上，将另一只手放在胸骨上，然后尽力吸气，吸气的同时发字母"o"（哦）音，呼气的同时发字母"a"（啊）音，在发音时尽量拉长声音。这样练习几次，能够使气息充盈全身。再说出"早——上——好"，说的时候，手要能感觉到胸腔在振动。然后坐起，双脚紧贴地面，保持身体挺直，再说几次"早——上——好"。最后，站起来在房间里来回走动，连续说"早上好，早上好"。注意在说的时候对自己充满自信。

2. 共鸣练习

体会胸腔共鸣：微微张开嘴，放松喉头，闭合声门（声带），像鱼吐泡泡一样轻轻地发声，或低低地哼唱，体会胸腔的震动。

降低喉头的位置，喉部要放松。动作同上。

打牙关：所谓打牙关，就是打开上下大牙齿（槽牙），给口腔共鸣留出空间。做这个动作时，可以用手去摸摸耳根前大牙的位置，看看是否打开了。然后发出一些元音，如"a"，感觉一下自己声音的变化。

提颧肌：微笑着说话，嘴角微微向上翘，同时感觉鼻翼张开了。试试声音是不是更清亮了。

挺软腭：打一个哈欠，顺便长啸一声。

女性在大声说话时，注意保持以上几种状态就可以改善自己的声音。切记一定要放松，不要矫枉过正，更不要只去注意发音的形式，而忘了说话的内容。

3. 吐字练习

喷口字训练：主要以唇音 b、p、m、f 为主，训练双唇喷吐力。例如，"吃葡萄不吐葡萄皮，不吃葡萄倒吐葡萄皮"。

弹舌字训练：主要以舌尖中音 d、t、n、l 为主，训练舌尖弹射力。例如，"会炖我的炖冻豆腐，来炖我的炖冻豆腐，不会炖我的炖冻豆腐，就别胡炖乱炖炖坏了我的炖冻豆腐"。

开喉字训练：主要以舌根音 g、k、h 为主，训练打开喉咙。例如，"哥哥心中一条宽宽的河，妹妹你就是那河上的波"。

牙音字训练：主要以舌面音 j、q、x 为主，训练牙的咬合。例如，"希望你在大学安心学习，取得优秀成绩，向母校报喜"。

齿音字训练：主要以舌尖音 z、c、s、zh、ch、sh、r 为主，训练舌尖力量的集中。例如，"优美的诗词离不开字词，字词准确生动才能写出优美的诗词"。

4．归音练习

抵腭：前鼻韵尾 n 作字尾，发音过程完成时，舌尖要抵住上齿龈。例如，蓝天、山川、森林、人民、本分。

穿鼻：后鼻韵尾 ng 作字尾，发音过程完成时，声音穿鼻而出，但穿鼻不能过早，以免影响"枣核心"。例如，汪洋、光芒、名称、形成、方向。

展唇：i 作字尾时，要展开唇角，呈微笑状。例如，海外、彩带、徘徊、肥美、归队。

敛唇：u 或 o 作字尾时，聚敛双唇。例如，高潮、秋收、悠久、优秀、牛油。

无论你原来的嗓音是什么样的，通过练习都能提升你的声音魅力。但要想拥有悦耳的声音，还要注意以下几点：

(1)说话不要带鼻音。用鼻音说话，是特别常见的一种毛病。如果你将自己讲话的声音录下来检查会发现，你一讲话，声音嗡嗡的，那就是在用鼻音说话。说话带鼻音的女性，让人听起来不舒服，显得没有生气。要矫正这一不足，说话时，上下齿之间要保持半英寸左右的距离，用胸腔来共鸣。如果嘴闭得过紧，会迫使声音从鼻腔发出，造成鼻音。

(2)说话声音切勿高而尖。用尖嗓音说话，会使周围人心情烦躁，因此，优雅女人应尽量抑制这种尖声，使语气柔和。具体做法是：学会松弛下颌和舌头，解放喉咙和口腔，使声音能由此传出，而无须被迫从鼻腔中挤出声音来。

(3)说话的声音切忌单调。正常的说话声音，应能包括 12~20 个音符的音阶，而有些人却只能达到 5 个音符。如果你是这样的人，你的声音听起来可能就像一个没有关紧的水龙头，只能发出"嘀、嘀、嘀"的漏水声，或者像一只节拍器的声音——"嗒、嗒、嗒"，你一说话，正好催人入眠。没有音调的变化，没有感情色彩的搭配，显得单调乏味。

所以女人在讲话时要注意使声音产生变化，其方法是把要强调的字词用降低的声调说出。另外，通过恰如其分地运用停顿来增加语言的表现力，在声音里注入情感。

(4)调整讲话速度。说话速度太快，会使听众听不懂你所要表达的意思，甚至会让听众喘不过气来。但说得太慢，听众则可能不耐烦。适当的说话速度大约是每分钟 120~160 个字。

朗读的速度一般比平常说话要快一点儿。当然，说话的速度并非一成不变，因为说话时的思想和情绪会影响说话的速度。

(5)说话时嘴唇尽量活泼一些。一般来说，女性都是伶牙俐齿的，嘴唇在说话时十分活泼，更增加了女性的柔美可爱。因此，你不妨对着镜子做一些语言练习，检查自己的嘴唇够不够活泼。如果你说话时嘴唇几乎不动，那你肯定存在说话含混不清的问题。这就需要勤动嘴唇，生动活泼地讲话。

通过女人的声音，可以细细地品味这个女人的思维轨迹，在甜美悦耳的声音中能让人感受到一种美的享受。

第十二章 良好心态，涵养迷人气质

> 影响女人气质的因素很多，其中心态无疑是重要因素之一。一个女人，若能拥有好心态，便会拥有好心情，而好心情则是气质美的底色。

心态是命运的控制塔

心态是指人对事物发展的反应和理解表现出不同的思想状态和观点。心态有很多种，我们大致把它分成两类，一类是积极、乐观、沉着、镇静、自信、安详、坚定、感恩、宽容等；另一类是消极、愤怒、悲观、忧郁、浮躁、虚荣、嫉妒、怨恨、牢骚、侥幸、失望、脆弱、冷漠、犹豫、焦虑等。

这些词语的每一个都分别说出了人的一种心态。如果我们按照词的褒义和贬义对上述词语进行理解，褒义词所讲的是一种正面的、积极的心态，是好的心态；而贬义词讲的是一种负面的、消极的心态，是坏的心态。我们每一个人的心态都是由积极或消极这两种心态所构成的。积极心态是人生前进的动力，它使人乐观、热情，凡事积极主动，是你获得财富、成功、幸福和健康的力量，使你攀登到顶峰；而消极心态则相反，是人生前进的阻力，它使人悲观、冷漠，凡事缺乏激情，没有主动性，使人在整个人生中都处于底层，当别人已经达到顶峰时，她只能望顶兴叹。

有两位年届70的老太太，一位认为到了这个年纪可以说是人生的尽头，于是开始料理后事。另一位却认为一个人能做什么事不在于年龄的大小，而在于怎么个想法，于是，她在70岁高龄之际开始学习登山，以95岁高龄登上了日本的富士山，打破攀登此山年龄最高的纪录。她就是美国著名的胡达·克鲁斯老太太。

从上述事例中，我们不难看出，人与人之间其实只有很小的差异，这个很小的差异就是心态，但这种很小的差异却造成了巨大的差异！

拥有积极心态的人，把生活的每一天都当做新生命的诞生充满希望，尽管这一天有许多麻烦事在等着她。也许她会摔一跤，把手磕破了，她会想，多亏没把胳膊摔断；也许她会遭遇车祸，把腿摔折了，她会想，大难不死必有后福啊！一个有积极心态的人并不否认消极因素的存在，她只是学会了不让自己沉溺于其中。即使身陷困境，也能以愉悦、坚强的态度走出困境，走向光明。相反,拥有消极心态的人总是为已经过去的事情后悔怨恨,往往没有奋斗目标,表现为缺乏恒心、自卑懦弱、自我退缩等,这样的人注定要走向失败的沼泽。

女性朋友可别小看了心态的作用,一个人若总是被坏心态所支配,人生的航船就有可能驶入河沟浅滩,从而遗失发展的机会;而一个人若是一生都能保持好心态,那么,她的人生之路就会越走越宽,生命的景色会越来越美,生命的价值会越来越大……

对现代女性来说,社会对其要求越来越高,既要入得厨房,又要出得厅堂。学业、事业的压力,婚姻家庭的压力,人际关系的压力……种种压力下,拥有好心态就显得尤为重要了。

一位伟人说过,要么你去驾驭生命,要么是生命驾驭你。你的心态决定谁是坐骑,谁是骑师。

人生并非是一种无奈,而是可以由主观努力去把握和调控的,心态就是调控人生的控制塔。女人有什么样的心态,就会有什么样的生活和命运。

生活中总会有各种各样的事情发生,没有人可以预料明天会发生什么,但女人可以用好心态做人生的指挥官,相信自己才是自己命运的主宰。

一位名人说过,播下一种心态,收获一种思想;播下一种思想,收获一种行为;播下一种行为,收获一种习惯;播下一种习惯,收获一种性格;播下一种性格,收获一种命运。

好心态决定好命运。女人的命运应该掌握在自己的手里。聪明的女人不会只让自己看起来美丽,还会培养自己的好心态,从而主宰自己的命运,承受生活的种种压力,并有勇气挑战各种困难和挫折,迎接更加美好的明天与未来!

心态决定女性的命运,你有什么样的心态,就会有什么样的命运。

好心态,人生快乐的基石

人活一辈子,快乐最重要。我们应拥有好心态,快乐每一天。

快乐与忧愁一样,是人们与生俱来的情感。

每一天,你都可以过得很不快乐,也可以过得很快乐。如果你选择了乐观,那么你就能获得快乐。如果你选择了郁闷,那么没有人能让你开心。快乐不快乐,由你自己决定,由你的心态决定。

"春有百花秋有月,夏有凉风冬有雪。若无闲事在心头,便是人生好时节。"一年四季的特点是不同的,但是,如果我们能够抱着欣赏和乐观的眼光去看,那么,一年四季都是好的季节。

世间万事万物,你可以用两种观念去看它,一个是积极的、乐观地去看待;另一个是消极的、悲观地去看待,这完全决定于你自己的看法。而你的看法,往往决定着你心情的好坏。

有一个老妇人,她总是忧心忡忡,无论是下雨天还是晴天,她都很担忧。原因是她有两个女儿:大女儿嫁给卖伞的,小女儿嫁给染布的。天晴时,她担心大女儿家的伞卖不出去;下雨天,她又担心小女儿染的布被淋着。所以她一年到头都很忧愁。有一个人劝她,不妨转换一下思维,天晴时应该高兴,因为小女儿可以顺利染布了;下雨天也应高兴,因为大女儿家的伞能卖出去了。这样,无论是晴天还是雨天,你不都可以开开心心了吗!

俗话说,我们改变不了天气,但我们可以改变心情。

其实,世间的事物千差万别、千奇百怪,不一定都像我们想象得那么好,当然,也不一定像我们想象得那么坏。但无论怎样,都在于我们用什么样的心态去看待它。

比如,同是一个面包圈,乐观者看到的是面包圈,而悲观者看到的则是面包圈中间的空洞。面包圈都是一样的,但乐观者和悲观者由于心态不同,看到的结果也就不一样了。事实上,人们眼睛见到的,往往并非事物的全貌,只看见自己想寻求的东西。心态不同各自寻求的东西不同,因而对同样的事物,就采取了不同的态度。

早晨起床,看到天气晴朗,乐观者想,今天真好,又是一个艳阳天;悲观者想,糟糕,又要被太阳晒得睁不开眼睛了。看到下雨天,乐观者想,空气真清新;但是悲观者却想,又要被雨淋了。

三个人在沙漠赶路,水壶中只剩下一半水了。悲观者说,"喝了一半了,壶空了一半。"乐观者说,"还有半壶水,渴了还能喝。"同一件事情,想法不一样,心情也就不一样。

大家可能听都说过这样一个故事:

一次,美国前总统罗斯福的家中被盗,丢失了许多东西。一位朋友知道后,就马上写信安慰他,劝他不必太在意。罗斯福给这位朋友写了一封回信,信中说:"亲爱的朋友,谢谢你来安慰我,我现在很平安,感谢生活。因为,第一,贼偷去的是我的东西,而没伤害我的生命,值得高兴;第二,贼只偷去我的部分东西,而不是全部,值得高兴;第三,最值得庆幸的是,做贼的是他,而不是我。"

对任何一个人来说,被盗绝对是一件不幸的事情,但是,罗斯福却找出了感谢和庆幸的三条理由。可见,如何在不利的事情中看到有利的因素,在消极的环境中看到积极的一面,在茫茫的黑夜里看到明天的黎明,在凄风苦雨中看到绚丽的彩虹,这是一种积极的人生态度,一种处世的大智慧。

没有人总是一帆风顺,没有人一生水静无波,生活总是会遭遇这样或那样的不幸与灾难。面对不幸与灾难,你可以选择乐观,也可以选择悲观。悲观也是面对,乐观也是面对,我们何不选择乐观呢?

人活一辈子,我们都希望自己有个幸福的家,每天都是个快乐的人。但在生活中,不是一切都尽人意。我们可能会遭遇各种各样的不幸,但我们应笑对不幸,笑对生活,笑出美好生活!

好心态,增加你的幸福指数

每一个女人都向往幸福。常常有女人问,怎样才能拥有幸福?

幸福不是女人未来要有的状态,而是现在就要拥有的好心态。幸福与悲观消极的人无缘,而要靠积极的心态去争取它,去拥抱它,它才会来到你的身边。

女人的心态,犹如一条线,而她身上的优点,就像一颗珍珠。好心态会将珍珠穿成一串美丽的项链,让女人闪闪发光,绚丽多彩;而一条脆弱的线,会使珍珠散落在地,沾满尘埃,失去本身蕴藏的价值。

幸福的女人会说,如果我能够看到我的背影,我想它一定很忧伤,因为我把快乐都留在了前面！女人活的就是心态,如果你能驾驭自己的心态,其实就开始了你的精彩人生。

悲观的女人把所有的快乐都看成不快乐,好比美酒倒入充满胆汁的杯中也会变苦一样。生命的幸福与困厄,不在于降临的事情本身是苦还是乐,而要看我们如何面对这些事。

幸福并非来自物质的充盈与骄人的成就,它是一种用心感悟得来的愉悦和满足。它的滋味,就在女人的心里。

在生活中,每个女人对幸福的诠释各有不同。许多时候,她们往往对自己的幸福熟视无睹,而觉得别人的幸福很耀眼。

然而,尽管她们没有感觉到自己的幸福,但幸福确实存在着,有时候,真实的幸福恰恰不是先求而后得,而是在困境之中与之邂逅的。一个女人一直抱怨没有鞋穿,见到没有脚的人之后,她因自己的健全而体味到了幸福。

一个失恋者被痛苦折磨得死去活来,她恨命运不济、造物主不仁,让自己变为孤独的人,但当她见到一个失去双臂的人用脚写字、缝衣服的时候,她突然觉悟到失去一位心上人与失去双臂来比实在是微不足道,虽失掉了心灵揽系,终究还能重新振作精神,饱尝青春之甘美、沐浴生命之恩泽。她从振作精神过程中体味到了幸福。

女人最难能可贵的是明白自己追求的是什么,付出的是什么,从而正确地作出自己的选择,快乐地享受自己的幸福。

从前,有一个公主总觉得自己不幸福,就向别人请教如何能够让自己变得幸福。别人告诉她找到一个感觉幸福的人,然后将她的衬衫带回来。公主听后派自己的手下四处寻找自认幸福的人。她的手下碰到人就问:"你幸福吗？"回答总是:不幸福,我没钱;不幸福,我没亲人;不幸福,我得不到爱情……就在她们不再抱任何希望时,从对面被阳光照着的山冈上,传来了悠扬的歌声,歌声中充满了快乐。她们循着歌声走了过去,只见一个人躺在山坡上,沐浴在金色的暖阳下。

"你感到幸福吗？"公主的手下问。

"是的,我感到很幸福。"那个人回答说。

"你的所有愿望都能实现,你从不为明天发愁吗？"

"是的。你看,阳光温暖极了,风儿和煦极了,我肚子又不饿,口又不渴,天是这么蓝,地是这么阔,我躺在这里,除了你们,没有人来打搅我,我有什么不幸福的呢？"

"你真是个幸福的人。请将你的衬衫送给我们的公主,公主会重赏你的。"

"衬衫是什么东西？我从来没见过。"

幸福是一种心态,是一种自我感觉,就像上面故事中的那个躺在山坡上的人,连衬衫都没见过,可以说在物质上很贫乏,可是他依然感到很幸福。

一个女人不能靠自己的心态改变命运是不幸的,也是悲哀的。因为她没有把命运掌握在自己的手中,反而成为命运的奴隶。对绝大多数女人而言,缺少的并不是幸福的智慧,而是帮助自己获得幸福的各种心态,如宽容、善良、坦然、感恩等。拥有了这些好心态,不论你从事什么职业,你都能得到你想要的幸福:可心的丈夫,可爱的孩子。你的生活就会充满优美的乐章。

人们每天都在追求幸福。事实上,幸福是一种实实在在的人生态度,而不是一些根本无法实现的空想目标。如果你拥有了下述人生态度,那么,幸福会主动找上门来。

(1)不抱怨生活。幸福的人并不比其他人拥有更多的东西,而是因为她们对待生活和困难的态度不同,她们从不问"为什么",而是问"为的是什么",她们不会在"生活为什么对我如此不公平"的问题上过于纠缠,而是努力去寻找解决问题的方法。

(2)不贪图安逸。幸福有时是离开了安逸生活才会积累出的感觉,从来不求改变、丰衣足食的人,难以感受到幸福。幸福往往是从艰辛万苦中孕育而来。

(3)感受友情。一段深厚的友谊才能让你感到幸福,孤独的人只有不幸,而友谊所衍生的归属感和团结精神让人感到被信任和充实。幸福的人几乎都是赢得友谊的天才。

(4)努力工作。专注于某一项工作能够刺激人体内特有的一种荷尔蒙的分泌,它能让人处于一种愉悦的状态。研究者发现,工作能发掘人的潜能,让人感到被需要和肩负的责任,还能给予人充实感。努力工作,就算不是非常成功,自己努力过、经历过,这样的生活也是幸福的。

(5)降低负面影响。少接受些有关灾难、暴力或其他的负面消息,这样,无形中就保持了对世界的一份美好乐观的态度。

(6)心怀感激之情。经常抱怨的人总是把精力过多地用在对生活的不满之处,而心怀感激的人则是把注意力集中在能令她们开心满意的事情上。所以,她们更多地感受到生命中美好的一面,因为对生活的这份感激,所以她们才感到幸福。

在你的身边也有许多你认为过得幸福的女友吧,你是否特别欣赏她们的成功,羡慕她们的洒脱。其实,别人有,不如自己有。做一个幸福的女人,并不是一件很难的事情。幸福,其实也只是人的一种感觉而已。当你在珍爱自己的时候,带一缕阳光和甘露分与家人、朋友以及那些需要的人,你会感觉到幸福,人生便幸福。

幸福就这么简单,它是一种感觉,它是一种情怀,藏于爱情、婚姻、家庭和事业的每个角落,藏于女人的心中。生活的真谛在于享受,女人不仅是母亲、妻子、上司或下属,首先是一个幸福的女人。当你在回首往昔之时,只要心中的那片天空依然蓝,心中的那份情感依然是那么真,于是你要放飞你自己,在鲜花、美食、假日和音乐中徜徉,热爱生活,快乐每一天,这就是幸福生活。

用乐观主宰自己

研究发现,对生活保持乐观态度的女性身体更健康,她们也因此更长寿。

可见,乐观对于女性来说,不仅仅是内心情绪的需要,更是身体健康的需要。乐观能够让女性充满活力,更加自信。

乐观的女人最有魅力,她如同太阳一样散发着快乐的光彩,并且把光彩照到每个人身上,同时,让别人也感受到她的快乐。乐观的女人走到哪里,哪里就充满欢乐和阳光。她们就像天使的化身,总是能够带给人们愉悦的心情。

乐观的女人是美丽的,因为她们总是看到美丽,并且会用美丽装点自己。

乐观的女人是热情的,因为她们对人和事总是充满希望。

用乐观去主宰自己的生命吧,因为它能让你充满魅力,散发美丽和热情的光芒,能够让这个世界变得更加精彩纷呈,靓丽多姿。

人生无常,什么事情都可能遇到,不如意的事情是常有的事。

很多时候生命会遇到挫折和困难,会遇到烦恼和痛苦,让我们一时对生命失去希望,对未来失去信心,似乎很难乐观起来。如果你每天为了那些不如意的事情去担忧,那么,我们的担忧是没完没了的,甚至会完全剥夺了自己的快乐。既然现实是如此,我们又何必为了那些接连不断的不如意损害了自己的身心,破坏了自己的生活,夺走了自己的幸福呢?

我们要知道,人的心态不是由外界决定的,而是由我们自己决定的。外界发生的事情并不能真正主宰我们的心态,而我们自己才能主宰自己。如果我们自己觉得不快乐,那么,任何好事情都无法进入我们的内心;但是如果我们快乐了,所有的事情都会变得生动而有光彩。既然已经发生的事情已经无法改变了,那么,我们不妨客观面对,勇敢正视,积极乐观一点,让自己开心快乐起来……

如果你想要快乐,不妨试试以下方法:

(1)豁达法。人有很多烦恼,心胸太狭窄是主要原因之一。为了减少不必要的烦恼,应该心胸宽阔,豁达大度,遇到事情不要斤斤计较、小肚鸡肠、纠缠不休。平时要开朗、合群、坦诚,这样就可以大大减少不必要的烦恼。

(2)松弛法。当被人激怒以后或感到烦恼时,应该进行深呼吸,甚至还可以进行放松训练,采用以意导气的方法,这样就可以逐渐进入佳境,使全身放松,摒除内心的烦心杂念。

(3)制怒法。要学会有效地制止怒气。就一般情况而言,克制怒气暴发主要依靠高度的理智。比如在心中默默背诵传统名言"忍得一日之气,解得百日之忧"、"将相和,万事休"等。万一克制不住怒气,就应该到亲人或朋友面前倾诉。倾诉愤愤不平的怒气之后,自己的心绪就会慢慢地平静下来。

(4)平心法。一个人应该尽量做到"恬淡虚无"、"清心寡欲",不要被名利、金钱、权势等困扰,要看清身外之物生带不来,死带不去。以平常之心看待周围的人和事,以正确的观点看待这个世界所发生的现象。陶冶高尚的情操,充实和丰富自己的精神世界。

(5)自怡法。经常参加一些有益于身心健康的社交活动和文体活动,广交朋友,多交流、多沟通。也可以根据个人的兴趣和爱好来培养有益、高雅的生活乐趣。做到劳逸结合,张弛有度。在工作和学习之余,常到公园游玩或到郊外散步,欣赏一下乡野风光,名胜古迹,体验一下大自然的美景,欣赏一些人类文化的丰蕴。

(6)心闲法。什么也不去想,什么也不去做。排除一切想法,给心灵一个空间。一个人只要有闲心、闲意、闲情,就可以消除身心疲劳,克服心理障碍,保持健康的心态。

(7)健忘法。一个人要快乐,就要善于忘形、忘劳、忘怀、忘情、忘年。忘记烦恼,可以轻松地面临再次的考验;忘记忧愁,可以尽情地享受生活所赋予的种种乐趣;忘记痛苦,可以摆脱纠缠,体味人生中的五彩缤纷。

忘记他人对你的伤害,忘记朋友对你的背离,忘记你曾被欺骗的愤怒、被羞辱的耻辱,你就会变得豁达宽容,你会活得更加充实,更加精彩。

当你把以上几点学会以后,你就会发现,自己的心情好了,这个世界也变得更加美好了。

自信让你神采飞扬

在女人的诸多良好心态中,"自信"应列于前位,因为自信让你神采飞扬,焕发出独特的气质,从而更加美丽动人。

自信的女人总是精神焕发、昂首挺胸、神采奕奕、信心十足地投入生活和工作当中。

自信的女人不惧怕失败,她们用积极的心态面对现实生活中的不幸和挫折,她们用微笑面对扑面而来的冷嘲热讽,她们用实际行动维护自己的尊严。这一切都淋漓尽致地表现出自信者的气质,一种坦诚、坚定而执著的向上精神,一种令人折服的优雅。

环球小姐吴薇原来只是一名银行职员,根本没有舞台经验,但她所展示的一份自信的优雅魅力,征服了所有评委。

2003年4月,吴薇参加了环球小姐中国赛区的比赛。她希望趁自己还有较好的状态时去见识一下五湖四海的女孩。吴薇注重的是参与的过程而不是结果,所以尽管在分赛区的比赛中,她只得了第四名,但她还是积极地参与到总决赛的培训中,把自己最好的精神风貌带到总决赛。自信的她终于捧得中国环球小姐的桂冠。

吴薇认为自己获胜的最大优势便是自信,自信是对美丽最好的表现。每一个自信的女孩,都能站到舞台上,也都有机会拿到属于自己的人生大奖。

在后来的全球比赛初赛中,吴薇仅排在第17名,无缘决赛。因为环球小姐评选跨越不同肤色、不同种族、不同文化,东西方必然存在强烈的审美差异。但吴薇并不为了迎合评委而改变自我,她为自己是一名开朗而又内敛、含蓄的中国女性而自豪。虽然没能进入决赛,但通过吴薇出色的表现,世界人民看到了中国女性的风采,这就已经足够了。

比赛结束后,吴薇恢复了本色,她非常珍惜银行的那份工作。她觉得那里是最适合自己的地方。明星的光彩毕竟只是一时的,而职业的美丽才是永远的。

无论在舞台上,还是在工作中,自信的吴薇永远优雅美丽。她敢于展示自己的优雅风姿,敢于让全世界发现东方女性的美好,敢于跳出设定的审美框框,不去刻意改变自我,自信的她,就是一个至真至纯的出色女人。

第十二章 良好心态，涵养迷人气质

自信让你神采飞扬，令普通的装束平添韵味；自信给你不凡的气质，使出色的你更加光彩夺目。

自信源自肯定。生活中没有完美的人，我们只是在不断追求完美，经过多年的探索，应该相信自己已拥有协调的整体形象，接下来要做的只是锦上添花。每个人都有过人之处，在仪表上千万别"以己之短度人之长"，只要扬长避短就能塑造美好形象。闪光点可以是优雅的气质、含情脉脉的目光，可以是高挑的个头、匀称的身材，可以是漂亮的皮肤、大大的眼睛、性感的嘴唇、小巧的鼻子……如果你认为自己从上到下一无是处，有问题的一定不是创造你的上帝而是你自己。

自信是一种精神状态，它使人的内心饱满丰盈，外表光彩逼人。正所谓水因怀珠而媚，山因蕴玉而辉，女人因自信而美。自信的女人从容大度，舒卷自如，双目中投射出安详坚定的光芒。对于那些事业有成的女科学家、女企业家、女作家……以及在舞台银幕上耀眼的女明星们来说，自信使她们更美丽、更健康，也更加出色。而街市上那些青春勃发、魅力四射的少女们，则用她们骄人的自信为城市增添了一道道亮丽的风景。

美貌可让女人骄傲一时，自信却保女人优雅一生。

有些女人认为优雅是天生的，与己无缘，因为自己长得不漂亮，身材不苗条，又没有高档的服饰包装，一辈子也别奢望拥有它。其实，每个女性都有属于自己的那一份优雅，只是因为你太自卑、太缺乏自信，以致使你的优点、长处、潜在之美得不到挖掘和展示。

也许你确实相貌平平，甚至有点丑、有点缺陷，可世间又有多少女人称得上"天生丽质"呢？常言道："金无足赤，人无完人。"容貌、体态、心灵、情感，并非女性优雅的全部，也并非女性优雅的决定因素。气质、智慧、才华、技能等内在之美，也许更能使女人具有永久的优雅。能写一手好字，说一口流利的外语，电脑操作技术娴熟等，由此而产生的自信优雅，也常常会倾倒众人。

即使你的容貌远远达不到所谓的"佳人"，才华也远远达不到所谓的"才女"，只要你努力做到自信、自爱、自强，也仍然可以寻求到那一份属于你的优雅。赵传的一曲《我很丑，可是我很温柔》，唱出了多少人的心声。因为温柔、细腻、大方、善良、宽容，以及待人彬彬有礼、通情达理，以真诚和友谊对待周围的人，用爱心和热心帮助不幸的人，以坚强迎接生活中经受磨难的人，为人落落大方，适时地自然微笑的女人，都具有令人倾倒的优雅，且给人的印象更深刻、更美好。

即使你是一个非常平凡的女人，只要你对生活充满信心，在人生的舞台上，一定能焕发出属于你的那一份女性的优雅。

人生有很多需要自信的时候，在那些时刻，不同的选择就代表了不同的未来。对女人来说，更要勇于面对，因为这个社会属于女人的机会并不多。自信心往往可以产生想象不到的力量，就像一种看不见的力场。当一个女人拥有了自信，整个人就会散发出非凡的光彩。

自信的女人，拥有的东西不一定很多，但是，她却拥有一份富可敌国的财富——对自己的肯定，这是一份永远不会失去、永远属于自己的财富。

那么，作为女性，如何才能做到自信呢？

（1）确立人生目标。确立人生目标可以激发人的潜能，最大限度地创造人生的价值。所以，人生一定要有目标。有了目标,你就会想方设法为达到目标而努力奋斗,因而就不会为是否自信以及目标以外的事情所烦恼。

其实,设立目标本身就是自信的一种表现。你在心目中有了奋斗的目标,你的潜意识就会调动你所有的能量,并相信自己一定能实现目标。

但在制订目标时要注意,一定要使目标切合自己的实际情况,不要好高骛远。否则,一旦目标实现不了,你会因此而产生挫败感,甚至自卑,使你丧失信心和勇气。

(2)发挥自己的长处。人是在战胜自卑、建立自信的过程中不断地成长的。天之生人,千差万别,但比较而言,人是各有所长、各有所短。你在做事的时候,一定要注意发挥自己的长处,规避自己的短处。如果你总是拿你的短处与别人的长处比,那么你很容易产生自卑感,挫伤自己的进取心。

(3)做事要有计划。世界上什么东西最能给人带来信心?当然是成就。成就是靠什么取得的?当然是努力。努力是取得成就的必要条件。但光努力还不行,做事还要有计划。社会上有很多女性,她们整天忙忙碌碌,但如果你问她们取得了什么成绩,她们可能回答不上来。对于她们来说,忙碌是她们工作必要的表现形式,如果不忙碌,好像就不是在工作。这就是做事不讲究计划造成的。做事不讲究计划,使她们做事没有成效。久而久之,她们只注重形式,而忽视了效率这一基本内容了。做事成功率高的办法就是做好计划、按计划行事。这不仅可以提高工作效率,而且可以体验工作的节奏感,使你不致于把工作当做是一种苦差事;而是把它当做一种享受,让你在工作中感受生命的脉动,把握生命的韵律。做事有计划会得到事半功倍的成效,使你一步一步地走向成功。而只有成功,才会增强你的自信心。

(4)做事不拖延。在现实生活中,一些人之所以缺乏自信,就是因为在日常一些小事情上拖拖拉拉,结果不断地给自己增加心理压力,久而久之,就会在心理上产生一种失败感,使自己什么事情也做不好。所以,建立自信的最好办法,就是及时做好第一件事。凡是自己认为应该做的事情,不论大小,首先给自己一个好的交代,让自己满意。要做到这一点,也就要养成做事专心致志的工作作风,同时,养成日事日毕的好习惯。不让事务性的工作压身、缠身,心理上就会感到轻松,就很容易培养起自信心。

(5)不要轻易放弃。信心是在不断地努力、不断地进步中逐步建立的。中途放弃、半途而废,是缺乏自信的表现。所以,凡是我们认为应该做而且已经着手做了的事情,就要做到底,直至成功。即使遇到再大的困难,也要想办法去克服,不要轻易放弃。在你放弃之后,你可能会一时感到很轻松,但结果应该做成的事情没有做成,挫折和失败感就会偷偷盘踞你的心头,不断地增加你的心理压力,使你产生内疚感,甚至产生自卑心理。所以,千万不要为自己找任何理由放弃你应该做的和正在做的事情。

(6)学会自我激励。人的自信是一种内在的东西,需要由你个人来把握和证实。所以,在建立自信的过程中,一定要学会自我激励。德国人力资源开发专家斯普林格在其所著的《激励的神话》一书中写道:"人生中重要的事情不是感到惬意,而是感到充沛的活力。""强烈的自我激励是成功的先决条件。"

学会自我激励，首先要有勇气面对别人的讥讽和嘲笑。比如，在你遇到重要的事情，需要鼓起勇气来面对时，你可以说，"我有无穷的智慧和力量，凡事都能做好。""只有想不到，没有做不到！""我能，我一定能！"这些自我激励的话语可以增强自己内在的信心、激发自己内在的潜能，从而成功地达到你所期望的目标。当然，这种激励只是一种办法，要想长期在自己的内心建立自信，那就需要不断地挑战自我，不断登上新的台阶。

学会自我激励，要给自己一个习惯性的思想意念。如果你在内心经常存有失败的念头，你便已经输掉了一大截。相反的，倘若你对自己充满信心，并具有主宰自我的意志与习惯，那么即使面对逆境，也能泰然自若。因为你有了做事和解决问题的力量——自信的力量！

（7）用实际行动建立自信。建立自信最快、最有效的方法，就是去做自己害怕的事，直到获得成功。

①突出自己，挑前面的位子坐。在各种形式的聚会中，在各种类型的课堂上，后面的座位总是先被人坐满，大部分占据后排座位的人，都希望自己不会"太显眼"。而他们怕受人注目的原因就是缺乏信心。

坐在前面能建立信心。因为敢为人先，敢上人前，敢于将自己置于众目睽睽之下，就必须有足够的勇气和胆量。久之，这种行为就成了习惯，自卑也就在潜移默化中变为自信。另外，坐在显眼的位置，就会放大自己在领导视野中的比例，增强反复出现的频率，起到强化自己的作用。把这当做一个规则试试看，从现在开始就尽量往前坐。虽然坐前面会比较显眼，但要记住，有关气质的一切都是显眼的。

②睁大眼睛，正视别人。眼睛是心灵的窗口，一个人的眼神可以折射出性格，透露出情感，传递出微妙的信息。不敢正视别人，意味着自卑、胆怯、恐惧；躲避别人的眼神，则折射出阴暗、不坦荡心态。正视别人等于告诉对方："我是诚实的，光明正大的；我非常尊重你，喜欢你。"因此，正视别人，是积极心态的反映，是自信的象征，更是个人气质的展示。

③昂首挺胸，快步行走。许多心理学家认为，人们行走的姿势、步伐与其心理状态有一定关系。懒散的姿势、缓慢的步伐是情绪低落的表现，是对自己、对工作以及对别人不愉快感受的反映。倘若仔细观察就会发现，身体的动作是心灵活动的结果。那些遭受打击、被排斥的人，走路都拖拖拉拉，缺乏自信。反过来，通过改变行走的姿势与速度，有助于心境的调整。要表现出超凡的信心，走起路来应比一般人快。将走路速度加快，就仿佛告诉整个世界："我要到一个重要的地方，去做很重要的事情。"步伐轻快敏捷，身姿昂首挺胸，会给人带来明朗的心境，会使自卑逃遁，自信滋生。

④练习当众发言。面对大庭广众讲话，需要巨大的勇气和胆量，这是培养和锻炼自信的重要途径。在我们周围，有很多思路敏锐、天资颇高的女人，却无法发挥她们的长处参与讨论。并不是她们不想参与，而是缺乏信心。从积极的角度来看，如能尽量发言，就会增加信心。

⑤学会微笑。大部分人都知道笑能给人自信，它是医治信心不足的良药。但是仍有许多人不相信这一套，因为在他们恐惧时，从不试着笑一下。

真正的笑不但能治愈自己的不良情绪，还能马上化解别人的敌对情绪。如果你真诚地向一个人展颜微笑,他就会对你产生好感,这种好感足以使你充满自信。正如一首诗所说:"微笑是疲倦者的休息,沮丧者的白天,悲伤者的阳光,大自然的最佳营养。"

拥有一颗平常心

　　内心平和的女人犹如涓涓细流,虽然缺乏张扬的气势,却多了聚水成洋的韧性,她的迷人来自于秀外慧中的外表与内涵。经过爱情的洗礼、家庭的熏染,她形成了自己独特的风格。平和的女人的美感与优雅在举手投足间自然流露,她用双手将岁月的光彩织成一朵永不枯萎的小花静静地别在胸前,一缕幽香沁人心脾。

　　在大千世界、芸芸众生中,我们经常会遇到两种截然不同的处事方式:在成功的掌声和鲜花面前,有的人以此为动力攀登不息,有的人则飘飘然而停滞不前,在挫折和打击面前,有的人卧薪尝胆、再度崛起,有的人则万念俱灰、一蹶不振;在权力面前,有的人如履薄冰、谨慎从事,有的人则目空一切、得意忘形……究其原因,无外乎是否拥有一颗平常心。

　　伟大常常起于平凡,杰出的人常常不为名利所动。我们知道镭的发现者,居里夫人两次获得20世纪学者的最高荣誉,18次获得国家奖金,她还被授予117个名誉头衔,独步科学尖端。对于名利,居里夫人总能保持一种平常的心态,从不为得到的荣誉而自满。面对命运中的艰辛和荣誉,居里夫人常常谦逊地说:"的确有过一些凄风苦雨的日子,那也是我一生中最难耐的时光。回想起来使我感到欣慰的是,我堂堂正正地昂起头颅脱身出来。"连爱因斯坦都赞誉她说:"在所有的著名人物中,居里夫人是唯一不为荣誉所颠倒的人。"

　　居里夫人曾自豪地说:"我没有给孩子们留下万贯家产,但给她们留下了健康的身体。"后来她的两个女儿,一个荣获了诺贝尔化学奖,一个曾著《居里夫人传》。都成为对社会有杰出贡献的人。居里夫人凭借对事业的执著和对科学精神的坚持,战胜了一个又一个科学上和生活中的难题,不仅为人类科学的进步作出了杰出的贡献,更为人们树立了一个做人的楷模。平常心并不是与生俱来的,它是经历磨难、挫折后的一种心灵上的感悟,一种精神上的升华。人的内心会时常由于外物的变化而起伏波动,能在瞬息万变的世界中,保持一种平常心情,"不以物喜,不以己悲",宠辱不惊,实在是一种了不起的人生境界。

　　平常心,实不平常。事事平常,事事也不平常。

　　无论处于何种环境下,都能拥有平常心,那一定是个了不起的女人,就如孔子所赞美的,不是个圣人,也是个贤人。只要我们努力,就会以平常心去对待纷杂的世事和漫长的人生。

　　在我们的日常生活中,愈是具有平常心的女人,生活愈能幸福,而那些整日斤斤计较、患得患失的女人反而苦恼不已。做幸福女人,有气质的女人,应有一颗平常心。

怀有一颗感恩的心

"感恩"是个舶来词,牛津字典给的定义是:"乐于把得到好处的感激呈现出来且回馈他人"。"感恩"是因为我们生活在这个世界上,这里的一切都对我们有恩情!

"感恩"最初来自基督教。其本意是要信徒感谢主为了拯救世人所做的牺牲——被钉在十字架上,感谢主的慈爱与宽容,感谢兄弟姐妹的支持与帮助等。所以,不难理解,感恩必然能够促使人们扩充心灵空间的"内存",让人们逐渐仁爱、宽容起来,并减少人与人之间的摩擦,化解人与人之间的矛盾,缩短人与人之间的距离,增强人与人之间的合作。

感恩节是美国和加拿大独有的传统节日,原意是为了感谢曾经帮助过他们的印第安人,后来人们常在这一天感谢他人。每年11月的第四个星期四是感恩节。

感恩是人类最美好的情感。一个懂得感恩并知恩图报的人,才是天底下最富有的人。感恩是一种健康心态,是一种良知,是一种动力。人有了感恩之情,生命就会得到滋润,并时时闪烁着纯净的光芒。永怀感恩之心,常表感激之情,原谅那些伤害过自己的人,人生就会充实而快乐。

感恩是一种爱,是一种对爱的追求、对善的坚守;感恩也是一种对生命的尊重、对责任的执著。

我们每个人都应该学会感恩,用感恩的心去体会生活。我们要感恩天空,它给我们提供了一个自由飞翔的空间;我们要感恩大地,它给我们无穷的支持与力量;我们要感恩太阳,它给我们提供了光和热;我们要感恩绽放的鲜花、如茵的绿草,让我们拥有充满生机的世界……

对于女性朋友来说,怀有一颗感恩的心,能够让我们更加珍惜自己身边的一切,更能获得生命幸福的真谛。

感恩之心,就是对世间所有人所有事物给予自己的帮助表示感激,铭记在心;感恩之心,就是我们每个人生活中不可或缺的阳光雨露,一刻也不能少。无论你是何等的尊贵,或是怎样的卑微;无论你生活在何地何处,或是有着怎样特别的生活经历,只要你胸怀感恩之心,那么你便会拥有诸如温暖、自信、坚定、善良等美好的处世品格。自然而然地,你的生活中便有了一处处动人的美景。

感恩是一种处世哲学,是一种生活智慧。感恩可以消解内心的所有积怨,感恩可以涤荡世间的一切尘埃。

感恩是一个人不可磨灭的良知,也是人健康人格的表现。在人生的道路上,任何人给予的点点滴滴的关心与帮助,都值得我们用心去体会那无私的人性之美,铭记那不图回报的惠助之恩。感恩不仅仅是为了报恩,因为有些恩泽是我们无法回报的,有些恩情更不是等量回报就能一笔还清的,唯有用纯真的心灵去感动、去铭刻、去永记,才能真正对得起给你恩惠的人。懂得回报的人,才是一个真正的人,一个值得尊敬的人。

一个生活贫困的男孩为了积攒学费,挨家挨户地推销商品。傍晚时,他感到疲惫万分,饥饿难挨,而他推销地却很不顺利,以致于有些绝望。这时,他十分饥饿,他敲开一扇门,希望主人能给他一杯水。开门的是一位美丽的年轻女子,她却给了他一杯浓浓的热牛奶,令男孩感激万分。许多年后,男孩成了一位著名的外科大夫。曾给他恩惠的女子,因为病情严重,当地的大夫都束手无策,便被转到了那位著名的外科大夫所在的医院。

外科大夫为妇女做完手术后,惊喜地发现那位妇女正是多年前在他饥寒交迫时,热情地给过他帮助的年轻女子,当年正是那杯热牛奶使他又鼓足了信心,完成了学业。转危为安的那位妇女此时心想这次手术费一定很贵,当她鼓起勇气看时,却惊喜地发现手术费单上有一行字:手术费———一杯牛奶。

学会感恩,时刻怀有一颗感恩的心,即使遭遇人生的重大变故,也应如此。

有一位女性,在一次车祸当中死了儿子和丈夫,她内心无比痛苦。于是就来到一个湖边,打算投湖自杀。这个时候突然来了一位白发老人。看到湖边的女子,就上前问她为什么要自寻短见。那个女子说:"我在世界上什么都没有了,我活着没有任何意义。"老人听完她不幸人生的叙述后说,"你现在失去了丈夫和儿子,那么在你结婚以前,还没有丈夫和儿子,你拥有什么,你生活是否开心?"这个女子回忆起了自己的往事,她结婚之前,和丈夫互不相识,有父母的疼爱,有朋友的关心,有同事的帮助,还有很多异性的追求者……于是,她将这些都一一告诉了老人。老人听完后笑着说,"那么,你现在只不过是回到了几年前,你没有结婚时的状态,你仍然有父母、朋友、同事……甚至是未来的追求者,你为什么说自己一无所有呢?"这个女子想了很久,她发现自己还没有对养育自己多年的双亲有所报答,还没有给关心自己的朋友有所回馈,也没有给帮助过自己的人有所回应,这些都是她值得继续活下去的动力。

女子这个时候才恍然大悟,突然觉得自己的生活并不是毫无希望可言。她渐渐地平静下来,停下了打算要走入湖中的脚步。若干年后,这个女子重新有了家庭,有了事业……

有一颗感恩的心不仅仅是为了回报别人,更为了珍惜自己的生命。我们的生命并不完全属于我们自己,而是属于那些曾经帮助过我们、关心过我们,爱过我们的人。所以,有感恩之心的人认为生命是宝贵的,从来不会浪费自己的生命,而是让自己的生命更充实,更精彩,以便能回馈那些对自己寄予希望的人。

人生在世,不可能一帆风顺,种种失败和无奈都需要我们勇敢地面对,豁达地处理。这时,是一味地埋怨生活,从此变得消沉、萎靡不振呢,还是对生活满怀感恩,跌倒了再爬起来? 英国作家萨克雷说:"生活就是一面镜子,你笑,它也笑;你哭,它也哭。"你感恩生活,生活将赐予你灿烂的阳光;你不感恩这个世界,只知一味地怨天尤人,最终可能一无所有! 成功时,感恩的理由固然能找到许多;失败时,不感恩的借口却只需一个。殊不知,失败或不幸时更应该感恩生活。

感恩,是一种歌唱生活的方式,它来自对生活的热爱与希望。

懂得感恩的人是幸福的人。因为她总是会认为自己已经获得了很多。她对身边所有美好的事物都非常留恋和感激,她的心里总是被博爱所填满,就会忽略那些生活中不好的事情。她总是想去报答别人,回馈别人,因而有自己生活下去的动力和信心,这样,心态就会非常积极和健康。

朋友相聚,酒甜歌美,情浓意深,我们感恩上苍,给了我们这么多的好朋友,让我们享受着朋友的温暖,生活的香醇,如歌的友情。走出家门,我们走向自然,放眼花红草绿、莺飞燕舞的自然美景,我们感恩大自然的无尽美好,感恩上天的无私给予,感恩大地的宽容浩博。生活的每一天,我们都应该充满感恩的情怀,我们要学会宽容,学会承接,学会付出,懂得回报。这样,每一天,我们就会有一个好心情,就会幸福地生活着每一天。我们应该明白,学会感恩,才会在生活中发现美好,用微笑去对待每一天,用微笑去对待世界,对待人生,对待亲人,对待朋友,对待困难。

做自己情绪的主人

有人说,女人是善变的动物,女人总是很情绪化,总是在事情发生过后才会发现,然而这种不易自知的情绪随时把你带进天堂或地狱。

大多数人都认为,一个女人始终保持得体的风度很重要。我们可能都曾在大街上看到过这样的情景:一个打扮得非常时尚的女人和自己的男友抑或老公吵得天翻地覆,甚至不顾路人频频的回眸。看到这一幕,我们都会想,是什么让一个优雅得体的女人变得如此歇斯底里、不可理喻呢?答案当然是她的坏情绪。

其实,每一位女性差不多都有过类似的情绪体验,在平时的生活中,你会遇到很多让你不愉快的情绪,如愤怒、悲伤、失望、内疚等。其实有些时候并不是发生了什么大不了的事情,但是你却会因此烦躁不安,虽然不见得就像上述那个女人那样在当街发脾气,可还是会对你身边亲近的人无理取闹。虽然事后很后悔,但当时你就是控制不住自己。

事实上,冲动是最无力的情绪,也是最具破坏性的情绪,许多人都会在情绪冲动时做出使自己后悔不已的事情来。对于女性来说,自制是最难得的美德,成功的最大敌人就是缺乏对自己情绪的控制。愤怒时,不能遏制怒火,使周围的人望而却步;消沉时,又放纵自己的萎靡,把稍纵即逝的机会白白浪费。一个女人要想获得成功和幸福的关键是掌握控制自己情绪的能力,做自己情绪的主人。一个能够很好地控制自己情绪的女人,总是平和而快乐的;而不是像那些容易冲动和后悔的女人,总是被自己的坏情绪所左右。

香港艺人赵雅芝是许多人都非常喜爱的一位明星,年过半百的她依然优雅美丽,很多人都把赵雅芝视为完美的女人,喜爱她的观众几乎不分男女老幼。出现在公众面前的赵雅芝,总是温文尔雅,从影30多年,从来没有在媒体面前发过脾气。这一方面归功于赵雅芝性格比较温和,另一方面就是她能够很好地控制自己的情绪。对于控制情绪,她自有一番心得,"我也是人,也有生气的时候。但是我觉得我发脾气不多,因为我觉得发脾气要是没有用的话,也得不到效果,既伤了自己,也伤了别人的感情,我觉得那很划不来。"

赵雅芝本来就是一个美人,再加上良好的情绪控制能力,使得她保持了良好的公众形象,人们也觉得她始终那么美丽,因此发自内心地喜爱她。对于一个中等姿色的女人来说,能够控制好自己的情绪就显得尤为重要了。因为,没有任何一个人会喜欢一个动不动就歇斯底里的女人,这样的女人也注定得不到内心的平静和幸福。

虽然每个女人都有情绪不好的时候,可是,任何一个成熟、智慧、优雅的女人,都不会让坏情绪主宰自己,不会让坏情绪随时爆发而扰乱自己正常的生活。

那么,女人应如何有效调控自己的不良情绪呢?你不妨尝试以下方法:

(1)自己同自己沟通,这非常重要,体验自己内心真实的声音,知道为什么会有这样的情绪发生。

(2)对问题进行冷静的思考和分析,想明白为什么会出现令自己不愉快的事情,分析清楚原因。

(3)努力地开导自己,告诉自己无需为别人的错误而惩罚自己,要是为这样的事情而大发雷霆,那简直是在浪费生命。

(4)反复地告诉自己,我不要生气,我要心平气和,我要心情愉快,我不能自己伤害自己,更不能伤害别人。

(5)去做一些令自己感兴趣的事情,比如和爱人一起去看一场电影,和好朋友一起吃顿美食,或者看书、上网、听音乐……

当女性朋友们在今后的日常生活和工作中再遇到令自己发飙的事情时,不妨按照上述的方法进行调节和控制。

控制好自己的情绪也是需要练习的,当它形成习惯的时候,你就会发现,原来成功地控制自己的情绪也没有想象中的那样困难。

学会控制自己的怒气

如果你刚穿上一件新买的高档时装出门,忽然被身边一辆疾驰而过的汽车溅了一身污水,你会不会火冒三丈?无论是谁,遇到诸如此类的事情,都难免气愤和恼火。在所有不愉快的情绪中,愤怒似乎是最难摆脱的。

人在发怒时会有一系列的生理变化,如心跳加快、胆汁增多、呼吸急促、脸色改变,甚至全身发抖。愤怒的人常会在内心演绎一套言之成理的独白,而且越来越生气,最后一下子冲破理智的控制,不计任何后果地一下子发泄出来。情绪爆发会给你的形象造成很大的破坏,可能会让人一下子改变对你的好印象。因此我们应该学会控制自己,学会尽量不发火而把事情解决好。那么,怎样才能控制好自己的怒气呢?

1. 保持头脑清醒

当愤愤不已的思绪在脑海中翻腾时,请注意提醒自己保持理智清醒,这样你才能避免短视,恢复远见,明智地解决问题。

2. 反应得体

受到不公正对待时,任何正常的人都会怒火中烧。但你一定要控制自己,无论发生了什么事,你都不可放肆地大骂出口。你应该心平气和、不抱成见地让对方明白他错在哪里。这么做可以给对方提供一个机会,让他可以改弦更张。如果你控制不住自己,事情的结果肯定会是另一种样子,双方大概会弄得两败俱伤,最后事情还是没有解决。

3. 推己及人

试着让自己站在对方的角度去看问题,这样你也许就容易理解对方的观点和行为。在多数情况下,一旦将心比心,你的满腔怒气就会烟消云散,至少觉得没有理由迁怒于人。

4. 转移注意力

在受到令人发怒的刺激时,大脑会产生一个强烈的兴奋灶,这时如果你能主动地在大脑皮层里建立另一个兴奋灶,看场电影或逛逛街,用它去抵抗或削弱引发愤怒的兴奋灶,就会使怒气平息。比如你盛怒之下正准备与丈夫大吵一架,转头看到天真的孩子,你就会怒气全消。

5. 嘲笑自己

在你的怒气很可能一触即发的紧急关头,你可以自己嘲笑自己:"我这是怎么啦?怎么像个三岁小孩子似的。"

6. 贵在宽容

当你学会宽容,决定放弃怨恨和惩罚时,你就会发现心里轻松平静许多。愤怒的包袱从双肩卸载下来,显然你不会再冲动了。

7. 尽量回避

在生活中遇到能引人发怒的刺激时,你可以暂时避开,眼不见心不烦,怒火自然先去了一半。这虽然是一种"鸵鸟"政策,但却是一种自我保护性的制怒方法。

8. 加强素质调练

爱发火常常与脾气急躁密切相连。为了克服急躁,你可以学习下棋、绘画、写字、做一些小手工艺品等,通过这些方法磨炼自己的耐性和柔韧的劲头,久而久之自然会养成不急躁的好习性,不会再轻易大动肝火了。

9. 缓冲一下情绪

在你就要忍不住发泄怒气时,你先深吸一口气,让自己的舌头在嘴里转两下,并在心中默念"不要发火,息怒,息怒",也会收到一定的效果。

女人是感性的,其情绪特别容易被外界的事物所影响。一片落叶、一朵花都会让她们在心中感怀良久。面对生活中那些层出不穷的麻烦事,女人更容易发怒。所以,学会控制自己的怒气对女人来说特别重要。

摒弃生活中的烦恼

烦恼其实是一种消极的心理反应。想要甩掉这个"包袱",不妨用心去体味爱人的细心关怀,工作中尽职尽责并从中得到乐趣,多交几个朋友,有空聊聊天,一家人出去散散心,这些都是生活中最真实而平凡的快乐。

健康的身体、健全的人格,都是人生最宝贵的财富。凭着自己的双手,做自己想做的事,日子会一天比一天好,为什么要把生命浪费在自寻烦恼上呢?当然,人生在世想要完全避免烦恼也是不可能的,我们唯一能做的就是学会淡化生活中的烦恼,摒弃生活中的烦恼。以下是摆脱烦恼的一些对策。

1．给自己一个明确的生活目标

不要把物质与名利看得太重,这是摆脱精神苦恼的重要前提。把远大的目标和近期的任务结合起来,感到学习和生活有意义,这样从根本上就不容易产生厌烦感了。

2．保持家庭和谐的气氛

家人之间如果能够经常互相交流情感,不仅大人可以减少烦恼,孩子也很少会出现心理障碍。

3．学会自我安慰

学点阿Q精神,有助于消除紧张情绪。比如,丢了钱不妨看成破财消灾。

4．注意多休息

保证充足的睡眠,同时可利用节假日到野外放松自己,大声地喊一喊,以消除内心的郁闷。

不盲目与别人攀比

攀比是人性中最为普遍的一面,人生的每一个阶段都会留有攀比的足迹。当我们上幼儿园时,比哪个小朋友的书包最漂亮;当我们上中学时,比哪位同学的学习最好;当我们上大学时,比哪位同学的恋爱最精彩;当我们工作时,比哪位同事在工作中最出色;当我们选择自己的伴侣时,比他(她)是不是最优秀;当我们建立了属于自己的家庭时,比自己是不是过得最好；当我们有了自己的儿女时，比他们是不是最乖……如此众多的比只是人们潜意识中的一种攀比。这种攀比不会对人的生活造成任何影响，但它会一直存在于人的意识当中。

任何人都存在一定的攀比心理，相对来说，女人表现得要突出一些，这由女人的本性所致。女人的感情相对男人而言要更加细腻，思维也更加周密，但并不代表理性。女人对事物的敏感度非常高，以致于男人总把女人的这种细腻和敏感称之为"小心眼"。

李月在别人眼中是名副其实的"女强人"，做事干练果断，为人豪爽直率，团结在她周围的一些男同事无不称赞其绝无仅有的干劲和利落。因而，她也和他们一起称兄道弟。可是突然有一天，她无意间听到其中一位同事说："李月什么都好，就是缺少了些女人味，你看人家……"李月的心里不是滋味。于是在以后的日子里，她尽量让自己变得有"女人味"。走路时"婀娜多姿"，说话时"柔声柔气"，可是她这样"装腔作势"反而让人感觉怪怪的，"女人味"变成"怪人味"。

李月在听到同事说她没有女人味时心里不舒服，这种潜意识里的攀比，被李月付诸行动时，就从潜意识发展为显意识。这种显意识的攀比往往会成为自信的打击石。比如当李月"装"出来的"女人味"不被别人接受时，就会给她内心带来一种不小的冲击。如果内心的承受力强，冲击不会侵入影响生活；如果内心承受力弱，冲击就会乘虚而入，影响个人生活。内心承受力强的人是有自信心的人，而内心承受力弱的人则是有些自卑的人。

攀比有积极的和消极的两方面。积极的一方面可以给人的生活带来一种向上的动力，以别人为榜样努力奋斗，以达到他人那样的水平；消极的一方面则会影响个人的生活，给心理造成一种压力的存在——别人为什么能成功，而自己为什么会失败？

情绪总是陷在一种自责状态里，时间长了就会给心灵的天空罩上一层难以抹去的自卑的阴影。所以，认清自己的"比"是积极的还是消极的至关重要。那么怎样才能认清自己的比是有意义的还是无意义的？那就要从自身的实际条件出发，树立正确的人生观，选择适合自己的生活和工作，而不是去选择别人。如果为了面子而"这山望着那山高"，盲目与别人攀比，只会贻误个人的发展前途。

那么，如何克服盲目攀比心理呢？

（1）要拓宽心理容量。多想些别人的好处，少想些别人的坏处，不要为一点琐事就感情用事，以避免做出错误的决定和发生意外的行为。

（2）要培养健康的好胜心。在工作中争上游、不服输是好事，但如果没有实事求是的态度，不分析自己的条件和基础，一味地坚持不服输，那就太盲目、太固执了。

（3）要消除与己与人过不去的心理。遇到挫折或失败，在气头上的时候不要头脑发热，应该想开些，抛弃埋怨和憎恨，消除报复思想。

（4）要全面地、客观地、现实地、实事求是地审视自己和对待自己，这样就会大大减少攀比心理的基础，免得招惹许多麻烦的事情。

其实，漂亮也好，不漂亮也罢；有女人味也好，有女强人味也不错。只要你做回你自己，你就是最美的。聪明的女人要做就做自己，不与别人攀比。

第十三章 完美性格，内展迷人气质

> 一个女人要想活得从容洒脱，活得幸福快乐，活得气质迷人，不仅需要秀美靓丽的外表，需要乐观积极的心态，更需要良好的性格修养。良好的性格能使女人拨开人生道路上的重重迷雾，高高扬起命运的风帆，最终走向成功的舞台！

了解自己的性格特征

性格，秉性也。是指一个人表现在对人和事物的态度和相应的行为方式中的比较稳定的具有核心意义的个性心理特征。

性格是一种与社会联系最密切的人格特征，在性格中包含有许多社会道德含义。性格表现了人们对现实和周围世界的态度，并表现在她的行为举止中。性格主要体现在对自己、对别人、对事物的态度和所采取的言行上。所谓态度，是个体对社会、对自己和对他人的一种心理倾向，它包括对事物的评价、好恶和趋避等方面。

性格表现一个人的品德，受人的价值观、人生观、世界观的影响。性格是在后天社会环境中逐渐形成的，是人的核心的人格差异。这些具有道德评价含义的人格差异，我们称之为性格差异。性格有好坏之分，能最直接地反映出一个人的道德风貌和品格修养。

性格是逐渐形成的，既受社会环境的影响，也受他人的影响，同时，更受个体的生物学因素的影响。性格是心理特征的反应，在女性中的表现形式千差万别，按照不同的标准可划分成不同的类型。

从心理机能上划分，性格可分为：理智型、情感型和意志型。

理智型性格，是指说话做事比较理智的人。这类人的特征是脚踏实地、沉稳、冷静，遇到事情的时候，她们不会意气用事，凭一时的冲动去解决，而是会认真地分析事情的来龙去脉，找到真正解决问题的方法。就算是当时无法排解心里的情绪，但是她们日后必定会有所建树。这类人一般比较适合做理论性、分析性较强的工作，且容易取得成就。

情感型也称为冲动型性格。这类人和理智型性格的人完全相反，她们情感丰富、热情奔放、冲动、暴躁。她们遇到事情的时候往往不在乎后果，凭意气用事，凭一时的冲动解决问题，凡事不管三七二十一，先出了心中一口恶气再说。这类人受感情的操控比较强。她们的优势是生活会相对多姿多彩，感受丰富。这类人比较适合做艺术类、创作型的工作。

意志型性格，指做事有明确目标、意志坚定的人。这类人不同于理智型性格的人，她们并非是善于分析的、冷静的；也不同于情感型性格的人，她们做事以自己的目标为动力，只要认准了的事情，就毫不犹豫地全心全意去做。她们有主见、态度明确、坚持力强，不达目的誓不罢休。这类人一般比较容易取得事业的成功。大多数取得非凡成就的人的性格都属于这种类型。

从心理活动倾向性上划分，性格可分为内倾型和外倾型。

内向型性格的人心理活动倾向于内部世界，她们珍视自己的内在情感体验，对内部心理活动的体验深刻而持久。

内向型性格的人感情及思维活动倾向于内心世界，感情比较深沉，待人接物小心谨慎，喜欢单独工作。这类人喜爱思考，特别喜欢独立思考，常因为过分担心而缺乏决断力。对新环境的适应不够灵活，但有自我分析与自我批评的精神。

外向型性格的人心理活动倾向于外部世界，经常对客观事物表示关心和兴趣，不愿苦思冥想，常常要求别人来帮助自己，满足自己的情感需要。外向型性格的人常将自己的想法不加考虑地说出来。这类人心直口快、活泼开朗、善于交际、感情外露、待人热情、为人诚恳，且与人交往时随和、不拘小节，适应环境的能力较强。由于比较率直，因此，这类人缺乏自我分析与自我批评的精神。

在现实生活中，很少有绝对的或者说典型的内向（内倾）型或外向（外倾）型性格的人，大多数人属于中间型，并且在不同的时间或不同的场合会表现出不同的特征。

从个体独立性上划分，性格分为独立型、顺从型、反抗型。

独立型的人勇敢、坚强、有主见、行动力强，想到的事情就去做，凡事依靠自己的力量解决；顺从型的人缺乏主见、迟疑、胆小，依赖性强，她们总是喜欢依附于别人，按照别人的意志行事；反抗型的人比较叛逆，她们喜欢和别人对抗，与周围环境相左，别人让她们做的事情她们一般不会做。

通过以上性格分析，你知道自己属于哪一种性格类型了吗？

性格没有绝对的好，也没有绝对的坏。每一种性格类型，都有它的优势，也都有它的缺陷。女性朋友们要在日常生活和工作中，注意发挥自己的性格优势，努力克服自己的性格缺陷，运用性格的力量去把握自己的人生！

好性格带来好命运

古希腊先哲赫拉克利特认为，一个人的性格就是他的命运。哈佛大学著名心理学教授威廉·詹姆斯，把性格问题阐述得更加透彻，他指出，形成一种习惯，培养一种性格；形成一种性格，带来一种命运。可见，性格对于人的一生具有十分重要的作用。

据美国公布的一份权威调查显示,美国近20年来政界和商界的成功人士的平均智商仅为中等,而情商却是高等。人的情商要素都包括在性格之中。因此,性格决定命运已得到了现代科学的论证。

不同的人,固然有不同的性格,而性格与命运的关系,有时还受到性别差异的影响。女人和男人相比,有时女人能做到的事,男人却不能,为什么?皆因性格不同所致。同样的社会背景,同样的家庭环境,同样的生活遭遇,同样的智商,然而到头来女人成功了,男人却失败了。这种情况在历史上很多。武则天与李治就是一个很好的例子。这是为什么呢?很简单,两种性格,两种命运。

有时女人和男人虽然性格相同,但命运却不同。这其中有环境的影响,更主要的原因还是在于自己对性格的把握。中国传统文化思想对女性的人生、事业有一定的影响,所以有些性格表现得比男性更鲜明。这种鲜明的性格必然会导致二者不同的命运。

好性格带来好命运。对于女性来说,塑造良好的性格至关重要。纵观历史上那些受人爱戴、德高望重、功勋卓著的女性,她们的命运起伏波折,各有迥异,但是连接命运最重要的就是她们的性格,是性格造就了她们不同的命运。

西汉时期为了民族团结而远嫁匈奴和亲的王昭君,她的性格就刚正秉直,而且通体识礼,有民族大义。她的性格体现在她对待所有事情的鲜明态度上。王昭君是出了名的美女,16岁选秀进了宫。皇宫里人事复杂、勾心斗角,为了能够得到宠幸,很多宫女不惜谄媚逢迎、用贵重财物向太监、官员行贿。但是自幼就心高气傲、性格正直的王昭君,却从不向任何人低头,不向任何人献媚。她的这种"傲慢"性情得罪了当时的许多宫廷太监,他们时不时地给她小鞋穿,让王昭君始终没有"侍君"的机会。宫廷画师毛延寿,是皇帝身边的"红人",皇帝只根据他的画像来决定选择哪位妃子侍寝。但是毛延寿同时也是个卑鄙小人,他利用手里这点儿权力向宫女们索要财物。每替一个宫女画像之前,他都会厚颜无耻地向宫女示意,宫女悄悄塞上珠宝银两,毛延寿才会把她们画得漂亮一些,让皇帝选中她们。但是轮到给王昭君画像的时候,耿直的王昭君对毛延寿的暗示毫不理会,装作没有看见。毛延寿很生气,不仅把王昭君画得很丑,还在她左眼边点了一颗痣。这样,王昭君自然就没有得到皇帝的宠幸。

这之后,匈奴首领单于以刚死了妻子为由,向汉室索要一名女子作为和亲人选。王昭君听到这个消息后,自告奋勇地要求远嫁匈奴。到了匈奴,王昭君个人的性格对边疆的安定和发展起到了重要的作用。她鼓励人们农耕,并且将汉室文化带到匈奴部落,提高了匈奴民族的生产技术,同时也促进了民族融合。最终获得了人们永远的尊敬和爱戴。她死后,匈奴人还建了一座庙宇专门纪念她。

王昭君的命运是由她的性格决定。

假如她不是心高气傲,而是低头献媚,她就可能早就被选为皇帝的妃子,也就不会远出塞外,远嫁匈奴了,她的人生将从此改写。

假如她和其他宫女一样,开始时不敢于向宫廷黑暗挑战,后来也不敢于争取机会,或许她一生也不过是一个默默无闻的老死宫中的宫女。

可见,性格和人的命运有很大的关系。虽然在男权为主的封建社会,女性没有决定自己命运的权力,但是王昭君刚正秉直、勇敢坚强、不畏世俗的性格改变了她的命运,成为了名传千秋的一代佳人。

和王昭君一样,中国古代有美名的女性还有明朝开国皇帝朱元璋的妻子马皇后。这是一位以贤良淑德出名的女政治家。她凭借自己的善良和才干,不仅辅佐丈夫朱元璋成就建国大业,并且还做了许多利国利民的好事,受到上到皇宫下到黎民百姓的爱戴。

马皇后原本是一个普通农家女子,被红巾军首领郭子兴收为义女。这个女子虽然没有读过多少书,但是她为人正义、忠诚、朴实、善良。大家都知道朱元璋在历史上是一个凶狠残暴的皇帝,但是马皇后用自己的温柔淑德感化和劝谏丈夫,回避了许多杀戮,减少了许多冤案,为明朝的官员和百姓做了许多好事。

当马皇后与朱元璋讨论取天下之道时,马皇后认为:"当以不嗜杀人为先。"朱元璋深以为然。朱元璋攻南京时,马皇后动员军中妇女,捐出财物犒军,并组织她们给军人做军服。朱元璋当皇帝后,封她为皇后。

马皇后经常教育后宫妃嫔,不要干政,并带头过简朴生活,穿洗过和打补丁的衣服,吃饭也很简单。

当朱元璋欲传位于太孙朱允,怕功臣们不服,于是杀了许多功臣,制造了"蓝玉冤案"、"胡惟庸冤案"。马皇后尽力挽救了功臣李善长等一批人。著名文人宋濂被朱元璋定为死罪。马皇后劝朱元璋说:"寻常人家待老师尚且恭敬,何况帝王家!怎能杀太子师傅?"朱元璋不答应。当时,马皇后正陪朱元璋吃饭,马皇后不动筷子,朱元璋很奇怪。马皇后说:"我为宋先生祈福呢!"朱元璋很是生气,便拂袖离席而去。不过,最终还是赦免了宋濂。

苏州首富沈万三,捐助朱元璋修筑南京城墙款项的1/3,引起朱元璋的不快。傻傻的沈万三竟又提出要出钱犒劳朱元璋的军队。朱元璋大怒,定沈万三为死罪。朱元璋说:"以匹夫而犒天子之军,是不祥也。"马皇后知道后,对朱元璋说:"即为不祥,天必杀之,你又何必杀他呢?"朱元璋只好改判沈为流刑,发配云南充军。

一次,朱元璋察看太学回宫,马皇后说:"太学生都有廪供,他们的妻儿也该有津贴。"于是,朱元璋下令,给太学生的家属按月发放生活补贴。

马皇后51岁时,得了重病,怕连累给她开药的太医,拒绝服药。因明朝律法规定,太医看病不愈,死罪。朱元璋力劝马皇后服药,并承诺即使药无效,也不杀太医。但马皇后深知朱元璋的性格,不杀太医那是谎言,还是坚持不服药。

马皇后归天时,临终遗言是:愿子孙后代以百姓为念,珍惜民力,不可为非作歹。

马皇后的命运和她善良贤淑的性格有关,她没有花容月貌,也没有过人的聪慧,但是她用自己善良的性格赢得了后代人的尊敬。

性格通常会在不经意间作用于我们的思维,左右着我们的行动。我们做事、说话、思考都要受到性格的影响和支配。美好的人生,最初源于美好的思想,美好的思想指导美好的行为,而美好的行为如果形成一种个性特征和做事习惯,就会形成美好的性格。这样的性格会为他人乃至社会和国家造福。就像王昭君和马皇后,为世代人们所称颂。

除王昭君和马皇后外,那些曾经在历史史册上留下名字的女性,她们的人生莫不是她们性格造就的结果:武则天自尊好强,最后成了一代女皇,也是中国历史上唯一的女皇帝;西施,顺从柔弱,但深明大义,为了国家的复兴,不惜牺牲自己的青春,最后成了国家和政治的牺牲品;著名的宋氏三姐妹,是20世纪中国最具影响力的三位女性。她们虽然是同胞姐妹,但性格迥异。性格温和、外柔内刚的宋庆龄嫁给了孙中山,成为国母,爱国爱民,万民敬仰;生性超然脱俗、自傲的宋美龄嫁给了蒋介石,权倾一时,呼风唤雨;性格刚烈、泼辣的宋霭龄嫁给了孔祥熙,善于经营,富甲天下。她们的不同的性格造就了截然不同的命运……

众多的事例说明,女性的命运和其性格息息相关。女性要想获得人生幸福,就必须先具备良好的性格。否则,自己的幸福会被其不良性格所断送。女性坚强勇敢、宽容大度、细致入微、体贴他人、自尊自爱是获得好命运的性格基础。

作为现代女性,社会地位提高,自主选择的空间大,女性更应该敢于主宰自己的命运,主宰自己的人生。但前提是,你应该先有良好的性格去支配自己的言行,并形成习惯,那么,幸运就会永远陪伴在你身边。

培养成良好的性格

性格虽然受天性和遗传因素的影响很大,但是也会受到周围环境和自身意识的影响。所以,性格并非是不可改变的。性格是一个不断变化的动态系统,它接受自我意识的控制和调节。一个人可以通过自我意识来巩固、加强和完善性格中的某些优点,也可以通过自我意识有目的地节制和消除性格中的某些不利因素。每个人只有摒弃性格中不好的一面,发扬性格中优良的一面,才能不断地完善自己,优化自己的性格结构。

那么,如何培养和改变自己的性格呢?

1. 了解自己的性格特征

要想培养良好性格,首先要了解自己的性格特征。要分析自己的性格是内向型还是外向型;是活泼型还是抑郁型;哪些是好的,哪些是不好的;哪些需要发扬,哪些需要改进,哪些需要克服等。对自己的性格了如指掌之后,才能有的放矢地进行改进。

2. 发挥自己的性格优势

世界上没有绝对的好性格和绝对的坏性格,每一种性格都有它的优势,也有它的劣势,用在合适的时间,用在合适的场所,就能发挥出它的积极作用。相反,用在错误的时间、错误的场所,就可能带来不必要的麻烦。所以,我们一定要学会发挥自己性格的优势,抑制自己性格的劣势,扬长避短,让我们的性格在合适的时间、合适的场所,发挥合适的作用。

比如,性格开朗热情的人,总是喜欢接触外界的事物,总是充满了好奇心,她们天生就是探险的、猎奇的,但是这种性格的人往往心气浮躁,粗心大意,经常疏忽细节。

所以,性格开朗热情的人总是适合去做交际工作,外出办事,是适合她们发挥优势的职业,比如做销售、管理、演员、记者之类的工作。

但是如果让一个性格开朗的人去做文秘、设计、会计等需要冷静耐心、细致的工作,显然就不会适合她,只会压制她的天性,让她感到无所适从。

所以,针对自己本身的性格,一定要认清其优势和劣势,把握它的优势,尽量避免它的劣势,才能让我们的性格发挥出应有的作用。

3. 以他人作为自己的改进目标

如果发现自己的性格实在与环境格格不入或者的确造成了人际交往的困难以及工作和生活上的不适,那么就要确立一个目标,开始改变自己的性格。

性格说到底是一个心理习惯的问题,当你真正地习惯了用某种习惯去思维和行动的时候,你的新性格也就形成了。在改变性格之前,确立一个目标是必要的。要明确向什么方向去改。比如,某个女性天生性格内向,但是她内心很渴望交朋友,很希望像自己认识的某一个女孩一样,身边有很多的朋友,那么,就可以将这个女孩设为自己改变的目标,细心观察她的待人接物,接近她,了解她的思想和行为做事的习惯,尽量地向着她的方向去改变自己。经过一段时间后,就会发现你的性格会变得比以前开朗了许多。

但是,这里需要强调的一点是,确定某个模仿的目标,只能是参考,千万不要刻意地去把自己变成别人。每个人都是独一无二的,不可能也不必要完全一样,太刻意去模仿别人不仅仅不能达到改善性格的目的,反而还会失去自我,产生"邯郸学步"、"东施效颦"的不良后果。

4. 根据具体情况适度调节性格

前面说过,世界上没有绝对的好性格和绝对的坏性格,而只有适合不适合的性格。任何一种性格使用得恰如其分都是好性格,但是如果使用得超过了分寸,那么就变成不良的性格了。

无论哪一种性格,把握分寸是最为重要的。比如,热情的性格本来是好的,但是如果热情得过了度,就变成多管闲事了;文静本来是一种好性格,但是如果过于文静内向,就养成了孤僻不合群;自信的性格,如果做得太过分就容易导致自负,那么我们就注意不要在生活中太自信,太狂妄,要适度地谦虚;坚韧的性格,做得太过分就成为固执死板,如果我们能够适当地考虑现实的环境,在坚持自己的同时能够结合形势的变化,适当地变通,就能避免因为过于固执而陷入困境无法自拔;宽容,本来是对别人的包容和体谅,但是如果太过分的话,就可能出现软弱可欺的结果,那么,就要在宽容的同时适度地苛责一点,让对方有所警醒。

任何事物都是相互作用,相互制约的。就像《孙子兵法》中说的那样,"不能尽知用兵之害者,就不能知用兵之利"。我们要看到事物的两面性,才能完全了解和掌握事物。性格也是如此,我们要能够完全掌握性格的两面性,从相反的两面调节、控制,才能在现实当中发挥优势。

世界上很多事情都是讲究分寸的,增一分太赤,减一分太白,要颜色艳丽适中;增一分太高,减一分太矮,要高矮适度。真理超过界限就成了谬误。因此,必须把握好分寸,做好调节与控制。性格也是如此,好性格并不是说一定要具备哪种性格,而是要把握好表现的分寸,要拿捏得当。那么,任何一种性格在一定条件下都会变成好性格。所以,无论我们是什么样的性格,在生活当中都要注意适度调节,才能发挥出它最大的效用。

5. 逐步完善自己的性格

在克服不良性格中,一种比较常见的毛病是操之过急。有的女性在发现自己的性格弱点后,想经过一阵子的努力就使其完全转化过来,经过几次努力克服不掉,就容易由急躁走向灰心,失去继续进行性格修炼的信心。造成这种半途而废的原因,在于她们对性格的稳定性缺乏了解,对性格的转化过程缺乏认识。

心理学告诉我们,性格是一种比较稳定的个性特质,它的稳定性的特点决定了性格的转化往往是一个缓慢的过程。我们已经知道,性格是在环境、教育、个性心理等各种内外因素长期作用下逐步发展起来的。一种在长时期内缓慢形成的东西,怎么能够设想在较短时间内一下子变过来呢?克服一种不良性格,要进行长期、不懈地努力。如果忽视性格的缓慢的渐变过程,想使不良性格在短时间内一下子来个根本转变,有时虽然从表面看也能奏效,但实际上这种转变很不稳固。转变快,反复也快。

比如一个怠惰的人,在她下决心克服自己的怠惰时,暂时地克服怠惰,在较短时间内变得勤快起来是比较容易做到的。但这种变化并不能说明她已真正克服怠惰的性格,因为怠惰的劣性在她身上依然存在,只要一放松控制,它还会故态复萌。有的怠惰者在环境艰苦时,也能表现出很强的吃苦精神,但一到条件好起来时,就又变得怠惰起来。因此,我们不能把性格修养看成是经过短期努力就能立竿见影的事,不能因为不良性格暂时在行为上消失了,就认为改变性格的任务已经完成了。必须老老实实、扎扎实实地与不良性格作长期的斗争,进行持续不懈地努力,求得性格逐步地、缓慢地、稳固地转变。

性格的长期渐变过程,决定了性格修养在起步时要求不能过高,要循序渐进,日积月累,逐步提高要求。

有的人在性格修养中,一开始就提出过高要求,想使性格一下子来个一百八十度的大转弯,这是不现实的,往往做不到。一个心胸狭窄、容易发怒的人,马上就要使自己变得豁达宽宏,雍容大度,这实际上很难办得到。一个虚荣心很强的人,要自己马上就能做到闻过则喜,欢迎批评,这也是很难达到的过高要求。

在性格的改变上急刹车,陡转弯,不但难以奏效,而且很可能使你翻车。我们应当允许在性格的转化上有个缓冲的过程。一辆高速前进的车子,如果要倒车,就得先把车停稳,然后往回倒,停车的过程就是缓冲的过程。有了这个缓冲过程,才能抵消车子前冲的惯性,顺利地把车子倒回去,否则,就会把车子弄翻。

性格在发展中也像开汽车一样,有一种惯性,现在你要改变它的发展方向,就必须首先把它的惯性停下来,然后再慢慢调整方向。

比如,急躁易怒、爱发脾气的人,性格修养的第一步应当是先设法克制火气,在将要发火时使自己冷静下来,即使克制火气时,呼吸急促,脸涨得通红,感情很不自然,也不要放松克制。过了一段时间,再提出进一步要求,即不但不发火,还要表情自然,呼吸不急促,脸色无变化。这个要求也达到了,再进而要求自己抑制火气时能潇洒自如,有条不紊。如此分步骤、分阶段改进,性格才会逐步地由急躁易怒变为有条不紊。克服不良性格,只有这样从较低的起点开始,每天进步一点点,每月前进一大步,一步一步提高要求,才能顺利实现性格的转化。

好性格不是一天培养成的。相信通过以上五个方面,你一定可以培养成良好的性格,达到你所期望的那种境界。

矫正自己的性格缺陷

良好的性格可以促进一个人事业成功、生活幸福,也有益于身心健康。反之,性格存在障碍或缺陷,容易诱发多种心理疾病和身体疾病;导致社会适应不良,尤其难以处理人际关系;影响学习、工作的效绩和生活质量,影响个人前途。

因此,作为女性,应努力矫正自己的性格缺陷,别让以下这些性格缺陷毁了你。

1. 怯 懦

有这种性格特征的人,表现为胆小怕事、自卑、孤僻、害羞、沉默寡言等。她们往往自认为自己活动能力差,对交往不是很有信心,对别人比较冷淡,活动多以自我为中心,经常静坐沉思,容易想入非非;她们的思维大多缺乏逻辑性,总感到自己不如别人,缺乏自信心。

有这种性格特征的人要勇于承认自己的性格缺陷,只要下决心纠正,还是可以改变的。这就需要你主动做事,敢于实践,努力奋斗。通过努力,你会取得一定的成绩的,你会因此而信心十足,你会感到原来自己也十分优秀。平时要多与外界建立联系,多接触知心的亲友,从自我的小圈子中走出来。

2. 狭 隘

有这种性格特征的人,表现为情绪低沉、心胸狭窄,常"以己之心度他人之意",把一些细小的意见或得失加以夸大,自寻烦恼,不能自拔。对自己自怨自艾,觉得自己是最不幸的人。这种性格缺陷如不及时纠正,任其发展下去,可能导致抑郁症,严重的甚至会产生轻生的念头。

矫正这种性格缺陷,主要是树立正确的人生观和价值观,培养乐观主义精神,用辩证的态度认识自己的过去、现在以至未来。对忧伤的原因加以分析,求得解脱。要正视现实,开阔视野,对未来充满信心。对自己的不良思绪和不好的性格取向要敢于自我批评,增进与周围人的交往,取人之长补己之短,积极参加各项活动。最好能培养一两种兴趣爱好,在对这种兴趣爱好的投入中,可以多结交相关的朋友。还可多与亲朋好友沟通交流,这样心境就会不断开阔,以改变自己。

3. 偏　执

有这种性格特征的人,表现为过分敏感,常认为别人欺骗自己或故意为难自己,造成不必要的误会。这种人常常自负而嫉妒别人,自我评价甚高,容易固执己见。她们对别人老是不服气,明明自己错了,却要强词夺理或推诿于客观原因,爱与别人争论、争吵,喋喋不休。这种性格缺陷会在逆境中加重。

有这种性格缺陷的人,应敢于承认自己性格上的弱点,学会相信他人,尊重他人,尊重事实,加强自我批判精神。待人谦虚宽容,遇到不同的意见要多做解释,非原则问题,应做一些让步。

4. 躁　狂

有这种性格特征的人,表现为情绪过分高涨,终日洋洋自得,多言善辩,非常敏感,常因小事而冲动,容易与人与事产生对立情绪,萌生报复心理,做事不计后果。兴趣广泛而无中心兴趣,做事有头无尾,甚至对集体、对社会有破坏行为。

矫正这种性格缺陷,关键要注意控制自己的情绪,凡事要做到三思而后行。要加强性情修炼,多做静功,多做静思。还要多读有益的书籍,提高文化素养和知识水平,提高明辨是非曲直的能力。

5. 强迫倾向

有这种性格特征的人,主要表现为多思多虑,极为敏感,遇事顾虑重重,优柔寡断。办事刻板执拗,循规蹈矩,缺乏灵活性。这种性格的人清规戒律较多,难于和别人融洽相处,更难与他人共事与合作。由于过分克制和自我关注,生活中时常有不安全感,总是无端地紧张和焦虑,自觉遗憾的事情多,美满的事情少。

矫正这种性格弱点,需要对自己的过去进行总结和回顾,认识到人的一生要遇到各种各样的问题,发生一些小的失误在所难免。对自己的学习、工作情况要有正确评价,要看到成绩,提高自信心。多与人接触,加强意志锻炼,这有助于防止性格向病态方面发展。

6. 歇斯底里

有这种性格特征的人,主要表现为情绪不稳定,心胸狭窄,喜怒无常;表情虽然生动,但显得夸张、做作;好表现自己,希望引起别人对自己的注意;容易接受别人的暗示,常为他人的语言、感情、态度影响而改变自己的主意。这种人如果受到强烈的神经刺激或暗示,容易引发身心疾病。

有这种不良性格的人,要注意开阔自己的心胸,有意识地控制自己情绪的变化,不要被自己的情绪所左右,遇事冷静思考,要顾及时间和场合,不可任意让情绪自由发泄,更不要用发脾气来要挟别人。多读书看报,拓展知识面,遇事多想这样做有无道理。

女性朋友们,如果你存在上述某一方面的性格缺陷,不要怕,只要你注意矫正,努力完善,相信你一定能够克服自己的性格缺陷,使自己的性格趋于完美。

矫正自己的性格缺陷,首先是找到其形成的原因,然后有的放矢,有目标地进行改进和完善。不可急于求成,要知道,性格的改变不是一朝一夕能实现的,要做好长期的准备,打持久战。

柔情似水,令人心荡神驰

温柔是女人理想的性格。温柔的女人,温文尔雅、贤惠端庄。她们相夫教子,佐夫成事,她们重情重义、通情达理,对人体贴入微……

温柔是女人生命本体的一种自然散发,它既是女人内在气质的展示,又是女人无往不胜的利器。

造物者用了最和谐的美学原则来创造人类,它赋予了男性阳刚之美,又赋予女性阴柔之美,正因为两性之间各有其独特形态而形成鲜明对比,才使男女对立统一地组成了人类绝妙完美的世界。

阴柔之美是女性美的最基本特征,其核心是温柔,温柔像春风细雨,像娇莺啼柳,像舒卷的云,像皎洁的月,更像荡漾的水。

朱自清在《女人》一文中对女性的温柔作了绝妙的描绘:"我以为艺术的女人第一是她的温醉空气,使人如听着箫管的悠扬,如嗅着玫瑰的芬芳,如躺在天鹅绒的厚毯上。她是如水的蜜,如烟的轻,笼罩着我们。我们怎能不欢喜赞叹呢?"可见,女人最能打动人的就是温柔。

女性的温柔对男性来说,是一种迷人的美,也是一种可以被其征服的力量。一位诗人说:"女性向男性进攻,'温柔'常常是最有效的常规武器。"

温柔的女人就是上天派来的爱的天使。俗话说:"水做的女人,泥做的男人。"有了如水般的温情,再坚硬的顽石也会被融化。当然,女人的温柔可不是娇滴滴、嗲声嗲气。娇滴滴、嗲声嗲气是假惺惺,是故作姿态。

温柔是一种美德,也是一种力量。温柔像春天的蓓蕾,点缀着人生;温柔像夏天的树阴,能使人消散心头的忧愁和烦恼;温柔像秋天的果实,给人们带来幸福和欢乐;温柔像冬天的暖阳,给人们带来温馨和喜悦。

女人的温柔是一种高贵的气质,是一种爱自己与爱他人的能力,不是生硬地表演出来的。温柔是真性情,是骨子里生长出来的本能的东西,它柔情似水,楚楚动人。

温柔的女人具有一种特殊的魅力,她们更容易博得男人的钟情和喜爱。这样的女人像绵绵细雨,润物细无声,能给人一种温馨的感觉,令人心旷神怡,回味无穷。

温柔,是一个女人性格修养的外在表现。女人要在自己的日常生活中注意提高自己的涵养,培养女性的柔情。为此,女人特别要忌怒、忌狂,讲究语言美,把那些影响柔情发挥的不良性情彻底抛弃,让温柔的鲜花为女人的魅力而怒放。温柔的女人具有一种特殊的处世魅力,她们更容易博得人们的钟情和喜爱。

温柔是女人最动人的特征之一。你可能不是一个女强人,你的学历也可能不是那么高,你的厨艺也许不怎么样,你的手也许很笨拙,你的长相真的挺一般,总之你绝对不能算得上是一个十全十美的俏佳人,但你有一大特点,你很温柔,这就使你吸引了许多人的注意。在他们眼中,你的这一特点比所有的特点都要可爱,温柔的女人走到哪里,都会受到人们的欢迎。

女人的温柔是一种体贴。她把这种体贴化作一杯热茶或是热咖啡,当他工作了一天,刚刚进门,身心俱疲的时候,递上了这份体贴,即使他的心情再不好、受的挫折再多,这份知心的理解对他而言也是莫大的抚慰,他会如沐春风,将一切烦恼抛之脑后。男人不愿意让女人看到自己脆弱的一面,温柔的女人懂得用茶表达自己的关怀,如果感觉对方有倾诉的欲望,就会安静地坐在他的身旁做一只温柔的耳朵,虔心聆听他的烦恼。如果感觉对方想独自一个人静一静时,就轻轻地为他关上房门,给他独处的空间。这种体贴是一种真正的关切,是用自己的心设身处地地忖度他人的心情和处境,并给予关怀与爱护。面对这样一份浓情蜜意时,再冰冷的心也会被融化、被温暖。

女人的温柔是一种智慧。富有智慧的女人,往往会充分利用女性温柔的优势,在解决问题时既保留个性又不失风度,还兼具魅力,这都是恰到好处运用温柔所取得的效果。

温柔女人对待男人的"私房钱"、"狐朋狗友"之类的小问题,会故意懒得理会,睁只眼闭只眼地表示宽容。而当她面对怒气冲天、暴跳如雷的男人时,会回以一个微笑,不动声色地寻找他发怒的根源所在,然后顺势而为,化解重重难题。当她面对心情沮丧的人时,会用鼓励的语言帮助他重拾信心,让他重新振作,远离焦躁的坏情绪,勇敢地面对生活。温柔女人会审时度势地施展温柔的姿态:当遇到艰难困苦,她的姿态是柔韧的,这种柔韧可以使身边的人感受到力量;当身处平顺祥和的舒适岁月里,她的温柔便会表现出一种柔弱,婀娜无助得让人忍不住想扶她一把;当面对别人的温柔时,她则表现出一种慈祥,让他人安然于这份温柔的纵容。

女人的温柔是一种境界。女人在爱恨交织的情感磨砺中,在甘苦相融的生活品味中越发明白:温柔比美丽更可贵。

事实上,在季节的变迁、时间的轮回中,女人虽然美丽外表会失去光泽,而温柔将永驻。这自然形成的女性温柔古往今来给人间带来多少深情挚爱、温馨和谐,让男人不忘。

温柔的女人,能把平平常常的日子过得有滋有味;温柔的女人,能在复杂艰难的工作中,学会循序渐进的方法,从而获得成功。

上班,工作,休息,吃饭,一言一行,一颦一笑,一举手一投足……温柔体现在女人生活的每一个细节中。

对于女性个人,温柔能折射出自身的兴趣情调、品位修养;对于整个社会,温柔能折射出现实社会的时代风尚、文明程度。

恋人的温柔似雾似花,有一份朦胧,有一份浪漫,如款款的催化剂,催促着爱情的花果早日绽放成熟;

夫妻的温柔像缕缕春天的阳光,像轮秋夜的明月,为生活平添温馨和明净,如高强度的凝结剂,为点点滴滴凝结的金光点缀幸福;

朋友的温柔是智慧的馈赠,会在困境里产生坚韧的向上动力,得意时流露出成功的洒脱与飘逸……

温柔如风,可拂去心绪的烦恼与忧愁;温柔似雨,可滋润心田的干涸与浮尘;温柔像虹,能映照自暴自弃之人重新扬帆的锦绣前程;温柔也似利剑,剽悍粗犷的人会在这利剑下垂下高傲的头颅。

女人,如果善于在纷繁琐事忙忙碌碌中温柔,善于在轻松自由欢乐幸福中温柔,善于在柳暗花明时温柔,善于在关切和疼爱中温柔,善于在负担和创造中温柔,更善于填补温柔、置换温柔,那就是学会了享受生活的艺术。

身为女性,外貌不美丽并不可怕。有了温柔,便有了一种美,有了一种自尊的人格,有了一种为人处世的智慧。

那么在为人处世中,怎样才能让自己的表现更温柔、更可爱呢?你可以从以下几个方面着手来培养自己的性情:

(1)温馨细致。让人心动的不是一个女人做出了多么惊人的业绩,更多的情况下,是女人那种适时适地的细心关怀和体贴,最能叫人怦然心动。一同出门时,吃东西弄脏了手,你备好纸巾递上;衣服扣子掉了,一向细心的你正好带着针线……虽然都是些小事,但却于细微之处充分体现了你作为一个女人的温柔和魅力。

(2)性格柔和。绝对不要一遇事不顺就暴跳如雷或火冒三丈。以柔克刚,是女人的最高境界。到了此境界,即使是百炼钢也能被你化做绕指柔。

(3)不懦弱。女人的温柔并不是懦弱,因为爱、因为理解,她可以忍受男人的坏脾气,可以不急躁、不粗鲁、不固执,但并不代表着毫无主见,任人摆布。她们顺从,但不盲从,不是凡事一味地是、是、是,在顺从之前,她早已将问题考虑得清清楚楚、明明白白,已经认同了对方的做法,才会尊重他的决定。

总之,温柔可以体现在各个方面,在女人的生活领域处处都能体现出温柔的特征。作为一个女人,应当通过学习,通过认识自己、认识社会和切身体会等途径,去培养自己的温柔。

心地善良,讨人喜欢

什么样的女人最让人喜欢?答案是五花八门的。

有人喜欢漂亮的女人。因为漂亮的女人使人赏心悦目,就好像一处美丽的风景。

有人喜欢聪明的女人。因为聪明的女人能令人心智大开,跟她们在一起是一种真正的愉悦。

其实,善良的女人最讨人喜欢。比如有一对夫妻,有人问这位丈夫:"你妻子的什么地方最吸引你?"丈夫说:"我和我妻子从很小的时候就认识,那时候我们俩的家相邻而居,我经常到她家去玩。她比较漂亮,但我觉得她身上最吸引我的地方竟然是她的善良。在我的记忆中,只要有讨饭的人路过她家门口，她总会把自己积攒的零花钱送给讨饭的人，甚至端一碗热水看着讨饭的人慢慢喝下，在她美丽的双眸中闪烁着慈悲的光芒，那个时候的她，在我眼中就像一个降落在人间的天使。人们常说，善良是一种美德；但在我看来，善良更是一种美丽。善良使人美丽，女人因善良而更美丽。我妻子善良的天性是最让我心动的地方。"

可见，善良是女人最宝贵的品德，女人的这种内在美，是最永恒的美丽。

一颗善良的心，一种爱人的性情，一种坦直、诚恳、忠厚、宽恕的精神，就是你的无价财产。怀着好心情、好精神的人，即使不施舍钱财也会情满人间。

《巴黎圣母院》中的卡西莫多是世界文学史上的一个著名的丑人，但在人们看来，他实在要比那位卫队长和神父美丽得多。人们之所以会有这样的审美感受，显然是因为他的奋不顾身的善良。

善良是女人最宝贵的品德，一个女人再漂亮，再有才能，再聪明，如果具有一颗邪恶的心，那她最终只能成为一个恶婆。

善良是所有美德的基础。人之初，性本善。善是美丽的，是最纯净的展现。人世间最宝贵的是什么？善良。法国作家雨果说得好，善良是历史中稀有的珍珠，善良的人几乎优于伟大的人。

中国传统文化历来追求一个"善"字：立身处世，强调心存善念、向善之美；与人交往，讲究与人为善、乐善好施；人格修养，主张独善其身、善心常驻。

一个人内心善良才能够做到神态平和、举止优雅，气质自然显现。

善良是心存善念，要有一颗丰富的爱心，要能感受别人的痛苦和快乐，要理解别人的困难和苦衷。一个能够"心怀天下"的人，才是真正的善良的人；善良是无欲无求，把付出和给予当做一种快乐，把帮助别人当做一种幸福。她的生命总是在帮助别人中显得伟大而有意义。这种生命本身是高尚的，同时也能赢得别人的尊重和好感。

善良抵制邪恶，因为任何贪欲和邪恶的念头都会让一个人心灵扭曲。一个小小的恶行，哪怕只是一次，都会破坏善良个性的塑造。所以，要心地善良，就要学会抵制内心的邪恶，用美好的情感充斥自己的内心世界，让自己时刻活在善意的滋养中。

善良不仅仅是自己心灵追求舒适和宁静的方式，也是为周围的人和环境营造美好舒适氛围的方式。一个心地善良的女性，走到哪里都是受欢迎的，因为她能够把那种舒适和谐的气氛带到每个人身边，让每个人享受其中，感受到人生的美好。

善良的女人是美丽的。她们待人谦虚而自信，积极向上而不嫉妒倾轧，欣赏别人的美丽而不自卑，了解自己的长处而不嚣张，勇于负责而不跋扈。这种优良的品德会形成一个女人雍容随和的气质，并产生一种安详高雅之美。

内心宽容，流露从容的气质

富兰克林说："对于所受的伤害，宽容比复仇更高尚。因为宽容所产生的心理震动，比责备所产生的心理震动要强大得多。"大海因为能够容纳百川，所以可以成为浩瀚的海洋。宽容是原谅可容之言、饶恕可容之事、包涵可容之人。宽容是一种修养，是一种境界，是一种美德。

一个内心宽容的女人，才能够体味人生的博大和美丽，才能够化解人世的纷争和困扰；一个内心宽容的女人，才能流露出从容的气质。

宽容首先是包容。一个宽容的人，既要能够包容他人，更要能够包容自己。宽容是一种博大而深邃的胸怀。宽容主要是指对于不同的生活方式、不同的价值观、不同的言论、不同的宗教信仰等的理解和尊重，采取求同存异的态度，不把自己认为"是"或"非"的东西强加给别人。具有宽容之心的人，眼睛里容不得一粒沙子，心灵却能容得下一座大山，容得下五湖四海。

宽容就是在别人和自己意见不一致时也不要勉强他人。从心理学角度，任何的想法都有其来由，任何的动机都有一定的诱因。了解对方想法的根源，找到他们意见提出的基础，就能够设身处地为对方着想，提出的方案也更能够契合对方的心理而得到接受。消除阻碍和对抗，是取得一致、达成共识的最好方法。任何人都有自己对人生的看法和体会，我们要尊重他们的看法和体验，积极吸取之中的精华，做好扬弃。

宽容就是忍耐。对待同伴的批评、朋友的误解，进行过多的争辩和反击实不足取，唯有冷静、忍耐、谅解最重要。相信这句名言："宽容是在荆棘丛中长出来的谷粒。"该忍则忍，小不忍则乱大谋。我们肩负着人生众多的使命，有许多重要的事情要去做。实在没有更多的时间去争辩和反击。

大千世界，凡是有人群的地方，就难免有矛盾，有钩心斗角。各种利害冲突使人不可能不发生摩擦。有君子，就有小人；有温情，就有冷漠。中国人历来强调以和为贵，从不欣赏损人利己，踩着别人肩膀往上爬。如何与人和睦相处，是中国传统文化一直关注的问题。所以中国人强调不多舌、不多事、不结怨、忍者安。

宽容就是忘却。忘记过去并不意味着背叛，而是意味着新生。人人都有短处，都有伤疤，动辄去揭，便添新创，旧痕新伤难愈合。忘记昨日人与人之间的是非和恩怨，忘记别人先前对自己的指责和谩骂，时间是良好的"创可贴"，它可以帮助你忘却痛苦。忘却痛苦，生活才有欢乐；背对黑暗，人生才能迎接阳光。

宽容就是不计较，事情过去了就算了。寒冷的冬天已经过去，让我们迎接温暖的春天吧！每个人都有错误，如果纠缠其过去的错误，就会形成思想偏见，不信任、耿耿于怀、放不开，限制了自己的认知，也限制了对方的发展。即使是背叛，也并非不可容忍。

说到容忍，我们可以引用一个名人故事为例：

在克林顿的政治生涯中，他多次为性丑闻所困扰。作为妻子，希拉里在丈夫性丑闻中的角色之尴尬可想而知——一方面，丈夫有外遇，做妻子的当然痛苦、愤怒；另一方面，从丈夫和自己的前途出发，她又必须维护丈夫的政治形象，强颜欢笑，忍受种种屈辱。这其中的滋味也许只有她自己知道。

当丈夫的艳情被曝光，制造了轰动全世界的丑闻时，希拉里有苦难言，但她作出了最明智的选择：沉默。这种沉默既是对丈夫的，也是对所有人的。她不想对着全世界大哭大闹，因为她知道所有人都等着看这个笑话呢。

因为她，克林顿有了下台的台阶；因为他，希拉里有了登台的机会。她忍受了屈辱，但也赢得了声誉。

宽容就是潇洒。"处处绿杨堪系马，家家有路到长安。"宽厚待人，容纳非议，乃事业成功、家庭幸福的美满之道。事事斤斤计较、处处患得患失，活得也累，不仅你累，他人也累。不必在意更多的东西。难得人世走一遭，何不潇洒走一回。

宽容是一种坚强，而不是软弱。无奈和迫不得已不能算宽容。宽容的最高境界是对众生的怜悯。

宽容是待人的艺术。最难得的是那种不求回报的给予，因为它以爱和宽容为基础。要取得别人的宽恕，你首先要宽恕别人。

尽管我们不求回报，但是美好的品质总会在最后显露它的价值，更让人感动。责人不如帮人，倘若对别人的错处一味挑剔、叱责，只能更加令人反感，而且可能激起其逆反心理一错再错。与别人为善，就是与自己为善；与别人过不去，就是与自己过不去。只有宽容地体谅他人，我们才可以获取一个放松、自在的人生，才能生活在欢乐与友爱之中。给别人留一些空间，你自己将得到一片蓝天。一个宽容的人，到处可以契机应缘，和谐圆满，微笑着对待人生。

当然，宽容是要分对象的。宽容同"方以律己，圆以待人"是不矛盾的。轻易原谅自己，那不是宽容，而是懦夫。"圆以待人"，也得先看对象。宽容不值得宽容的人，是姑息；宽容不可饶恕的人，则是放纵。

宽容是一种博大精深的人生境界和生活意境。

世界上最宽阔的是海洋，比海洋更宽阔的是天空，比天空更宽阔的是人的胸怀。人人多一份宽容，人类就会多一份理解，多一份真善美，多一份珍重与感恩，生活中的酸甜苦辣也将化作五彩的乐章。在生活中学会宽容，你便能明白很多道理。献出你自己，学会宽容，乐于赏识和称誉他人，并时刻保持能够使自己得到成长和增加学识的灵活性——这一切便产生了幸福、和谐、美满和事业有成。这就是一个人丰富多彩的生活应有的特征。

至高境界的宽容，不是仅仅表现在日常生活的某一事件的处理上，而是升华为一种对浩瀚宇宙如歌般的胸襟，对人类世界如诗般的气度。宽容的含义也不仅限于人与人的理解与关爱，而是内心对于天地间一切生命产生的旷达与博爱。

宽容是一种施予的美德。没有人穷困到无机会表达宽容的地步，也没有人能比施行宽容的人更强大，更自豪。一个人的心胸有多宽广，他就能赢得多少人。付出宽容，你将收获无穷。

生活需要宽容。在生活中每个人都会有不如意，每个人都会有失败，当你的面前遇到了竭尽全力仍难以逾越的屏障时，请别忘了：宽容是一片宽广而浩瀚的海洋，它包容了一切，也化解了一切，它会带着你跟随着它一起浩浩荡荡向前奔涌。

生活本身就是伟大的，它包容了并不完美的我们。那么我们对待生活和世界，为什么要如此地斤斤计较呢？让我们在生活中学会宽容，在错误中学会谅解，让我们用宽容的内心熏陶出我们从容的气质，成为优秀的女性。

拥有宽容之心的女性，豁达大度、笑对人生。她会拥有一种恬淡、安静的心态，她去做自己应该做的事情。对于一些闲言碎语、磕磕碰碰的琐事从不感到郁闷、恼火、生气,更不会去找别人倾诉。她认为为了琐事与别人辩解,再变本加厉地去报复他人,是贻误自己人生与事业的最大错误,她不想失去更多美好的东西,更不想把自己的宝贵时间浪费在这种小事情上。

作为女人,在短暂的生命历程中要学会宽容。女人的宽容是一种高贵的品质,是女性精神成熟、心灵丰盈的标志。女人的宽容是对别人的释怀,也是对自己的善待。女人的宽容,是一种真正的难得糊涂,是聪明升华过后的糊涂,是心中有数却不动声色的修养,是一种超凡脱俗的气度,是与世无争的一份悠然自得。

对于女性个人而言,宽容无疑会带来良好的人际关系,自己也能生活得轻松、愉快;对于一个团体而言,宽容必定会营造一种和谐的气氛,利己利人。因此,宽容即是建立良好人际关系的一大法宝。

宽容在人际交往中有较强的相容度。相容就是宽厚、容忍、心胸宽广、忍耐性强,相互接纳、团结更多的人,在顺利的时候共奋斗,在困难的时候共患难,进而增加成功的力量,创造更多成功的机会。反之,相容度低,则会使人疏远你,减少合作力量,人为地增加阻力。

宽容是女性的人格魅力中的最大亮点。一个以敌视的眼光看人、对周围的人戒备森严、心胸窄小、处处提防、不能宽大为怀的人,必然会因孤独而陷于忧郁和痛苦之中;而宽宏大量、与人为善、宽容待人、能主动为他人着想、肯关心和帮助别人的人,则讨人喜欢,被人接纳,受人尊重,具有魅力,因而能更多地体验成功的喜悦。

人往往能够将别人的缺点看得一清二楚,但这并不意味着你可以严厉地指责别人。女人在与人相处时,要懂得随时体谅他人、宽容他人。

宽容他人的无理,宽容他人的粗暴,宽容他人的傲慢,宽容他人的自私,宽容他人的浅薄,宽容他人的吝啬,宽容他人的无信,宽容他人的陋习,宽容他人的狭隘,宽容他人的失误,宽容他人的攻击……

尺有所短,寸有所长。你自己也有许多缺点和丑陋之处,你也和别人一样,担心自己的缺点和错误不能得到别人的谅解和宽容,将心比心,因此你对待别人的缺点与错误,都应该采取宽容的态度。

宽容别人,就要设身处地地为他人着想,学会从对方的立场来看问题,这样会使自己的观点更客观,态度更冷静。如果人人都能以宽容之心待人,我们的生活便会显得十分美妙,处处变得和睦融洽。

丘吉尔在退出政坛后,有一次骑着一辆脚踏车在路上闲逛。

这时,也有一位女士骑着脚踏车,从另一个方向急驶而来,由于刹不住车,最后竟撞到了丘吉尔。"你这个糟老头到底会不会骑车?"这位女士恶人先告状地破口大骂:"骑车不长眼睛吗?……""对不起!对不起!我还不太会骑车,"丘吉尔对那位女士的恶行恶状并不介意,只是不断地向对方道歉,"看来你已经学会很久了,对不对?"

这位女士的气立刻消了一半,再仔细一看,竟然是伟大的首相,只好羞愧地说道:"不……不……您知道吗?我是半分钟之前才学会的……教我骑的就是阁下您。"

其实，多一点对别人的宽容，就使我们的生命中多了一点空间，我们的朋友就会更多。在有朋友的人生之路上，才会有关爱和扶持，才不会有寂寞和孤独。有朋友的生活，才会少一点寒冷，多一点温暖；少一点风雨，多一点阳光。其实，宽容永远都是一片晴天、一片沃野、一片和谐。

大凡有影响、有魅力的杰出女性，都具有宽容的良好品质。如果我们能爱心永存，真诚待人，宽以待人，就能更多地赢得别人的好感、信赖和尊敬，就能较好地与周围人和睦相处，就能在人生旅途中顺利愉快地前行。

当然，女性的宽容不是无条件的、绝对的，至于具体事宜，何者宜宽，何者宜严，因人因事因时因地而异。对于挑拨是非、两面三刀、落井下石、陷人于罪、背信弃义的小人，对违法乱纪、胡作非为、兴风作浪、不知悔改的恶人，即使自己身为弱女子，和他们也是不宜讲宽容的。

个性鲜明，散发迷人气息

个性就像女人的标签，有什么样的个性就有什么样的女人。温柔的女人像潺潺的溪流，轻轻流过，给人们温馨、舒适的感觉；热情的女人像夏日的骄阳，将热情洒向每个角落，让每个人都能感受得到；而骄傲的女人像高耸的雪山，让人仰慕却不敢靠近……

每一种个性，都散发一种魅力，众多的个性，将这个世界点缀得五彩缤纷。

拥有个性的女人不一定会成功，但大凡成功的女人都具有鲜明的个性。

1. 个性——女人的标签

女人的性格是复杂的，每一位女人身上都可能有两种以上的个性，比如热情奔放、纯真率直、勇敢坚强等，但是对于每一个女人来说，其中必然有一种性格是她最鲜明、最有特点的，这就是她的个性所在，这样才能让别人更加注意她，也才能在众人之中脱颖而出。

成功学大师拿破仑·希尔说"把一种优点发挥到极致，就能掩盖其他的缺点"，同样，把性格中好的一面发挥到极致，就能掩盖不良性格的缺陷。一种鲜明而且出众的性格就像女性佩带的珍珠宝石首饰，随时能够让女性散发迷人的光彩，她走到哪里，哪里就熠熠生辉。这种个性光彩就是女性的性格标签。要做一个有魅力的女性，标志性的、鲜明的个性是不可缺少的。

《红楼梦》是我国古典名著，它最吸引人的地方就是在书中塑造了几十个人物，每一个都具有鲜明的个性特点，给读者留下了难以磨灭的印象。比如泼辣精明的王熙凤，个性非常鲜明，如她一上场，就时悲时笑，而且举止狂放，让刚进贾府的林黛玉都觉得"这里人个个都敛声屏气，谁能放诞如此？"后来她的所言所行，无不表现出她的个性，设相思局、巧设连环计、害死尤二姐……以致于后人评价道："恨凤姐、骂凤姐、凤姐不见想凤姐"，就是她鲜明个性所给人的印象。而至于其他的人物，如多愁善感的林黛玉、率直开朗的史湘云、暗藏心机的薛宝钗、聪明干练的贾探春等人物,她们鲜明的个性也都刻画得入木三分,因而成就了一部不朽的经典。

可见,个性鲜明的作品,令人难忘,同样,个性鲜明的女人,也令人喜爱。鲜明的个性,能够给女人增添无穷的魅力。

独特的个性,让女人的人生画布锦上添花。绘制好自己的性格画布,你的人生将会被带入幸福的山清水秀之中。

个性并不一定绽放于美丽的青春,而更蓄积于丰富的内涵;并不一定炫耀于漂亮的脸庞,而更沉淀于深厚的文化;并不会盲目于夜郎自大的梦境,而是跌宕于忙碌的奔波;并不忘形于孤芳自赏的轻狂,而是丰硕于稳健的收获。个性之于世间万物,是一种飞跨时间和空间的选择;个性之于聪明女人,是一种彰显生命和心灵的旗帜。

个性鲜明的女人,不仅可以提升自己的魅力指数,而且还可以帮助你获取事业的成功。美国第32任总统富兰克林·罗斯福的妻子——埃莉诺·罗斯福,就是一位个性魅力十足的美国第一夫人。

埃莉诺是一位不同寻常的美国第一夫人,正是埃莉诺赋予了"第一夫人"这个词汇真正光彩照人的含义,使得第一夫人成了美国政治体系中一个重要的组成部分。

埃莉诺长得并不漂亮,高高的颧骨、敦厚的鼻翼、突出的牙床加之180厘米的身高,使她在历来以美貌著称的美国第一夫人中显得与众不同。毋庸置疑,她的一部分吸引力在于她是美国前总统西奥多·罗斯福的侄女,也源自她本人的聪明以及渊博的学识,这在同时代的女性中是很少见的。埃莉诺最吸引人的地方是她的个性魅力,她以女性少有的独立、冷静、宽容、豁达的心态辅佐了政绩显耀的富兰克林·罗斯福总统,赢得了美国人民以及世界人民的尊敬与爱戴。

埃莉诺15岁那年,被祖母送到了位于英国伦敦附近的"阿伦斯伍德"女子高中就读。一次,在祖母家的家庭会餐中,她见到了她的未来丈夫,也是她的远房表哥富兰克林·罗斯福。1905年3月17日,在叔叔西奥多·罗斯福总统的见证下,埃莉诺嫁给了英俊潇洒、博学多才的富兰克林·罗斯福。

1933年,富兰克林·罗斯福出任美国总统,埃莉诺成为美国第一夫人。埃莉诺对民权运动十分支持,认为种族歧视是不民主的行为。埃莉诺刚成为第一夫人,就宣布自己要聘用黑人帮她管理家务。

1938年,埃莉诺出席在伯明翰召开的南方人类福利会议。当地法律规定,黑人与白人必须分别坐在走廊的两边。埃莉诺愤然向工作人员要了把椅子,不顾四周白人的惊愕表情,毅然坐在走廊上以表示自己的不满。埃莉诺明白民权问题在二战期间的重要性,因此,她在战争期间反复强调,如果没有非洲裔美国人的民主,那么美国就不可能有真正的民主。为此,埃莉诺受到了不少威胁,然而她却毫不畏惧,仍常常深入华盛顿的黑人聚居地进行调查。

埃莉诺是一位伟大的政治家与妇女运动者,她不断地通过自己的努力为全美国的女性争取更多民主的权利。她提倡人道意识,在她任美国驻联合国理事会代表期间,出访过众多的第三世界国家,在人权工作方面作出了重大贡献。

埃莉诺是美国历史上唯一一位当了三届的第一夫人,她不是以传统的白宫女主人的形象,而是作为杰出的社会活动家、政治家、外交家和作家被载入历史史册的。埃莉诺之所以取得这么大的成就,与她那独立、冷静、宽容、豁达的个性不无关系。她的政治和社会活动、独立意识、公开讲话及作家生涯都是美国20世纪其他第一夫人无法与之相比的。12年的第一夫人生涯,埃莉诺从本质上改变了白宫女主人的传统形象,成为各种社会活动的积极倡导者、政治活动的热情参与者、丈夫事业的有力支持者和政治合作伙伴,这种现象是前所未有的,并为后来的第一夫人们所效仿。

英国前首相撒切尔夫人,也是一个个性鲜明的女政治家。

突出的政绩让撒切尔夫人成为英国唯一一位女首相,也是唯一一个连任三届,从政长达11年的首相,成为众多民众所尊敬和敬佩的偶像。撒切尔夫人同时也是一个很有个性的女人,她严格谨慎、一丝不苟,作风强硬、毫不退缩,总是很严格地贯彻自己的想法,使她获得"铁娘子"的美誉。

撒切尔夫人在任期间,颁布了许多政策,这些政策为严密支配内阁阁员,严格执行金融政策,促使工会服从法律的约束以及国有企业的民营化起了重要作用。

在她执政后期,她将教育、卫生保健和住宅的民营化,把"撒切尔革命"由财经和工业扩展到新的社会政策领域,她保证英国对北大西洋公约组织的强有力的承诺,并主张英国要有独立的核武器威慑力量。这一立场深受选民欢迎,使得工党放弃英国传统的核武器及防御政策,虽然1984年在萨塞克斯郡布赖顿发生的爆炸案几乎炸死她和数名高级官员(此案疑为北爱尔兰分离分子所为),但她仍主张北爱尔兰继续留在联合王国内。因为她是不会被恐吓和炸弹所吓住的普通的女人,她是态度强硬的"铁娘子"。

撒切尔夫人以自己独立的能力在政界获得了肯定和赞许,成为众多女性心目中的楷模和英雄。

个性鲜明,是女性散发迷人魅力的前提,它让你有一个标签,能够让人们识别你,提高你的知名度和美誉度。拥有自己鲜明个性的女人,往往都是出色的、优秀的、光彩夺目的,她们独特的个性总是让她们在人群当中脱颖而出;拥有自己鲜明个性的女人是勇敢的,因为她们敢于释放自己,展示自己,表达自己,她们的行为甚至让男性倾倒;拥有自己鲜明个性的女人是健康的,因为她们不会因为环境改变自己,她们的行为和内心总是保持一致;拥有鲜明个性的女人是自信的,因为她们时刻都展示的是最真实的自己。因而,拥有自己鲜明个性的女人,也往往能够把握住自己的人生,走自己想走的道路,创造出属于自己的幸福。

2. 保持个性,活出独一无二的你

当一种个性真正属于你自己的时候,就会像你的外表、你的呼吸一样成为你生命中的一部分,并具有一定的稳定性。当你思考、做事、举手投足都不自觉地带出某种个性的时候,这个个性才真正属于你。所以,让一种个性成为你的标签,最重要的是能坚持自己的个性。

在旧时代,女性都被灌输"三从四德",在家从父、出嫁从夫、夫死从子,似乎一生都在听从男人的安排。这是女性从属性和依赖性的地位决定的。在这种状况下女性很难有机会表露自己的个性,她们的个性都被男权社会所压制了。

虽然现代的女性已经有了充分的自主权,她们的社会地位也有所提高,但是很多女性受到社会环境和传统思想的影响,不敢表露自己的个性,把自己的个性隐藏起来,或者在最初表露个性受到指责和非议后,就改变自己的个性,向人们赞同的方向发展。这样的女性虽然会被人认为是很温顺、很懂事,但是却失去了原本的自我。其实这是错误的。真正的现代女性应该毫不遮掩地像男性一样去表露自己,并且坚持自己。只有坚持下来的个性才是真正的个性,才会有真实的魅力。

其实每个人身上天生都带来一些个性,只是有些人发现并表露出了它,有些人却因为环境等其他原因隐藏了它或者改变了它。这就导致我们看到的普通人都是顺从大流的,趋同众人的。她们以为大家做什么,就一定要做什么;大家怎么做,就要怎么做。这样的心理和性格造就了她们平庸的、无个性的人生。她们只会听从别人,服从别人。一生虽然看似与世无争、平安淡然,但是,其实她们从来没有做过真正的自己,也从来没有想过自己内心的真正需要是什么。她们为了得到他人的赞许和接纳,早已把自己的个性磨平、退化了。在大浪淘沙之下,由石头变成石子,由石子变成沙粒……这样做,自然是能够和大多数人一样平平安安地生活,踏踏实实地做事,但是走到最终的时候,却发现自己一生都是在为别人而活,走别人走烂的路,没有留下一个脚印,岂不觉得一生可悲?

但是,作为一个能够保持自己个性的人,她不会因为别人的眼光而改变自己的态度,也不会因为现实的困难而隐藏真实的自己。她时刻都保持着自己的本色,活得坦然而真实,她每一分每一秒都是为自己而活。这样的人或许暂时会被人视为另类,可是时间久了,她身上的个性倒成为一种特色,已经让人们接受了,这种特色就成为这个人的本色和标签,让人们印象深刻并且深感钦佩。

戴安娜在成为英国王妃之前,没有人知道她。成为王妃后,人们不仅知道她是王妃,更知道她是一位美女,美得惊世骇俗。然而她天生具有一种叛逆性格,她向世俗、向王室的"清规戒律"发起了挑战,她愿做人民的王妃,而不愿做皇室的王妃。叛逆的个性影响了她一生的命运。

由于科学技术的发展,现代化传播媒介的发达,使 20 世纪名人、明星辈出。这些名人、明星不断出现在人类生活的舞台上。这些名人、明星有的一闪即逝,只留下短暂的辉煌,有的则长时间闪烁着耀眼的光芒。戴安娜在世时,在数以万计的名人、明星中,戴安娜当属最有名的名人、最耀眼的明星。自从戴安娜与查尔斯王子交往的那一天开始,辉煌的光环似乎就一直笼罩在她的头上。人们对她的关注、议论、评价超过了同时代的任何一位明星、名人。她是明星中的明星、名人中的名人。她在英国王室十几年,也是王室成员中最有影响的人物。世界各大新闻媒体无一例外地注视着她的一举一动。从戴安娜 1981 年成为王妃,到 1997 年不幸身亡,短短的 16 年间,只要她在公开场合露面,便无法躲避记者照相机的闪光灯、摄像机的镜头。16 年来,她在新闻媒体中出头露面的频率、次数,让那些当今最红的明星,甚至亿万富翁、政界要员等都感到自叹弗如。

现如今,前英国王妃戴安娜已经香消玉殒了,但她仍留给了世人美好的回忆,对于她,人们仍有说不完的话题。

戴安娜从一个不谙世故的纯洁女人,到众人瞩目的王妃,最后公然与王室决裂,同查尔斯王子离婚,这一非凡的经历充分说明了她性格的鲜明性。人们过多地把目光集中在了她的柔美、妩媚、温顺的女性性格上,而忽视了她的性格的另一面,这便是叛逆。叛逆和柔美似乎有水火难容的矛盾,却又鲜明地集中在戴安娜身上,构成了她短暂一生的主要内容。正是这两种性格的融合,才造成了戴安娜的辉煌与不幸。假如她是一个"丑小鸭"、"灰姑娘",那肯定成不了王妃,也就避免了许许多多的人生不幸。作为王妃,戴安娜的确享受到他人可望而不可即的荣华富贵,但她所付出的代价也是常人所无法想象的。假如她没有叛逆的性格,屈从于王室的清规戒律,逆来顺受,不与命运和现实抗争,那么,即使她仍然是举世瞩目的人物,人们对她的认识与评价,可能不会是今天这个样子。

保持个性诚然是要受到阻碍和困难的,是需要付出相应的代价。因为往往人们会对和自己不一样表现的人和事持否定态度,从而让有个性的人产生被排斥和落寞的感觉。有时候很难让人真正地坚持下来。比如富有个性的法拉奇,她作为女性,不仅工作作风像男人,生活习惯也男性化,她喜欢穿长裤,抽烟,她的行为经常被人视为"异类",很多女性都不敢和她接触,但是她并不在乎,勇敢地坚持自己。保持自己的个性就要能忍受别人非议和不理解的痛苦。但是当这种个性保持下来并且成为你的一部分后,它会帮助你完成许多常人无法完成的工作和事情,也能够给你超于常人的胆识和勇气,最终你会获得骄人的成就和事业,也会拥有一个真正属于自己的人生。

保持个性就是在时时、事事保持自己,不被外界的环境所影响,不为别人的否定和指责而改变。

作为一个现代新女性,过去那种被奴役、被命令的时代已经过去了,我们不必再做男人的奴隶,也不必再做传统和世俗的牺牲品,而是要敢于张扬自己的个性,敢于做出自己的人生选择。这个世界总是在强调自由和平等,只有我们真正有属于我们自己的个性,不再为外界环境所改变的时候,我们才真正争取到了自由平等。

打造迷人个性,尽展女性魅力

花容月貌的女人很吸引人,然而性格独特的美女更容易吸引人,她们开朗、自由,坚持用自己的方式过自己的生活。也许正是这种对生活的自信,才使她们产生了更多的浪漫柔情,才让她们充满了独特的个性。

俗话说:"人如其面,各有不同。"生活中,每一位女性都有其独特的个性特点,如有的人性情温柔,有的人脾气火暴,有的人谈笑风生,有的人沉默寡言。这些特征在一个人身上的表现是比较稳定或经常出现的,这样我们才能把一个人与另一个人区分开来。

人的个性具有一定的可塑性,它可以随着现实环境的多样和改变而或多或少地发生变化,这其中自我调节起着非常重要的作用,因此我们可以打造自己迷人的个性。

所谓迷人的个性,就是能吸引人的个性。下述十种女人最具个性吸引力。

(1)她自然、纯真的天性影响着周围的每一个人,她热爱生活、无拘无束,随心所欲而又有一些漫不经心。她讨厌艰涩和故作深沉,要让她执著、沉迷于某一件事实在是太难了。

(2)她喜欢豪华、热闹的生活,以施展她社交明星的魅力。她无须做深沉的思考,也从不理会生活以外的东西,她为她自己而沉醉。

(3)她外表质朴自然,内心浪漫,与世无争,强调个性却不张扬。只有能够进入她内心的人才能真正了解她,也才能为她所欣赏。她的气质和教养是她丰富内心的流露,也是她与别人拉开距离的原因。

(4)她是理想的贤妻良母,温柔、内敛、善解人意,安静、沉着、细腻,注重生活细节。

(5)良好的教养和优裕的经济条件,使她超越了琐碎和庸俗,她从不羡慕成功男人和事业女性,只专心地折着手里的纸鹤。

(6)她像一匹难以驾驭的野马,奔放、潇洒、热烈、不羁,她让你联想起一切浓烈和快节奏的感受,她简洁、痛快的作风容不得半点纠缠。她的心太大也太高,于是凡俗琐事便一概被她忽略,但骨子里的性感和精神上的细腻却挥之不去。她是物质与精神的双重贵族,她从不因为物质的满足而放弃精神的追求,相反是物质基础使她更有实力建构自己的精神世界。她洞悉一切的成熟,使她在亦庄亦谐中游刃有余。

(7)一个如此理性的女人意志坚强、说一不二,喜欢把握局面,聪明而善用头脑,很少感情用事,不会因冲动而犯错。她独立而事业有成,她像男人一样活着,却懂得适度施展女人魅力。

(8)她对生活的要求并不太高,喜欢轻松、愉快、富足地活着,不愿意有压力和波澜。安于现状和乐观的天性使她能够将青春延续。她单纯而敏感,有较好的人缘。

(9)她是女人中的女人。她既古典又浪漫,充满诱惑但不邪恶,美是她的理想。世俗生活离她那么遥远,仿佛她来到这个世界,只为做一个女人。

(10)她的奢华与她的高贵一样引人注目,最华丽的场合总能让她出尽风头。她喜欢那种众星捧月的感觉,她征服世界的方式是征服男人。

每一种个性都有其独特的魅力,这种个性的魅力既能展示自己,又可感染他人。这种独特的个性,就像镶嵌在你身上的一颗蓝宝石,熠熠生辉,光彩照人。

那么,我们应如何打造属于自己的迷人个性呢?以下建议可供参考。

(1)秉持本色。伟大剧作家莎士比亚曾说过:"你是独一无二的,这是最大的赞美。"这是一个不为我们所习惯的说法,却符合事实。

在当今社会,竞争不仅是才能的竞争,更是个性的竞争。你不清楚自己的独到之处,不了解自己潜在的优势,就很难凭真本事去竞争,就很难在优胜劣汰的环境中显出实力,那么你的愿望也只能成为愿望。要想施展自我,要想不被别人牵着走,只有认真地剖析自我、确认自我,尽力实现自我价值,才能使自己真正成为自己。

■ 魅力女人

　　索菲娅·罗兰是意大利著名影星,自1950年从影以来,已拍过60多部影片,她的演技炉火纯青,曾获得1961年度奥斯卡最佳女演员奖。她16岁时来到罗马,要圆她的演员梦。但她从一开始就听到了许多不利的意见。用她自己的话说,就是她个子太高、臀部太宽、鼻子太长、嘴太大、下巴太小,根本不像一般的电影演员,更不像一个意大利式的演员。制片商卡洛看中了她,带她去试了许多次镜头,但摄影师们都抱怨无法把她拍得美艳动人,因为她的鼻子太长、臀部太"发达"。卡洛于是对索菲娅说,如果你真想干这一行,就得把鼻子和臀部"动一动"。索菲娅可不是一个没主见的人,她断然拒绝了卡洛的要求。她说:"我为什么非要长得和别人一样呢?我知道,鼻子是脸庞的中心,它赋予脸庞以性格,我就喜欢我的鼻子和脸保持它的原状。至于我的臀部,那是我的一部分,我只想保持我现在的样子。"她决心不靠外貌而靠自己内在的气质和精湛的演技来取胜。她没有因为别人的议论而停下自己奋斗的脚步。她成功了,那些有关她"鼻子长,嘴巴大,臀部宽"等的议论都"自息"了,这些特征反倒成了美女的标准。索菲娅在20世纪行将结束时,被评为20世纪"最美丽的女性"之一。

　　索菲娅·罗兰在她的自传《爱情与生活》中这样写道:"自我开始从影起,我就出于自然的本能,知道什么样的化妆、发型、衣服和保健最适合我。我谁也不模仿。我从不去奴隶似的跟着时尚走。我只要求看上去就像我自己,非我莫属……衣服的原理亦然,我不认为你选这个式样,只是因为伊夫·圣洛郎或第奥尔告诉你,该选这个式样。如果它合身,那很好。但如果还有疑问,那还是尊重你自己的鉴别力,拒绝它为好……衣服方面的高级趣味反映了一个人的健全的自我洞察力,以及从新式样选出最符合个人特点的式样的能力……你唯一能依靠的真正实在的东西……就是你和你周围环境之间的关系,你对自己的估计,以及你愿意成为哪一类人的估计。"

　　从索菲娅·罗兰的事例中我们能深刻地领悟到一个做人的原则,就是凡事要秉持自己的本色,不要模仿别人去换取暂时的回报。这种以丢失自我为代价的做法,从长远的角度来看,无异于杀鸡取卵。你也许在某个时候会发现,羡慕是无知的,模仿也就意味着迷失自我。

　　作为女人,坚守自己的个性,在世界这座百花园中,你同样是一朵奇葩。世界上所有的东西,都是不可仿制的,是绝无仅有的。作为女性大家族中的你,也是这个世界上独一无二的。

　　(2)热情似火。快乐生活的一个基本要点就是热情似火,对他人热情,对工作热情,对生活热情。对别人热情的人,总会得到别人的喜欢。就像有人说的那样,"你对我热情,我就喜欢你。"对工作、生活热情的人,会有意想不到的收获。

　　美国《西雅图时报》在1995年10月26日,报道过一个77岁的老人的故事。她无意中发现自己存了100万美元,在她的经纪人告诉她之前,她并不知道自己已成为百万富翁。她是怎么做到的?她是每天一块钱一块钱存起来的,还是每天研究股市行情?或有什么其他的投资项目?还是她是律师、医生,能赚很多钱?

　　不!她一生都在从事服务业,过去几年来,她还是一名义工。77岁时,她花三周到波兰教一些远亲学习英文;76岁时,她到休斯敦的水灾地区参与救灾活动;75岁时,她在芬兰学会了如何用雪橇行遍全国;她还为法院义务担任儿童教母的工作……

她对生活本身的兴趣远高于只是赚钱、花钱,她热爱每一个人,同时也得到别人的热爱,她的故事并不特殊。

保持热情的意义,便是找出你喜欢做的事,然后全力以赴。无论是否有能力得到金钱,你都坚持到底,这便是真实生活的最好方法。当你从事自己喜欢做的事时,你不但精力充沛,而且活力十足。

当然,热情不仅仅是对待工作的态度,更是对待生命的态度。

有一位老太太,她的一条腿已被锯掉,但她很兴奋地描述说,她独自一人生活,她每天都是坐在轮椅上做家务的,包括使用吸尘器、准备三餐、铺床。

她常对别人说:"只要你知道窍门,就不会有困难,而且我真的知道这里的诀窍,我并不觉得困难。虽然我身旁没有人,也得不到任何帮助。就算找到合适的女孩子,我也付不起费用。但是请你不用忧虑,我并不抱怨,我喜欢这种生活。"

曾经有人和她做过以下一番对话。

"你的腿被锯掉有多久了?"来客问她。

"哦,大约五年了,当然已经习惯了。"老人平静地回答。

"你能从轮椅上下来吗?"

"当然,你难道认为我整天都闷在这栋屋子里?"

"我的奶奶还时常给我们打气,"正当他们聊着,她那位27岁的孙子插话说,"我每隔两天来看她一次,每次都能从她身上得到一份新的热忱。而且那份热忱也时刻鼓舞着我,使我充满了活力。"

"难道你从来不觉得沮丧吗?你毕竟少了一条腿。"来客紧接着问这位年老却热情得像火球一样的女性说。

"沮丧?当然,我也有这种感觉。"

"当你沮丧的时候,你怎么办呢?"他进一步问。

"我只是克服这种感觉,还能怎么办呢?"

"听着,孩子。"她用手指着和她谈话的小伙子说,"是这样的,我经常不断对自己重复这样的话:'我深信,我是拥有生命的,我将拥有更丰富的生命。'你知道吗?谁也不认为这个诺言不适用于坐在轮椅上、少了一条腿、又是90岁的人。它只允诺丰富的生活,因此,我不断对自己重复这个诺言,并且过着丰富的生活。我很幸福,我拥有勇气。"

有热情才会有希望,生命中充满热情,生活每天都充满阳光。

发挥热情,能带给你真正的自信。因为你专注于自己的兴趣而非外表时,你就有了自信。你不再以自我为中心,不再担心自己的工作表现,只急着充分地表现自己的热情。相信你一定看过小提琴家在演奏时满头乱发飞扬的场面,他只顾演奏,丝毫不关心外表如何。恰恰是这份热情弥补了他的外表,创造了一个全新的形象,让观众为之倾倒。

一个失去热情,对一切人和事物都采取漠视和冷淡态度的人,是一个心理不健康的人。因为,他看不到生活的本质和人生的真谛,看不到希望和曙光,不能寻觅到挚友和知音,也激发不起生活的热情和兴趣，终日伴随他的只是内心深处的孤寂、凄凉和空虚。这无疑是一种可悲的自我摧残和自我埋葬。

因此，作为女人，任何时候都不要失去热情。

保持热情，首先要树立远大的理想和坚定的信念，并以此点燃心中爱的火炬。社会环境是复杂的，它不仅使你尝到生活的幸福甜美，也让你领略一些艰辛，迫使你经受各种各样的磨难和打击。面对这种情况，一些感情脆弱、意志不坚强的人，在心理上就会产生矛盾，变得动摇和厌烦，甚至看破"红尘"，于是生活的热情被压抑，原有的理想和信念统统被扔掉了，他们变得冷漠无情、万念俱灰。其实，社会本来就是个五颜六色的大拼盘，人生道路不可能总是一帆风顺，只要你心中爱火不熄，热忱就不会失去，光明终会到来。例如，1982年诺贝尔医学奖获得者、国际遗传学专家芭芭拉·麦克林托克早期的研究成果，是经过许多年以后才得到普遍承认的。但是，她始终没有放弃她的研究，凭借一腔为人类作贡献的热情之火，不计个人得失，变工作为生活的乐趣，终于获得了成功。

其次，要激发自己对生活、对社会、对他人的义务感和责任感。一个人总要生活在一定的社会环境和群体之中，离群索居、摆脱对社会和他人的依赖是不可能生存的。既然如此，如何改造和拓展自己所处的社会环境，如何关心他人、帮助他人，以期相互依靠、共同生存，就成了一个人对社会和他人应尽的义务和责任。当然，满腔热情地为社会和他人服务，这本身就需要付出汗水、努力追求，需要时时克服和摆脱私心杂念的干扰和阻挠。从这点来看，在生活和成功的道路上碰到一些麻烦也属正常现象。

总之，热忱待人，热忱对待生活，你就会眼睛发亮，脚步轻快，心灵上的皱纹就会消除。

（3）大胆果敢。很多人都认为大胆果敢是男性的专利，其实不然，大胆果敢也是女性所应该具有的。人类是因为有了果敢和勇气才一步一步地挑战自然，创造了伟大的文明。女性和男性一样，都是社会进化的产物，同样也应该有挑战困难、征服困难的勇气和果敢。

特别是在特殊的历史时期，大胆果敢还加进了不怕流血牺牲，为真理、正义和祖国而英勇献身的精神。法国15世纪率领军民抗击英军侵略的圣女贞德；前苏联二战时期打击德寇的卫国战争英雄卓娅……这些都是光照千古、可歌可泣的女性楷模。

我国辛亥革命时期著名的巾帼英雄秋瑾就是一个大胆果敢、富有挑战精神的女中豪杰。秋瑾出生在一个封建的旧式家庭，但是她蔑视封建礼教、提倡男女平等，喜欢穿男装，喜欢练武，性格豪侠。并且给自己取号为：鉴湖女侠。她为人行侠仗义、豪情满怀。在她的一生中，鲜明地表现了大胆果敢的个性。在她接受了革命的进步思想和主张之后，毅然抛家别子，自费到日本去留学；在《辛丑条约》之后，眼看着自己的国家被瓜分和蹂躏，她不甘屈从于清政府的腐朽统治之下，毅然决然地举起了革命的大旗，组织各种聚会和游行，并且办起了女子学校，果敢地和清政府作斗争。后来在杭州准备发动起义之时，被叛徒出卖，毅然就义于浙江绍兴轩亭口。即使在被捕之前，她也没有表现出丝毫的恐惧，而是遣散了众人，烧毁了关于革命的资料，从容被捕。她成为后代英雄女性的楷模。国民革命先驱孙中山先生就非常赏识她，称她为"巾帼英雄。"她的勇气和胆魄以及为国家和民族大义、勇于牺牲的精神，令许多男性都自叹弗如。

她有一首著名的诗："不惜千金买宝刀，貂裘换酒也甚豪，一腔碧血勤珍重，酒去犹能化碧涛。"充分看出她豪侠仗义，为追求真理和正义不惜牺牲性命的革命家的个性。

秋瑾，作为中国近代第一女豪杰，她的革命精神值得我们传承和发扬，她的大胆果敢的性格值得我们学习和效仿。

大胆果敢不是大大咧咧，说话粗鲁，做事草率，它是内心的一种不畏强权、不畏困难的勇气和正义，是一种坚强和坚毅的性格表现，是女性最具魅力的个性之一。

（4）独立自主。独立自主也是女性非常出色的个性之一。在大多数情况下，女性常常被认为是顺从和懦弱的代名词，这让女性在很多社会地位的争取和世俗的眼光中被轻视乃至被欺凌。作为现代女性，要真正地掌握自己的命运，就要敢于打破世俗的观念，坚强起来，自立起来，做个独立自主的新女性。

独立自主是一个人实现自信和自尊的前提。只有独立了，不再依靠别人的供给生活，你才能真正实现和别人的平等，才能有资格维护自己的权利和尊严。虽然有些女性依靠男性的力量过着锦衣玉食的生活，但是，她们在精神上并不能成为自己真正的主人，她们并不被人们所尊重。只有你真正地不依靠别人而完全靠自己的力量去克服困难，获取成功，并立足于社会的时候，你才会感受到自己真正的价值。

女性要想活得有尊严、有价值，首先要实现的就是独立自主。

独立自主首先体现在精神上的独立。你要在心里有自己靠自己的意识和信念，凡事要自己解决，自己决定，不要总是想让别人帮助你或者是替你解决。因为别人对你的爱再多，也永远不能成为你自己，也不能完全代替你。你自己必须有你自己的人生观和价值观，必须用自己的双手创造属于自己的未来。

其次，独立还体现在经济上的独立。你必须有能力自己挣钱养活自己，不需要他人的援助和供给。独立的经济能力是人获得自我肯定和自我价值的前提。只有经济独立了，人才能获得真正意义上的独立。没有经济的独立，女人永远只能是男人的附属品，而不能成为男人的一部分。被《纽约时报》评选为美国最受欢迎的五十个"钻石单身女郎"之一的华人女主持人靳羽西认为，女人最重要的是经济的独立。她说："我现在最大的自由是，我可以从自己的口袋里掏钱买书、买我喜欢的衣服，这是女人最大的自由。现在许多年轻的女孩子需要什么东西的时候，就对她的男朋友或爱人说，我喜欢这个、我喜欢那个，她们是不自由的。我以前曾经嫁过一个很有钱的男人，可是他没有给过我一毛钱。"

总之，独立自主的个性给女性自信、自尊，让女性自强，它让女性意识到自身的伟大力量，获得一种最大的满足感。

（5）坚强刚毅。女性与男性相比，韧性更强，在困难面前，她们往往比男性更能坚持，更刚毅。

坚强刚毅的性格能够让女性在困难面前不退缩，挫折面前不气馁，对自己始终充满信心。人生难免会遭遇各种各样的困难和挫折，面对困难和挫折，很多女性朋友感到无助，感到无望，不知道自己该怎么做。其实这个时候是考验我们信心和能力的时候，只要我们不放弃、不退缩，而是勇往直前，那么，我们就会用自己的力量打败困难，成为生活的强者。这就是坚强刚毅的性格带给你的神秘力量。

被誉为"打工皇后"的吴士宏就是一个坚强刚毅的女性，她从一个普通的下岗女工到成为中国优秀企业家，处处表现出她的刚强、她的韧性、她的执著精神。

吴士宏的人生之路比较坎坷。她曾经是一名国有企业的普通工人，只有初中文化程度。在20世纪90年代的下岗大潮中，她和很多人一样被卷入了失业大军。刚开始的一段时间，吴士宏面对生活失去了信心，她想到了自杀，吞下了整整一瓶安眠药。但是被家人发现，经过医生们的奋力抢救，她终于脱离了危险。她看到家人、朋友、医生们为了挽救她的生命，付出了这么多代价，突然间她觉得她的生命很重要，不是她以前认为的那么卑微。吴士宏再也不想死了，她告诉自己要坚强地活下去。

为了能够找到合适的发展机会，吴士宏一边做清洁工，一边自学外语。她因为没有钱，就通过一台收音机自学吴国璋英语。学了一年半。天赐良机，当她的英语学得差不多的时候，正赶上IBM公司在中国招聘员工，她毅然地报了名。负责应聘的工作人员第一个问题就是问她会不会打字。吴士宏平时都做清洁工作，连打字机都没有摸过。但是为了能够通过审核，她硬着头皮说了句："会！"招聘人员告诉她两个星期之后再来参加笔试。吴士宏松了一口气，她连忙跑回家，向人借了170元钱买了一台打字机，天天苦练打字。十个手指都打出了血泡，但是她在指头上缠上胶布后继续练习。终于在两周后，她达到了专业打字员的水平。这样，她满怀信心地去参加笔试了，但是考官根本没有考打字。通过几轮的筛选，吴士宏凭借自己出色的英语水平和独到的见解获得了IBM公司的认可，幸运地被录取了。

这之后，她在一次次的工作中，凭借自己的毅力和坚强，克服了一个又一个困难，最后一步一步地成长为IBM华南分公司总经理。

1998年2月，吴士宏离开她工作了整整12年的IBM公司，受聘于微软大中华区CEO，登上职业经理人的一个高峰。1999年12月，加入TCL集团，成为TCL企业家团队中的重要一员。

吴士宏的成功当然是诸多因素使然，但她那坚强刚毅的个性是她成功的重要原因之一。

可见，坚强刚毅的个性在生活和事业中对女性的支持力量有多么重要。如果没有坚强刚毅的个性，吴士宏不会从一个清洁工成长为全国知名企业家的。所以，在追求梦想的道路上，女性朋友们一定要坚持，坚持到最后，直到目标的实现。

（6）积极进取。现代社会给予了每个人更加宽广的活动舞台，很多女性开始走向职场，和男人一样打拼，一样渴望成功。各行各业也的确涌现出许多成功的女性。她们不仅事业有成，生活也相当圆满，她们代表着当代女性的特征——干练、简明、高效和精彩，成了这个社会大舞台中最亮丽的一道风景，也成为每一位渴望进步的女人学习的典范。

法国著名品牌"香奈儿"的创始人加布里埃·香奈儿之所以能把人生经营得如此精彩，就在于她能够不断进取，不断充实自己，不断获取成功。

香奈儿既是一个崇尚经济独立、积极进取的时尚女人，也是一个浪漫的女人。她的名字后来竟成为女性解放与自然魅力的代名词。

她年轻时是巴黎一家咖啡厅的卖唱女。香奈儿经历过一次失败的情感——18岁时当了花花公子博伊的情妇。她没有就此沉沦下去,而是借助博伊的帮助开了三家时装店,使她的服装进入了巴黎的上流社会。

对于浮躁与矫情的上流社会,香奈儿的礼服是玛戈王后装的翻版。香奈儿和她的服装充满了怪异,但也充满了致命的吸引力。有一次,她的长发不小心被烧去几绺,她索性拿起剪刀把长发剪成了超短发。在她走进巴黎舞剧院之后的第二天,巴黎贵妇们纷纷找到理发师给她们剪"香奈儿发型"。无论香奈儿的香水还是香奈儿的服装,真正的魅力在它们的制造者身上。

30岁以后的香奈儿还清了欠博伊的钱,她独立了。从1930年一直到死,她都独自住在巴黎利兹饭店的顶楼上,她是世界上最著名的服装设计师之一,但她不是妻子,不是情妇,不是母亲。

每天晚上睡觉的时候,她唯一需要确定的是,那把心爱的剪刀是否放在床头柜上。她说:"上帝知道我渴望爱情,但如果非要我选择,我选择时装。"香奈儿回忆自己漫长的一生时,给妇女们的忠告是:"也许我会令你感到惊讶,但归根结底,我认为一个女人若想要快乐,最好不要遵从陈腐的道德。作出这种选择的女人具有英雄的勇气,虽然最后很可能付出孤独的代价。但孤独能帮助女人们找到自我。我爱过的两个男人从来不了解我。他们很有钱,却不曾了解女人也想做些事。忙碌起来能使你的分量加重。我很快乐,但几乎没人知道这一点。"

每一位懂得享受生活的女人,不管你的外表是美的还是丑的,也不管你的心智是聪明的还是愚笨的,都要凭着自己的心性去追求自己想要的生活,而不要依附于某一个男人,也不要随着他心情的潮起潮落而沉沉浮浮。做一个独立的个体,经济独立、事业进步、感情丰富、做事理智,这样的女人永远自信快乐,这样才能成为男人心甘情愿为之效劳、为之追逐一生的女人。

积极进取的女人是美丽的,这种美丽是不可替代的。

积极进取赋予了女人自立自强的人格魅力。进取,让女人走出了狭小的家庭生活空间,让女人的视野开阔,心也随之澄明起来,进取,让女人发现了更能凸显自己个性价值的方式,进取,也最能让女人找到自己的尊严。面对一个自尊自爱、自立自强的女人,相信每一个人都会由衷地赞叹她的美丽。

第十四章　智慧内涵，蕴涵迷人气质

> 女人的内涵是一种举手投足间自然流露出的风情。内涵是自己的内在美，吐气若兰，是一种文化修养，是一种境界，是一种情调，是一种美好情趣的内在表现。内涵是气质魅力的源泉，气质魅力是内涵的呈现。

修养使女人美丽一生

修养是一种人生体验的感悟，是一种更为简单纯净的心态。"淡薄以明志，宁静而致远"，这是中国传统文化修身养性的最高境界。有修养的女人懂得只有淡薄世事之后，才会洞明凡尘，只有清心内收之时，才会高瞻远瞩。

女人不一定要漂亮，但一定要有修养。修养是女人的美德，是女人的灵魂。漂亮只是女人的外套。一个女人即使再漂亮，没有修养，那也不是完美的女人。

一个有修养的女人静若幽兰，芬芳四溢。有修养的女人不会随着岁月的流逝而渐失光泽，而会越发显得耀眼迷人。

有一种说法为："不美丽是女人绝对不可以容忍的事情，但没修养绝对是男人不可以容忍的事情。"

生活中，许多女人看上去十分美丽，但她们行为粗鲁，往往惹得男人望而却步，或者心生厌恶；相反，那些相貌平常，但言谈和举止上富有修养的女人常常能赢得男人的心。

随着时间的流逝，岁月在女人脸上留下的痕迹也会越来越多，青春和美貌不会永存，而修养所赋予女人的气质魅力却是恒久的，它可以使女人美丽一生。

那么，什么样的女人才算有修养呢？

（1）温柔的女人。有人说温柔是一种自我控制能力，是一种力量。这是种艺术，更是种美德。

（2）善良的女人。善良总是动人的、美丽的、发自心灵的，并且将是永恒不变的。每个男人都希望自己的妻子或女友善良而有爱心。这样的女人是最可爱的，她的爱心赋予了她另一种意义上的美,这是任何一种外在美所无法比拟的。

(3)宽容的女人。宽容应该是积极的宽容,而不是一味地去放纵别人做错事。这样的宽恕能让犯了错的人抱有某种希望。

(4)善解人意的女人。善解人意的女人注定天生招人喜欢,她们一眼就看透他人的内心,了解他人的需求,理解他人的难处,分担他人的忧愁。对于这样的女人,人们都会情不自禁地喜欢上她们。

(5)热情、有爱心的女人。男人希望妻子或女友对自己的热情和爱永不减退,而对别人则是充满爱心,乐于帮助。

(6)纯洁成熟的女人。纯洁和成熟并不矛盾,而成熟与懂事却紧密相连,这里所说的成熟女人是指思维缜密、处事得体的女人。一个女人拥有了纯洁和成熟这两种看似矛盾的特征,她的魅力才会变得不同凡响。

(7)谦虚的女人。盛气凌人的女性越来越不受欢迎,而谦虚、平易近人的女人则越来越令人尊敬。真正的谦虚是一种礼让,而不是没有脾气、缺少个性,有性格才懂得谦虚,有个性才懂得内敛。谦虚是涵养的花盆,只有内存养料,花朵才能长得娇艳多姿。谦虚也是一种自我控制的能力,内炼心气,外炼气质。谦虚不会让人变得怯懦,而会让人能够以低姿态做事,发现自己的不足之处,从而取得更大的进步。

(8)顾家的女人。男人在外打拼,他们希望有个顾家的女人。顾家的女人总是能把家人安排得妥妥当当,即便再忙,也不会忘记叮嘱家人天冷了添一件外衣,她会让家里的一切总是井井有条。这份细心和井然有序,早已经成为男人心中不变的追求。他们工作一天回到家,希望闻到的是饭菜的香味儿,看到的是一个系着围裙的女人里里外外地张罗着。男人满足了,这才是幸福。

(9)上进的女人。"女子无才便是德"的时代早已经过去了,你听说过哪一个男人喜欢无知的女人?女人要用知识来武装自己,做一个上进的女人。女人认真起来的样子也很美,女人天生是学习的料。

(10)踏实的女人。成功的男人都喜欢踏实的女人,因为这种女人最爱家、最稳定。好高骛远的女性很多,花花世界诱惑很多,浮躁的人也越来越多,怎样笑看利益、笑谈欲望?而踏实的女人无疑是令人羡慕的,她们可爱、可亲,更可敬。

此外,有些人也往往从细微的地方来观察女人是否有修养。

有位模范母亲说:"大抵可从厨房、化妆室的干净整洁程度看出一个家庭的美丑,看出一个家庭主妇对这个家所付出的心血以及对这个家的热爱程度,这实在是很重要的一点。"

还有一位知名企业家也说:"只要看办公大厦的盥洗室,即可觉察到该企业是否坚实昌隆,女职员是否具有良好的修养。"

当然,绝大部分人还是喜欢从一个人的外观行为中来看一个人的修养程度。如果一个人动不动就骂人、害人、损物,伤害别人的身体,或者做一些超出道德标准的事,就是没有修养的表现。

要想做一个有修养的女人,就必须注意自己生活中的日常行为,同时,也要不断地扩大阅读范围,提高自己的知识素养,这样才能全面提高个人的修养水平。

如果能把吸收的知识储存在脑子里,并且进一步思考它,有自己的看法和见解,然后再以自己本身的意思表达出来,则可以真正称得上是有知识有修养的人。

有修养的女性会常常鞭策自己。这就意味着不姑息自己,对自己采取严格要求的态度。但如果对自己姑息而苛责于人,这种人是没有资格被称为有修养的。

好莱坞的一位成名的影星常说:"我的教育者,就是我自己。"她之所以能够正确地控制自己,演技获得肯定,乃是她不断地在鞭策自己,以至她虽只受过不多的教育但仍旧把自己塑造成了一位具有良好教养的女性。

另外,要想做一个有修养的女人,还必须知道一些女性没有修养的表现,这样才会在自己婚后的日常行为中保持警惕。

(1)化妆不得要领,一味追求浓妆。如眉型描得太粗,失去了温柔之美;两颊胭脂过浓;口红与脸色反差太大;增白霜、美容霜把脸抹得白而发青,失去了淡雅质朴之美。

(2)过分迷恋自己的容貌、身材,追求别人的赞赏和奉承。

(3)不自重、不自爱,卖弄风骚。

(4)"性别意识"过于淡化,跟男人一起拍肩膀打屁股、嬉戏打闹似家常便饭。

(5)心眼浅、器量小。

(6)不愿听批评,虚伪、不诚实、翻脸无情、无才无知、不思进取。

(7)丈夫上班时喜欢追查其行踪。

(8)喜欢偷偷查丈夫衣袋。

(9)一分钟也不许丈夫离开自己的视线。

(10)不孝敬公婆,只孝敬自己亲爹亲娘。

(11)总嫌自己丈夫没本事,不会理持家务。

(12)对亲朋好友不热情。

(13)对他人的缺点和错误不能容忍,从不考虑别人需要什么。

(14)喜欢挑衅吵嘴,丝毫也不肯吃亏。

(15)高叫男女平等,又处处要求享受特权。

(16)说话喜欢拐弯抹角,化简单为繁复。

(17)占有欲极强。

(18)爱恨极端——经常一哭二闹三上吊以达到目的。

针对以上的现象,我们要保持警惕。

智慧是美丽不可或缺的养分

智慧之于男人是睿智与深邃,智慧之于女人则是博爱与仁心,是充满自信的干练,是情感的丰盈与独立,是不苛刻的审度万物,更是懂得在得到与失去之间慧心的平衡。

智慧可以一点点从内心雕琢一个人,塑造一个人。智慧使女人能真正把握好自己,并获得从容与自信。智慧的女人周身散透出超然的气质,并从人群中脱颖而出。

一位贤妻,在丈夫事业陷于困境时,能从容地带好孩子,同时又能给丈夫营造一种宽松的生活氛围,这同样是一种智慧的表现。一个职业女性,在自己事业做得很出色时,不咄咄逼人,给周围的人一种和风细雨的感觉,这也是智慧的表现。智慧的女人是温柔的,智慧的女人是美丽的,智慧的女人是超脱的。充满智慧的女人犹如一杯醇厚的佳酿,外表深不可测,喝一口下去,滋味却在喉头燃烧,叫人回味无穷。智慧固然在很大程度上取决于一个人的价值,却绝不是天生的,学识、阅历并善于吸取经验教训会使一个人迅速智慧起来。良好的气质,需要我们根据自身的特点来完善和塑造。这就需要不断地加强自我修养,学习科学文化知识。高尔基说过:"知识如人体血液一样的宝贵,人缺少血液,身体就要衰弱。人缺少知识,头脑就要枯竭。"文化知识淡薄的人,不管外形多么美丽,充其量只是躯壳。因此,气质女性应在知识、智力、才能、品格、性情、涵养及道德情操方面多加努力,多下工夫,做到庄子所说"德有所长而形有所忘"。内心丑而徒具其表者,使人厌恶。即使相貌平平,衣着简朴,但心灵高尚,也同样会以自己的气质、才干和仪表给人以美的印象。

智慧是美丽不可或缺的养分。智慧能重塑美丽,唯有智慧能使美丽长存,智慧能使美丽有质的内涵。人的追求不完全来自外貌,它主要来自人的内在力量。漂亮自然值得庆幸,但并不代表就有魅力,有气质。

人的相貌是天生的,人的审美观念则是后天产生的,这自然也是客观存在。外貌漂亮的确是一种优势,但这个世界上那种天生尤物毕竟为数不多,大多数的人都是相貌平平,这些相貌平平甚至有些丑陋的女人所表现的美,就是其内在的品德修养所散发的气质与智慧。

女性的智慧之美,它胜过容颜,因为心智不衰,它超越青春,因而智慧永驻。"石韫玉而山晖,水怀珠而川媚。"古人陆机这样品评智慧之美。

过去,由于时代的因素,女性中被看重的往往是那些可以充当生活美的饰物的"娇媚公主";喜欢制造一种舆论,使她们具有一种发自内心的"男性附庸的魅力";把是否贤惠,是否顺从,作为衡量一个女性魅力是否理想的标尺。如今的时代,尽管由于传统意识的影响,不少男性依旧欣赏女性的古典风度,但毕竟已有许许多多的男性更喜欢有智慧、有个性、气质好的现代魅力女性。

■ 魅力女人

智慧之美的魅力,是拥有独立自主的意识状态和自尊自重情感状态。她们勇于接受来自周围因素的挑战,她们善于从大自然与人类社会这两部书中汲取智慧,她们不再留有"男性附庸"的气息。

当女人拥有真正的智慧,那么她就与市井中弄堂间的小聪明、小伎俩有本质的区别。智慧是与人的领悟力是有关的。大到人的命运,小到日常生活,悟性使女人面对大小问题都懂得分寸,能够有明智的抉择。智慧绝不是天生的,学识、阅历并善于汲取经验教训会使一个人迅速成长起来。

智慧的女人有内涵。有内涵的女人才有味道。女人的内涵是一种成熟高雅的韵味,如陈年佳酿的美酒般浓烈诱人,酒味香气迷人,酒不醉人人自醉。如酒的女人醉人,让你余味犹存。

王安忆是新时期以来上海所涌现出来的最优秀女作家,也是我国当代极有成就和影响的小说家之一,第五届茅盾文学奖奖主。她创作了大量优秀作品,总数达500余万字。著名作品有长篇小说《长恨歌》《纪实与虚构》等。她的作品有许多被译成英、德、荷、法、捷、日、韩、以色列等多种文字,在国外发行。王安忆的文字是丰富的,丰富的还有她女性的内心。她用文字感动着无数女性执著地追求外在魅力与内在修养的统一。而她本人也远比想象中的靓丽、知性和有品位,打扮也舒服得体,保养得也极好。王安忆用智慧和丰富的内涵展示着新时代知性女人的光彩动人。

智慧而有内涵的女人会是个风情万种的女人。做个行走在烦嚣红尘中,满袖书香,步履从容的极品女人。做一个有内涵的女人,做一个有魅力的女人,做一个如古典动人心魄的女人,做一个现代魅力无敌的女人。她能在举手投足间牵动他人心弦,是庄重矜持与成熟优雅的完美结合。

智慧的女人有知性美。在中国人眼里,1990年中央电视台《正大综艺》的女主持杨澜算得上第一个出镜率最高的知性美女。杨澜的知性是那种扬眉吐气的大方,是宜静宜动的端庄和知性。正是凭着集睿智、古典于一身的知性美,杨澜从千名候选人中脱颖而出,成为中国中央电视台女主持人,也是凭着她独特的知性,从一个享誉中国的著名女主持人而蜚声国际。1996年,杨澜被选入英国《大英百科全书世界名人录》。1997年4月,她应联合国副秘书长之邀,作为东亚唯一代表出席了联合国世界媒体圆桌会议,11月又应邀出席联合国"1997世界电视论坛"。同年7月,杨澜被选为哥伦比亚大学国际关系学院校董事,成为这所美国长春藤名校有史以来最年轻的董事,并创建阳光卫视。如今的杨澜已重新回归电视制作和主持,她依然保持着知性、从容、人性化的主持风格,为成熟女性寻找理想与现实的平衡。

智慧的女人有自己的思想。作为女人,穿得不好没关系,吃得不好没关系,累得要命没关系,老得太快没关系,但绝对不能没有自己的思想。活在这个世界上,千万不能成为行尸走肉,否则人生就毫无意义。你或许没有别人强,你或许没有别人幸福,你或许似乎没有一切,但是,你有自己的思想,有这点,你就不是白活。

常常看到一脸茫然的人在喧嚣的城市中穿梭,常常看到不知道该做什么而白白虚度光阴的人在发呆,常常看到人云亦云唯独没有自己主见的人跟在别人屁股后面。偶尔这样倒没什么,可时常如此,是不是活得太糊涂了?我们可以蜷缩在床的一角,梦想着未来的晴雨;可以叼一根烟吞云吐雾般,扮着自己的酷,可以通宵蹦迪,忘情地丢失自己……但是,你的思想,属于你自己的思想不能丧失。

人会老去,花容不再。而思想只会随着阅历的丰富、经验的积累越来越精致、成熟。想做一个有思想的女人,即使失去所有,即使孤苦无助地站在无人的街头,也会清楚自己接下来要做什么,要去追求什么,而不是灌醉自己,作践自己。人这一生有多长,不要问,不要管,活好现在每分每秒最重要。生命也许随时都会消失,生命也许永远不会辉煌,但让自己在心头感动吧,感动于阳光下一切可以感动的人和事物,不要伤感,不要迷茫,只要生命还有一刻,就还有机会去思想。

思想是美丽的,思想着的人是可爱的,思想的光环可以照亮每一个隐暗的角落!不要停止你的思想,不要仅仅用眼睛和耳朵感受这个世界,要用大脑,要用思维!在你走出的每一根弧线中,都有你思想的光芒在闪烁!让夏日的太阳光来得更热辣些吧,我们有自己的思想来抵挡,把它当做怡人的日光浴!

智慧的女人有种成熟美

智慧的女人有种成熟美。

成熟的女人看上去赏心悦目,她不追求时尚,却能独运匠心穿出个人风格。她能传达出内心的成熟与丰富,像一杯醇厚的葡萄酒,令人微醺微醉。

成熟的女人善解人意。善良、温柔的女人都有同情心和正义感,能够在人群中感受爱,也能给予他人爱,能接纳他人,也使他人接受自己。

生活中总有烦恼,一个成熟的女人遭遇失败时,不会仓皇失措,而是将注意力转到自己的兴趣之中,听音乐、读书、工作,会尝试利用弹性丰富、张力十足的生活态度引导再一个崭新的自己。

成熟的女人彬彬有礼,她们懂得知书达理,能适度表达和控制自己的情绪,不在大庭广众之下失态。她是一个好听众,可以敏锐地感受对方的情绪,体察对方的苦恼,她有雅量称赞别人,同时也能宽容别人的缺点。喜不狂,忧不绝,胜不骄,败不馁,谦而不卑。

成熟的女人懂得举止适度,言谈平静,站立时姿势优美,走路时步态稳健,用餐时温文尔雅,坐下时神态安详,谈话时平静温和。有很好的道德修养,不谈与事实不相符的事,不高谈阔论固执己见,不一味地表现自己。

成熟的女人懂得服饰得体,打扮适宜。对服饰的选择有独到的见解,选择服装既不浮华也不愚昧,从来不追逐时尚,不在乎豪华或品牌,崇尚服饰与人的完美和谐,追求一种淡泊、宁静、高雅的意境。她们会依据自己的个性、气质、经济条件挑选或制作自己的服装,穿出一种与自己身份素质相符合的特色。

无论流行什么格调,有魅力的女人总是看重传统的"扬长避短",专选能烘托体形、烘托气质的那种。而且凭自己的喜好选择流行,使自己保持既现代又古典的魅力。

成熟的女人懂得体贴别人,更懂得爱护自己。成熟的女人对自己的生活有着很高的要求。成熟的女人善于发现生活中的美与辉煌,借以冲破无边无际的黑暗,重获新生。她喜欢亲近自然,辽远的风景和清冽的空气能抚慰她的疲惫与彷徨,不经意间流露出来的未泯童趣,令人莞尔。亲情与友情也是成熟女人生活中很重要的部分,她追求独立,依附与缠绵的爱情不是她所要的。

成熟的女人是让人羡慕、全身散发独特魅力的女人。

水果成熟了,就会散发浓郁香甜的气息,令人忍不住想咬一口;稻谷成熟了,就会闪现灿烂的光芒,使人享受到丰收的愉悦;女人成熟了,就会变得心思细腻、头脑灵活,更加性感迷人,惹人怜爱。

成熟的女人是对工作和生活都收放自如、拿捏得当的女人。

百事可乐公司总裁兼首席执行长、印度籍女性英德拉·努伊,在2006年由《华尔街日报》评出的"商界女性五十强"中,名列第二。尽管努伊工作作风强硬,却丝毫不乏女性感性的一面——她喜欢穿着印度传统服装纱丽出席百事的各种活动,喜欢弹奏电吉他,经常喜欢边工作、边唱歌。

事业上的成功之外,她是个非常传统的印度女性,在家庭中扮演成功的妻子和母亲角色。在一次演讲中,她将自己的成就归结为三个要素:"家庭、朋友和信念。"

成熟的女人有魅力。女人的魅力与年龄无关,尤其对于一个气质出众的女人而言,年龄是没有意义的。无论从事什么职业,女人到了一定的年纪,拥有一定的阅历,大多便会褪去稚嫩,开始显簿成熟的风韵,拥有气定神闲的微笑、宠辱不惊的坚定和从容。

青春年少总会过去,学会成为智慧内涵、成熟优雅、气质迷人的女人才是我们的正道。

做个智慧的女人

智慧的女人性情稳定、思想成熟、做事周密,对待事情审慎而理智,临危不乱,能将事情做得完美。智慧的女人思维敏捷能成就一番大事业。

女皇武则天,作为一个弱女子在当时那种社会环境中,竟能登上中国最高的权力宝座,堪称奇迹。这和她无与伦比的智谋及高超的做人艺术是分不开的。

在唐太宗病重欲将武则天赐死之时,太宗问武则天:"你忠我朝侍奉我,我不忍心将你丢下,我归天之后,你该如何打算呢?"

武则天听后,打了一个寒战,但她很快便镇静下来,对太宗说:"我蒙皇上恩宠,本该以死来报答皇上的恩德。但是您身体肯定会痊愈,所以我不敢马上去死,情愿削发为尼,为万岁祈祷借以报答圣上隆恩!"因为在当时只有出家才能自我保全。太宗想:我本想将她赐死,可又不忍心。她既然愿意削发为尼,也未尝不可,世上并没有尼姑当权的,于是便诏示武则天削发为尼。

如果不是武则天当时机智的回答,保住了性命,何谈以后的重归皇宫?后来她寻找机会见到高宗李治,成功地利用了王皇后和萧淑妃的矛盾重返后宫。

在她做大周皇帝时,同朝担任宰相的狄仁杰和娄师德面和心不和。自己倚重的两个大臣不和,这对社稷安全是大为不利的。武则天利用智慧,不动声色地巧妙化解了狄仁杰与娄师德的恩怨。

武则天召见狄仁杰,在议完朝事之后突然问他:"我信任并提拔你,你可知道其中原因?"狄仁杰答道:"我凭文才和品德受朝廷重用,不是平庸之辈,更不靠别人来成就自己的事业。"武则天沉思了一会儿,随后命侍卫取出一个竹箱,找出约十件奏本赐给了狄仁杰。狄仁杰仔细地看完奏本,不由得满脸惭愧。原来,自己一直在想方设法排斥娄师德,甚至想把他赶出京城,没想到娄师德却一直在皇上面前举荐自己。

从此,狄仁杰抛弃了对娄师德的成见,二人齐心协力共同辅佐武则天,将朝政治理得井井有条。

不论名女人或普通女人,事业成功都需要智慧,生活中也无时无刻不需要智慧。

对自己信心不足或渴望成功的女人可定期阅读励志、修养方面的书籍,阅读毛泽东、周恩来等名人传记或现代名企业家奋斗史,或者是观看与他们有关的电影、电视节目等。他们的志向与追求的成功经历能帮助女人们重新构筑心灵与自我形象。

不只读书能让女人增添智慧,只要留心观察,不难发现每天智慧一点点的方法就在我们身边。到公园里看看自弹自唱的老人,会悟得开心之道;和邻居聊聊天可懂得处世智慧。那么即使平凡的女人,每天智慧一点点,也可创造叶的美丽和生活的乐园,纵然是独自漫步,也心有明灯,把自己引向有繁星明月的地方,守得住心灵这个宁静的港湾。

即使生活的天空布满阴云,每天智慧一点点的女人也很少去叹息忧郁。她们心中有梦,有梦而知远方的天空应该有一轮绚丽的彩虹。那永不失去的梦想就是女人生活中的一首诗、一幅画、一段遐想、一片心境、一点安慰、一些希望。智慧的女人会在哲思中让心情一天比一天愉快年轻。

智慧的女人会以聪慧的心、宽广质朴的爱、善解人意的修养,将美丽写在脸上,即使不施脂粉也显得优雅从容。

每天智慧一点点,把自己修炼成人格完善、气质脱俗的灵智女人吧!

才情是女人魅力之本

才情是女人魅力之本。一个有才情的女人就像一杯清香的茉莉花茶，韵味深远，芳香迷人。她充满知性，眼光深邃，绝不小女子般见识。她的悟性缘于对生活、对艺术的理解，她的气质缘于人格深层的自然流露。她稳重、知性，周旋于人与人之间，应付自如。她是春天的柳枝，外表温柔，内心坚强。她是海天中的沙鸥，一飞冲天。她执著于自我风格的体现，无论是工作、生活都充满自信，追求完美。她爱自己，更爱他人。她是春天的雨水，润物细无声；她如秋天的和风，轻拂你的脸庞。她以女性的特有情怀，放开胸襟去拥抱整个世界。

俗话说："才情是穿不破的衣裳。"这里的"衣裳"，既与风度美息息相关，更与知识内涵分不开，女人最漂亮的"衣裳"是那件外表靓丽且质地优良的才情"外衣"。

才情女人的优雅举止令人赏心悦目，她们待人接物落落大方，她们时尚、得体，懂得尊重别人，同时也爱惜自己。才情女人的女性魅力和她为人处世的能力一样令人刮目相看。

具体来说，女人才情美的魅力主要体现在以下几个方面：

(1)突出的个性。女性的美貌往往具有最直接的吸引力，而真正能长久地吸引人的却是她的个性。因为个性中蕴涵了她自己的特质，这是在别人身上看不到的。

(2)丰富的内心。知识与胸怀是内心丰富的两个重要方面，这是才情女性必不可少的。知识与胸怀将使女性魅力大放光彩。然而，多数女人还做不到这一点。

(3)高雅的志趣。高雅的志趣会让女性魅力锦上添花，从而使爱情和婚后生活充满迷人的色彩。

(4)优雅的言谈。言为心声，言谈是窥测人们内心世界的主要渠道之一。在言谈中，对长者尊敬，对同辈谦和，对幼者爱护，这是一个知性女人应有的美德。

女人拥有了才情，也便拥有了动人的气质，一抹微笑、一个眼神、一句言语，都值得你回味、心醉。

《简·爱》为我们塑造了一个拥有丰富才情的女子，她的自尊和对正义、圣洁、美好的追求打动了成千上万的读者。

简·爱生存在一个父母双亡、寄人篱下的环境中，从小就承受着与同龄人不一样的待遇，姨妈的嫌弃，表姐的蔑视，表哥的侮辱和毒打……这是对一个孩子尊严的无情践踏，但这些磨炼了简·爱坚强不屈的精神。

在罗切斯特的面前，她从不因为自己是一个地位低贱的家庭教师而感到自卑，反而认为他们是平等的，不应该因为自己是仆人，而得不到别人的尊重。她的正直、高尚、纯洁，心灵没有受到世俗社会的污染，使得罗切斯特为之震撼，把她看做一个可以和自己在精神上平等交谈的人，并且深深地爱上了她。他的真心让她感动，简·爱接受了他。而当他们结婚的那一天，简·爱知道了罗切斯特已有妻子时,她觉得自己必须要离开,她这样讲,"我要遵从上帝颁发世人认可的法律,我要坚守住我在清醒时而不是像现在这样疯狂时所接受的原则","我要牢牢守住这个立场"。这是简·爱告诉罗切斯特她必须离开的理由。这是简·爱最具有精神魅力的地方。

简·爱的形象影响了一代又一代人,她那纤纤弱弱的身躯里竟然蕴藏着如此巨大的能量,内心如此高贵,才情如此丰富,表现出强大的人格魅力,时光流转,永不减退。

每个女人都希望保持永久的吸引力,然而外在的东西很容易改变,也容易褪色,只有拥有丰富才情的女人,才具有永久的吸引力。

民国时期著名的才女中,林徽因的才艺似乎比萧红和张爱玲等人显得更全面一些,人生际遇也更幸运。她不仅最早加入了"新月社",在诗歌、小说、散文、戏剧、绘画、翻译等方面成就斐然,她还致力于建筑专业,成为我国第一位女性建筑学家,被胡适誉为"中国一代才女"。林徽因的一生是不平凡的,她几乎代表了一个时代的颜色,出众的才能,倾城的容貌,情感生活也像春天的童话一样,幸福而浪漫。

林徽因,1904年6月10日出生于杭州,原籍福建闽侯。祖父林孝恂得知孙女出生的消息,喜悦地吟哦着《诗经·大雅》中的诗句:"思齐大任,文王之母。思媚周姜,京室之妇。大姒嗣徽音,则百斯男。"于是,他为孙女起名为徽音。或许就是因为这个带有诗意的名字,使她的一生与诗歌结下了不解之缘。

像林徽因这样真正有才情的女性具有一种大气而非平庸的小聪明,是灵性与智慧的结合。一个纯粹意义上的"知性"女人,既有人格的魅力,又有女性的吸引力,更有感知的影响力。她不仅能征服男人,也能征服女人。

学习新知识,让自己更睿智

一个女人,有了美貌无疑便有了值得骄傲的资本。但在现代社会里,比美貌更能打动人心的是美德与才华。当美丽可以复制后,女性的才华更显得珍贵。

中华民族,曾经是一个讲究"女子无才便是德"的民族。这样的一种封建意识,束缚了中华民族的女性几千年。在这几千年里,女性们注重的是"三从"、"四德"的修养。因为不需要"才",所以"养女"的重要一环,就是"养女"之"容"。

进入21世纪之后,人类社会还是美女如云。不管是天生丽质,还是"加工再造",女人要拥有一张漂亮的脸蛋都不是难事。但是,人们见惯了比比皆是的美女之后,突然感到了一种缺憾,那便是美貌如果抽空文化底蕴、游离于才识之外,还有多少价值,还会那么动人吗?

的确,现在很多女性的脸蛋都很美丽、都很动人。当外貌的条件相等时,衡量一个女人美不美就要看她的"内貌"——知识与才能。在这种情况下，要想赢得青睐，就只有靠"才"——知识。

有才气的女人，不管走到哪里都是一道风景。她也许貌不惊人，但她的美丽却是骨子里透出来的，谈吐不俗，仪态大方。

无论有多少个理由，作为一个女性，若想期待精彩与幸福人生，知识是一定要掌握的，而且越多越好。因为它会从骨子里提升你的品位，教你做一个有气质、有内涵的女人。

知识是智慧的种子，也是成功的土壤。学习与积累知识是将来取得成功的基础，是人的一生中最有价值的财富。知识改变命运，这远比积累金钱更重要。古往今来，凡是立于事业之巅的人，必定有渊博的知识为他们铺就成功的阶梯；凡是成为伟人、名人的人，无不是知识底蕴非常深厚、学问十分精深的人。

时下，人类社会步入了知识经济时代。现在，知识已成为一种资本，成为这一时代的第一推动力。因此，作为现代女性，应坚持学习，以人为师，让自己更睿智；应坚持学习，知行并重，让自己更充实；应坚持学习，持之以恒，让自己更进取。

首先，学习新知识是女人的智慧之源。可以说，学习就是将人的智慧和能力作为一种巨大资源来发掘和利用。大脑的创造性劳动是有严格条件的，需要得到物质的、精神的、信息等方面的能量，才能进行更有效的创造。通过学习能使人的聪明才智得到更大发挥。通过自我教育，可以促使自己的智能素质提高和智力的自我开发。

其次，学习新知识可以增强自己获取、利用和开发信息的能力。信息是人类社会赖以存在和发展的基本条件之一。人类社会一经产生，就有了交换信息的活动。在商品经济和科学技术高度发展的现代社会，信息交换日趋增多，信息对社会发展的作用也日益明显。约翰·奈斯比特说："事实上，我们已经进入了一个以创造和分配信息为基础的经济社会。信息的重大战略价值是在向我们表明，最新信息的收集和处理将直接关系到我们事业的发展方向和目标的确定。现代人要提高自己的竞争能力和成功概率，就要重视信息，了解现代信息的特征：文字信息迅速增长，信息的传递手段多样化，信息传播迅速，信息全球化，信息综合化等。只有学会了如何获取收集，利用这些现代信息才能更容易地为实现自己的目标创造条件。

最后，学习新知识可以培养自动型人格。自动型人格，就是对女性自我的行为、学习和情感具有自动调节和自动控制的能力及意志品质。从成功的要求上讲，自动调节主要表现为自动调节成功目标、自动调节知识结构、自动调节情感。目标调节，是要求我们在追求成功过程中，根据变化的情况，及时调整目标，使主观愿望和客观情况相一致，否则将很难获得成功。知识结构调节，就是要在动态中建立适合自己的知识结构。事实证明，人类知识总量每隔几年就要翻一番。任何一劳永逸的想法和一成不变的知识结构都是不现实的。自动型人格，是一种始终以主动积极的精神去面对变化了的生活，及时改变目标以适应生活的一种意志品质和精神状态。这种意志和精神是智慧的象征。

学习新知识可以丰富女人修养的内涵。女性单纯的天生丽质只是一个方面，要想让美得到扩展、升华,具有持久力,必须具备后天的学习努力,才会更美丽。

华丽衣裳装扮不出一个苍白灵魂的美,但布衣也掩盖不住一个人的精神风采。这就是修养的魅力,它来源于精神世界的充实、知识的丰富。

在知识经济时代,知识对每个人的重要性越来越突出,现在不再是"活到老,学到老",而是"学到老,才能活到老"。所以,聪明的女人会学习、学习、再学习,准备得充分一些,再充分一些。这样才能不断提高自身素质,走向成功。

然而,在现实生活之中,这样的情况俯拾皆是:对于许多已经工作了的人来说,自从走上工作岗位,便很难再有学习的时光和热情了。甚至很多大学的老师,即便他们处在教育的大环境下,除了教课之外,也没有多少时间用在学习新知识之中了。难道当真是大学一毕业,学习生涯就此结束了吗?

其实不然。中国古代先哲孔子有一句话,叫做"学然后知不足",通过学习,我们会拓宽思路、增长知识,然而我们同时也会发现,自己不足的地方实在太多了,这也不懂,那也不懂。甚至常常会怀疑自己到底有没有这个能力、精力,把不足的地方补上。在我们身边,就常常有这样的例子,他们在这个关节点上浅尝辄止,最终半途而废。

有这样一个关于古希腊伟大的学者苏格拉底的典故:

据说他虽然博学多才,是同时代的佼佼者,但是却常常为自己的无知感到苦恼。有一天,他的众弟子跑来问他:"世人皆说您是无所不知的学者,您却为何日夜苦恼,唉声叹气呢?"苏格拉底拿起手杖在地上画了个大圈,又在大圈里面画了个小圈,语重心长地说道:"弟子们,你们看——这个大圈代表我所拥有的知识,小圈代表你们所拥有的知识,大圈之外便是你我都不明白的知识。因为大圈和外界接触的部分多,小圈和外界接触的部分少。你知道得越少,你所产生的疑问就越少,你想要学的东西便越少,而你知道得越多,你所产生的疑问就越多,想要学的东西也就越多。所以我时常苦恼。"

知识是学不完的,需要我们不断努力学习。作为一个聪明的女人,不论你是在求学的时代,还是已经踏入社会,学习将始终伴随我们一生。

腹有诗书气自华

古人云:"腹有诗书气自华。"一个注重内在美、有修养、有才华的女性,不论她年龄几何,永远都是最美丽的女人。

才华之于女人,不是浮华的云裳羽衣。腹有诗书的女人,好比一坛尘封已久的女儿红,启开后,香气扑面而来,回味悠长,令人迷醉。有些事情人是无能为力的,比如外貌。如果你没有秀美的面容,你可以让自己在读书中提升你的气质。

魅力女人

　　读书是一种心灵的活动。书可以改变一个人的气质,也可以培养一个完人。一位老人有两个女儿。姐姐身材高,脸蛋美,如花似玉,遗憾的是爱翻舌弄嘴,街坊邻居都叫她"长舌头"。妹妹个儿矮,鼻子塌,街坊邻居都叫她"丑小鸭"。她俩也许是受遗传基因的缘故,脸蛋上都长着一块黑痣。姐姐三天两头去美容厅,每月的工资全花在美容上。美容虽抹盖了她脸上的黑痣,但却抹不掉她心中的俗气。妹妹喜欢读书,每逢假日必去图书馆。她的工资除去生活费,其余全买了书。她读了很多很多的书。她从英国诗人艾略特的书中品尝出人生的深奥,眉宇间增添了睿智和思考;从海伦·凯勒的书中咀嚼出战胜自我的力量,从自卑的困扰中走了出来;从冰心的书中找到了做人的完美,将爱心融进自己绵绵不尽的生命长河里……这个不起眼的妹妹变成了名副其实的"丑小鸭",从言谈举止中流露出一种超俗的魅力,连她脸蛋上那块黑痣也变得招人喜欢了。

　　我们并非反对爱美者到美容厅去美容,只是想说明,到美容厅去只能进行外观的美容;到图书馆去读书,那是心灵的美容。一个人的外貌是天生的,再高明的美容师也无法将丑变为美,可心灵的美容可以把丑变为美。心灵的美容,能使人风度高雅,气宇轩昂,远胜过胭脂口红的美容和服饰的高贵豪华。

　　英国著名的唯物主义思想家培根说:"读书足以怡情……读史使人明智,读诗使人灵秀,数学使人周密,科学使人深刻,伦理使人庄重,逻辑修辞之学使人善辩。凡有所学,皆成性格。"

　　书能影响人的心灵,而人的心灵和人的气质又是相通的。书能教你为人宽厚,心地善良,使你生出纯真、热情的气质。书能教你谦虚谨慎,持重内向,使你生出成熟、稳健的气质。书能教你自强不息,不畏艰难,使你生出刚毅、坚定的气质。书能教你勤于思考,勇于创新,使你生出深沉、进取的气质。

　　一个人要想把自己打扮得漂亮,打扮得可爱,就去读书吧,这是世界上一流的美容。

　　著名作家林清玄曾说:"女人化妆有三层,其中第二层的化妆是改变本质,让一个女人改变生活方式、睡眠充足、注意运动和营养。多读书、多欣赏艺术作品、多思考,可以让女人对生活保持乐观的心态。因为独特的气质与修养才是女人永远美丽的根本所在。"可见,读书可以让女人青春永驻。

　　女人的成熟由何而来,一半是从生活中揣摩出来,另一半则是来自书本。与书为伴的女人,时刻被淡淡持久的书香所浸染,知识不但赋予她们丰厚的底蕴,而且陶冶了她们的情操,使人变得智慧、才华并富有灵气。一个女人知识积累得越多,就越流露出一种脱俗的美丽与高贵的风情。岁月的流逝可以带走女人姣好的容颜,却带不走女人所积累下的丰富知识。书是女人经久耐用的时装和化妆品。女人的知识和教养是从学习中得来的,书使女人变得聪明,变得成熟,还可以使女人的心灵得到不断的净化与提升。

　　书让女人变得聪慧,变得坚韧,变得成熟,变得美丽。多读些书吧,读些好书,它会让女人保持永恒的美丽。

　　爱读书的女人,心里有一盏明灯,守得住心灵这个宁静的港湾,始终视书籍为精神的伴侣。不挂金戴银,底气十足,她敢于素面朝天,心情气爽,身居闹市,却能远离红尘的烦琐与喧嚣。她爱听属于自然的一切声音:风声、雨声、浪涛声、犬吠、鸡鸣、蟋蟀叫。听到它们的时候,是心情最宁静的时候,耐得住寂寞,没有争的安闲,没有贪欲的怡然。

爱读书的女人,视读书为人生最大的快乐。她沉浸在文字编织的故事之中,用眼睛作桨划开波浪,去寻找遥远的精神彼岸。她没有时间唠叨饶舌,没有时间拨弄是非,当别的女人正津津乐道时尚流行、张家长李家短时,她正陶醉在书的世界里,洗涤自己,充实自己,愉悦自己,快乐自己。

爱读书的女人,心有梦想,即使平凡如叶,仍能创造叶的美丽和生活的乐园。把自己引向有花鸟树木、有蓝天白云、有繁星明月的地方,那永不失去的梦想更是她们生活中的一首诗、一幅画、一段遐想、一片心境、一点安慰、一些希望。

爱读书的女人,喜欢写点东西。日记是她真实心灵的坦白,是每日里最愿完成的功课。日记里盛满她的心情,是心灵憩息的小阁楼。所有的甜酸苦辣、喜怒哀乐都能在这里得到合理又合情的宣泄,最终使她归于平静、坦然。当有所意会和感悟,她就随意写来,投寄出去,偶尔发表,得到一份额外的欣喜,独自发出满足的微笑。

爱读书的女人看世界,觉得天蓝地阔人美。她们以聪慧的心灵,宽广朴质的挚爱,善解人意的修养,将美丽写在心灵。她把生活读成诗,读成散文,读成小说;把生活读成诚实、友善、自尊、正直,让爱和美充实了自身的心灵世界,让崇高和尊严引领着女性的目光;对世人,她不装腔作势,不阿谀奉承,总透着一身书卷气、一股清高味。

爱读书的女人都懂得:人生有风有雨,书是能遮风挡雨的伞;人生有险滩有暗礁,书便是明亮的灯塔;人生有山穷水尽时,书中有柳暗花明处。

读书,可以增长见识,陶冶性情,使人的情感更细腻,举止更优雅,气质更深沉。淡泊以明志,宁静以致远,非读书是不能达到的。读书为人生带来了最美妙的时光,一个人当他(她)沉浸于文学世界中时,几乎可以称得上是世界上最幸福的人。

学会欣赏绘画作品

绘画是造型艺术中最主要的一种艺术形式。它是指运用线条、色彩和形体等艺术语言,通过造型、色彩和构图等艺术手段,在二维空间(即平面)里塑造出静态的视觉形象,以表达作者审美感受的艺术形式。

画作是人类创造的一种精神产品,它有别于听觉艺术的音乐、语言艺术的文学,是具有造型性、可视性、静态性和物质性的一种造型艺术。

欣赏绘画作品对女性的气质修炼和性情陶冶是大有裨益的。懂得欣赏绘画作品的女人,不一定有出众的外表,但绝对有超凡脱俗的魅力,这种魅力源自于行云流水般的神态以及雍容华贵的美感。一个女人,若能将绘画的神韵融入自己的言谈举止中,一定能焕发出与众不同的光彩。

1. 中国画的内容

中国画(亦称国画)是我国特有的画种,由于民族性格、历史文化传统、审美以及绘画材料和工具的不同,是经过无数画家的努力而形成的、是带有民族特色的画种,是世界艺术的重要组成部分。

(1)中国画是我国传统造型艺术之一,简称国画。

(2)中国画讲究形式美,要求作品有"形神兼备"、"气韵生动"的艺术效果。同时还十分重视用笔、用墨,构图不受时间和空间的限制,也不受焦点透视的束缚,画面空白的运用独具特色。中国画强调诗、书、画、印所构成的完美的艺术整体效果。

(3)中国画从题材上分为人物、山水和花鸟三类,从表现形式上可分为工笔和写意两种。

(4)中国画的工具有笔、墨、纸、砚。

(5)中国画的用具有生宣纸、毛笔、衬纸、笔洗、调色盘、书画墨汁、国画或水彩颜色。

(6)中国画中的笔法有中锋、侧锋、逆锋、顺锋。山水画的笔法有皴、擦、点、染。

(7)中国画的用笔主要有以下几种方法:中锋、侧锋、逆锋。此外,还有藏锋、露锋、散锋、聚锋等多种用笔方法。

(8)墨分为五色:焦、浓、重、淡、清,中国画用墨有"墨分五彩"之说,即焦墨、浓墨、重墨、淡墨、清墨。

(9)从笔含水分的多少,又有干湿之分,归纳为干、湿、浓、淡四个字。

关于墨的方法有蘸墨法、泼墨法、积墨法。

2. 怎样欣赏中国画

(1)画工。画家的作品可表现出作者的成就。画面的形象,就是画工的具体,我们往往主观批判画的好与坏,就是受画工的影响最大。

(2)布局。布局看似是画面的设计,其实是作者胸怀中的天地,从画面布局中表现出来。中国画与西方绘画不同的地方甚多,最明显之处就是"留白",国画传统上不加底色,于是留白甚多,而疏、密、聚、散称为留白的布局。在留白之处,有人以书法、诗词、印章等来补白。亦有让其空白的,故从布局可见作者独到之处。

(3)书法。中国画与西方绘画不同之处,其中的一项就是书法。画中的书法,对画面影响甚大,使画生色不少。书法不精的画家,大多不题字,虽然仅具签署,亦可窥其功底一二。

(4)诗句。字画中的诗词,往往代表作者的心声。一句好诗能表现作者的内涵和学识,一句好诗,亦能起到画龙点睛的作用。

(5)学识。作者的学识,对作品影响很大,故中国有"文人画"之称。著名文人,其作品与众不同,多一种"书卷气"。画家于画匠之别,学识是条件之一。

(6)人品。西方画家,往往浪漫不羁,而欣赏者只观其画而不理画家的私德。中国人则不同,画家或书家如行为不检、道德败坏、声名狼藉、大奸大恶者,即使其作品十分精美,亦无人问津。历来无人高悬秦桧、卢杞等奸臣的作品,而岳飞的"还我河山",孙中山的"天下为公"成为尽人皆知的好匾额,就是这个道理。

(7)功力。从事书画修养越久的人,他表现出的功力,是初学者无法掌握的。画中的线条、设计、意境能表现出作者的功力,尤其书法,老手多苍劲有力,雄浑生姿。所以人生经验丰富与否,对画家的作品有很大影响。

(8)印文。无论字或画,常有"压角"的闲章出现。所谓闲章,就是画面或书法留白的角落。从印也可看出作者的心态,或当时的环境。好的印文,配以好的雕刻刀法,盖在字画上,使作品更添光彩。

懂得欣赏书法

书法,是世界上少数几种文字所有的艺术形式,包括汉字书法、蒙古文书法、阿拉伯文书法等。其中"中国书法",是中国汉字特有的一种传统艺术。从广义讲,书法是指语言符号的书写法则。换言之,书法是指按照文字特点及其涵义,以其书体笔法、结构和章法写字,使之成为富有美感的艺术作品。汉字书法为汉族独创的表现艺术,被誉为:无言的诗,无行的舞;无图的画,无声的乐。它不仅是中华民族的文化奇葩,也是世界文化艺术的瑰宝。

欣赏书法,对女性的气质修炼和性情陶冶同样是大有裨益的。当我们欣赏一幅内容优美、笔墨舒展、气势酣畅、布局合理的书法作品时,内心会莫名其妙地产生一种振奋之情和愉悦之感。秦汉风月,唐宋华章、远古烟霞,草木花鸟、山欢水笑、近代人情,它们不受时光的限制,不因名利地位的悬殊,洗涤一切凡心俗念,使人心旷神怡,宠辱皆忘。

1. 书法的定义

从狭义来讲,书法是指用毛笔书写汉字的方法和规律,包括执笔、运笔、点画、结构、布局(分布、行次、章法)等内容。例如,执笔指实掌虚,五指齐力,运笔中锋铺毫;点画意到笔随,润峭相同;结构以字立形,相互呼应;分布错综复杂,疏密得宜,虚实相生,全章贯气,款识字古款今,字大款小,宁高勿低等。

从广义来讲,书法是指按照文字的特点及其含义,以其书体笔法、结构和章法写字,使之成为富有美感的艺术作品。随着社会文化事业的发展,书法已不仅仅限于使用毛笔和书写汉字,其内涵已大大增加。例如,从使用工具来讲,包括毛笔、硬笔、电脑仪器、喷枪烙具等众多种类。颜料也不单是使用黑墨块、墨汁、黏合剂、化学剂、喷漆釉彩等五彩缤纷,无奇不有。过去的文房四宝——笔、墨、纸、砚,其含义也大有扩展,品种之多,不胜枚举。从书写文种来说,并非汉字一种,有的少数民族文字也登上了书法艺坛,蒙文就是一例。从书体和章法来看,除了正宗的传统书派以外,在我国又出现了曲直(线)相同、动静结合的"意向"派,即所谓的现代书法。它是在传统书法的基础上加以创新,突出"变"字,融诗、书、画为一体,力求形式和内容统一,使作品成为"意美、音美、形美"的三美佳作。因此,书法和其他事物一样,也在不断地发展和变化。

2. 书法欣赏的方法

书法欣赏同其他艺术欣赏一致,需要遵循人类认识活动的一般规律。由于书法艺术的特殊性,又使书法欣赏在方法上表现出独特性。一般来说,我们可以从以下几个方面进行:

(1)从宏观到微观,再由微观到宏观。书法欣赏时,首先统观全局,对其表现手法和艺术风格有一个大概的印象。进而注意用笔、结字、章法、墨韵等局部是否法意兼备,生动活泼。局部欣赏完后,再远处统观全局,校正首次观赏获得的"大概印象",重新从理性的高度予以把握。注意艺术表现手法与艺术风格是否协调一致,作品何处精彩、何处尚有不足,从宏观和微观充分地进行赏析。

(2)展开联想,领悟意境。在书法欣赏过程中,应充分展开联想,将书法形象与现实生活中类似的事物进行比较,使书法形象具体化。再由与书法形象类似事物的审美特征,进一步联想作品的审美价值,从而领会作品意境。如欣赏颜真卿楷书,可将其书法形象与"荆卿按剑,樊哙拥盾,金刚炫目,力士挥拳"等具体形象类比联想,从而可以得出:体格强健——有阳刚之气——富于英雄本色——威严不可侵犯的特征,由此联想到颜真卿楷书端庄雄伟的艺术风格。

(3)了解创作背景,领会情调。任何一件书法作品都是某种文化、历史的积淀,都是特定历史文化背景下的产物。因而,了解作品的创作背景(包括创作环境),弄清作品中所蕴涵的独特的文化气息和作者的人格修养、审美情趣、创作心境、创作目的等,对于正确领会作者的创作意图,正确把握作品的情调大有裨益。

总之,书法欣赏因人而异,没有一个固定的模式。以上所述仅是书法欣赏的一种方法,欣赏过程中可以将几种方法交替使用。另外,在欣赏书法艺术的过程中,还应对不同的书法家作品进行对比分析,研究其异同,这样才能深入理解作品的特色,才能对作品作出公正、客观的评价,才能把自己的欣赏水平提到更高的层次。当然,这一切都需要在反复的玩味之中才能获得。

做个有品位的女人

"品位"在辞海中的含义是:"矿石中有用元素或它的化合物含量的百分数。"而时至今天,随着《品位》与《格调》等一系列读物的面市,"品位"成了一种只可意会,不可言传的衡量标准,并成为很多女人孜孜以求的境界,在她们当中,谁接近了"品位",谁就获得了人生的最高荣誉。

女人的品位,是一个女人气质内涵的外在表现,是女人打不败的魅力。

一个人的品位是与其环境、经历、修养、知识分不开的。只有有意识地培养良好的修养,积累丰富的知识,才能有充实的内心世界,才能表现出高尚的思想和高雅的气质魅力。

有品位的女人乐观向上,她拥有高雅的爱好和情趣,会用自己的眼睛发现身边的美,并用心去感受它。她有丰富多彩的内心世界,她兴趣广泛、人文素养深厚、学识渊博。当她们谈起话来,古今中外,信手拈来,旁征博引,才华横溢。她们像一部百科全书,有探索不尽的无穷宝藏,却无丝毫酸腐的陋习俗气。她们举手投足之间都挥洒出艺术的才能和淑女的风范。

有品位的女人不在乎人生的功利,她们为自己营造一份平和的心境,随遇而安,不强求身外之物,不愤世嫉俗,面对物质的诱惑、世俗的刺激,待之安然。她们在人生崎岖的旅途中,学会自我安慰、自我松绑、自我释放、自我陶冶。她们时而徐然缓行,时而静立池边,时而低头遐思,时而凝神远望,让内心回归自我,让心灵更趋完美。有品位的女人有独立的思想和人格,绝不会人云亦云、随波逐流。她们恰如绵绵流畅的散文诗,不低下,不媚俗。她们痛恨粗俗,而把气质奉为精神风骨。

她们在形神之中给人制造第六感觉,这种感觉如一瓶名贵香水,无形中发散出沁人芳香……

有品位的女人是善良、机智的,又是成熟、稳重的。她们待人真诚而不虚伪,心性热情而不浮躁。在喧嚣的人群中,她可能只是一个沉默者,但绝不是一个麻木者。

她们时时都有适合风情的浓度。当她成为恋人时,她多情妩媚;当她成为妻子时,她温柔细腻;当她成为母亲时,她宽宏博大,像一把伞、一棵树;当她容颜渐老时,风情变得醇厚而浓郁。

女人的品位是真挚的博爱和慈善的宽容;女人的品位是浓郁的书香和美的诗韵;女人的品位是画,女人的品位是诗,女人的品位是乐曲。一个女人有了高尚的人格,她的品位必然高雅清新,才能焕发青春活力,生活就会多姿多彩,充满阳光……

生活中最受欢迎的"品位"女人大致可分为四种:一是若酒的女人;二是若水的女人;三是若火的女人;四是若茶的女人。

若酒的女人,如一种历史久远、百里飘香、先苦后甜、令人一饮即醉的老窖,她们可以麻痹你的神经,温暖你心中的寒潮,但她们也可令你翻肠倒胃,吐尽胆汁和苦水。

若酒的女人善于用自己的内涵和魅力征服男人。男人往往是还未开战,只闻酒香就弃戈投降,臣服于她那石榴裙下。

若水的女人,其轻盈举止、似水柔情早已将男人的心抓住,其宁静内敛的智慧,更能带给男人一次次惊喜,其说话的声音是任何一种音乐所不能及的,她可能让你心沉似水,心无旁鹜,也可能让你心如止水,只爱她一人,拥有了她,便拥有了全世界。她们身上有取之不尽、用之不竭的令人陶醉的温柔,她们的可爱使她们的美丽更加充满深意。

若水的女人,永远在心底燃烧着爱的火焰,在温柔中将爱情演绎得绚烂夺目,因此,男人能够与她们爱到天长地久。

若火的女人,属于勇敢奔放的女人。她们对男人和生活充满着热情和执著,她们从来不会作秀,她们敢于对任何一个自己喜欢的男人说:"我爱你,哪怕你一无所有!我只在乎你!"她们用自己的热烈与真诚,来烘烤每个她们认为值得她们去爱的男人,哪怕你是铁石男人,也禁不住她们如火的放纵与猛烈。融化了的,是流淌在眼里的真情。男人心甘情愿地纵身赴火,在火中涅槃。

若火的女人,将她们的爱之火燃烧得轰轰烈烈,男人和她们在一起死而无憾!

若茶的女人,也是最有味道的女人。其丰富而深刻的内涵和较高的品位如中国的茶道一样源远流长,牢牢地吸引着男人的胃口,从啜入口中的那一刻起,你就会饮出这种女人的独特味道来。并且这种类型的女人与中国茶道的相通之处在于,无论煮泡闻品都是很有讲究的。如茶的女人自身的味道也有很多种,如中国茶里的毛尖之清秀可口怡人,还有如剑毫之豪爽馥郁,亦有如功夫红茶之慢斟慢饮,味却浸入肺腑,更有香飘满里的桂花、茉莉之类的普遍却形味高雅的茶。

同时,若茶的女人,其味是越品越香,甚至让人忘情,沉溺其中。

第十五章　周到礼仪，折射迷人气质

> 礼仪是在人际交往中，以一定的、约定俗成的程序、方式来表现的律己、敬人的过程，它涉及穿着、交往、沟通、情商等内容。从个人修养的角度来看，礼仪可以说是一个人内在修养和素质的外在表现。从交际的角度来看，礼仪可以说是人际交往的一种艺术，有助于改善人际关系。
>
> 对于现代女性来说，周到的礼仪是体现个人气质的重要组成部分。通常一个待人接物礼貌周到的女性，让人感受到她良好的个人素养，同时也能衬托出她出众的气质。

打招呼的礼仪

如果在路上遇到熟人，一定要主动打招呼，互相问候，不能视而不见，把头扭向一边，这是最基本的礼貌要求。

有的人不重视打招呼，认为天天见面的人就用不着打招呼；有的人认为与无关紧要的人没必要打招呼；有的人不愿意先向人打招呼等。这些认识都是不正确的。打招呼是联络感情的手段，沟通心灵的方式，增进友谊的纽带，也是一个人内在修养程度高低的重要标志。所以，绝对不能轻视和小看。

（1）打招呼不要"挑肥拣瘦"，对自己周围的人都应该一视同仁，无论是单位的同事、家庭的亲人、邻里、同学、好友等，不论其身份、地位、年长、年幼、是男、是女，只要照面就要打招呼。

（2）不要在乎打招呼的先后，如果能先打招呼更好。有的人喜欢摆架子，不愿意先向人打招呼，其实，先打招呼是主动的表现，是热情的象征，可获得人际关系的主动权，何乐而不为。

（3）注意打招呼的方式。总的说来，打招呼的方式可以灵活机动，可以问好、问安、祝福，可以握手,可以点头、挥手、招手,也可以只是微笑、"嗨"一声,有时甚至可以拥抱等。

(4)打招呼要表示出对他人的尊敬和重视。如在行走过程中,要停下脚步或放慢行走速度;如是骑自行车的时候,要下车或放慢行驶速度;如果是在室内或非行进过程中时,就要视对方的情况,起立或欠欠身、点点头。要记得,不论在什么地方和状态下,与别人打招呼都要面带微笑,眼睛看着对方,表示诚心诚意地向别人奉上一个见面礼,不是敷衍了事,客套一番而已。

(5)当别人主动向你打招呼时,要及时、认真地回谢对方。人多的时候,要向大家致谢,或一一道谢,或一齐道谢,使每个人都感受到你的诚意。说"谢谢"时口与眼要紧密配合,嘴里说"谢谢"时,眼神里一定要表现出出于真心。如果你只是随便敷衍一句,连看都不看对方一眼,别人立刻会感到你的虚伪,从而会从心底里泛起反感和不快,甚至产生厌烦情绪,回谢之意起到了相反的作用。

(6)不要隔着几条马路或人群大声呼唤,不要站在来往人流中进行攀谈。如果有很多话要说,可以找一个交谈场所或另约时间、地点继续交谈。

(7)如果遇到熟人时,你还有同伴,你应主动介绍一下这些人与你的关系,如"这是我的同事",但没必要一一介绍。接着应该向同伴们介绍一下你的这位熟人,也只要说一下他(她)与你的关系即可,如"这是我的邻居"。被介绍者应相互点头致意。

如果男女两人一同上街,女伴遇到熟识的朋友,可以不把男伴介绍给对方,男伴在她俩寒暄时,要自觉地隔开一定距离等候,待女伴说完话后继续一同走;女伴与人交谈的时间不可太长,不应该让男伴等很长时间,且应对男伴的等候表示感谢。如果男伴遇到熟识的朋友,应该把女伴介绍给对方,这时女伴应向对方点头致意。如果是两对夫妇或两对情侣路遇,相互致意的顺序应是:女士们首先互相致意,然后男士们分别向对方的妻子或女友致意,最后才是男士们互相致意。

寒暄与问候的礼仪

寒暄,是应酬中的常用语。寒暄语应带有友好之意,敬重之心。寒暄的主要用途,是在人际交往中打破僵局,缩短人际距离,向交谈对象表示自己的敬意,或是借以向对方表示自己乐于与他交往之意。所以说,在与他人见面之时,若能选用适当的寒暄语,往往会为双方进一步的交谈做好铺垫。反之,在本该与对方寒暄几句的时刻,反而一言不发,则是极其无礼的。

在被介绍给他人之后,应当跟对方寒暄。若只向他点点头,或是只握一下手,通常会被理解为不想与之深谈,不愿与之结交。

碰上熟人,也应当跟他寒暄一两句。若视而不见,不置一词,难免显得自己妄自尊大。

在不同时候,适用的寒暄语各有特点。

与初次见面的人寒暄,常用的说法是:"您好"、"很高兴能认识您"、"见到您非常荣幸"等。比较文雅一些的话,可以说"久仰",或者说"幸会"。

与熟人寒暄,用语则不妨显得亲切一些,具体一些。

寒暄语不一定具有实质性内容,而且可长可短,需要因人、因时、因地而异,但它要具备简洁、友好与尊重的特征。

问候,也就是人们相逢之际所打的招呼,多见于熟人之间打招呼。西方人爱说:"嗨!"中国人则爱问"去哪儿"、"忙什么"、"身体怎么样"、"家人都好吧?"

在多数情况下,二者应用的情景都比较相似,都是作为交谈的"开场白"来被使用的。从这个意义上讲,二者之间的界限常常难以确定。

牵涉到个人私生活、个人禁忌等方面的话语,最好别拿出来献丑。例如,一见面就问候人家"跟朋友吹了没有",或是"现在还吃不吃药了",都会令对方反感至极。

有些人为了节省时间,将寒暄与问候合二为一,以一句"您好",来一了百了,既简洁又有礼貌。

握手的礼仪

握手,是人们在社交场合司空见惯的礼仪。这么一个平常的动作,但却是沟通思想,交流感情,增进友谊的重要方式,是一个人应该掌握的一项基本礼仪。

两个人见面,尤其是初次见面,一般是面带亲切、友好的微笑,伸出手与对方相握,以表示对对方的欢迎、问候、敬重或慰问。然而,握手不仅仅用在见面时,表示欢迎、问候、友好,也常用在其他场合,如离别时表示留念、祝愿等。另外,它还能表达祝贺、致谢、拜托的意思,有比较丰富的内涵。

作为女人,掌握好了握手的技巧,你才会给别人留下更深刻的印象。以下几招,教你出手不凡。

首先,握手必须要有正确的姿势。行握手礼时,上身应稍稍往前倾,两足立正,伸出右手,距离受礼者约一步;四指并拢,拇指张开,向受礼者握手,礼毕后松开。距离受礼者太远或太近都是不雅观的,尤其不要将对方的手拉近自己的身体区域。握手时应上下轻轻地摆动,而不能左右摇动。当遇到比较熟悉的人或知交时,为达到传递某种情感的效果,可以伸出双手行握手礼。

其次,一般情况下,握手时要用右手,这是一项通则,伸左手显得不礼貌。

伸出的手应垂直,如果掌心向下握住对方的手,则显示一个人强烈的支配欲,无声地告诉别人,你此时处于高人一等的地位,应尽量避免这种傲慢无礼的握手方式;相反,掌心向上同他人握手,则显示一个人的谦卑与毕恭毕敬,如果是伸出双手去捧接,就更是谦恭了。平等而自然的握手姿态是两人的手掌都处于垂直状态,这是最普通,也是最稳妥的握手方式。

再次,握手的力量、姿势与时间的长短往往能够表现握手人对对方的不同礼节与态度,显露自己的个性,给人留下不同印象,也可通过握手了解对方的个性。社交活动中,由于握手代表了一定的情感态度,表示对他人的友好敬重,因此,我们必须要了解握手的规范。我们应该根据不同的场合以及对方的年龄、性格、身份地位等因素正确运用。女士之间行握手礼时,只要服从一般规范即可,握手时间及握手的力度都比较随便,但是与男士握手,或者与长者、贵宾握手,则要遵从特定的礼仪规范。

注意在与多人同时握手时,应遵从一定的顺序,不可几个人竞相交叉握手。

不要在握手时戴着手套或墨镜,女士只有在社交场合戴着薄纱手套握手,才是被允许的。也不要在握手时另外一只手插在衣袋里或拿着东西。

一次令人愉快的握手,感觉上是:坚定、有力,代表一个人能够做决定、承担风险,更重要的是能够负责任,以诚挚、热情的握手,来显示你很高兴能够认识他。

接、打电话(手机)礼仪

随着科学技术的发展和人们生活水平的提高,电话、手机的普及率越来越高,人们的日常生活和工作已经离不开它们了。看起来打电话很容易,对着话筒同对方交谈,觉得和当面交谈一样简单,其实不然,打电话大有讲究,可以说是一门学问、一门艺术。

1. 打电话的时间

打电话的时间应尽量避开上午7点之前、晚上10点以后的时间,还应避开晚饭时间。若有午休习惯的人,也请不要用电话打扰他。

2. 接、打电话要有喜悦的心情

接、打电话时我们要保持良好的心情,这样即使对方看不见你,但是从欢快的语调中也会被你感染,给对方留下极佳的印象,由于面部表情会影响声音的变化,所以即使在电话中,也要抱着"对方看着我"的心态去应对。

3. 接、打电话时声音要清晰明朗

接、打电话时绝对不能吸烟、喝茶、吃零食,即使是懒散的姿势对方也能够"听"得出来。因此,接、打电话时,即使看不见对方,也要体态优雅,沉着大方。也许你有过刚睡醒就接电话的体会,别人很容易就听出你是刚睡醒。若坐姿端正,所发出的声音也会亲切悦耳,充满活力。可见,电话中的体态是挺拔潇洒还是慵懒无力,直接影响你的声音、语气和精神状态,所以应当做对方就在眼前,尽可能注意自己的姿势。

4. 接听电话要迅速及时

如果是接听电话,听到电话铃声,应迅速及时地拿起听筒,最好在三声之内接听。电话铃声响一声大约3秒钟,若长时间无人接电话,或让对方久等是很不礼貌的,对方在等待时心里会十分急躁,也会给对方留下不好的印象。

5. 仔细聆听,认真记录

作为受话人,通话过程中应仔细聆听对方的讲话,并及时作答,需要做记录时,应记下对方所说的重点,给对方以积极的反馈。如有不明白的地方,应立即请对方复述。

6. 了解来电话的目的

上班时间打来的电话几乎都与工作有关,公司的每个电话都十分重要,不可敷衍,即使对方要找的人不在,切忌只说"不在"就把电话挂了。接电话时也要尽可能问清事由,避免误事。我们首先应了解对方来电的目的,如自己无法处理,也应认真记录下来,委婉地探求对方来电目的,就可不误事而且赢得对方的好感。

7. 代转电话要热情

若对方请你代转电话,应弄明白对方是谁,要找什么人,以便与接电话的人联系。传呼时,要热情地告诉对方"请稍等",并迅速找人。

8. 控制通话时间

在用电话进行沟通的时候,一般应该把时间控制在3分钟左右,最长也不宜超过5分钟。如果这一次沟通没完全表达出你的意思,最好约定下次打电话的时间或面谈的时间,而避免在电话中占用的时间过长。

9. 及时答复电话留言

在商业活动中,不能及时回电话最为常见。为了不丧失每一次成交的机会,一般应在24小时之内对电话留言给予答复,如果回电话时恰遇对方不在,也要留言,表明你已经回过电

话了。如果自己确实无法亲自回电,应托付他人代办。

礼仪在更多的时候能体现出一个人的教养和品位。真正懂礼仪讲礼仪的人,绝不会只在某一个或者几个特定的场合才注重礼仪规范,这是因为那些感性的,又有些程式化的细节,早已在她们的心灵历练中深入骨髓,浸入血液了。

所以,无论何时何地,我们都要以最恰当的方式去待人接物。这个时候"礼"就成了我们人生中最重要的一部分。

名片的相关礼仪

名片作为重要的交际工具之一,它直接承载着个人信息,担负着保持联系的重任。为了使名片能最大限度地发挥作用,就必须掌握相关的礼仪。

1. 发送名片的礼仪

首先,我们要把握发送名片的正确时机。若想适时地发送名片,使对方接收并收到最好的效果,必须注意以下几个方面:

一是除非对方主动要求,否则不要在年长的领导面前主动出示名片。

二是对陌生人或巧遇的人,不要在谈话中过早发送名片,因为这种热情一方面会打扰别人,另一方面有推销自己之嫌。

三是不要在一群陌生人中到处传发自己的名片,这会让人误以为你想推销什么产品,反而不受重视。在商业社交活动中,尤其要有选择地提供名片,才不致于使人以为你在替公司搞宣传、拉业务。

四是处在一群不认识的人当中,最好让别人先发送名片。名片的发送可在刚见面或告别时,但如果自己即将发表意见,则在说话之前发名片给周围的人,这样能帮助他们认识自己。

五是出席重大的社交活动时,一定要记住带名片。

六是无论参加私人或商业就餐,名片皆不可在用餐时发送,因为此时只宜从事社交而非商业性的活动。应将名片收好,整齐地放入名片夹、盒子或者口袋里,以免名片受损。

七是交换名片时如果名片用完,可用干净的纸代替,在上面写下个人的资料。

其次,发送出去的名片还要让其体现你的个人风格。使用名片最重要的是知道如何建立及展现个人风格,于名片空白处或背面写下个人相关信息,将会使名片更为个性化。例如,送花答谢宴会的主人时,可在名片上写"谢谢您安排的丰盛晚宴,这真是个愉快的夜晚",然后签上名字；送东西给别人，在名片后面加上亲笔写的"希望你喜欢"等；介绍朋友相互认识时，在名片后可写上朋友的简历，以便相互了解。

2. 索取名片的礼仪

通常，索取名片不宜过于直截了当。常用的办法有如下四个：

（1）交易法。古人云："将欲取之，必先予之。"要想索要别人的名片，最省事的办法就是把自己的名片先递给对方。所谓"来而不往，非礼也"，当你把名片递给对方时，对方不回赠名片是失礼的行为，所以对方一般会回赠名片给你。

（2）激将法。指用刺激性的话或反话鼓动人去做某事的手段。在很多时候我们都会遇到对方地位、身份比自己高的情况，这种情况下把名片递给对方，对方很有可能不会回赠名片。如何避免这一尴尬局面呢？最好的办法就是不妨在递名片的时候，略加诠释，如"张董，非常荣幸认识您，不知道能不能有幸跟您交换一下名片"。在这种情况下，只要是稍微有些修养的人都不会不赠名片给你。就是他真的不想给你，那他也会找到一个适当的借口，不致于使你陷入尴尬的境地之中。

（3）谦恭法。顾名思义，谦恭法是指在索取对方名片时要表现出谦虚恭敬的态度，具体来说就是要适当地做些铺垫，以便索取名片。例如，见到一位知名专家你可以说："认识您非常高兴，希望以后有机会能够继续向您请教。不知道以后如何向您请教比较方便？"前面的一席话都是铺垫，只有最后一句话才是真正的目的：索取对方的名片。

（4）联络法。第三种方法（谦恭法）通常是对地位高的人，对平辈或者晚辈就有些不合适了。面对平辈和晚辈时，我们不妨采用联络法。联络法的标准说法是："认识你太高兴了，希望以后有机会能跟你保持联络，不知道怎么跟你联络比较方便？"

3. 接受名片的礼仪

接受别人名片时，应有来有往，要特别注意如下四点：

（1）他人递名片给自己时，应起身站立，面带微笑，目视对方。

（2）接受名片时，双手捧接，或以右手接过，不要只用左手接过。

（3）接过名片后，要从头至尾把名片认真默读一遍，意在表示重视对方，这一点是我们尤其需要重视的。

（4）接受他人名片时，应使用谦词敬语，如"请您多关照"等。

小小的名片，所要花的心思，所要下的工夫，绝对不要少于其他的准备工序。你对它花的心思越多，你得到的回报也就越丰厚。

职场的基本礼仪

1. 办公桌的礼仪

保持办公桌的清洁是一种礼貌，那些所谓的越乱工作态度越认真的说法只是玩笑而已。

在办公室里用餐的时候，如果使用一次性餐具，最好吃完立刻扔掉，不要长时间摆在桌子或茶几上。如果突然有事情了，也记得礼貌地请同事代劳。容易被忽略的是饮料罐，只要是开了口的，长时间摆在桌上总有损办公室雅观。如茶水想等会儿再喝，最好把它藏在不被人注意的地方。

吃起来乱溅以及声音很响的食物最好不吃，会影响他人。

食物掉在地上，最好马上捡起扔掉。餐后将桌面和地面打扫一下，是必须做的事情。

有强烈味道的食品，尽量不要带到办公室。即使你喜欢，也会有人不习惯的。而且其气味会弥散在办公室里，有损办公环境和公司的形象。

在办公室吃饭，时间不要太长。他人可能按时进入工作，也可能有性急的客人来访，到时候双方都不好意思。

在一个注重效率的公司，员工会自然形成一种良好的午餐习惯。

准备好餐巾纸，不要用手擦拭油腻的嘴，应该用餐巾纸及时擦拭。嘴里含有食物时，不要贸然讲话。他人嘴含食物时，最好等他咽完再跟他讲话。

2. 电梯间里的礼仪

电梯很小，但是它里面的学问很大。

伴随客人或长辈来到电梯厅门前时，先按电梯按钮；电梯到达门打开时，可先行进入电梯，一手按开门按钮，另一手按住电梯侧门，请客人们先进；进入电梯后，按下客人要去的楼层按钮；行进中有其他人员进入，可主动询问要去几楼，帮忙按下按钮。

电梯内尽可能不寒暄，尽量侧身面对客人。

到达目的楼层，一手按住开门按钮，另一手做出请出的动作，可说："到了，您先请！"

客人走出电梯后，自己立刻步出电梯，并热诚地引导行进的方向。

3. 拜访客户的礼仪

第一条规则是要守时。如果有紧急的事情，或者遇到了交通阻塞，立刻通知你要见的人。如果打不了电话，请别人替你通知一下。

如果是对方要晚点到，你要充分利用剩余的时间。例如坐在一个离约会地点不远的地方，整理一下文件,或问一问接待员是否可以在接待室休息一下。

当你到达时,告诉接待员(或助理)你的名字和约见的时间,递上你的名片以便接待员能通知对方。

如果接待员没有主动帮你脱下外套,你可以问一下放在哪里。

在等待时要安静,不要通过谈话来消磨时间,这样会打扰别人工作。尽管你已经等了20分钟,也不要不耐烦地总看手表,可以问接待员对方什么时候有时间。

如果等不及,可以向接待员解释一下另约时间。

不管你对对方有多么不满,也一定要对接待员有礼貌。

当你被引到对方的办公室时,如果是第一次见面应作自我介绍,如果已经认识了,只需互相问候并握手。

一般情况下对方都很忙,你要尽可能快地将谈话引入正题,清楚直接地表达你要说的事情。说完后,让对方发表意见,并要认真地听,不要辩解或不停地打断对方讲话。你有其他意见的话,可以在他讲完之后再说。

宴会的基本礼仪

当今社会,社交活动频繁,许多的人际交往、生意洽谈、事务交涉等,常通过餐饮聚会来促成。因此,无论你的身份、地位如何,都有许多参加聚会的机会。要去参加宴会,就必须知道一些宴会的基本礼仪。

1. 中式宴会的礼仪

中国人吃中餐,就像拿筷子夹菜一样轻松自如,还有什么不明白的地方?可是,真要上大场面,仔细寻思起来,也还有不少礼节需要注意。

入座之后,首先将餐巾打开平放在膝上,千万记住,那是用来擦手指或嘴唇的,可别把它挂在颈项之间。席间若奉上毛巾,一般是为了方便你擦去吃螃蟹、炸鸡等食物时手上所留的油渍,千万不能用做他途。

至于餐具的使用,必须注意的原则是,能用筷子取的,应以筷子夹取,不方便筷子的才用汤匙,但应避免用筷子或汤匙直接取菜后送入口中,最好先置于自己的碗碟中,然后慢慢吃。

用餐时,通常以右手夹菜盛汤,左手则扶碗、端碗,切忌右手拿筷,左手又持汤匙,更不可一手兼持筷子和汤匙。

用餐时,切忌狼吞虎咽,嘴里发出声响;骨头、鱼刺等不可吐在桌布上,而应置于盛装骨头的专用碟中;取菜时也不可拨弄盘中的食物,或站起来取用远处的食物。

吃完之后，应该等到大家都放下筷子，主人示意可以散席，才可离座。

向主人告辞，你应与主人握手，握手要用力一点儿，以表示诚恳。如果多人轮候与主人握手告别，你只要和主人握手道别即可，不宜耽搁主人的时间。

2. 西式宴会的礼仪

参加西式宴会，首先应该向女主人打招呼，然后才是男主人。

西餐宴会中还有一个特点，就是席位的安排与中国人的宴会迥然不同。中国人宴请客人一般都用方桌和圆桌，西餐则是用长桌。男女主人，一般都是在长桌的两端，主宾的位子是在最接近主人的地方，女主宾坐在男主人的左边，而男主宾则坐在女主人的左边。最接近男女主人右边的位子，也是属于主宾的。

宴会中的席位，主人事先大多有安排，在入席前，你要先看你的名卡在哪里，然后入席，如果没有排定座位，而你又不是主宾，那你可以坐在远离主人的席位。一般按照规矩，应该待主人或招待员请你上座时才可入席，不可自己闯上去，否则会被人笑话。

上菜的时候，也是女性优先，第一个上菜的是男主人左边的那位女主宾，其次是男主人右边的那位女主宾，接着是女宾依次上菜，等到女主人上菜后，才替女主人左边的那位男主宾上菜，依顺序轮下去，最后才是男主人上菜。等到女主人招呼吃菜时，客人才可吃，这时的女主人好像是一个司令官。在非正式的场合中，有时不必等到每个人都上了菜才吃，但必须是你左右两人的菜已经上来，才可以吃。这也算是一个小礼貌。

正式的宴会，通常是由服务员用大盘盛着食物托到你的面前，由你自己取食物到碟子里。在这种情况下，通常在你的前面有一张餐单，你可以看餐单内容而考虑你的食量，不要取得太多。按照西方人的习惯，如果你吃不完而把东西剩下是很不礼貌的，这表示你不喜欢主人的菜式。

在西式宴会中，要是你迟到了，所有宾客都已经就座，在这种场合下，你要特别小心，既不能惊动四座，也不能悄悄地溜人，连对主人也不敢望一眼，这样是很失礼的。你应该走近主人所指定的位置，向主人打招呼，然后坐下来，用点头方式和宾客们打招呼。这个时候，女主人招呼你时，她不必站起来，因为她一站起来所有的男宾客就必须站起来，未免太过惊动全座了。

而在你的座位右边的一个男宾客，他就应该站起来，替你拉开椅子，你向他致谢后再坐下。

在宴会进行中，你可以和左右两侧的客人轻轻说话，但不可以隔着他们和另外的客人大声说笑。

口中咀嚼食物时不要说话。如果你需要一些酱料，而它们又不在你的面前，你不能站起来伸手去取，这样也是很不礼貌的，应该请邻座递给你。用完餐后，要等到主人宣布散席才可轻轻地离开座位。更重要的是，餐后必须逗留一段时间才可告辞回家，以示礼貌。

3. 饮酒的礼仪

在宴会上，如果你不会喝酒或不打算喝酒，不要什么都拒绝，可以喝一点儿汽水之类的饮料。

拒绝他人敬酒常有三种方法：一是主动要求一些非酒类的饮料，并说明自己不饮酒的原因。二是让对方在自己面前的杯子里稍许斟一些酒，然后轻轻用手推开酒瓶。按照礼节，杯子里的酒是可以不喝的。三是当敬酒者向自己的酒杯里斟酒时，用手轻轻敲击杯子的边缘，意为不喝致谢。

敬酒要适可而止，不要成心把别人灌醉，更不要偷偷地往别人的软饮料里倒烈性酒。对于虔诚的穆斯林不允许敬酒，甚至不能上酒。

会喝酒的人饮酒前，应有礼貌地品一下酒。可以先欣赏一下酒的成色，闻一闻酒香。不宜一边饮酒，一边吸烟。

鉴于酒后容易失言和失礼，社交场合饮酒的量应控制在自己平日酒量的一半以下。有教养的人还会注意饮酒时不会让他人听到自己的吞咽声。斟酒只宜八成满。

正式宴会中主人皆有敬酒之举，会饮酒的人应当回敬一杯。敬酒时，上身挺直，双腿站稳，以双手举起酒杯，待对方饮酒时，再跟着饮，敬酒时态度要热情大方。大的宴会上主人依次到各桌敬酒，每桌可由一位代表回敬一杯。

社交场合的禁忌

所谓社交场合的禁忌，是指随时要注意自己的风度与仪态。任何有失风度、有粗俗仪态的女人都不属气质女人的行列。一个外观造型上可人的你，可能会因为惊天动地的笑声，把你打入缺乏教养的行列。

女性要在各种社交场合上给人留下美好印象，就不可以不注意风度与仪态。以下列举了社交场合切忌出现的八种表现，要在别人心目中留下倩影的你，必须谨记。

1. 不要耳语

女性要在各种社交场合上给人留下美好印象，就不可以不注意谈话方式，不可耳语。

2. 不要失声大笑

另一个令人觉得你没有教养的行为就是失声大笑。不管你听到什么"惊天动地"的趣事，在社交宴会中，也得保持仪态，报以一个灿烂笑容即止，不然就要贻笑大方了。

3. 不要滔滔不绝

在宴会中若有男士与你攀谈，你必须保持落落大方的态度，简单回答几句即可。切忌忙不迭地像汇报工作一样滔滔不绝，要知道对方很讨厌这样的交谈。

4. 不要说长道短

饶舌的女人肯定不是有风度有教养的女人。即使你穿得珠光宝气，一身雍容华贵，若在社交场合说长道短、揭人隐私，必定会惹人反感。再者，这种场合的"听众"虽是陌生人居多，但所谓"坏事传千里"，只怕你不礼貌、不道德的形象从此传扬开去，别人——特别是男士，自然对你"敬而远之"。

5. 不要大煞风景

参加社交宴会，别人期望见到一张张可爱的笑脸。因此，你内心纵然有什么悲伤，或情绪低落，表面上无论如何都应装出笑容可掬的亲切态度，去适应当时的环境。

6. 不要木讷肃然

在社交场合中滔滔不绝、谈个不休固然不好，但面对陌生人一言不发也是不妙。其实，面对初相识的陌生人，也可以由交谈几句无关紧要的话开始，待引起对方和自己谈话的兴趣时，便可自然地谈笑风生。若老坐着闭口不语，一脸肃穆的表情，这样跟欢愉的宴会气氛是格格不入的。

7. 不要在众目下补妆

在大庭广众下扑施脂粉、涂口红都是很不礼貌的事。要是你需要修补脸上的妆，最好到洗手间或附近的化妆间去。

8. 不要忸怩忐忑

在社交场合，假如发觉有人经常注视你——特别是男士，你也要表现从容镇静。若对方是从前跟你有过一面之缘的人，可以自然地跟他打个招呼，但不可过分热情或过分冷淡，免得影响风度。若对方跟你素未谋面，你也不要太过于忸怩忐忑或怒视对方，可以有技巧地离开他的视线范围。

上述这些社交场合的禁忌，是时刻提醒我们在人际交往中该如何做，不该如何做而已。作为女人，只要你能理性、智慧地去对待社交中的一些事，哪怕是一些微不足道的事，你也能自然地流露出女人的气质。

参加婚礼的禁忌

生活中，我们可能经常参加亲人、朋友的婚礼，但是你千万不要因为参加多了就不重视自己在婚礼上的表现。在每次参加婚礼时,我们千万不能犯错,否则会影响自己的良好形象。以下是参加婚礼的禁忌,供女性朋友们参考。

1．不要抢新娘的风头

参加婚礼的女性朋友们,不论你多么爱表现,都请记住婚礼是为新娘举行的,婚礼这一天永远属于新娘,主角是新娘,连另一个主角——新郎也不过是她的陪衬。试想一下,如果你在人家的婚礼上大出风头、喧宾夺主,新娘会怎么看你呢？为了避免抢新娘的风头,有几种颜色的服装是一定不能穿的,那就是白色或者淡米色系列以及大红色,这些是新娘的专属色。当然,如果新娘要求你穿,那就另当别论了。

2．不可穿着随便

参加别人的正式婚礼,穿戴整齐是对主人的基本尊重。所以,最好把那些稀奇古怪的玩意儿或者奇装异服先收起来,换一身小巧别致的套装。

3．切勿出言不逊

不管你是新郎的好友,还是新郎的同学,但还是要记住,婚礼这一天是属于新娘的,即使新娘的婚纱穿得很不美观,你也绝不能恶语攻击。婚礼是一个公开场合,你不能确定坐在你旁边的所有宾客的身份,说不定你的一句说笑就传入了女方亲戚或者好友的耳朵里。而且,新郎听到也会不高兴。因此,在婚礼上切勿出言不逊,诋毁新娘。

4．玩笑把握分寸

玩笑具有双面性,一些既搞笑又有意思的游戏确实有助于将婚宴的气氛推至高潮,新人还是会心甘情愿地配合的。但是切记不要做得太过分,否则就会使大家都扫兴。

5．敬酒有尺度

也许有的时候你需要在席间一一敬酒,当你向新娘和新郎表示祝福时,如果席间有10位宾客甚至更多,务必站起身来,如果人数较少且彼此都熟识,则可以坐着敬酒。婚宴上每一次敬酒的时间不宜超过3分钟,千万别说个没完没了,引来全场宾客的白眼。向新人致意时,你的态度可以严肃,也可以机敏诙谐,话语中可以表达关怀,甚至可以戏谑,这些都无伤大雅。